HEP
MNFG
大学数学新形态辅导丛书
大学数学习题集

概率论与数理统计
精选精解 500 题

（知识点视频版）

主　编　张天德　孙钦福
副主编　叶　宏　刘海东

中国教育出版传媒集团
高等教育出版社·北京

内容提要

为帮助高校大学生更好地学习大学数学课程,我们根据《大学数学课程教学基本要求》及《全国硕士研究生招生考试数学考试大纲》编写了本套《大学数学习题集》,本书是其中的《概率论与数理统计精选精解500题》。

全书共分八章,分别为随机事件及其概率、随机变量及其分布、多维随机变量及其分布、随机变量的数字特征、大数定律与中心极限定理、数理统计的基本概念、参数估计和假设检验,共500多道习题及解答,其中200余道历届考研真题(在边栏中标注"圈")。本书深度融合信息技术,在解题前给出了本题所蕴含的知识点,读者可依知识点标号来获取知识点精讲视频;此外,还给出了70余道典型习题的精解视频(扫描书中二维码获取)。

本书适用于大学一至四年级学生,特别是有考研需求,以及希望提高概率论与数理统计成绩的学生。

图书在版编目(CIP)数据

概率论与数理统计精选精解500题/张天德,孙钦福主编. -- 北京:高等教育出版社,2022.8(2023.11重印)
ISBN 978-7-04-058546-9

Ⅰ.①概… Ⅱ.①张… ②孙… Ⅲ.①概率论-高等学校-题解②数理统计-高等学校-题解 Ⅳ.① O21-44

中国版本图书馆 CIP 数据核字(2022)第 061562 号

Gailülun yu Shuli Tongji Jingxuan Jingjie 500 Ti

| 项目策划 | 徐　可 | 策划编辑 | 徐　可 | 责任编辑 | 徐　可 | 封面设计 | 王凌波 |
| 版式设计 | 马　云 | 责任绘图 | 邓　超 | 责任校对 | 高　歌 | 责任印制 | 朱　琦 |

出版发行	高等教育出版社	网　　址	http://www.hep.edu.cn
社　　址	北京市西城区德外大街4号		http://www.hep.com.cn
邮政编码	100120	网上订购	http://www.hepmall.com.cn
印　　刷	大厂益利印刷有限公司		http://www.hepmall.com
开　　本	787mm×1092mm　1/16		http://www.hepmall.cn
印　　张	20.25		
字　　数	440千字	版　　次	2022 年 8 月第 1 版
购书热线	010-58581118	印　　次	2023 年 11 月第 2 次印刷
咨询电话	400-810-0598	定　　价	48.00元

前　言

　　作为高校数学教师,每当看到学生畏惧大学数学课程,在考试、考研、竞赛中没有取得预期成绩,从而未能及时跨入人生的新阶段时,我们总感觉应该做点什么,用我们的积累和经验为大学生做点力所能及的工作。

　　大学生虽然学习了多年数学,但大学数学课程的抽象特点及逻辑要求,导致学生对大学数学的基本内容欠缺理解,对公式、定理一知半解,无法快速找到解题思路,所学不能有效运用,自然就对考试有了极深的畏难情绪。为了解决以上问题,我们花费三年时间,打造了这套《大学数学习题集》,本书为其中的《概率论与数理统计精选精解500题》。

　　本书有以下特点:

　　一、精心编排学习内容

　　全书按《全国硕士研究生招生考试数学考试大纲》内容要求进行编排,并兼顾大学生学习概率论与数理统计课程的实际进度。全书共分八章,分别为随机事件及其概率、随机变量及其分布、多维随机变量及其分布、随机变量的数字特征、大数定律与中心极限定理、数理统计的基本概念、参数估计和假设检验,共500多道习题及解答。

　　每章包括以下两部分内容:

　　1.知识要点。对本章所涉及的基本概念、基本定理和基本公式进行概括梳理,便于学生整体把握本章的知识点,建立知识点的有机联系,明确目标,有的放矢。

　　2.基本题型。对常见的基本题型进行分类,这样的安排便于学生分类理解和掌握基本知识,迅速提高解题能力;每章的最后一节是综合提高题,这些题目综合性较强、难度较高,学生通过学习可以提高分析问题、解决问题的能力,从而全面提升思维创新能力。

　　书中部分习题给出了一题多解,部分典型习题还给出了评注,意在指出解题过程中易忽略的知识点、易出错之处,或解题过程中知识点之间的衔接要点,学生可深入体会学习,进一步融会贯通。

　　二、深度融合信息技术

　　对于书中的每道习题,我们通过"知识点睛"标识出对应的知识点,学生可以先做题,如"卡壳"则可根据知识点睛的指向,观看相关知识点视频;也可先观看知识点视频再来做题,从而实现学中做,做中学,学做融合。

　　此外,我们还精心挑选了约15%的典型题目(共70余道习题)给出精解视频,以便于学生更好地理解与习题有关的知识点并掌握相关的解题模式及解题思路。

　　三、纳入考研元素

　　近几年来,大学生纷纷参加硕士研究生招生考试。为满足这一需求,我们收集了200余道历届考研真题(在边栏中标注"Ⓚ")。这些真题都是全国硕士研究生招生考试数学命题组专家经充分研究论证后命制的试题,考查基本理论,针对性强,望学生充分重视。我们也希望大学生从进入大学校门伊始,就有更高的学习目标,不断提高自身能力,在考研中取得满意的成绩。

　　本书适用于大学一至四年级学生,可作为同步学习概率论与数理统计课程的辅导书,特别适用于有考研需求的学生。良书在手,香溢四方,希望本书成为学生学习的好助手。祝每位学生都能顺利地进入下一个人生新阶段,开创新的辉煌!

　　本书由山东大学张天德、曲阜师范大学孙钦福任主编。书中不当之处,恳请读者指正。

编　者

2022 年 8 月 10 日

《概率论与数理统计精选精解 500 题》

（知识点视频版）

配 套 资 源

概率论与数理统计知识点视频

1-8 章习题集

目　录

第1章
随机事件及其概率

知识要点

一、随机事件及其运算

1.随机事件的相关概念

（1）随机试验　在概率论中将具备下列三个条件的试验称为随机试验，简称试验：

①在相同条件下可重复进行；

②每次试验的结果具有多种可能性；

③在每次试验之前不能准确预言该次试验将出现何种结果，但是所有结果明确可知.

（2）样本空间　随机试验的所有可能结果构成的集合，常用 Ω 表示.

（3）随机事件　随机试验的每一种可能的结果称为随机事件，常用 A,B,C,D 表示.

（4）基本事件　不能分解为其他事件组合的最简单的随机事件.

（5）必然事件　每次试验中一定发生的事件，常用 Ω 表示.

（6）不可能事件　每次试验中一定不发生的事件，常用 $\varnothing$ 表示.

2.事件的关系及运算

（1）包含　若 A 发生必然导致 B 发生，则称 A 包含于 B，记为 $A \subset B$.

（2）相等　若 $A \subset B$ 且 $B \subset A$，则称 A 与 B 相等，记为 $A=B$.

（3）事件的和　A 与 B 至少有一个发生，称为 A 与 B 的和事件，记为 $A \cup B$.

（4）事件的积　A 与 B 同时发生，称为 A 与 B 的积事件，记为 $A \cap B$（或 AB）.

（5）事件的差　A 发生而 B 不发生，称为 A 与 B 的差事件，记为 $A-B$.

（6）互斥事件　在试验中，若事件 A 与 B 不能同时发生，即 $A \cap B = \varnothing$，则称 A,B 为互斥事件，或互不相容事件.

（7）对立事件　在每次试验中，"事件 A 不发生"的事件称为事件 A 的对立事件或逆事件. A 的对立事件常记为 $\bar{A}$.

3.事件的运算律

（1）交换律　$A \cup B = B \cup A, AB = BA$.

（2）结合律　$(A \cup B) \cup C = A \cup (B \cup C), (A \cap B) \cap C = A \cap (B \cap C)$.

（3）分配律　$(A \cup B)C = (AC) \cup (BC), A \cup (BC) = (A \cup B)(A \cup C)$.

（4）德摩根律　$\overline{A \cup B} = \bar{A} \cap \bar{B}, \overline{A \cap B} = \bar{A} \cup \bar{B}$.

二、随机事件的概率

1.概率的统计定义

在相同的条件下，重复进行 n 次试验，事件 A 发生的频率稳定在某一常数 p 附近摆动，且一般说来，n 越大，摆动幅度越小，则称常数 p 为事件 A 的概率,记作 $P(A)$.

2.概率的公理化定义 设 Ω 是一样本空间,称满足下列三条公理的集函数 $P(\cdot)$ 为定义在 Ω 上的概率:

(1)非负性 对任意事件 $A,P(A)\geqslant 0$.

(2)规范性 $P(\Omega)=1$.

(3)可列可加性 对于两两互斥的事件列 $\{A_n\}$,有 $P(\bigcup\limits_{i=1}^{\infty}A_i)=\sum\limits_{i=1}^{\infty}P(A_i)$.

3.古典概型 具有下列两个特点的试验称为古典概型:

(1)每次试验只有有限种可能的试验结果.

(2)每次试验中,各基本事件出现的可能性完全相同.

对于古典概型,事件 A 发生的概率为

$$P(A)=\frac{A\text{ 中基本事件数}}{\Omega\text{ 中基本事件数}}=\frac{m}{n}.$$

4.几何概型

如果随机试验的样本空间是一个区域(例如直线上的区间、平面或空间中的区域),而且样本空间中每个试验结果的出现具有等可能性,那么规定事件 A 的概率为

$$P(A)=\frac{A\text{ 的测度(长度、面积、体积)}}{\text{样本空间的测度(长度、面积、体积)}}.$$

三、概率的运算法则

1.概率的性质

(1)对任何事件 A,$0\leqslant P(A)\leqslant 1$.

(2)$P(\Omega)=1,P(\varnothing)=0$.

(3)设 A 为任一随机事件,则 $P(\overline{A})=1-P(A)$.

(4)减法公式 设 $A\subset B$,则 $P(B-A)=P(B)-P(A)$.

对于任意两事件 A,B,有 $P(A-B)=P(A)-P(AB)$.

(5)设事件 $A_1,A_2,\cdots,A_n$ 两两互斥,则
$$P(A_1\cup A_2\cup\cdots\cup A_n)=P(A_1)+P(A_2)+\cdots+P(A_n).$$

(6)加法公式 设 A,B 为任意两个随机事件,则 $P(A\cup B)=P(A)+P(B)-P(AB)$.

加法公式还能推广到多个事件的情况.例如,设 A_1,A_2,A_3 为任意三个事件,则有
$$P(A_1\cup A_2\cup A_3)$$
$$=P(A_1)+P(A_2)+P(A_3)-P(A_1A_2)-P(A_1A_3)-P(A_2A_3)+P(A_1A_2A_3).$$

一般地,对于任意 n 个事件 $A_1,A_2,\cdots,A_n$,有
$$P(A_1\cup A_2\cup\cdots\cup A_n)$$
$$=\sum_{i=1}^{n}P(A_i)-\sum_{1\leqslant i<j\leqslant n}P(A_iA_j)+\sum_{1\leqslant i<j<k\leqslant n}P(A_iA_jA_k)+\cdots+(-1)^{n-1}P(A_1A_2\cdots A_n).$$

2.条件概率

在事件 A 已经发生的条件下,事件 B 发生的概率,称为事件 B 在给定条件 A 下的条件概率,记作 $P(B\mid A)$.

$$P(B \mid A) = \frac{P(AB)}{P(A)}, \quad P(A) > 0.$$

3.乘法公式

设 A, B 是任意两个随机事件，$P(A) > 0, P(B) > 0$，则

$$P(AB) = P(A \mid B)P(B) = P(B \mid A)P(A).$$

一般地，设 $A_1, A_2, \cdots, A_n$ 是 n 个随机事件，且 $P(A_1 A_2 \cdots A_{n-1}) > 0$，则

$$P(A_1 A_2 \cdots A_n) = P(A_n \mid A_1 A_2 \cdots A_{n-1}) \cdots P(A_3 \mid A_1 A_2) P(A_2 \mid A_1) P(A_1).$$

四、全概率公式与贝叶斯公式

1. 完备事件组

设 Ω 为试验的样本空间，$B_1, B_2, \cdots, B_n$ 为试验的一组事件，若有

(1) $B_i B_j = \varnothing (i \neq j; i, j = 1, 2, \cdots, n)$.

(2) $\bigcup\limits_{i=1}^{n} B_i = \Omega$,

则称 $B_1, B_2, \cdots, B_n$ 为 Ω 的一个划分或完备事件组.

由定义可见，若 $B_1, B_2, \cdots, B_n$ 为 Ω 的一个划分，则在一次试验中，$B_1, B_2, \cdots, B_n$ 有且仅有一个发生.

2. 全概率公式

设事件 $B_1, B_2, \cdots, B_n$ 是样本空间 Ω 的一个划分，$P(B_i) > 0 (i = 1, 2, \cdots, n)$，$A$ 是试验的任一事件，则有

$$P(A) = \sum\limits_{i=1}^{n} P(B_i) P(A \mid B_i).$$

3. 贝叶斯公式

设事件 $B_1, B_2, \cdots, B_n$ 是样本空间 Ω 的一个划分，$P(B_i) > 0 (i = 1, 2, \cdots, n)$，$A$ 为试验的任一事件，且 $P(A) > 0$，则有

$$P(B_i \mid A) = \frac{P(B_i) P(A \mid B_i)}{\sum\limits_{j=1}^{n} P(B_j) P(A \mid B_j)} \quad (i = 1, 2, \cdots, n).$$

五、事件的独立性

1. 两事件相互独立

如果事件 A 发生的可能性不受事件 B 发生与否的影响，也就是 $P(A \mid B) = P(A)$，则称事件 A 对于事件 B 独立.若 A 对于 B 独立，则 B 对于 A 也独立，那么就称事件 A 与事件 B 相互独立.

基本性质：

(1) A 与 B 相互独立 $\Leftrightarrow P(AB) = P(A)P(B)$.

(2) 若 A 与 B 相互独立，则 A 与 $\bar{B}$、$\bar{A}$ 与 B、$\bar{A}$ 与 $\bar{B}$ 中的每一对事件都相互独立.

2. n 个事件相互独立

$n(n > 2)$ 个事件 $A_1, A_2, \cdots, A_n$ 中任意一个事件发生的可能性都不受其他一个或多个事件发生与否的影响，则称 $A_1, A_2, \cdots, A_n$ 相互独立.

基本性质：

(1)如果事件 $A_1,A_2,\cdots,A_n$ 相互独立，则对于任意 $k(1<k\leqslant n)$ 和任意 $1\leqslant i_1<i_2<\cdots<i_k\leqslant n$，$P(A_{i_1}A_{i_2}\cdots A_{i_k})=P(A_{i_1})P(A_{i_2})\cdots P(A_{i_k})$ 成立.

(2)如果事件 $A_1,A_2,\cdots,A_n$ 相互独立，则将 $A_1,A_2,\cdots,A_n$ 中任意多个事件换成它们的逆事件，所得的 n 个事件仍相互独立.

(3)如果事件 $A_1,A_2,\cdots,A_n$ 相互独立，则 $P(\bigcup_{i=1}^{n}A_i)=1-\prod_{i=1}^{n}P(\bar{A}_i)$.

3. 重复独立试验

在 n 次试验中，若任意一次试验的诸结果是相互独立的，则称这 n 次试验为重复独立试验或独立试验序列.

(1)伯努利概型：假定一次试验中只有事件 A 发生或 $\bar{A}$ 发生，每次试验的结果与其他各次试验结果无关，这样的 n 次重复试验称为 n 重伯努利试验或伯努利概型.

(2)二项概率公式：设一次试验中事件 A 发生的概率为 $p(0<p<1)$，则在 n 重伯努利试验中，事件 A 恰好发生 k 次的概率为 $P_n(k)=\mathrm{C}_n^k p^k q^{n-k}$，$k=0,1,\cdots,n$，其中 $q=1-p$.

§1.1 随机事件的定义及其运算

K 2000 数学三, 3分

1 在电炉上安装了 4 个温控器，其显示温度的误差是随机的. 在使用过程中，只要有 2 个温控器显示的温度不低于临界温度 t_0，电炉就断电. 以 E 表示事件"电炉断电"，而 $T_{(1)}\leqslant T_{(2)}\leqslant T_{(3)}\leqslant T_{(4)}$ 为 4 个温控器显示的按递增顺序排列的温度值，则事件 $E=(\qquad)$.

(A) $\{T_{(1)}\geqslant t_0\}$ (B) $\{T_{(2)}\geqslant t_0\}$ (C) $\{T_{(3)}\geqslant t_0\}$ (D) $\{T_{(4)}\geqslant t_0\}$

知识点睛 0103 事件的关系与运算

解 $\{T_{(1)}\geqslant t_0\}$ 表示 4 个温控器显示的温度均不低于 t_0，

$\{T_{(2)}\geqslant t_0\}$ 表示至少 3 个温控器显示的温度均不低于 t_0，

$\{T_{(3)}\geqslant t_0\}$ 表示至少 2 个温控器显示的温度均不低于 t_0，

$\{T_{(4)}\geqslant t_0\}$ 表示至少 1 个温控器显示的温度均不低于 t_0. 应选(C).

2 指出下面式子中事件之间的关系：

(1) $AB=A$;   (2) $A\cup B=A$;   (3) $ABC=A$;   (4) $A\cup B\cup C=A$.

知识点睛 0103 事件的关系与运算

解 (1)表明 A 包含于 B，即 $A\subset B$.   (2)表明 B 包含于 A，即 $B\subset A$.

(3)表明 A 包含于 BC，即 $A\subset BC$.   (4)表明 $B\cup C$ 包含于 A，即 $B\cup C\subset A$.

3 设任意两个随机事件 A 和 B 满足条件 $AB=\bar{A}B$，则($\qquad$).

(A) $A\cup B=\varnothing$ (B) $A\cup B=\Omega$ (C) $A\cup B=A$ (D) $A\cup B=B$

知识点睛 0103 事件的关系与运算

解法 1 排除法. 注意到 $AB=\bar{A}B$，那么 A,B 的地位是"对等"的，从而(C),(D)均不成立.(A)不正确是显然的. 故(B)正确.

解法 2 直接法. 运用德摩根律，$AB=\overline{\bar{A}B}=\overline{A\cup\bar{B}}$，那么

$$A\cup B=(A\cup B)\cup AB=(A\cup B)\cup \overline{A\cup B}=\Omega,$$

应选(B).

【评注】对于较复杂的事件运算,除了熟练运用定义及运算规律判断,还可采用集合论中的维恩(Venn)图帮助分析和理解.

§1.2　随机事件的概率

4　设一个袋中装有 a 个黑球、b 个白球,现将球随机地一个个摸出,问第 $k(1\leqslant k\leqslant a+b)$ 次摸出黑球的概率是多少?

4 题精解视频

知识点睛　0107 古典型概率

解法 1　令 A 表示事件"第 k 次摸出黑球".

将这 $a+b$ 个球编号,并将球依摸出的先后次序排队,易知基本事件总数为 $(a+b)!$.事件 A 等价于在第 k 个位置上放一个黑球,在其余 $a+b-1$ 个位置上放余下的 $a+b-1$ 个球,则 A 包含的基本事件数为 $a[(a+b-1)!]$.那么,所求概率为

$$P(A) = \frac{a[(a+b-1)!]}{(a+b)!} = \frac{a}{a+b}.$$

解法 2　本题也可以只考虑前 k 个位置,则 $P(A) = \dfrac{C_a^1 \cdot P_{a+b-1}^{k-1}}{P_{a+b}^k} = \dfrac{a}{a+b}$.

5　设袋中有红、白、黑球各 1 个,从中有放回地取球,每次取 1 个,直到 3 种颜色的球都取到时停止,则取球次数恰好为 4 的概率为_____.

2016 数学三,4 分

知识点睛　0107 随机抽球问题

解　本题为古典概型,用概率公式 $P(A) = \dfrac{m}{n}$.

n 的计算:恰好取 4 次停止,每次取球有 3 种不同颜色,又是有放回的,所以总的情况 $n=3^4$.

m 的计算:先考虑第 4 次的颜色,这颜色一定与前 3 次的不同.前 3 次必定已有且仅有 2 种不同颜色,这样第 4 次抽到第 3 种才凑够 3 种颜色,总之第 4 次有 3 种可能,前 3 次由其余 2 种颜色构成,其总数为每次有 2 种可能,3 次有 $2^3=8$ 种可能,扣除 3 次同一色共 2 种,所以前 3 次由 2 种不同颜色构成共有 $8-2=6$ 种可能,故 $m=3\times6=18$.从而

$$P(A) = \frac{18}{3^4} = \frac{2}{9}.$$

6　一袋中装有 10 个号码球,分别标有 1～10 号,现从袋中任取 3 个球,记录其号码,求:

(1)最小号码为 5 的概率;

(2)最大号码为 5 的概率;

(3)中间号码为 5 的概率.

知识点睛　0107 随机抽球问题

解　(1),(2),(3)有同一样本空间且所含元素个数为 C_{10}^3.

（1）记 A = "最小号码为 5"，A 的有利事件数为 C_5^2，故 $P(A) = \dfrac{C_5^2}{C_{10}^3} = \dfrac{1}{12}$.

（2）记 B = "最大号码为 5"，则 B 的有利事件数为 C_4^2，故 $P(B) = \dfrac{C_4^2}{C_{10}^3} = \dfrac{1}{20}$.

（3）记 C = "中间号码为 5"，则利用乘法原理，C 的有利事件数为 $C_4^1 \cdot C_5^1$，故

$$P(C) = \frac{C_4^1 \cdot C_5^1}{C_{10}^3} = \frac{1}{6}.$$

7 有 n 个人，每人都有同等的机会被分配到 $N(n \leqslant N)$ 间房中的任一间去，试求下列各事件的概率：

（1）A = "某指定的 n 间房中各有一人"；

（2）B = "恰有 n 间房各有一人"；

（3）C = "某指定的一间房中恰有 $m(m \leqslant n)$ 个人".

知识点睛 0107 古典型概率

解 （1）基本事件总数为 N^n.将 n 个人分到某指定的 n 间房中，相当于 n 个元素的全排列，所以事件 A 包含的基本事件数为 $n!$，故

$$P(A) = \frac{n!}{N^n}.$$

（2）n 间房中各有 1 人是指任意的 n 间房中各有 1 人，这共有 C_N^n 种情况，所以事件 B 包含的基本事件数为 $C_N^n(n!)$，故

$$P(B) = \frac{C_N^n(n!)}{N^n} = \frac{N!}{N^n[(N-n)!]}.$$

（3）从 n 个人中选 m 个分配到指定的一间房中，有 C_n^m 种选法；而其余的 $n-m$ 个人分到其余 $N-1$ 间房，有 $(N-1)^{n-m}$ 种方法，所以事件 C 包含的基本事件数为 $C_n^m(N-1)^{n-m}$，故

$$P(C) = \frac{C_n^m(N-1)^{n-m}}{N^n} = C_n^m \left(\frac{1}{N}\right)^m \left(\frac{N-1}{N}\right)^{n-m}.$$

这实际上是第二章将要介绍的二项分布的特殊情形.

1996 数学三，6 分

8 考虑一元二次方程 $x^2 + Bx + C = 0$，其中 B, C 分别是将一枚骰子接连掷两次先后出现的点数.求该方程有实根的概率 p 和有重根的概率 q.

知识点睛 0107 古典型概率

解 一枚骰子掷两次，其基本事件总数为 36.令 $A_i(i=1,2)$ 分别表示"方程有实根"和"方程有重根"，则

$$A_1 = \{B^2 - 4C \geqslant 0\} = \left\{C \leqslant \frac{B^2}{4}\right\}, \quad A_2 = \{B^2 - 4C = 0\} = \left\{C = \frac{B^2}{4}\right\},$$

下面用表 1-1 表示 A_1, A_2 的基本事件个数

表 1-1

B	1	2	3	4	5	6
A_1 的基本事件个数	0	1	2	4	6	6
A_2 的基本事件个数	0	1	0	1	0	0

由表 1-1 易知 A_1 的基本事件数为

$$0 + 1 + 2 + 4 + 6 + 6 = 19,$$

则由古典型概率计算公式得

$$p = P(A_1) = \frac{19}{36}.$$

A_2 的基本事件数为

$$0 + 1 + 0 + 1 + 0 + 0 = 2,$$

由古典型概率计算公式得

$$q = P(A_2) = \frac{2}{36} = \frac{1}{18}.$$

9 一部五卷的文集,按任意次序排放到书架上,试求下列概率:

(1)第一卷出现在两边;

(2)第一卷及第五卷出现在两边;

(3)第一卷或第五卷出现在两边;

(4)第一卷或第五卷不出现在两边.

知识点睛 0107 古典型概率

解 (1)记 A 为"第一卷出现在两边",则 A 中样本点数为 2,故 $P(A) = \frac{2}{5}$.

(2)记 B 为"第一卷及第五卷出现在两边",则 B 中样本点数为 2,而(2),(3),(4)中样本空间中所含样本点数都为 $5 \times 4 = 20$,故 $P(B) = \frac{1}{10}$.

(3)记 C 为"第一卷或第五卷出现在两边",则 C 中样本点数为 $2 \times 4 + 2 \times 4 - 2 = 14$,故 $P(C) = \frac{7}{10}$.

(4)记 D 为"第一卷或第五卷不出现在两边",则 D 中样本点数为 $3 \times 4 + 3 \times 4 - 3 \times 2 = 18$,故 $P(D) = \frac{9}{10}$.

另外,也可以利用 B 与 D 的互逆性,得 $P(D) = 1 - P(B) = \frac{9}{10}$.

10 某人向同一目标独立重复射击,每次射击命中目标的概率为 $p(0<p<1)$,则此人第 4 次射击恰好第 2 次命中目标的概率为( ). Ⓚ 2007 数学一、数学三,4 分

(A) $3p(1-p)^3$ (B) $6p(1-p)^3$ (C) $3p^2(1-p)^2$ (D) $6p^2(1-p)^2$

知识点睛 0111 事件的独立性,0112 独立重复试验

分析 本题考查事件的独立性、独立重复试验.

把独立重复射击看成独立重复试验,射击命中目标看成试验成功.第 4 次射击恰好是第 2 次命中目标就可以理解为:

第 4 次试验成功,而前 3 次试验中必有 1 次成功,2 次失败.

解　根据独立重复的伯努利试验,前 3 次试验中有 1 次成功和 2 次失败,其概率为 $C_3^1 p(1-p)^2$,再加上第 4 次试验成功,其概率为 p.根据独立性,第 4 次射击为第 2 次命中目标的概率为

$$C_3^1 p(1-p)^2 \cdot p = 3p^2(1-p)^2.$$

应选(C).

【评注】求解这类问题关键在于分析好各次试验的结构,这时可以作如下图分析:

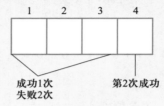

成功1次　　　　　　　第2次成功
失败2次

11　有一根长 l 的木棒,任意折成三段,恰好能构成一个三角形的概率为_____.

知识点睛　0108 几何型概率

解　设折得的三段长度为 x,y 和 $l-x-y$,那么,样本空间 $\Omega = \{(x,y) \mid 0 \leqslant x \leqslant l, 0 \leqslant y \leqslant l, 0 \leqslant x+y \leqslant l\}$,而随机事件 A:“三段构成三角形”相应的子区域 G 应满足“两边之和大于第三边”的原则,从而

$$\begin{cases} l-x-y < x+y, \\ x < (l-x-y)+y, \\ y < (l-x-y)+x, \end{cases}$$

即 $G = \left\{(x,y) \mid 0<x<\dfrac{l}{2}, 0<y<\dfrac{l}{2}, \dfrac{l}{2}<x+y<l\right\}$.

11 题图

从 11 题图中可以得到相应的几何概率:$P(A)=\dfrac{1}{4}$.应填 $\dfrac{1}{4}$.

2007 数学一、数学三,4 分

12 题精解视频

12　在区间 $(0,1)$ 中随机地取两个数,则这两个数之差的绝对值小于 $\dfrac{1}{2}$ 的概率为_____.

知识点睛　0108 几何型概率

分析　本题是几何型概率题.不妨假定随机地取出两个数分别为 X 和 Y,它们应是相互独立的,如果把 (X,Y) 看成平面上一个点的坐标,则因为 $0<X<1,0<Y<1$,所以 (X,Y) 为平面上正方形 $0<X<1,0<Y<1$ 中的一个点.而满足 X 与 Y 两个数之差的绝对值小于 $\dfrac{1}{2}$ 的点 (X,Y) 对应于正方形中 $|X-Y|<\dfrac{1}{2}$ 的区域(12 题图).

解　对于在区间 $(0,1)$ 中随机选取的所有可能的两个

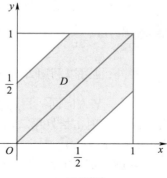

12 题图

数 X 和 Y,可以将点 (X,Y) 看成图中单位正方形里的点.满足 $|X-Y| < \frac{1}{2}$ 的点的区域就是图中阴影标出的区域 D.根据几何型概率,有

$$P\left\{ |X - Y| < \frac{1}{2} \right\} = \frac{D \text{ 的面积}}{\text{单位正方形面积}} = \frac{1 - 2 \times \frac{1}{2} \times \left(\frac{1}{2} \right)^2}{1} = \frac{3}{4}.$$

应填 $\frac{3}{4}$.

【评注】几何型概率题的求解关键在于如何将满足条件的可能结果与某区域中的一个点对应起来,这区域可能是一维的,也可能是二维的,甚至可能是三维的,然后求出题目要求的区域和可能结果所对应区域的长度或面积或体积之比.

§1.3　概率的基本运算法则

13 设随机事件 A,B 及其和事件 $A \cup B$ 的概率分别是 $0.4, 0.3, 0.6$.若 $\overline{B}$ 表示 B 的对立事件,则积事件 $A\overline{B}$ 的概率 $P(A\overline{B}) = \underline{\qquad}$. **K** 1990 数学一,2分

知识点睛　0110 概率的基本公式

解　因为 $A\overline{B} = A - AB$,所以

$$P(A\overline{B}) = P(A - AB) = P(A) - P(AB) = P(A \cup B) - P(B) = 0.6 - 0.3 = 0.3.$$

应填 0.3.

【评注】充分运用减法公式的各种变形.特别注意以下方法在解决此类问题中的应用.

设 A,B 是任意两个随机事件,$A - B = A - AB = A\overline{B}$.事实上,这是一个很容易理解的变形,不妨按下列方式理解:$A - B$ 表示事件"A 发生,B 不发生",$A - AB$ 表示事件"在 A 发生的事件中除掉 AB 发生的事件",$A\overline{B}$ 表示事件"A 发生,B 不发生",很明显这三个事件是一样的.

14 设 A,B 为随机事件,$P(A) = 0.7$,$P(A-B) = 0.3$,则 $P(\overline{AB}) = \underline{\qquad}$.

知识点睛　0110 概率的基本公式

解　先求 $\overline{AB}$ 的对立事件 AB 发生的概率 $P(AB)$,由题意

$$P(A - B) = P(A - AB) = P(A) - P(AB) = 0.3,$$

则

$$P(AB) = P(A) - 0.3 = 0.7 - 0.3 = 0.4,$$

那么

$$P(\overline{AB}) = 1 - P(AB) = 1 - 0.4 = 0.6.$$

应填 0.6.

15 已知 $P(A) = P(B) = P(C) = \frac{1}{4}$,$P(AB) = 0$,$P(AC) = P(BC) = \frac{1}{12}$,则事件 A, **K** 1992 数学一,3分

B,C 全不发生的概率为 $\underline{\qquad}$.

知识点晴   0110 概率的基本公式

分析   应用德摩根律、加法公式、对立事件的概念.

解   因为 $P(AB) = 0$,所以 $P(ABC) = 0$,有

$$P(\overline{A}\,\overline{B}\,\overline{C}) = P(\overline{A \cup B \cup C}) = 1 - P(A \cup B \cup C)$$
$$= 1 - [P(A) + P(B) + P(C) - P(AB) - P(AC) - P(BC) + P(ABC)]$$
$$= 1 - \left(\frac{1}{4} + \frac{1}{4} + \frac{1}{4} - 0 - \frac{1}{12} - \frac{1}{12} + 0\right) = \frac{5}{12}.$$

应填 $\frac{5}{12}$.

2020 数学一、数学三,4 分

16   设 A, B, C 为三个随机事件,且 $P(A) = P(B) = P(C) = \frac{1}{4}$,$P(AB) = 0$,$P(AC) = P(BC) = \frac{1}{12}$,则 A, B, C 中恰有一个事件发生的概率为(   ).

(A) $\frac{3}{4}$ (B) $\frac{2}{3}$ (C) $\frac{1}{2}$ (D) $\frac{5}{12}$

16 题精解视频

知识点晴   0110 概率的基本公式

解 A, B, C 中恰有一个事件发生,即 $(A \cup B \cup C) - (AB \cup BC \cup AC)$.因为 $P(AB) = 0$,故 $P(ABC) = 0$,所以恰有一个事件发生可以只考虑 $(A \cup B \cup C) - (BC \cup AC)$ 的概率.

$$P((A \cup B \cup C) - (BC \cup AC))$$
$$= P(A) + P(B) + P(C) - P(BC) - P(AC) - P(BC) - P(AC)$$
$$= \frac{1}{4} + \frac{1}{4} + \frac{1}{4} - \frac{1}{12} - \frac{1}{12} - \frac{1}{12} - \frac{1}{12} = \frac{5}{12}.$$

应选(D).

1992 数学三,3 分

17   设当事件 A 与 B 同时发生时,事件 C 必发生,则(   ).

(A) $P(C) \leqslant P(A) + P(B) - 1$ (B) $P(C) \geqslant P(A) + P(B) - 1$

(C) $P(C) = P(AB)$ (D) $P(C) = P(A \cup B)$

知识点晴   0110 概率的基本公式

解   由题意"当 A, B 发生时,C 必然发生",从而 $AB \subset C$,所以 $P(AB) \leqslant P(C)$,那么

$$P(C) \geqslant P(AB) = P(A) + P(B) - P(A \cup B) \geqslant P(A) + P(B) - 1.$$

应选(B).

【评注】此题考查概率的"单调性",即若 $A \subset B$ 是两个随机事件,则

$$0 \leqslant P(A) \leqslant P(B) \leqslant 1.$$

事实上,因为 $A \subset B$,所以 $B - A$ 与 A 互不相容,并且满足 $B = (B - A) \cup A$,由概率的非负性和加法公式,得

$$P(B) = P(B - A) + P(A),$$

从而 $0 \leqslant P(A) \leqslant P(B)$.

18   设 A, B 是任意两个随机事件,则 $P((\overline{A} \cup B)(A \cup B)(\overline{A} \cup \overline{B})(A \cup \overline{B})) = $ _____.

知识点晴   0110 概率的基本公式

解   注意到

$$(A \cup B)(\bar{A} \cup \bar{B}) = A(\bar{A} \cup \bar{B}) \cup B(\bar{A} \cup \bar{B}) = A\bar{B} \cup \bar{A}B,$$
$$(\bar{A} \cup B)(A \cup \bar{B}) = \bar{A}(A \cup \bar{B}) \cup B(A \cup \bar{B}) = \bar{A}\bar{B} \cup AB,$$

那么

$$(\bar{A} \cup B)(A \cup B)(\bar{A} \cup \bar{B})(A \cup \bar{B}) = (A\bar{B} \cup \bar{A}B)(\bar{A}\bar{B} \cup AB) = \varnothing,$$

则

$$P((\bar{A} \cup B)(A \cup B)(\bar{A} \cup \bar{B})(A \cup \bar{B})) = P(\varnothing) = 0.$$

应填 0.

【评注】在有关事件运算或者是化简的问题中,要学会熟练应用事件的运算法则.

19 设某种动物由出生算起活 20 年以上的概率为 0.8,活 25 年以上的概率为 0.4.如果现在有一只 20 岁的这种动物,问它能活到 25 岁以上的概率是多少?

知识点睛 0109 条件概率

解 设事件 $B = $ "能活 20 年以上", $A = $ "能活 25 年以上".

按题意,$P(B) = 0.8$,由于 $A \subset B$,所以 $AB = A$,因此 $P(AB) = P(A) = 0.4$.

由条件概率的定义,得 $P(A \mid B) = \dfrac{P(AB)}{P(B)} = \dfrac{0.4}{0.8} = 0.5.$

20 设 A, B 为随机事件,且 $0 < P(B) < 1$,下列命题中为假命题的是(　　).　　📘 2021 数学一、数学三,5 分

(A)若 $P(A \mid B) = P(A)$,则 $P(A \mid \bar{B}) = P(A)$

(B)若 $P(A \mid B) > P(A)$,则 $P(\bar{A} \mid \bar{B}) > P(\bar{A})$

(C)若 $P(A \mid B) > P(A \mid \bar{B})$,则 $P(A \mid B) > P(A)$

(D)若 $P(A \mid A \cup B) > P(\bar{A} \mid A \cup B)$,则 $P(A) > P(B)$

知识点睛 0109 条件概率

解法 1 (A)$P(A \mid B) = P(A)$ 即 A, B 独立,则 $A, \bar{B}$ 也独立,$P(A \mid \bar{B}) = P(A)$ 成立.

(B)$P(A \mid B) > P(A)$ 对任意事件 A 成立,即有 $0 < P(\bar{B}) < 1$ 时,$P(\bar{A} \mid \bar{B}) > P(\bar{A})$ 成立.

(C)$P(A \mid B) > P(A \mid \bar{B}) = \dfrac{P(A\bar{B})}{P(\bar{B})} = \dfrac{P(A) - P(AB)}{1 - P(B)}$,即

$$\frac{P(AB)}{P(B)} > \frac{P(A) - P(AB)}{1 - P(B)},$$

也就有 $P(AB) - P(AB)P(B) > P(B)P(A) - P(B)P(AB)$,即 $P(AB) > P(A)P(B)$,$\dfrac{P(AB)}{P(B)} > P(A)$,$P(A \mid B) > P(A)$ 成立.

(A)(B)(C)三个均非假命题,应选(D).

解法 2 (D)$P(A \mid A \cup B) > P(\bar{A} \mid A \cup B)$,即 $\dfrac{P(A)}{P(A \cup B)} > \dfrac{P(B\bar{A})}{P(A \cup B)}$,等价于

$$P(A) > P(B) - P(AB),$$

这并不能推出 $P(A) > P(B)$,应选(D).

解法 3 (D)$P(A \mid A \cup B) > P(\bar{A} \mid A \cup B)$,令 $A = B$,

$$P(A \mid A \cup B) = P(A \mid A) = 1 > P(\bar{A} \mid A) = 0,$$

即此时(D)的条件成立,但结论 $P(A) > P(B) = P(A)$ 不成立,应选(D).

2006 数学一,
4 分

21 设 A,B 为随机事件,且 $P(B)>0,P(A \mid B)=1$,则必有(   ).

(A)$P(A \cup B)>P(A)$ (B)$P(A \cup B)>P(B)$

(C)$P(A \cup B)=P(A)$ (D)$P(A \cup B)=P(B)$

知识点睛 0109 条件概率,0110 概率的基本公式

分析 本题考查条件概率和概率的加法公式.

根据条件概率定义,当 $P(B)>0$ 时,$P(A \mid B)=\dfrac{P(AB)}{P(B)}$.

再利用概率的加法公式:$P(A \cup B)=P(A)+P(B)-P(AB)$,就不难推得结果.

解 由 $P(A \mid B)=\dfrac{P(AB)}{P(B)}=1$,得到 $P(AB)=P(B)$,再根据加法公式,有

$$P(A \cup B)=P(A)+P(B)-P(AB)=P(A).$$

应选(C).

2012 数学一、
数学三,4 分

22 设 A,B,C 是随机事件,且 A 与 C 互不相容,$P(AB)=\dfrac{1}{2}$,$P(C)=\dfrac{1}{3}$,则
$P(AB \mid \overline{C})=$ _____.

知识点睛 0103 事件的关系与运算,0109 条件概率

解 A 与 C 互不相容,即有 $A \subset \overline{C}$,当然更有 $AB \subset \overline{C}$,所以

$$P(AB \mid \overline{C})=\dfrac{P(AB\overline{C})}{P(\overline{C})}=\dfrac{P(AB)}{1-P(C)}=\dfrac{\dfrac{1}{2}}{\dfrac{2}{3}}=\dfrac{3}{4}.$$

应填 $\dfrac{3}{4}$.

23 设 100 件产品中有 10 件次品,用不放回的方式从中每次取一件,连取三次,求第三次才取得次品的概率.

知识点睛 0109 条件概率,0110 概率的基本公式

解 设 A_i 表示第 i 次取得正品,其中 $i=1,2,3$.

由题意,所求概率应为 $P(A_1 A_2 \overline{A_3})$,根据乘法公式,有

$$P(A_1 A_2 \overline{A_3})=P(A_1)P(A_2 \mid A_1)P(\overline{A_3} \mid A_1 A_2)$$
$$=\frac{90}{100} \times \frac{89}{99} \times \frac{10}{98} \approx 0.0826.$$

24 甲袋中装有 9 个乒乓球,其中 3 个白球、6 个黄球,乙袋中也装有 9 个乒乓球,其中 5 个白球、4 个黄球.首先从甲袋中任取一球放入乙袋,再从乙袋中任取一球放入甲袋,则甲袋中白球数目不会发生变化的概率为 _____.

知识点睛 0109 条件概率

解 令

A 表示事件"经过两次交换球后,甲袋中白球数目不变";

B 表示事件"从甲袋中取出并放入乙袋的是白球";

C 表示事件"从乙袋中取出并放入甲袋的是白球".

那么 $A=BC \cup \overline{B}\,\overline{C}$,于是

$$P(A)=P(BC \cup \overline{B}\,\overline{C})=P(BC)+P(\overline{B}\,\overline{C})$$

$$= P(B)P(C \mid B) + P(\bar{B})P(\bar{C} \mid \bar{B})$$

$$= \frac{3}{9} \times \frac{6}{10} + \frac{6}{9} \times \frac{5}{10} = \frac{8}{15}.$$

应填 $\dfrac{8}{15}$.

25 袋中有 a 个白球、b 个黑球,随机取出一个球,然后放回,并同时再放进与取出的球同色的球 c 个,再取第二个,这样连续三次.问取出的三个球中前两个是黑球,第三个是白球的概率是多少?

知识点睛 0109 条件概率

解 设 A_i 表示取出的第 i 个球为白球,则所求的概率为

$$P(\bar{A}_1 \bar{A}_2 A_3) = P(\bar{A}_1)P(\bar{A}_2 \mid \bar{A}_1)P(A_3 \mid \bar{A}_1 \bar{A}_2)$$

$$= \frac{b}{a+b} \cdot \frac{b+c}{a+b+c} \cdot \frac{a}{a+b+2c}.$$

§1.4 全概率公式与贝叶斯公式及应用

26 (1)设甲袋中装有 n 只白球、m 只红球,乙袋中装有 N 只白球、M 只红球.今从甲袋中任意取一只球放入乙袋中,再从乙袋中任意取一只球,求取到白球的概率.

(2)第一个盒子装有 5 只红球、4 只白球,第二个盒子装有 4 只红球、5 只白球.先从第一个盒子中任取两只球放入第二个盒子中,然后从第二个盒子中任取一只球,求取到白球的概率.

知识点睛 0106 全概率公式

解 (1)设 $A=$“从乙袋中取到白球”,$B=$“从甲袋中取出的是白球”,则 $A=BA\cup \bar{B}A$,从而

$$P(A) = P(B)P(A \mid B) + P(\bar{B})P(A \mid \bar{B})$$

$$= \frac{n}{m+n} \cdot \frac{N+1}{N+M+1} + \frac{m}{m+n} \cdot \frac{N}{M+N+1}.$$

(2)设 $A=$“从第二个盒子中取得白球”,$B_i=$“从第一个盒子中取出两球恰有 i 个白球”,$i=0,1,2$,则

$$P(A) = P(B_0)P(A \mid B_0) + P(B_1)P(A \mid B_1) + P(B_2)P(A \mid B_2)$$

$$= \frac{C_5^2}{C_9^2} \cdot \frac{5}{11} + \frac{C_5^1 C_4^1}{C_9^2} \cdot \frac{6}{11} + \frac{C_4^2}{C_9^2} \cdot \frac{7}{11} = \frac{53}{99}.$$

27 从数 $1,2,3,4$ 中任取一个数,记为 X,再从 1 至 X 中任取一个数,记为 Y,则 $P\{Y=2\} = \underline{\qquad}$.

🅚 2005 数学一、数学三,4 分

知识点睛 0106 全概率公式

解 令 $A_i = \{X=i\}$,$i=1,2,3,4$,则 A_1, A_2, A_3, A_4 构成一个完备事件组,且

$$P(A_i) = \frac{1}{4}, \quad i = 1,2,3,4.$$

而

27 题精解视频

$$P\{Y = 2 \mid A_1\} = 0, \quad P\{Y = 2 \mid A_i\} = \frac{1}{i}, \quad i = 2,3,4,$$

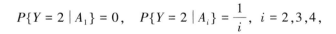

那么由全概率公式,得

$$P\{Y=2\} = \sum_{i=1}^{4} P(A_i)P\{Y=2\mid A_i\} = \frac{1}{4}\left(0 + \frac{1}{2} + \frac{1}{3} + \frac{1}{4}\right) = \frac{13}{48}.$$

应填 $\frac{13}{48}$.

28 对以往数据分析表明,当机器调整得良好时,产品的合格率为 0.9,否则,产品的合格率为 0.3,每天早上机器开动前调整得良好的概率为 0.75.若某日早上第一件产品是合格品,试求机器调整得良好的概率.

知识点睛 0106 贝叶斯公式

解 设事件 B="产品合格",A="机器调整得良好",则 $A,\overline{A}$ 是一完备事件组,所需求的概率为 $P(A\mid B)$.由贝叶斯公式,知

$$P(A\mid B) = \frac{P(A)P(B\mid A)}{P(A)P(B\mid A) + P(\overline{A})P(B\mid\overline{A})}.$$

由题设条件,得

$$P(A) = 0.75, \quad P(\overline{A}) = 0.25, \quad P(B\mid A) = 0.9, \quad P(B\mid\overline{A}) = 0.3,$$

所以

$$P(A\mid B) = \frac{0.75\times 0.9}{0.75\times 0.9 + 0.25\times 0.3} = 0.9.$$

1988 数学三,7分

29 题精解视频

29 玻璃杯成箱出售,每箱 20 只,假设各箱含 0,1,2 只残次品的概率分别为 0.8,0.1,0.1.一顾客欲购一箱玻璃杯,在购买时售货员随意取一箱,而顾客开箱随机地查看 4 只,若无残次品,则买下该箱玻璃杯,否则退回.试求:

(1)顾客买下该箱的概率 α;

(2)在顾客买下的一箱中,确实没有残次品的概率 β.

知识点睛 0106 全概率公式、贝叶斯公式

解 令 A 表示事件"顾客买下所查看的一箱玻璃杯",B_i 表示事件"箱中恰有 i 只残次品",$i=0,1,2$.

根据题意,有

$$P(B_0) = 0.8, \quad P(B_1) = P(B_2) = 0.1,$$

$$P(A\mid B_0) = 1, \quad P(A\mid B_1) = \frac{C_{19}^4}{C_{20}^4} = \frac{4}{5}, \quad P(A\mid B_2) = \frac{C_{18}^4}{C_{20}^4} = \frac{12}{19}.$$

(1)由全概率公式,

$$\alpha = P(A) = \sum_{i=0}^{2} P(A\mid B_i)P(B_i) = 0.8\times 1 + 0.1\times\frac{4}{5} + 0.1\times\frac{12}{19} \approx 0.94.$$

(2)由贝叶斯公式,

$$\beta = P(B_0\mid A) = \frac{P(A\mid B_0)P(B_0)}{P(A)} = \frac{1\times 0.8}{0.94} \approx 0.85.$$

30 设一个仓库里有十箱同样规格的产品,已知其中的五箱、三箱、二箱依次是甲、乙、丙厂生产的,且已知甲、乙、丙厂生产的该种产品的次品率依次为 $\frac{1}{10},\frac{1}{15},\frac{1}{20}$.从这

十箱产品中任取一箱,再从中任取一件产品.试求取得正品的概率.

如果已知取出的产品是正品,问它是甲厂生产的概率是多少?

知识点睛 0104 完备事件组,0106 全概率公式、贝叶斯公式

解 设事件

A = "取得的产品为正品",

B_1 = "取得的产品是甲厂生产的",

B_2 = "取得的产品是乙厂生产的",

B_3 = "取得的产品是丙厂生产的",

那么,事件 B_1,B_2,B_3 是一完备事件组.所以
$$P(A) = P(B_1)P(A \mid B_1) + P(B_2)P(A \mid B_2) + P(B_3)P(A \mid B_3),$$
而
$$P(B_1) = \frac{5}{10}, \quad P(B_2) = \frac{3}{10}, \quad P(B_3) = \frac{2}{10},$$
$$P(A \mid B_1) = 1 - \frac{1}{10} = \frac{9}{10},$$
$$P(A \mid B_2) = 1 - \frac{1}{15} = \frac{14}{15},$$
$$P(A \mid B_3) = 1 - \frac{1}{20} = \frac{19}{20},$$
所以
$$P(A) = \frac{5}{10} \times \frac{9}{10} + \frac{3}{10} \times \frac{14}{15} + \frac{2}{10} \times \frac{19}{20} = \frac{92}{100} = 0.92,$$
$$P(B_1 \mid A) = \frac{P(AB_1)}{P(A)} = \frac{P(B_1)P(A \mid B_1)}{P(A)} = \frac{\frac{5}{10} \times \frac{9}{10}}{\frac{92}{100}} = \frac{45}{92}.$$

31 袋中有 50 个乒乓球,其中 20 个是黄球,30 个是白球,今有两人依次随机地从袋中各取一球,取后不放回,则第二个人取得黄球的概率是_____.

1997 数学一,3分

知识点睛 0106 全概率公式,0107 古典型概率

分析 一般理解随机事件"第二个人取得黄球"与第一个人取得的是什么球有关,这就要用全概率公式来计算,但也可以用古典型概率来解,这会简单得多.

解法 1 设事件 A_i 表示第 i 个人取得黄球,$i=1,2$,则根据全概率公式,有
$$P(A_2) = P(A_1)P(A_2 \mid A_1) + P(\overline{A_1})P(A_2 \mid \overline{A_1}) = \frac{20}{50} \times \frac{19}{49} + \frac{30}{50} \times \frac{20}{49} = \frac{2}{5}.$$

解法 2 只考虑第二个人取得的球,这 50 个球中每一个都会等可能地被第二个人取到,而取到的黄球可能有 20 个,故所求概率为 $\frac{20}{50} = \frac{2}{5}$.应填 $\frac{2}{5}$.

32 设有来自三个地区的各 10 名、15 名和 25 名考生的报名表,其中女生的报名表分别为 3 份、7 份和 5 份,随机地取一地区的报名表,从中先后抽出两份:

1998 数学三,9分

(1)求先抽到的一份是女生表的概率 p;

（2）已知后抽到的一份是男生表，求先抽到的一份是女生表的概率 q.

知识点睛 0106 全概率公式，0109 条件概率

解 设事件

$H_i =$ "报名表是第 i 个地区考生的" $(i=1,2,3)$，

$A_j =$ "第 j 次抽到的报名表是男生表" $(j=1,2)$，

显然，$P(H_1) = P(H_2) = P(H_3) = \dfrac{1}{3}$，

$$P(A_1 \mid H_1) = \frac{7}{10}, \quad P(A_1 \mid H_2) = \frac{8}{15}, \quad P(A_1 \mid H_3) = \frac{20}{25}.$$

（1）由全概率公式，$p = P(\bar{A}_1) = \displaystyle\sum_{i=1}^{3} P(H_i) P(\bar{A}_1 \mid H_i) = \frac{1}{3}\left(\frac{3}{10} + \frac{7}{15} + \frac{5}{25}\right) = \frac{29}{90}$.

（2）当随机地取一个地区，如取第 1 个地区，即 H_1 发生时，$P(\bar{A}_1 \mid A_2) = \dfrac{3}{9}$；同理，当

H_2 发生时，$P(\bar{A}_1 \mid A_2) = \dfrac{7}{14}$；当 H_3 发生时，$P(\bar{A}_1 \mid A_2) = \dfrac{5}{24}$.

所以 $q = \dfrac{1}{3} \times \dfrac{3}{9} + \dfrac{1}{3} \times \dfrac{7}{14} + \dfrac{1}{3} \times \dfrac{5}{24} = \dfrac{25}{72}$.

§1.5 事件的独立性

🅚 1994 数学三，3 分

33 设 $0<P(A)<1, 0<P(B)<1, P(A \mid B) + P(\bar{A} \mid \bar{B}) = 1$，那么下列正确的选项是（　　）.

（A）A 与 B 相互独立 　　　　　　（B）A 与 B 相互对立

（C）A 与 B 互不相容 　　　　　　（D）A 与 B 互不独立

知识点睛 0109 条件概率，0111 事件的独立性

解法 1 因为 $P(A \mid B) = \dfrac{P(AB)}{P(B)}$，$P(\bar{A} \mid \bar{B}) = \dfrac{P(\bar{A}\bar{B})}{P(\bar{B})} = \dfrac{1-P(A \cup B)}{1-P(B)}$，所以

$$1 = \frac{P(AB)}{P(B)} + \frac{1 - P(A \cup B)}{1 - P(B)}$$

$$= \frac{P(AB)}{P(B)} + \frac{1 - P(A) - P(B) + P(AB)}{1 - P(B)}$$

$$= \frac{P(AB)}{P(B)} + 1 - \frac{P(A) - P(AB)}{1 - P(B)},$$

从而 $\dfrac{P(AB)}{P(B)} = \dfrac{P(A) - P(AB)}{1 - P(B)}$，整理得 $P(AB) = P(A)P(B)$. 应选（A）.

解法 2 注意到 $P(\bar{A} \mid \bar{B}) = 1 - P(A \mid \bar{B})$，又 $P(A \mid \bar{B}) = \dfrac{P(A\bar{B})}{P(\bar{B})}$，由题意知

$$1 = P(A \mid B) + P(\bar{A} \mid \bar{B}) = P(A \mid B) + 1 - P(A \mid \bar{B}),$$

即

$$P(A \mid B) = P(A \mid \bar{B}),$$

那么
$$\frac{P(AB)}{P(B)} = \frac{P(A\bar{B})}{P(\bar{B})} = \frac{P(A)-P(AB)}{1-P(B)}.$$

下同,故略.

【评注】 本例的解答过程实质上意味着:当 $0<P(A)<1,0<P(B)<1$ 时,事件 A 与 B 相互独立 $\Leftrightarrow P(A\mid B)+P(\bar{A}\mid \bar{B})=1 \Leftrightarrow P(A\mid B)=P(A\mid \bar{B})$.

34 设 A,B,C 三个事件两两独立,则 A,B,C 相互独立的充要条件是( ).

(A) A 与 BC 独立   (B) AB 与 $A\cup C$ 独立

(C) AB 与 AC 独立   (D) $A\cup B$ 与 $A\cup C$ 独立

知识点睛 0111 事件的独立性

分析 两两独立和相互独立是两个容易混淆的概念,相互独立则两两独立,反之不真,若 A,B,C 是两两独立的三个事件,则还需满足条件
$$P(ABC)=P(A)P(B)P(C)$$
才相互独立.

解 由题意,$P(ABC)=P(A)P(B)P(C)=P(A)P(BC)$,即当 A 与 BC 独立时,A,B,C 相互独立,应选(A).

35 对于任意两事件 A 和 B,( ).

(A)若 $AB\neq\varnothing$,则 A,B 一定独立   (B)若 $AB\neq\varnothing$,则 A,B 有可能独立

(C)若 $AB=\varnothing$,则 A,B 一定独立   (D)若 $AB=\varnothing$,则 A,B 一定不独立

知识点睛 0111 事件的独立性

分析 独立与互斥是两个不同的概念,本题可利用独立的充要条件 $P(AB)=P(A)P(B)$ 进行判断,可得正确选项(B).

解 若 $AB=\varnothing$,当 $P(A),P(B)$ 中至少有一个等于 0 时,(D)不成立.

当 $P(A),P(B)$ 均大于 0 时,(C)不成立.

若 $AB\neq\varnothing$,如果 $P(AB)=P(A)P(B)$,则 A 与 B 独立,否则 A 与 B 不独立.

故应选(B).

36 将一枚硬币独立地掷两次,引进事件:A_1="掷第一次出现正面",A_2="掷第二次出现正面",A_3="正、反面各出现一次",A_4="正面出现两次",则事件( ). 2003 数学三,4 分

(A) A_1,A_2,A_3 相互独立   (B) A_2,A_3,A_4 相互独立

(C) A_1,A_2,A_3 两两独立   (D) A_2,A_3,A_4 两两独立

知识点睛 0111 事件的独立性

36 题精解视频

解 按照相互独立与两两独立的定义进行验算即可,注意应先检查两两独立,若成立,再检验是否相互独立.因为
$$P(A_1)=\frac{1}{2}, \quad P(A_2)=\frac{1}{2}, \quad P(A_3)=\frac{1}{2}, \quad P(A_4)=\frac{1}{4},$$
且
$$P(A_1A_2)=\frac{1}{4}, \quad P(A_1A_3)=\frac{1}{4}, \quad P(A_2A_3)=\frac{1}{4}, \quad P(A_2A_4)=\frac{1}{4}, \quad P(A_1A_2A_3)=0,$$
可见有

$$P(A_1A_2) = P(A_1)P(A_2),$$
$$P(A_1A_3) = P(A_1)P(A_3),$$
$$P(A_2A_3) = P(A_2)P(A_3),$$
$$P(A_1A_2A_3) \neq P(A_1)P(A_2)P(A_3),$$
$$P(A_2A_4) \neq P(A_2)P(A_4),$$

故 A_1, A_2, A_3 两两独立但不相互独立；A_2, A_3, A_4 不两两独立更不相互独立.

故应选（C）.

【评注】本题用排除法更简便：因为 A_3, A_4 互斥，故 A_3, A_4 不相互独立，从而（B）、（D）排除.如果（A）正确，则（C）也正确，作为单项选择题必选（C）.

2014 数学一、数学三, 4 分

37 设两个随机事件 A 与 B 相互独立，且 $P(B) = 0.5$, $P(A-B) = 0.3$, 则 $P(B-A) = ($).

(A) 0.1   (B) 0.2   (C) 0.3   (D) 0.4

知识点睛 0111 事件的独立性

解 $P(A-B) = P(A) - P(AB) = P(A) - P(A)P(B) = P(A) - 0.5 P(A)$
$= 0.5 P(A) = 0.3,$

得 $P(A) = 0.6$, 则

$$P(B-A) = P(B) - P(AB) = P(B) - P(A)P(B) = 0.2.$$

应选（B）.

【评注】本题也可以利用独立的性质：

当 A 与 B 相互独立时，A 与 $\bar{B}$、$\bar{A}$ 与 B 也相互独立，则 $P(A-B) = P(A\bar{B}) = P(A)P(\bar{B})$, 可求出 $P(A)$.

同理 $P(B-A) = P(B\bar{A}) = P(B)P(\bar{A})$, 从而得到结论.

2018 数学一, 4 分

38 设随机事件 A 与 B 相互独立，A 与 C 相互独立，$BC = \varnothing$, 若

$$P(A) = P(B) = \frac{1}{2}, \quad P(AC \mid AB \cup C) = \frac{1}{4},$$

则 $P(C) = $ _____.

知识点睛 0109 条件概率，0111 事件的独立性

解 $P(AC \mid AB \cup C) = \dfrac{P(AC(AB \cup C))}{P(AB \cup C)} = \dfrac{1}{4},$

其中

$$P(AC(AB \cup C)) = P(ABC \cup AC) = P(AC) = P(A)P(C) = \frac{1}{2}P(C),$$

$$P(AB \cup C) = P(AB) + P(C) = P(A)P(B) + P(C) = \frac{1}{2} \times \frac{1}{2} + P(C) = \frac{1}{4} + P(C).$$

所以

$$\frac{1}{4} = \frac{\dfrac{1}{2}P(C)}{\dfrac{1}{4} + P(C)},$$

即

$$P(C) = \frac{1}{8} + \frac{1}{2}P(C),$$

得 $P(C) = \frac{1}{4}$. 应填 $\frac{1}{4}$.

39 设 A,B 是两个随机事件,且 $0<P(A)<1,P(B)>0,P(B\mid A)=P(B\mid \bar{A})$,则必有( ). 　1998 数学一,3 分

(A) $P(A\mid B)=P(\bar{A}\mid B)$　　　　(B) $P(A\mid B)\neq P(\bar{A}\mid B)$

(C) $P(AB)=P(A)P(B)$　　　　(D) $P(AB)\neq P(A)P(B)$

知识点睛 0109 条件概率, 0111 事件的独立性

解 利用条件概率和事件的独立性,不难得到答案为(C).

【评注】事实上,确定 A 与 B 独立等价于下列诸条件中任一条件均可:

(1) $P(AB)=P(A)P(B)$;

(2) $P(A\mid B)=P(A\mid \bar{B})$,$0<P(B)<1$;

(3) A 与 $\bar{B}$ 独立或者 $\bar{A}$ 与 $\bar{B}$ 独立;

(4) $P(A\mid B)=P(A)$,$P(B)>0$.

希望读者记住这些结论.

40 设两两相互独立的三事件 A,B 和 C 满足条件 $ABC=\varnothing$,$P(A)=P(B)=P(C)<$ 　1999 数学一,3 分
$\frac{1}{2}$,且已知 $P(A\cup B\cup C)=\frac{9}{16}$,则 $P(A)=$ _____.

知识点睛 0110 加法公式, 0111 事件的独立性

解 利用加法公式

$$P(A\cup B\cup C)=P(A)+P(B)+P(C)-P(AB)-P(BC)-P(AC)+P(ABC),$$

再加上两两独立性质,解得 $P(A)=\frac{1}{4}$. 应填 $\frac{1}{4}$.

【评注】其实题设条件 $P(A)<\frac{1}{2}$ 没有必要,因为求解方程中有一个增根 $P(A)=\frac{3}{4}$

是不可能要的,这一点可从 $P(A)\leqslant P(A\cup B\cup C)=\frac{9}{16}<\frac{3}{4}$ 直接得出.

41 设两个相互独立的事件 A 和 B 都不发生的概率为 $\frac{1}{9}$,A 发生 B 不发生的概 　2000 数学一,3 分
率与 B 发生 A 不发生的概率相等,则 $P(A)=$ _____.

知识点睛 0111 事件的独立性

解 由题设条件 $P(A\bar{B})=P(\bar{A}B)$ 推出 $P(A)=P(B)$,再加上 A,B 独立,解得
$P(A)=\frac{2}{3}$. 应填 $\frac{2}{3}$.

42 设 A,B,C 为三个随机事件,且 A 与 C 相互独立,B 与 C 相互独立,则 $A\cup B$ 　2017 数学三,4 分
与 C 相互独立的充要条件是( ).

（A）A 与 B 相互独立　　　　　　　　　　（B）A 与 B 互不相容

（C）AB 与 C 相互独立　　　　　　　　　　（D）AB 与 C 互不相容

知识点睛　0111 事件的独立性

解　$A \cup B$ 与 C 相互独立的充要条件是

$$P((A \cup B) \cap C) = P(A \cup B)P(C).$$

而

$$P((A \cup B) \cap C) = P(AC \cup BC) = P(AC) + P(BC) - P(AC \cap BC)$$
$$= P(AC) + P(BC) - P(ABC),$$
$$P(A \cup B)P(C) = [P(A) + P(B) - P(AB)]P(C)$$
$$= P(A)P(C) + P(B)P(C) - P(AB)P(C),$$

所以，$A \cup B$ 与 C 相互独立的充要条件为 $P(ABC) = P(AB)P(C)$，即 AB 与 C 相互独立.
应选（C）.

43　设 A,B,C 是三个相互独立的随机事件，且 $0 < P(C) < 1$，则在下列给定的四对事件中不相互独立的是（　　）.

（A）$\overline{A \cup B}$ 与 C　　　（B）$\overline{AC}$ 与 $\overline{C}$　　　（C）$\overline{A-B}$ 与 $\overline{C}$　　　（D）$\overline{AB}$ 与 $\overline{C}$

知识点睛　0111 事件的独立性

解　当 $P(C) < 1$，$P(AC) > 0$ 时，用反证法，如果 $\overline{AC}$ 与 $\overline{C}$ 独立，即 AC 与 C 独立，有

$$P(AC \cap C) = P(AC)P(C),$$

也就有 $P(AC) = P(AC)P(C)$，即 $P(C) = 1$，这与题设矛盾.应选（B）.

【评注】相互独立的随机事件 $A_1, A_2, \cdots, A_n$ 中任何一部分事件，包括它们之和、差、积、逆等运算的结果，必与其余的另一部分事件或它们之和、差、积、逆等运算的结果都是相互独立的.

因此（A）、（C）、（D）三对事件必为相互独立的.

44　一实习生用一台机器接连独立制造的 3 个同种零件中，第 i 个零件是不合格品的概率为 $p_i = \dfrac{1}{1+i}(i=1,2,3)$，以 X 表示 3 个零件中合格品的个数，求 $P\{X=2\}$.

知识点睛　0111 事件的独立性

解　设 A_i 表示第 i 个零件是不合格品，则

$$P(A_i) = p_i = \frac{1}{1+i} \quad (i=1,2,3),$$
$$P\{X=2\} = P(A_1\overline{A_2}\,\overline{A_3} \cup \overline{A_1}A_2\overline{A_3} \cup \overline{A_1}\,\overline{A_2}A_3)$$
$$= P(A_1)P(\overline{A_2})P(\overline{A_3}) + P(\overline{A_1})P(A_2)P(\overline{A_3}) + P(\overline{A_1})P(\overline{A_2})P(A_3)$$
$$= \frac{1}{2}\left(1-\frac{1}{3}\right)\left(1-\frac{1}{4}\right) + \frac{1}{2} \times \frac{1}{3}\left(1-\frac{1}{4}\right) + \frac{1}{2}\left(1-\frac{1}{3}\right)\frac{1}{4} = \frac{11}{24}.$$

45　三人独立地破译一份密码，已知各人能译出的概率分别为 $\dfrac{1}{5}, \dfrac{1}{3}, \dfrac{1}{4}$，问三人中至少有一个能将此密码译出的概率是多少？

知识点睛　0111 事件的独立性

解法 1 设 A,B,C 分别表示三人各自能够译出密码,根据题意 A,B,C 相互独立,且

$$P(A)=\frac{1}{5}, \quad P(B)=\frac{1}{3}, \quad P(C)=\frac{1}{4},$$

则所求概率为

$$P(A\cup B\cup C)=P(A)+P(B)+P(C)-P(AB)-P(AC)-P(BC)+P(ABC)$$
$$=P(A)+P(B)+P(C)-P(A)P(B)-P(A)P(C)-P(B)P(C)+P(A)P(B)P(C)$$
$$=\frac{1}{5}+\frac{1}{3}+\frac{1}{4}-\frac{1}{5}\times\frac{1}{3}-\frac{1}{5}\times\frac{1}{4}-\frac{1}{3}\times\frac{1}{4}+\frac{1}{5}\times\frac{1}{3}\times\frac{1}{4}=0.6.$$

解法 2 $P(A\cup B\cup C)=1-P(\overline{A\cup B\cup C})=1-P(\overline{A}\,\overline{B}\,\overline{C})$
$$=1-P(\overline{A})P(\overline{B})P(\overline{C})=1-\frac{4}{5}\times\frac{2}{3}\times\frac{3}{4}=\frac{3}{5}.$$

46 人的血型为 O,A,B,AB 型的概率分别是 0.46,0.40,0.11,0.03.今任意挑选五人,求下列事件的概率:

(1)恰有两人为 O 型;

(2)三人为 O 型,二人为 A 型;

(3)没有 AB 型.

知识点睛 0111 事件的独立性,0112 独立重复试验(伯努利概型)

解 本题可利用独立性解决,其中(1)、(3)可视为伯努利概型.

(1)两人为 O 型,三人为非 O 型,其中每人为 O 型的概率是 0.46,为非 O 型的概率为 $1-0.46=0.54$.故所求概率为

$$p_1=C_5^2\times0.46^2\times0.54^3=0.333.$$

(2)三人为 O 型,二人为 A 型,共有 C_5^3 种情形,故所求概率为

$$p_2=C_5^3\times0.46^3\times0.40^2=0.156.$$

(3)没有 AB 型,即五人都为非 AB 型,而每人为非 AB 型的概率是 $1-0.03=0.97$,故所求概率为

$$p_3=0.97^5=0.859.$$

47 一射手对同一目标独立地进行四次射击,若至少命中一次的概率为 $\frac{80}{81}$,则该射手的命中率为_____.

知识点睛 0112 独立重复试验

解 这是一个四重伯努利试验,设该射手的命中率为 p,则由伯努利概型计算公式,得

$$C_4^0p^0(1-p)^4=1-\frac{80}{81},$$

即 $p=\frac{2}{3}$.应填 $\frac{2}{3}$.

【评注】在 n 次独立重复试验中,记 $A=$"试验成功",$\overline{A}=$"试验失败",$P(A)=p(0<p<1)$,$P(\overline{A})=1-p$,则至少成功一次的概率为 $1-(1-p)^n$,至少失败一次的概率为 $1-p^n$,恰好成功 r 次的概率为 $C_n^r p^r(1-p)^{n-r}$.

48 某种日光灯使用 3000 h 以上的概率为 0.8,求 3 个日光灯在使用 3000 h 以后,

(1)都没有坏的概率;

(2)坏了一个的概率;

(3)最多只有一个坏了的概率.

知识点睛　0112 独立重复试验

解　本题可视为三重伯努利试验,利用二项概率公式,可得

(1)$P_3(3) = 0.8^3 = 0.512$.

(2)$P_3(2) = C_3^2 \times 0.8^2 \times 0.2 = 0.384$.

(3)$P_3(3) + P_3(2) = 0.896$.

K 1995 数学三,
8 分

49 假设一厂家生产的每台仪器以概率 0.7 可以直接出厂,以概率 0.3 需进一步调试,经调试后以概率 0.8 可以出厂,以概率 0.2 定为不合格品不能出厂.现该厂新生产了 $n(n \geq 2)$ 台仪器(假设各台仪器的生产过程相互独立).求:

(1)全部能出厂的概率 α;

(2)其中恰好有两件不能出厂的概率 β;

(3)其中至少有两件不能出厂的概率 θ.

知识点睛　0112 独立重复试验

解　设 A = "仪器需进一步调试",B = "仪器能出厂",则

$$P(B) = P(\bar{A} \cup AB) = P(\bar{A}) + P(AB)$$
$$= 1 - P(A) + P(A)P(B \mid A) = 0.94.$$

由二项概率公式可知:

(1)$\alpha = 0.94^n$.

(2)$\beta = C_n^2 \times 0.94^{n-2} \times 0.06^2$.

(3)$\theta = 1 - C_n^1 \times 0.94^{n-1} \times 0.06 - 0.94^n$.

50 甲、乙两个乒乓球运动员进行单打比赛,设每赛一局甲胜的概率为 0.6,乙胜的概率为 0.4.比赛既可采用三局两胜制,也可采用五局三胜制,问采用哪种赛制对甲更有利?

知识点睛　0112 独立重复试验

解　(1)采用三局两胜制.设 A_1 = "甲净胜两局",A_2 = "前两局甲、乙各胜一局,第三局甲胜",A = "甲胜",则 $A = A_1 \cup A_2$,而

$$P(A_1) = 0.6^2 = 0.36,$$
$$P(A_2) = (0.6^2 \times 0.4) \times 2 = 0.288,$$

所以,有

$$P(A) = P(A_1 \cup A_2) = P(A_1) + P(A_2) \quad (A_1 与 A_2 互不相容)$$
$$= 0.36 + 0.288 = 0.648.$$

(2)采用五局三胜制.设 B = "甲胜",B_1 = "前三局甲胜",B_2 = "前三局甲胜两局,乙胜一局,第四局甲胜",B_3 = "前四局中甲、乙各胜两局,第五局甲胜",则 B_1, B_2, B_3 互不相容,且 $B = B_1 \cup B_2 \cup B_3$,由题设知

$$P(B_1) = 0.6^3 = 0.216,$$
$$P(B_2) = C_3^2 \times 0.6^2 \times 0.4 \times 0.6 = 0.259,$$
$$P(B_3) = C_4^2 \times 0.6^2 \times 0.4^2 \times 0.6 = 0.207,$$

所以,甲胜的概率为

$$P(B) = P(B_1 \cup B_2 \cup B_3) = P(B_1) + P(B_2) + P(B_3)$$
$$= 0.216 + 0.259 + 0.207 = 0.682,$$

由于 $P(B) = 0.682 > P(A) = 0.648$,也就是说,采用五局三胜制时甲胜的概率要大于采用三局两胜制时甲胜的概率,所以,采用五局三胜制对甲更有利.

51 某电路系统由相互独立的 n 个元件 $A_1, A_2, \cdots, A_n$ 组成,已知每个元件的可靠性(正常运行的概率)为 $p(0<p<1)$,在元件串联连接或并联连接的情形下,试分别求系统的可靠性.

知识点睛 0112 独立重复试验

解 设事件 $A =$ "系统正常运行",$A_i =$ "第 i 个元件正常运行"($i = 1, 2, \cdots, n$),则 $P(A_i) = p$.

如51题图(1),在串联连接情形,"系统正常"相当于"每个元件都正常",即 $A = A_1 A_2 \cdots A_n$,因诸 $A_i(i = 1, 2, \cdots, n)$ 独立,故

$$P(A) = P(A_1)P(A_2) \cdots P(A_n) = p^n.$$

如51题图(2),在并联连接情形,"系统正常"相当于"至少有一元件正常",即 $A = \bigcup_{i=1}^{n} A_i$,由公式得

$$P(A) = 1 - (1 - p)^n.$$

若选择 $n = 10, p = 0.99$,代入以上表达式,可算得:在串联连接时 $P(A) = 0.99^{10} = 0.904$;在并联连接时,$P(A) = 1 - (1 - 0.99)^{10} \approx 1$.可见在题设条件下,并联连接优于串联连接.这也是家用电器采用并联连接的原因.

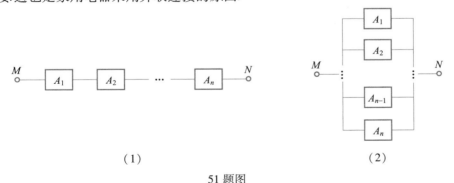

(1)   (2)

51 题图

§1.6 综合提高题

52 设事件 A 与事件 B 互不相容,则( ).

2009 数学三,4 分

(A) $P(\overline{AB}) = 0$ (B) $P(AB) = P(A)P(B)$

(C) $P(A) = 1 - P(B)$ (D) $P(\overline{A} \cup \overline{B}) = 1$

知识点睛　0103 事件的关系与运算,0111 事件的独立性

解　A 与 B 互不相容,即有 $A \cap B = \varnothing$,选项(B)是 A 与 B 相互独立的定义,如果 A 与 B 为对立事件,(C)就成立,所以(B)、(C)均不成立.

至于 $P(\overline{AB}) = 1 - P(A \cup B)$ 在 $A \cap B = \varnothing$ 时不能保证 $P(A \cup B) = 1$,(A)也不成立.根据排除法,答案必为(D),当然我们也可以直接推导(D)成立.

$A \cap B = \varnothing$,$P(\overline{A} \cup \overline{B}) = P(\overline{AB}) = 1 - P(A \cap B) = 1 - P(\varnothing) = 1$,(D)成立.应选(D).

2001 数学四,
3 分

53　对于任意两事件 A 和 B,与 $A \cup B = B$ 不等价的是(　　).

(A)$A \subset B$　　　　　(B)$\overline{B} \subset \overline{A}$.　　　　(C)$A\overline{B} = \varnothing$　　　　(D)$\overline{A}B = \varnothing$

知识点睛　0103 事件的关系与运算

解　$A \cup B = B$ 等价于 $A \subset B$,或等价于 $\overline{B} \subset \overline{A}$,或等价于 $A\overline{B} = \varnothing$,这就排除(A)、(B)、(C)三选项,只能选(D)了,也可以从(D)直接推得 $B \subset A$,不等价于 $A \cup B = B$.

故应选(D).

2019 数学一、
数学三,4 分

54　设 A,B 为随机事件,则 $P(A) = P(B)$ 的充要条件是(　　).

(A)$P(A \cup B) = P(A) + P(B)$　　　　　　(B)$P(AB) = P(A)P(B)$

(C)$P(A\overline{B}) = P(B\overline{A})$　　　　　　(D)$P(AB) = P(\overline{AB})$

知识点睛　0110 概率的基本公式

解　本题考查概率的加法、减法公式等基本性质.考查选项(C),有 $P(A\overline{B}) = P(A - B) = P(A) - P(AB)$,　而　$P(B\overline{A}) = P(B - A) = P(B) - P(AB)$,选项(C).$P(A\overline{B}) = P(B\overline{A})$,即 $P(A) - P(AB) = P(B) - P(AB)$ 等价于 $P(A) = P(B)$.应选(C).

55　设 A 和 B 是任意两个概率不为零的互不相容事件,则下列结论中肯定正确的是(　　).

(A)$\overline{A}$ 与 $\overline{B}$ 互不相容　　　　　　　　(B)$\overline{A}$ 与 $\overline{B}$ 相容

(C)$P(AB) = P(A)P(B)$　　　　　　　　(D)$P(A - B) = P(A)$

知识点睛　0103 事件的关系与运算

解　根据题意,A 和 B 是任意两个互不相容事件,$AB = \varnothing$,从而 $P(AB) = 0$. 故
$$P(A - B) = P(A) - P(AB) = P(A),$$
所以(D)项一定成立.

另外,由于 $P(A) \neq 0$,$P(B) \neq 0$,(C)项不可能成立.

值得注意的是(A)项和(B)项,有读者可能认为(A)项与(B)项是互逆的,总有一个是正确的.实际上,当 $AB = \varnothing$,$A \cup B \neq \Omega$ 时,(A)项不成立;当 $AB = \varnothing$ 且 $A \cup B = \Omega$ 时,(B)项不成立.

故应选(D).

【评注】选择题主要考查基本概念、性质、定理,一般来说难度并不太大.选择题大致可分为两类:概念性、理论性选择题和计算性选择题.对于前者,主要运用基本概念、定理、公理、公式、法则及逻辑关系等基本工具对问题进行分析和逻辑推理,从而确定正确答案.对于计算性选择题,需要经过计算才能选出正确选项.而有些问题的处理,则需要采用概念和计算相结合的方法.

56 对于任意两个随机事件 A 与 B,其对立的充要条件为(　　).

(A)A 与 B 至少有一个发生

(B)A 与 B 不同时发生

(C)A 与 B 至少必有一个发生,且 A 与 B 至少必有一个不发生

(D)A 与 B 至少必有一个不发生

知识点睛　0103 事件的关系与运算

解　A 与 B 对立 $\Leftrightarrow A \cup B = \Omega$ 且 $AB = \varnothing \Leftrightarrow \bar{A} \cup \bar{B} = \Omega$ 且 $\overline{AB} = \varnothing$,由此不难判定(C)正确.应选(C).

57 若 A, B 为任意两个随机事件,则(　　).

$\boxed{K}$ 2015 数学一、数学三,4 分

(A)$P(AB) \leqslant P(A)P(B)$　　　　　(B)$P(AB) \geqslant P(A)P(B)$

(C)$P(AB) \leqslant \dfrac{P(A)+P(B)}{2}$　　　　(D)$P(AB) \geqslant \dfrac{P(A)+P(B)}{2}$

知识点睛　0105 概率的基本性质,0110 概率的基本公式

解　对于(A)、(B)选项:当事件 A 与 B 独立时,$P(AB) = P(A)P(B)$.

而当 A, B 不独立时,$P(AB)$ 与 $P(A)P(B)$ 没有确定的关系,所以(A)、(B)选项错误.

对于(C)、(D)选项:由概率性质,有

$$P(A) \geqslant P(AB),$$
$$P(B) \geqslant P(AB),$$

两式相加,得

$$P(A) + P(B) \geqslant 2P(AB),$$

即 $P(AB) \leqslant \dfrac{P(A)+P(B)}{2}$.故应选(C).

【评注】本题考查概率的性质,解法多样,常见思路有:

(1)利用概率的单调性.

因为 $AB \subset A$,所以 $P(AB) \leqslant P(A)$,同理,$P(AB) \leqslant P(B)$.

因此,$P(A)+P(B) \geqslant 2P(AB)$,即 $P(AB) \leqslant \dfrac{P(A)+P(B)}{2}$.

(2)利用加法公式.

因为 $P(A \cup B) = P(A)+P(B)-P(AB)$,所以

$$P(A)+P(B)-2P(AB) = P(A \cup B)-P(AB) \geqslant 0$$

即 $P(A)+P(B) \geqslant 2P(AB)$,故 $P(AB) \leqslant \dfrac{P(A)+P(B)}{2}$.

58 设 A, B, C 为随机事件,$P(ABC) = 0$,且 $0 < P(C) < 1$,则一定有(　　).

(A)$P(ABC) = P(A)P(B)P(C)$　　　　(B)$P(A \cup B \mid C) = P(A \mid C)+P(B \mid C)$

(C)$P(A \cup B \cup C) = P(A)+P(B)+P(C)$　　(D)$P(A \cup B \mid \bar{C}) = P(A \mid \bar{C})+P(B \mid \bar{C})$

知识点睛　0109 条件概率

解　$P(A \cup B \mid C) = \dfrac{P(AC \cup BC)}{P(C)} = \dfrac{P(AC)+P(BC)}{P(C)} = P(A \mid C)+P(B \mid C)$.

应选（B）.

2016 数学三,
4 分

59 题精解视频

59   设 A,B 为两个随机事件,且 $0<P(A)<1,0<P(B)<1$,如果 $P(A\mid B)=1$,则(   ).

(A)$P(\bar{B}\mid\bar{A})=1$ (B)$P(A\mid\bar{B})=0$

(C)$P(A\cup B)=1$ (D)$P(B\mid A)=1$

知识点睛   0109 条件概率

解 $P(A\mid B)=1$,则 $P(\bar{A}\mid B)=0$,也就有 $P(\bar{A}B)=0$,$P(B\mid\bar{A})=0$ 得
$$P(\bar{B}\mid\bar{A})=1.$$
故应选（A）.

60   从 $0,1,2,\cdots,9$ 十个号码中随机取出四个号码,排成一个四位数,求这个四位数能被 5 整除的概率.

知识点睛   0107 随机抽球问题

解法 1   因为要构成四位数,故首位不是零,而能被 5 整除,则末位数是 0 或 5.
$$P(A)=\frac{\mathrm{P}_9^3+(\mathrm{P}_9^3-\mathrm{P}_8^2)}{\mathrm{P}_{10}^4-\mathrm{P}_9^3}=\frac{17}{81}.$$

解法 2   利用乘法原理,有
$$P(A)=\frac{9\times 8\times 7+8\times 8\times 7}{9\times 9\times 8\times 7}=\frac{17}{81}.$$

61   将 3 个球随机地放入 4 只杯子中去,求杯子中球的最大个数分别为 $1,2,3$ 的概率.

知识点睛   0107 随机分球问题

解   把 3 个球放入 4 只杯子中共有 4^3 种放法.

记 $A=$ "杯子中球的最大个数为 1".事件 A 即为从 4 只杯子中选出 3 只,然后将 3 个球放到 3 只杯子中去,每只杯子中有一个球,则 A 所含的样本点数为 $\mathrm{C}_4^3\cdot\mathrm{P}_3^3=24$,则
$$P(A)=\frac{24}{4^3}=\frac{3}{8}.$$

记 $B=$ "杯子中球的最大个数为 2".事件 B 即为从 4 只杯子中选出 1 只,再从 3 个球中选中 2 个放到此杯中,剩余 1 球放到另外 3 只杯子的某一个中,则 B 所含的样本点数为 $\mathrm{C}_4^1\cdot\mathrm{C}_3^2\cdot\mathrm{C}_3^1=36$.从而
$$P(B)=\frac{36}{4^3}=\frac{9}{16}.$$

记 $C=$ "杯子中球的最大个数为 3".类似地,C 所含的样本点数为 $\mathrm{C}_4^1\cdot\mathrm{C}_3^3=4$,从而
$$P(C)=\frac{4}{4^3}=\frac{1}{16}.$$

1988 数学二,
2 分

62   在区间 $(0,1)$ 中随机地取两个数,则事件 "两数之和小于 $\dfrac{6}{5}$" 的概率为_____.

知识点睛   0108 几何型概率

解   这是一个几何型概率问题,以 x,y 表示 $(0,1)$ 中随机地取得的两个数,则点 (x,y) 的全体是如 62 题图所示的正方形,而事件 "两数之和小于 $\dfrac{6}{5}$" 发生的充要条件为

$x+y<\dfrac{6}{5}$，即落在图中阴影部分的点 (x,y) 的全体.根据几何型概率的定义,所求的概率即为图中阴影部分面积与边长为 1 的正方形面积之比,即

$$P\left\{x+y<\frac{6}{5}\right\}=1-\frac{1}{2}\times\left(\frac{4}{5}\right)^2=\frac{17}{25}.$$

62 题图

应填 $\dfrac{17}{25}$.

63 从 5 双不同的鞋子中任取 4 只,这 4 只鞋子中至少有 2 只配成一双的概率是多少?

知识点睛 *0107 古典型概率*

解 由题意,样本空间所含的样本点数为 C_{10}^4,用 A 表示"4 只鞋子中至少有 2 只配成一双",则 $\overline{A}$ 表示"4 只鞋子中没有 2 只配成一双",$\overline{A}$ 的样本点数为 $C_5^4\times2^4$(先从 5 双鞋中任取 4 双,再从每双中任取一只),则

$$P(\overline{A})=\frac{C_5^4\times2^4}{C_{10}^4}=\frac{8}{21},$$

从而

$$P(A)=1-\frac{8}{21}=\frac{13}{21}.$$

64 在某城市中发行三种报纸 A、B、C.经调查,订阅 A 报的有 45%,订阅 B 报的有 35%,订阅 C 报的有 30%,同时订阅 A 及 B 报的有 10%,同时订阅 A 及 C 报的有 8%,同时订阅 B 及 C 报的有 5%,同时订阅 A、B、C 报的有 3%.试求下列事件的概率:

(1)只订 A 报的;(2)只订 A 及 B 报的;(3)只订一种报纸的;(4)恰好订两种报纸的;(5)至少订阅一种报纸的;(6)不订阅任何报纸的;(7)至多订阅一种报纸的.

知识点睛 *0110 概率的基本公式*

解 (1)$P(A\overline{B}\overline{C})=P(A-B-C)=P(A-(B\cup C))=P(A-A(B\cup C))$

$\qquad\qquad\quad =P(A)-P(A(B\cup C))=P(A)-P(AB)-P(AC)+P(ABC)$

$\qquad\qquad\quad =0.45-0.10-0.08+0.03=0.30.$

(2)$P(AB\overline{C})=P(AB-C)=P(AB-ABC)=P(AB)-P(ABC)$

$\qquad\qquad\quad =0.10-0.03=0.07.$

(3) $P(A\overline{B}\overline{C}\cup\overline{A}B\overline{C}\cup\overline{A}\overline{B}C)=P(A\overline{B}\overline{C})+P(\overline{A}B\overline{C})+P(\overline{A}\overline{B}C)$

$$= 0.30 + P(B - B(A \cup C)) + P(C - C(A \cup B))$$
$$= 0.30 + P(B) - P(AB) - P(BC) + P(ABC) + P(C) - P(CA) - P(CB) + P(ABC)$$
$$= 0.30 + 0.35 - 0.10 - 0.05 + 0.03 + 0.30 - 0.08 - 0.05 + 0.03 = 0.73.$$

(4) $P(AB\overline{C} \cup A\overline{B}C \cup \overline{A}BC) = P(AB\overline{C}) + P(A\overline{B}C) + P(\overline{A}BC)$
$$= P(AB) - P(ABC) + P(AC) - P(ABC) + P(BC) - P(ABC)$$
$$= P(AB) + P(AC) + P(BC) - 3 P(ABC)$$
$$= 0.10 + 0.08 + 0.05 - 3 \times 0.03 = 0.14.$$

(5) $P(A \cup B \cup C) = P(A) + P(B) + P(C) - P(AB) - P(AC) - P(BC) + P(ABC)$
$$= 0.45 + 0.35 + 0.30 - 0.10 - 0.08 - 0.05 + 0.03 = 0.90.$$

(6) $P(\overline{ABC}) = 1 - P(A \cup B \cup C) = 1 - 0.90 = 0.10.$

(7) $P(\overline{A}B C \cup A\overline{B}\,\overline{C} \cup \overline{A}B\overline{C} \cup \overline{A}\,\overline{B}C) = P(\overline{ABC}) + P(A\overline{B}\,\overline{C}) + P(\overline{A}B\overline{C}) + P(\overline{A}\,\overline{B}C)$
$$= 0.10 + 0.73 = 0.83.$$

65 在 1500 个产品中有 400 个次品、1100 个正品, 任取 200 个,

(1) 求恰有 90 个次品的概率;

(2) 求至少有 2 个次品的概率.

知识点睛 0107 古典型概率

解 (1) 产品的所有取法构成样本空间, 其中所含的样本点数为 C_{1500}^{200}, 用 A 表示 "取出的产品中恰有 90 个次品", 则 A 中的样本点数为 $C_{400}^{90} \cdot C_{1100}^{110}$, 因此

$$P(A) = \frac{C_{400}^{90} \cdot C_{1100}^{110}}{C_{1500}^{200}}.$$

(2) 用 B 表示"至少有 2 个次品", 则 $\overline{B}$ 表示"取出的产品中至多有一个次品", $\overline{B}$ 中的样本点数为 $C_{400}^{1}C_{1100}^{199} + C_{1100}^{200}$, 从而 $P(\overline{B}) = \dfrac{C_{400}^{1}C_{1100}^{199} + C_{1100}^{200}}{C_{1500}^{200}}$, 因此

$$P(B) = 1 - P(\overline{B}) = 1 - \frac{C_{400}^{1}C_{1100}^{199} + C_{1100}^{200}}{C_{1500}^{200}}.$$

66 假设一批产品中一、二、三等品各占 60%, 30%, 10%, 从中随机抽取出一件, 结果不是三等品, 则取到的是一等品的概率为_____.

知识点睛 0109 条件概率

解 设 A_i = "取到 i 等品", $i = 1, 2, 3$, 则根据题意, 知

$$P(A_1) = 0.6, \quad P(A_2) = 0.3, \quad P(A_3) = 0.1,$$

由条件概率公式, 易知

$$P(A_1 \mid \overline{A}_3) = \frac{P(A_1 \overline{A}_3)}{P(\overline{A}_3)} = \frac{P(A_1)}{1 - P(A_3)} = \frac{0.6}{0.9} = \frac{2}{3}.$$

应填 $\dfrac{2}{3}$.

67 设 $P(A) = a$, $P(B) = 0.3$, $P(\overline{A} \cup B) = 0.7$. 若事件 A 与 B 互不相容, 则 $a =$ _____. 若事件 A 与 B 相互独立, 则 $a =$ _____.

知识点睛 0110 概率的基本公式, 0111 事件的独立性

解 由概率的加法公式和概率的包含可减性, 知

$$P(\overline{A} \cup B) = P(\overline{A}) + P(B) - P(\overline{A}B) = P(\overline{A}) + P(B) - [P(B) - P(AB)]$$
$$= 1 - P(A) + P(AB),$$

由题设可知
$$0.7 = 1 - a + P(AB). \qquad ①$$

（1）若事件 A 与 B 互不相容，则 $AB = \varnothing$，$P(AB) = 0$，代入上式得 $a = 0.3$.

（2）若事件 A 与 B 相互独立，则有
$$P(AB) = P(A)P(B). \qquad ②$$

将②式代入①式右端，可得
$$0.7 = 1 - a + 0.3a,$$

于是解得 $a = \dfrac{3}{7}$. 应填 $0.3, \dfrac{3}{7}$.

68 一批产品共有 10 个正品和 2 个次品，任意抽取两次，每次抽出一个，抽出后不再放回，则第二次抽取的是次品的概率为_____. 〔1993 数学一，3分〕

知识点睛　0106 全概率公式

解　设 A 表示事件"第一次抽取的是正品"，B 表示事件"第二次抽取的是次品"，则
$$P(A) = \frac{5}{6}, \quad P(\overline{A}) = \frac{1}{6},$$

且
$$P(B \mid A) = \frac{2}{11}, \quad P(B \mid \overline{A}) = \frac{1}{11}.$$

由全概率公式，知
$$P(B) = P(A)P(B \mid A) + P(\overline{A})P(B \mid \overline{A}) = \frac{5}{6} \times \frac{2}{11} + \frac{1}{6} \times \frac{1}{11} = \frac{1}{6},$$

应填 $\dfrac{1}{6}$.

69 已知 $P(\overline{A}) = 0.3$，$P(B) = 0.4$，$P(A\overline{B}) = 0.5$，求 $P(B \mid A \cup \overline{B})$.

知识点睛　0109 条件概率，0110 概率的基本公式

解　由于 $A = AB \cup A\overline{B}$，且 $(AB) \cap (A\overline{B}) = \varnothing$，从而
$$P(A) = P(AB) + P(A\overline{B}),$$

所以，$P(AB) = P(A) - P(A\overline{B}) = 0.7 - 0.5 = 0.2$. 又
$$P(A \cup \overline{B}) = P(A) + P(\overline{B}) - P(A\overline{B}) = 0.7 + 0.6 - 0.5 = 0.8,$$

故
$$P(B \mid A \cup \overline{B}) = \frac{P(B \cap (A \cup \overline{B}))}{P(A \cup \overline{B})} = \frac{P(AB)}{P(A \cup \overline{B})} = \frac{0.2}{0.8} = 0.25.$$

70 已知 $P(A) = \dfrac{1}{4}$，$P(B \mid A) = \dfrac{1}{3}$，$P(A \mid B) = \dfrac{1}{2}$，求 $P(A \cup B)$.

知识点睛　0109 条件概率，0110 概率的基本公式

解　$P(AB) = P(B \mid A)P(A) = \dfrac{1}{3} \times \dfrac{1}{4} = \dfrac{1}{12}$,

$$P(A \mid B) = \frac{P(AB)}{P(B)} = \frac{1}{2}, 则 P(B) = \frac{1}{6},$$

$$P(A \cup B) = P(A) + P(B) - P(AB) = \frac{1}{4} + \frac{1}{6} - \frac{1}{12} = \frac{1}{3}.$$

◩2017 数学一, 4分

71 设 A, B 为随机事件,若 $0 < P(A) < 1, 0 < P(B) < 1$,则 $P(A \mid B) > P(A \mid \bar{B})$ 的充要条件是(   ).

(A) $P(B \mid A) > P(B \mid \bar{A})$ (B) $P(B \mid A) < P(B \mid \bar{A})$

(C) $P(\bar{B} \mid A) > P(B \mid \bar{A})$ (D) $P(\bar{B} \mid A) < P(B \mid \bar{A})$

知识点睛   0109 条件概率

解法1   题设条件 $P(A \mid B) > P(A \mid \bar{B})$ 等价于

$$\frac{P(AB)}{P(B)} > \frac{P(A\bar{B})}{P(\bar{B})} = \frac{P(A) - P(AB)}{1 - P(B)},$$

也就是

$$P(AB) - P(B)P(AB) > P(A)P(B) - P(B)P(AB),$$

即

$$P(AB) > P(A)P(B).$$

总之,$P(A \mid B) > P(A \mid \bar{B})$ 的充要条件为 $P(AB) > P(A)P(B)$.

对称地,有 $P(BA) > P(B)P(A)$,则充要条件为 $P(B \mid A) > P(B \mid \bar{A})$.应选(A).

解法2   选特殊情况 $A = B, 0 < P(A) < 1$,则

$$P(A \mid B) = P(A \mid A) = 1, \quad P(A \mid \bar{B}) = P(A \mid \bar{A}) = 0,$$

所以 $A = B$ 时条件 $P(A \mid B) > P(A \mid \bar{B})$ 成立.

现在考虑在 $A = B$ 条件下的四个选项:

(A) $P(B \mid A) = P(A \mid A) = 1, P(B \mid \bar{A}) = P(A \mid \bar{A}) = 0$,故 $P(B \mid A) > P(B \mid \bar{A})$ 成立.

(B) 显然,$P(B \mid A) < P(B \mid \bar{A})$ 不成立.

(C) $P(\bar{B} \mid A) = P(\bar{A} \mid A) = 0, P(B \mid \bar{A}) = P(A \mid \bar{A}) = 0$,故 $P(\bar{B} \mid A) > P(B \mid \bar{A})$ 不成立.

(D) 显然,$P(\bar{B} \mid A) < P(B \mid \bar{A})$ 也不成立.

总之(B)、(C)、(D)不可能是 $P(A \mid B) > P(A \mid \bar{B})$ 的充要条件.因为 $A = B$ 时,题设条件成立,而(B)、(C)、(D)均不成立.应选(A).

72 某人忘记了银行卡密码的最后一位数字,因而他随机按号,求他按号不超过三次而输入正确数字的概率.若已知最后一个数是偶数,问此概率是多少?

知识点睛   0109 条件概率

解法1   设 $A_i =$ "第 i 次按号按对",$i = 1, 2, 3, A =$ "按号不超过三次而按对",则 $A = A_1 \cup \bar{A}_1 A_2 \cup \bar{A}_1 \bar{A}_2 A_3$,且三者互斥,故有

$$P(A) = P(A_1) + P(\bar{A}_1)P(A_2 \mid \bar{A}_1) + P(\bar{A}_1)P(\bar{A}_2 \mid \bar{A}_1)P(A_3 \mid \bar{A}_1\bar{A}_2),$$

于是

$$P(A) = \frac{1}{10} + \frac{9}{10} \times \frac{1}{9} + \frac{9}{10} \times \frac{8}{9} \times \frac{1}{8} = \frac{3}{10}.$$

同理,设 $B =$ "已知最后一个是偶数,按号不超过三次而按对",则

$$P(B) = \frac{1}{5} + \frac{4}{5} \times \frac{1}{4} + \frac{4}{5} \times \frac{3}{4} \times \frac{1}{3} = \frac{3}{5}.$$

解法 2 $\bar{A}$ = "按号三次都不对",故

$$P(A) = 1 - P(\bar{A}) = 1 - P(\bar{A}_1 \bar{A}_2 \bar{A}_3) = 1 - P(\bar{A}_1)P(\bar{A}_2 \mid \bar{A}_1)P(\bar{A}_3 \mid \bar{A}_1 \bar{A}_2)$$

$$= 1 - \frac{9}{10} \times \frac{8}{9} \times \frac{7}{8} = \frac{3}{10}.$$

同理,$P(B) = 1 - \frac{4}{5} \times \frac{3}{4} \times \frac{2}{3} = \frac{3}{5}.$

73 (1)设 A,B,C 是三个事件,且 $P(A) = P(B) = P(C) = \frac{1}{4}$,$P(AB) = P(BC) = 0$,$P(AC) = \frac{1}{8}$,求 A,B,C 至少有一个发生的概率;

(2)已知 $P(A) = \frac{1}{2}$,$P(B) = \frac{1}{3}$,$P(C) = \frac{1}{5}$,$P(AB) = \frac{1}{10}$,$P(AC) = \frac{1}{15}$,$P(BC) = \frac{1}{20}$,$P(ABC) = \frac{1}{30}$,求 $A \cup B$,$\overline{AB}$,$A \cup B \cup C$,$\overline{ABC}$,$\overline{A}\,\overline{B}C$,$\overline{A}\,\overline{B} \cup C$ 的概率;

(3)已知 $P(A) = \frac{1}{2}$,①若 A,B 互不相容,求 $P(A\bar{B})$;②若 $P(AB) = \frac{1}{8}$,求 $P(A\bar{B})$.

知识点睛 0109 条件概率,0110 概率的基本公式

解 (1)$P(A \cup B \cup C) = P(A) + P(B) + P(C) - P(AB) - P(BC) - P(AC) + P(ABC)$

$$= \frac{5}{8} + P(ABC).$$

由 $ABC \subset AB$,已知 $P(AB) = 0$,故 $0 \leqslant P(ABC) \leqslant P(AB) = 0$,得 $P(ABC) = 0$. 所求概率为

$$P(A \cup B \cup C) = \frac{5}{8}.$$

(2)由题意,有

$$P(A \cup B) = P(A) + P(B) - P(AB) = \frac{1}{2} + \frac{1}{3} - \frac{1}{10} = \frac{11}{15}.$$

$$P(\bar{A}\bar{B}) = P(\overline{A \cup B}) = 1 - P(A \cup B) = \frac{4}{15}.$$

$$P(A \cup B \cup C) = P(A) + P(B) + P(C) - P(AB) - P(AC) - P(BC) + P(ABC)$$

$$= \frac{1}{2} + \frac{1}{3} + \frac{1}{5} - \frac{1}{10} - \frac{1}{15} - \frac{1}{20} + \frac{1}{30} = \frac{17}{20}.$$

$$P(\bar{A}\,\overline{BC}) = P(\overline{A \cup B \cup C}) = 1 - P(A \cup B \cup C) = \frac{3}{20}.$$

$$P(\bar{A}\,\overline{B}C) = P(\bar{A}\bar{B} - \bar{A}\,\overline{BC}) = P(\bar{A}\bar{B}) - P(\bar{A}\,\overline{BC}) = \frac{4}{15} - \frac{3}{20} = \frac{7}{60}.$$

$$P(\bar{A}\bar{B} \cup C) = P(\bar{A}\bar{B}) + P(C) - P(\bar{A}\bar{B}C) = \frac{4}{15} + \frac{1}{5} - \frac{7}{60} = \frac{7}{20}.$$

(3)由题意,有

① $P(A\bar{B}) = P(A) - P(AB) = \frac{1}{2}.$

② $P(A\overline{B}) = P(A) - P(AB) = \dfrac{1}{2} - \dfrac{1}{8} = \dfrac{3}{8}$.

74 一学生接连参加同一课程的两次考试,第一次考试及格的概率为 p,若第一次及格,则第二次及格的概率也为 p;若第一次不及格则第二次及格的概率为 $\dfrac{p}{2}$.

(1)若至少有一次及格他能取得某种资格,求他取得该资格的概率.

(2)若已知他第二次已经及格,求他第一次及格的概率.

知识点睛 0106 贝叶斯公式

解 (1)设 A="他取得该资格",B_i="第 i 次及格",$i = 1, 2$. 则

$$A = B_1 \cup B_2, \quad B_2 = B_1 B_2 \cup \overline{B_1} B_2,$$

从而

$$\begin{aligned}
P(A) &= P(B_1) + P(B_2) - P(B_1 B_2) \\
&= p + P(B_1 B_2) + P(\overline{B_1} B_2) - P(B_1 B_2) \\
&= p + P(\overline{B_1}) P(B_2 \mid \overline{B_1}) = p + (1 - p)\frac{p}{2} \\
&= \frac{1}{2}(3p - p^2).
\end{aligned}$$

(2)所求概率为

$$\begin{aligned}
P(B_1 \mid B_2) &= \frac{P(B_1 B_2)}{P(B_2)} = \frac{P(B_1) P(B_2 \mid B_1)}{P(B_1) P(B_2 \mid B_1) + P(\overline{B_1}) P(B_2 \mid \overline{B_1})} \\
&= \frac{p^2}{p^2 + (1 - p)\dfrac{p}{2}} = \frac{2p^2}{p^2 + p} = \frac{2p}{p + 1}.
\end{aligned}$$

75 盒中有 12 个乒乓球,其中 9 个是新的,第一次比赛时从盒中任取 3 个,用后仍放回盒中,第二次比赛时再从盒中任取 3 个.求第二次取出的球都是新球的概率.若已知第二次取出的球都是新球,求第一次取到的球都是新球的概率.

知识点睛 0106 全概率公式、贝叶斯公式

解 设 A_i="第一次取出 i 个新球",$i = 0, 1, 2, 3$. B_j="第二次取出 j 个新球",$j = 0, 1, 2, 3$.

由于 A_0, A_1, A_2, A_3 是完备事件组,且

$$P(A_i) = \frac{C_9^i C_3^{3-i}}{C_{12}^3}, \quad P(B_3 \mid A_i) = \frac{C_{9-i}^3}{C_{12}^3} \quad (i = 0, 1, 2, 3),$$

由全概率公式,可得

$$P(B_3) = \sum_{i=0}^{3} P(A_i) P(B_3 \mid A_i) = \sum_{i=0}^{3} \left(\frac{C_9^i C_3^{3-i}}{C_{12}^3} \times \frac{C_{9-i}^3}{C_{12}^3} \right) = \frac{441}{3025}.$$

由贝叶斯公式,得

$$P(A_3 \mid B_3) = \frac{P(A_3) P(B_3 \mid A_3)}{P(B_3)} = 0.238.$$

76 已知 100 件产品中有 10 件正品,每次使用这些正品时肯定不会发生故障,而

在每次使用非正品时均有0.1的可能性发生故障.现从这100件产品中随机抽取一件,若使用了 n 次均未发生故障,问 n 为多大时,才能有70%的把握认为所得的产品为正品.

知识点睛 0106 贝叶斯公式

解 设 $A_1=$"取出正品", $A_2=$"取出非正品", $B=$"使用 n 次均无故障",则

$$P(A_1)=\frac{10}{100},\quad P(A_2)=\frac{90}{100},$$

按题设应有 $P(A_1|B)\geqslant 0.70$,而

$$P(A_1|B)=\frac{P(A_1)P(B|A_1)}{P(A_1)P(B|A_1)+P(A_2)P(B|A_2)}$$

$$=\frac{0.1\times 1}{0.1\times 1+0.9\times(0.9)^n},$$

所以应是 $\dfrac{0.1}{0.1+0.9^{n+1}}\geqslant 0.7$,得 $n\geqslant 29$.

77 将两信息分别编码为 A 和 B 传递出去,接收站收到时,A 被误收作 B 的概率为0.02,而 B 被误收作 A 的概率为0.01,信息 A 与信息 B 传递的频繁程度为 $2:1$,若接收站收到的信息是 A,问原发信息是 A 的概率是多少?

知识点睛 0106 贝叶斯公式

解 设 B_1,B_2 分别表示发报台发出信号"A"及"B",又以 A_1,A_2 分别表示收报台收到信号"A"及"B".则有

$$P(B_1)=\frac{2}{3},\qquad P(B_2)=\frac{1}{3},$$
$$P(A_1|B_1)=0.98,\quad P(A_2|B_1)=0.02,$$
$$P(A_1|B_2)=0.01,\quad P(A_2|B_2)=0.99,$$

从而

$$P(B_1|A_1)=\frac{P(B_1)\cdot P(A_1|B_1)}{P(B_1)P(A_1|B_1)+P(B_2)P(A_1|B_2)}$$

$$=\frac{\frac{2}{3}\times 0.98}{\frac{2}{3}\times 0.98+\frac{1}{3}\times 0.01}=\frac{196}{197}.$$

78 甲、乙、丙三门高射炮向同一架飞机射击,设甲、乙、丙炮射中飞机的概率分别是0.4,0.5,0.7.又设若只有一门炮射中,飞机坠毁的概率为0.2;若有两门炮射中,飞机坠毁的概率为0.6;若三门炮都射中,飞机必坠毁.试求飞机坠毁的概率.

知识点睛 0106 全概率公式

解 设 $B=$"飞机坠毁",$A_i=$"i 门炮射中飞机"($i=1,2,3$).显然,A_1,A_2,A_3 构成完备事件组.三门高射炮各自射击飞机,射中与否相互独立,按加法公式及乘法公式,得

$$P(A_1)=0.4\times(1-0.5)\times(1-0.7)+(1-0.4)\times 0.5\times(1-0.7)$$
$$+(1-0.4)\times(1-0.5)\times 0.7=0.36,$$

$$P(A_2) = 0.4 \times 0.5 \times (1 - 0.7) + 0.4 \times (1 - 0.5) \times 0.7$$
$$+ (1 - 0.4) \times 0.5 \times 0.7 = 0.41,$$
$$P(A_3) = 0.4 \times 0.5 \times 0.7 = 0.14,$$

再由题意知

$$P(B \mid A_1) = 0.2, \quad P(B \mid A_2) = 0.6, \quad P(B \mid A_3) = 1,$$

利用全概率公式,得

$$P(B) = \sum_{i=1}^{3} P(A_i)P(B \mid A_i) = 0.36 \times 0.2 + 0.41 \times 0.6 + 0.14 \times 1 = 0.458.$$

2022 数学一、
数学三,5 分

79 题精解视频

79 设 A,B,C 为三个随机事件,A 与 B 互不相容,A 与 C 互不相容,B 与 C 相互独立,且 $P(A) = P(B) = P(C) = \dfrac{1}{3}$,则 $P[(B \cup C) \mid (A \cup B \cup C)] = \underline{\quad\quad}$.

知识点睛 0103 事件的关系与运算,0109 条件概率,0111 事件的独立性

解 由题意知,$P(AB) = 0, P(AC) = 0, P(BC) = P(B)P(C) = \dfrac{1}{9}$,由条件概率公式,得

$$P[(B \cup C) \mid (A \cup B \cup C)] = \frac{P[(B \cup C) \cap (A \cup B \cup C)]}{P(A \cup B \cup C)}$$

$$= \frac{P(B \cup C)}{P(A \cup B \cup C)} = \frac{P(B) + P(C) - P(BC)}{P(A) + P(B) + P(C) - P(AB) - P(BC) - P(AC) + P(ABC)}$$

$$= \frac{P(B) + P(C) - P(BC)}{P(A) + P(B) + P(C) - P(BC)} = \frac{\dfrac{1}{3} + \dfrac{1}{3} - \dfrac{1}{9}}{\dfrac{1}{3} + \dfrac{1}{3} + \dfrac{1}{3} - \dfrac{1}{9}} = \frac{5}{8}.$$

应填 $\dfrac{5}{8}$.

【评注】利用事件的关系及概率的性质求条件概率,属于常考的重点题型,考生一定要掌握.

80 根据以往记录的数据分析,某船只运输的某种物品损坏的情况共有三种:损坏 2%(这事件记为 A_1),损坏 10%(事件 A_2),损坏 90%(事件 A_3),且知 $P(A_1) = 0.8$,$P(A_2) = 0.15$,$P(A_3) = 0.05$,现在从已被运输的物品中随机地取 3 件,发现这 3 件都是好的(这一事件记为 B),试求 $P(A_1 \mid B)$,$P(A_2 \mid B)$,$P(A_3 \mid B)$(这里设物品件数多,取出一件后不影响后一件是否为好品的概率).

知识点睛 0106 全概率公式、贝叶斯公式

解 从三种情况中取得一件产品为好产品的概率分别为 98%,90%,10%,于是有

$$P(B \mid A_1) = (0.98)^3, \quad P(B \mid A_2) = (0.9)^3, \quad P(B \mid A_3) = (0.1)^3,$$

又因为 A_1, A_2, A_3 是 S 的一个划分,且

$$P(A_1) = 0.8, \quad P(A_2) = 0.15, \quad P(A_3) = 0.05,$$

由全概率公式,有

$$P(B) = P(B \mid A_1)P(A_1) + P(B \mid A_2)P(A_2) + P(B \mid A_3)P(A_3)$$

$$= (0.98)^3 \times 0.8 + (0.9)^3 \times 0.15 + (0.1)^3 \times 0.05$$
$$= 0.862\ 353\ 6,$$

由贝叶斯公式,有

$$P(A_1 \mid B) = \frac{P(B \mid A_1)P(A_1)}{\sum_{i=1}^{3} P(B \mid A_i)P(A_i)} = \frac{0.752\ 953\ 6}{0.862\ 353\ 6} = 0.8731.$$

同理 $P(A_2 \mid B) = 0.1268, P(A_3 \mid B) = 0.0001$.

81 将 A, B, C 三个字母之一输入信道,输出为原字母的概率为 α,而输出为其他一字母的概率都是 $\frac{1-\alpha}{2}$,今将字母串 $AAAA, BBBB, CCCC$ 之一输入信道,输入 $AAAA$, $BBBB, CCCC$ 的概率分别为 $p_1, p_2, p_3 (p_1 + p_2 + p_3 = 1)$,已知输出为 $ABCA$,问输入的是 $AAAA$ 的概率是多少?(设信道传输各个字母的工作是相互独立的)

知识点睛 0106 贝叶斯公式

解 用 A 表示输入 $AAAA$ 的事件,用 B 表示输入 $BBBB$ 的事件,用 C 表示输入 $CCCC$ 的事件,用 H 表示输出 $ABCA$.

由于每个字母的输出是相互独立的,于是有

$$P(H \mid A) = \alpha^2 \left(\frac{1-\alpha}{2} \right)^2 = \frac{\alpha^2(1-\alpha)^2}{4},$$

$$P(H \mid B) = \alpha \left(\frac{1-\alpha}{2} \right)^3 = \frac{\alpha(1-\alpha)^3}{8},$$

$$P(H \mid C) = \alpha \left(\frac{1-\alpha}{2} \right)^3 = \frac{\alpha(1-\alpha)^3}{8}.$$

又 $P(A) = p_1, P(B) = p_2, P(C) = p_3$,故由贝叶斯公式,得

$$P(A \mid H) = \frac{P(H \mid A) \cdot P(A)}{P(H \mid A) \cdot P(A) + P(H \mid B) \cdot P(B) + P(H \mid C) \cdot P(C)}$$

$$= \frac{\dfrac{\alpha^2(1-\alpha)^2}{4} \cdot p_1}{\dfrac{\alpha^2(1-\alpha)^2}{4} \cdot p_1 + \dfrac{\alpha(1-\alpha)^3}{8} \cdot p_2 + \dfrac{\alpha(1-\alpha)^3}{8} \cdot p_3}$$

$$= \frac{2\alpha p_1}{(3\alpha - 1)p_1 + 1 - \alpha}.$$

82 A, B, C 三人在同一办公室工作,房间里有三部电话.据统计知,打给 A, B, C 电话的概率分别为 $\frac{2}{5}, \frac{2}{5}, \frac{1}{5}$,他们三人常因工作外出,$A, B, C$ 外出的概率分别为 $\frac{1}{2}$, $\frac{1}{4}, \frac{1}{4}$,设三人的行动相互独立,求

(1)无人接电话的概率;

(2)被呼叫人在办公室的概率;

若某一段时间打进 3 个电话,求

（3）这 3 个电话打给同一个人的概率；

（4）这 3 个电话打给不相同的人的概率；

（5）这 3 个电话都打给 B 而 B 都不在的概率.

知识点睛   0111 事件的独立性

解   以 A,B,C 表示电话打给 A,B,C,A_1,B_1,C_1 表示 A,B,C 在办公室.

（1）设 $D_1=$ "无人接电话"，则 $D_1=\overline{A}_1\overline{B}_1\overline{C}_1$，有

$$P(D_1)=P(\overline{A}_1\,\overline{B}_1\,\overline{C}_1)=P(\overline{A}_1)P(\overline{B}_1)P(\overline{C}_1)=\frac{1}{2}\times\frac{1}{4}\times\frac{1}{4}=\frac{1}{32}.$$

（2）设 $D_2=$ "被呼叫人在办公室"，则 $D_2=AA_1\cup BB_1\cup CC_1$，有

$$P(D_2)=P(AA_1)+P(BB_1)+P(CC_1)=\frac{2}{5}\times\frac{1}{2}+\frac{2}{5}\times\frac{3}{4}+\frac{1}{5}\times\frac{3}{4}=\frac{13}{20}.$$

（3）设 $D_3=$ "3 个电话打给同一个人"，则

3 个电话都打给 A 的概率为 $[P(A)]^3=\dfrac{8}{125}$，

3 个电话都打给 B 的概率为 $[P(B)]^3=\dfrac{8}{125}$，

3 个电话都打给 C 的概率为 $[P(C)]^3=\dfrac{1}{125}$，

所以

$$P(D_3)=\frac{8}{125}+\frac{8}{125}+\frac{1}{125}=\frac{17}{125}.$$

（4）设 $D_4=$ "3 个电话打给不同的人".第一个电话打给 A，第二个打给 B，第三个打给 C 的概率为

$$P(ABC)=\frac{2}{5}\times\frac{2}{5}\times\frac{1}{5}=\frac{4}{125},$$

这样的事件有 $3!=6$ 个，所以

$$P(D_4)=\frac{4\times3!}{125}=\frac{24}{125}.$$

（5）设 $D_5=$ "3 个电话都打给 B 但 B 都不在"，则

$$P(D_5)=[P(\overline{B}_1\mid B)]^3=\left(\frac{1}{4}\right)^3=\frac{1}{64}.$$

83   加工某一零件共需经过四道工序,设第一、二、三、四道工序的次品率分别为 0.02,0.03,0.05 和 0.03.假设各道工序是互不影响的,求加工出来的零件的次品率.

知识点睛   0111 事件的独立性

解   设 $A_i=$ "第 i 道工序出次品"，$i=1,2,3,4$；$A=$ "零件为次品"，则

$$A=A_1\cup A_2\cup A_3\cup A_4.$$

由题设，A_1,A_2,A_3,A_4 相互独立，故 $\overline{A}_1,\overline{A}_2,\overline{A}_3,\overline{A}_4$ 也相互独立，从而

$$P(A)=P(A_1\cup A_2\cup A_3\cup A_4)=1-P(\overline{A_1\cup A_2\cup A_3\cup A_4})$$
$$=1-P(\overline{A}_1\overline{A}_2\overline{A}_3\overline{A}_4)=1-P(\overline{A}_1)P(\overline{A}_2)P(\overline{A}_3)P(\overline{A}_4)$$

$$= 1 - 0.98 \times 0.97 \times 0.95 \times 0.97 = 0.124.$$

84 设 A, B 是任意二事件,其中 A 的概率不等于 0 和 1,证明 $P(B|A) = P(B|\bar{A})$ 是事件 A 与 B 独立的充分必要条件.

知识点睛 0109 条件概率, 0111 事件的独立性

证 由于 A 的概率不等于 0 和 1,知题中两个条件概率都存在.

(1)必要性.由事件 A 与 B 独立,知事件 $\bar{A}$ 与 B 也独立.因此

$$P(B|A) = P(B), \quad P(B|\bar{A}) = P(B),$$

从而 $P(B|A) = P(B|\bar{A})$.

(2)充分性.由 $P(B|A) = P(B|\bar{A})$,可见

$$\frac{P(AB)}{P(A)} = \frac{P(\bar{A}B)}{P(\bar{A})} = \frac{P(B) - P(AB)}{1 - P(A)},$$

或

$$P(AB)[1 - P(A)] = P(A)P(B) - P(A)P(AB),$$

从而 $P(AB) = P(A)P(B)$.因此 A 与 B 独立.

85 今有甲、乙两名射手轮流对同一目标进行射击,甲命中的概率为 p_1,乙命中的概率为 p_2,甲先射,谁先命中谁得胜,分别求甲、乙二人获胜的概率.

知识点睛 0110 概率的基本公式, 0111 事件的独立性

分析 一般假定甲、乙二人射击命中与否是相互独立的,问题在于如何表示出事件"甲获胜""乙获胜",若令 A、B 分别表示"甲获胜""乙获胜",$A_i, B_i(i=1,2,\cdots)$ 分别表示"甲第 i 次射击命中""乙第 i 次射击命中",则有

$$A = A_1 \cup \bar{A}_1 \bar{B}_1 A_2 \cup \bar{A}_1 \bar{B}_1 \bar{A}_2 \bar{B}_2 A_3 \cup \cdots,$$
$$B = \bar{A}_1 B_1 \cup \bar{A}_1 \bar{B}_1 \bar{A}_2 B_2 \cup \bar{A}_1 \bar{B}_1 \bar{A}_2 \bar{B}_2 \bar{A}_3 B_3 \cup \cdots.$$

再注意到 A, B 表示式中的诸事件互不相容,剩下的问题是利用加法公式和独立性计算 $P(A), P(B)$.

解 令 A, B 分别表示"甲获胜""乙获胜",$A_i, B_i(i=1,2,\cdots)$ 分别表示"甲第 i 次射击命中""乙第 i 次射击命中",则有

$$A = A_1 \cup \bar{A}_1 \bar{B}_1 A_2 \cup \bar{A}_1 \bar{B}_1 \bar{A}_2 \bar{B}_2 A_3 \cup \cdots,$$
$$B = \bar{A}_1 B_1 \cup \bar{A}_1 \bar{B}_1 \bar{A}_2 B_2 \cup \bar{A}_1 \bar{B}_1 \bar{A}_2 \bar{B}_2 \bar{A}_3 B_3 \cup \cdots,$$

因而

$$\begin{aligned}
P(A) &= P(A_1) + P(\bar{A}_1 \bar{B}_1 A_2) + P(\bar{A}_1 \bar{B}_1 \bar{A}_2 \bar{B}_2 A_3) + \cdots \\
&= P(A_1) + P(\bar{A}_1)P(\bar{B}_1)P(A_2) \\
&\quad + P(\bar{A}_1)P(\bar{B}_1)P(\bar{A}_2)P(\bar{B}_2)P(A_3) + \cdots \\
&= p_1 + (1-p_1)(1-p_2)p_1 + (1-p_1)^2(1-p_2)^2 p_1 + \cdots \\
&= \frac{p_1}{1 - (1-p_1)(1-p_2)} = \frac{p_1}{p_1 + p_2 - p_1 p_2}.
\end{aligned}$$

$$\begin{aligned}
P(B) &= P(\bar{A}_1 B_1) + P(\bar{A}_1 \bar{B}_1 \bar{A}_2 B_2) + P(\bar{A}_1 \bar{B}_1 \bar{A}_2 \bar{B}_2 \bar{A}_3 B_3) + \cdots \\
&= P(\bar{A}_1)P(B_1) + P(\bar{A}_1)P(\bar{B}_1)P(\bar{A}_2)P(B_2) \\
&\quad + P(\bar{A}_1)P(\bar{B}_1)P(\bar{A}_2)P(\bar{B}_2)P(\bar{A}_3)P(B_3) + \cdots
\end{aligned}$$

$$= (1-p_1)p_2 + (1-p_1)^2(1-p_2)p_2 + (1-p_1)^3(1-p_2)^2 p_2 + \cdots$$

$$= \frac{(1-p_1)p_2}{1-(1-p_1)(1-p_2)} = \frac{(1-p_1)p_2}{p_1+p_2-p_1 p_2}.$$

另外,由 A 与 B 互为逆事件,则 $P(B)=1-P(A)$,也可得到结论.

86 甲、乙两人投篮命中率分别为 0.7 与 0.8,每人投篮 3 次,求:

(1)两人进球数相等的概率; (2)甲比乙进球多的概率.

知识点睛 0111 事件的独立性, 0112 独立重复试验

解 甲、乙各投篮 3 次,分别为 3 重伯努利概型.设

$A_i = \{$甲在 3 次投篮中投进 i 个球$\}$,$i=0,1,2,3$,

$B_i = \{$乙在 3 次投篮中投进 i 个球$\}$,$i=0,1,2,3$,

$C = \{$甲、乙两人进球数相等$\}$,

$D = \{$甲比乙进球多$\}$.

又知 A_i 与 $B_i(i=0,1,2,3)$ 是独立的,所以

$$P(A_0) = 0.3^3 = 0.027, \qquad\qquad P(A_1) = C_3^1 \times 0.7 \times 0.3^2 = 0.189,$$

$$P(A_2) = C_3^2 \times 0.7^2 \times 0.3 = 0.441, \quad P(A_3) = 0.7^3 = 0.343.$$

同理可得

$$P(B_0) = 0.008, \quad P(B_1) = 0.096, \quad P(B_2) = 0.384, \quad P(B_3) = 0.512.$$

(1)因为 $A_0 B_0, A_1 B_1, A_2 B_2, A_3 B_3$ 两两互不相容,所以

$$\begin{aligned}
P(C) &= P(A_0 B_0 \cup A_1 B_1 \cup A_2 B_2 \cup A_3 B_3) \\
&= P(A_0 B_0) + P(A_1 B_1) + P(A_2 B_2) + P(A_3 B_3) \\
&= P(A_0)P(B_0) + P(A_1)P(B_1) + P(A_2)P(B_2) + P(A_3)P(B_3) \\
&= 0.363\,32.
\end{aligned}$$

(2)$$\begin{aligned}
P(D) &= P(A_1 B_0 \cup A_2 B_0 \cup A_3 B_0 \cup A_2 B_1 \cup A_3 B_1 \cup A_3 B_2) \\
&= P(A_1)P(B_0) + P(A_2)P(B_0) + P(A_3)P(B_0) + P(A_2)P(B_1) \\
&\quad + P(A_3)P(B_1) + P(A_3)P(B_2) \\
&= 0.214\,76.
\end{aligned}$$

87 (1)设有四个独立工作的元件 1,2,3,4.它们的可靠性分别为 p_1,p_2,p_3,p_4,将它们按 87 题图(1)方式连接.

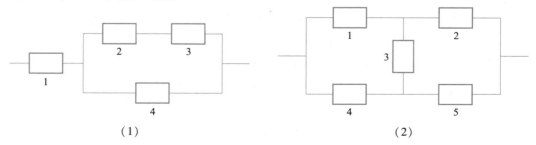

87 题图

(2)设有五个独立工作的元件 1,2,3,4,5,它们的可靠性均为 p,将它们按 87 题图(2)的方式连接.试分别求这两个系统的可靠性.

知识点睛　0111 事件的独立性

解　设系统正常工作为事件 A，B_i="第 i 个元件正常工作"，$i=1,2,3,4,5$.

(1)由题意知 $A=B_1B_2B_3 \cup B_1B_4$，有

$P(A)=P(B_1B_2B_3)+P(B_1B_4)-P(B_1B_2B_3B_4)=p_1p_2p_3+p_1p_4-p_1p_2p_3p_4.$

(2)由题意知 $A=B_1B_2 \cup B_1B_3B_5 \cup B_4B_5 \cup B_4B_3B_2$，有

$$
\begin{aligned}
P(A)= \ & P(B_1B_2)+P(B_1B_3B_5)+P(B_4B_5)+P(B_4B_3B_2)-P(B_1B_2B_3B_5) \\
& -P(B_1B_2B_4B_5)-P(B_1B_2B_3B_4)-P(B_1B_2B_3B_4B_5)-P(B_1B_3B_4B_5) \\
& -P(B_2B_3B_4B_5)+P(B_1B_2B_3B_4B_5)+P(B_1B_2B_3B_4B_5)+P(B_1B_2B_3B_4B_5) \\
& +P(B_1B_2B_3B_4B_5)-P(B_1B_2B_3B_4B_5) \\
= \ & 2p^2+2p^3-5p^4+2p^5.
\end{aligned}
$$

88. 如果一危险情况 C 发生时，一电路闭合并发出警报，我们可以借用两个或多个开关并联以改善可靠性(如 88 题图)，在 C 发生时这些开关每一个都应闭合，且若至少一个开关闭合了，警报就发出，如果两个这样的开关并联，它们每个具有 0.96 的可靠性(即在情况 C 发生时闭合的概率).

(1)这时系统的可靠性(即闭合电路的概率)是多少?

(2)如果需要有一个可靠性至少为 0.9999 的系统，则至少需要用多少个开关并联? 这里各开关闭合与否都是相互独立的.

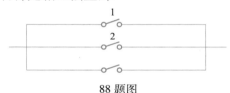

88 题图

知识点睛　0111 事件的独立性

解　(1)设 A_i 表示第 i 个开关闭合，A 表示电路闭合，于是 $A=A_1 \cup A_2$. 由题意当两个开关并联时 $P(A_i)=0.96$. 再由 A_1,A_2 的独立性，得

$P(A)=P(A_1 \cup A_2)=P(A_1)+P(A_2)-P(A_1A_2)=P(A_1)+P(A_2)-P(A_1)P(A_2)$

$\quad =2 \times 0.96-(0.96)^2=0.9984,$

或

$\quad P(A)=1-P(\overline{A})=1-P(\overline{A_1}\,\overline{A_2})=1-(1-0.96)(1-0.96)=0.9984.$

(2)设至少需要 n 个开关闭合，则

$$P(A)=P(\bigcup_{i=1}^{n}A_i)=1-\prod_{i=1}^{n}[1-P(A_i)]=1-0.04^n \geqslant 0.9999,$$

或 $0.04^n \leqslant 0.0001$. 从而 $n \geqslant \dfrac{\lg 0.0001}{\lg 0.04} \approx 2.86$.

故至少需要 3 个开关并联.

89. 设本题涉及的事件均有意义，设 A,B,C 都是事件，

(1)已知 $P(A)>0$，证明 $P(AB|A) \geqslant P(AB|A \cup B)$；

(2)若 $P(A|B)=1$，证明 $P(\overline{B}|\overline{A})=1$；

(3)若 $P(A|C) \geqslant P(B|C)$，$P(A|\overline{C}) \geqslant P(B|\overline{C})$，证明 $P(A) \geqslant P(B)$.

知识点睛　0105 概率的基本性质，0111 事件的独立性

证　（1）若 $P(A)>0$，要证 $P(AB\mid A)\geqslant P(AB\mid A\cup B)$. 不等式左边等于 $\dfrac{P(AB)}{P(A)}$，右边等于 $\dfrac{P(AB)}{P(A\cup B)}$.

因为 $A\cup B\supset A$，$P(A\cup B)\geqslant P(A)$，故有 $\dfrac{P(AB)}{P(A)}\geqslant\dfrac{P(AB)}{P(A\cup B)}$，即

$$P(AB\mid A)\geqslant P(AB\mid A\cup B).$$

（2）由 $P(A\mid B)=1$，得 $\dfrac{P(AB)}{P(B)}=1$，即

$$P(AB)=P(B),\qquad\qquad ①$$

于是

$$P(\overline{B}\mid\overline{A})=\frac{P(\overline{A}\,\overline{B})}{P(\overline{A})}=\frac{P(\overline{A\cup B})}{P(\overline{A})}=\frac{1-P(A\cup B)}{1-P(A)}$$

$$=\frac{1-P(A)-P(B)+P(AB)}{1-P(A)},$$

由①式，得到

$$P(\overline{B}\mid\overline{A})=\frac{1-P(A)}{1-P(A)}=1.$$

（3）由假设 $P(A\mid C)\geqslant P(B\mid C)$，而

$$P(A\mid C)=\frac{P(AC)}{P(C)},\quad P(B\mid C)=\frac{P(BC)}{P(C)},$$

因此

$$P(AC)\geqslant P(BC).\qquad\qquad ②$$

同样由 $P(A\mid\overline{C})\geqslant P(B\mid\overline{C})$ 有

$$P(A\overline{C})\geqslant P(B\overline{C}).\qquad\qquad ③$$

由③式可知

$$P(A)-P(AC)\geqslant P(B)-P(BC),$$

或

$$P(A)-P(B)\geqslant P(AC)-P(BC),$$

由②式，得知

$$P(A)-P(B)\geqslant 0,\quad 即\quad P(A)\geqslant P(B).$$

90　设 A,B 是两个事件.

（1）已知 $A\overline{B}=\overline{A}B$，验证 $A=B$.

（2）验证事件 A 和事件 B 恰有一个发生的概率为 $P(A)+P(B)-2P(AB)$.

知识点睛　0103 事件的关系与运算，0105 概率的基本性质

证　（1）假设 $A\overline{B}=\overline{A}B$，故有 $(A\overline{B})\cup(AB)=(\overline{A}B)\cup(AB)$，从而

$$A(\overline{B}\cup B)=(\overline{A}\cup A)B,$$

即 $AS = SB$，故有 $A = B$.

(2)A,B 恰好有一个发生的事件为 $A\bar{B} \cup \bar{A}B$，其概率为

$$P(A\bar{B} \cup \bar{A}B) = P(A\bar{B}) + P(\bar{A}B)$$
$$= P(A - AB) + P(B - AB)$$
$$= P(A) + P(B) - 2P(AB).$$

91　设事件 A,B,C 相互独立，证明：

(1)C 与 AB 相互独立；

(2)C 与 $A \cup B$ 相互独立.

知识点睛　0111 事件的独立性

证　因 A,B,C 相互独立，故

$$P(AB) = P(A)P(B),\quad P(BC) = P(B)P(C),\quad P(CA) = P(C)P(A),$$
$$P(ABC) = P(A)P(B)P(C),$$

从而

(1)$P(C(AB)) = P(CAB) = P(C)P(A)P(B) = P(C)P(AB)$，

这表明 C 与 AB 相互独立.

(2)$P(C(A \cup B)) = P(CA \cup CB) = P(CA) + P(CB) - P(CAB)$
$$= P(C)P(A) + P(C)P(B) - P(C)P(A)P(B)$$
$$= P(C)[P(A) + P(B) - P(AB)] = P(C)P(A \cup B),$$

故 C 与 $A \cup B$ 相互独立.

92　设事件 A 的概率 $P(A) = 0$，证明：对于任意另一事件 B，有 A,B 相互独立.

知识点睛　0111 事件的独立性

证　因为 $AB \subset A$，故若 $P(A) = 0$，则

$$0 \leqslant P(AB) \leqslant P(A) = 0,$$

从而

$$P(AB) = 0 = P(B) \cdot 0 = P(B)P(A).$$

由独立性定义知 A 与 B 相互独立.

第 2 章
随机变量及其分布

知识要点

一、随机变量与分布函数

1. 随机变量 设 E 是一个随机试验, 其样本空间为 $\Omega=\{\omega\}$, 如果对于每一个样本点 $\omega \in \Omega$, 都有唯一的一个实数 $X(\omega)$ 与之对应, 则称 $X(\omega)$ 为一维随机变量. 通常用 X, $Y, Z, \cdots$ 表示随机变量.

2. 分布函数 设 X 是一个随机变量, x 是任意实数, 则函数 $F(x) = P\{X \leqslant x\}$ 称为 X 的分布函数.

基本性质

(1) 单调性: $F(x)$ 是一个单调不减的函数, 即当 $x_1 < x_2$ 时, $F(x_1) \leqslant F(x_2)$.

(2) 有界性: $0 \leqslant F(x) \leqslant 1$, 且

$$F(+\infty) = \lim_{x \to +\infty} F(x) = 1, \quad F(-\infty) = \lim_{x \to -\infty} F(x) = 0.$$

(3) 右连续性: $F(x+0) = F(x)$, 即 $F(x)$ 是右连续函数.

3. 由分布函数求概率

$$P\{a < X \leqslant b\} = P\{X \leqslant b\} - P\{X \leqslant a\} = F(b) - F(a).$$

二、离散型随机变量及其分布

1. 一维离散型随机变量

若随机变量 X 的全部可能取值是有限个或可列无限个, 则称 X 为离散型随机变量.

2. 分布律

离散型随机变量 X 所有可能取值为 $x_k (k=1, 2, \cdots)$, 事件 $\{X=x_k\}$ 的概率为 $P\{X=x_k\} = p_k (k=1, 2, \cdots)$, 则称 $P\{X=x_k\} = p_k (k=1, 2, \cdots)$ 为 X 的分布律或分布列. 分布律可以写成表格形式:

X	x_1	x_2	$\cdots$	x_k	$\cdots$
P	p_1	p_2	$\cdots$	p_k	$\cdots$

或写成矩阵形式

$$X \sim \begin{pmatrix} x_1 & x_2 & \cdots & x_k & \cdots \\ p_1 & p_2 & \cdots & p_k & \cdots \end{pmatrix}.$$

离散型随机变量的分布律的性质:

(1) $P\{X=x_k\} = p_k \geqslant 0, k=1, 2, \cdots$;

(2) $\sum_k P\{X=x_k\} = \sum_k p_k = 1$.

3.离散型随机变量 X 的分布律与分布函数及与事件概率的关系

（1）如果已知 X 的分布律为 $P\{X=x_k\}=p_k(k=1,2,\cdots)$，则 X 的分布函数

$$F(x)=P\{X\le x\}=\sum_{x_k\le x}p_k.$$

而事件 $\{a<X\le b\}$ 的概率为

$$P\{a<X\le b\}=\sum_{a<x_k\le b}p_k.$$

（2）如果已知 X 的分布函数 $F(x)$，则 X 的分布律为

$$P\{X=x_k\}=F(x_k)-F(x_k-0),\ k=1,2,\cdots.$$

4.重要分布

（1）（0-1）分布：其分布律为

X	0	1
P	$1-p$	p

其中 p 为事件 A 出现的概率，$0<p<1$.

（2）二项分布：设在 n 重伯努利试验中事件 A 发生的次数为 X，则

$$P\{X=k\}=C_n^k p^k q^{n-k},\ k=0,1,2,\cdots,n,$$

其中 p 为事件 A 在每次试验中出现的概率，$q=1-p$，称随机变量 X 服从二项分布，记为 $X\sim B(n,p)$.

（3）泊松分布：设随机变量 X 的分布律为

$$P\{X=k\}=\frac{\lambda^k e^{-\lambda}}{k!}\ (k=0,1,2,\cdots),$$

其中 $\lambda>0$ 是常数，则称 X 服从参数为 λ 的泊松分布，记为 $X\sim\pi(\lambda)$ 或 $P(\lambda)$.

泊松定理：设随机变量 $X_n\sim B(n,p_n)$，若 $\lim\limits_{n\to\infty}np_n=\lambda>0$，则有

$$\lim_{n\to\infty}C_n^i p_n^i(1-p_n)^{n-i}=\frac{\lambda^i}{i!}e^{-\lambda}\ (i=1,2,\cdots).$$

由泊松定理，二项分布可以用泊松分布近似表示.

（4）超几何分布：设随机变量 X 的分布律是

$$P\{X=i\}=\frac{C_M^i C_{N-M}^{n-i}}{C_N^n}\ (i=0,1,2,\cdots,l;\ l=\min\{n,M\}),$$

其中 M、N、n 都是自然数，且 $n<N,M<N$，则称 X 服从参数为 N、M、n 的超几何分布，记作 $X\sim H(N,M,n)$.

（5）几何分布：设随机变量 X 的分布律为

$$P\{X=i\}=(1-p)^{i-1}p,\ i=1,2,\cdots,$$

其中 $0<p<1$，则称 X 服从参数为 p 的几何分布，记为 $X\sim G(p)$.

三、连续型随机变量及其分布

1.连续型随机变量的概率密度

如果对于随机变量 X 的分布函数 $F(x)$，存在非负可积函数 $f(x)$，使得对任意实数 x，有 $F(x)=\displaystyle\int_{-\infty}^x f(t)\mathrm{d}t$ 成立，则称 X 为连续型随机变量，函数 $f(x)$ 称为 X 的概率密度

（或分布密度）.

2.连续型随机变量的概率密度函数 $f(x)$ 的性质

（1）$f(x) \geqslant 0$;   （2）$\int_{-\infty}^{+\infty} f(x)\,\mathrm{d}x = 1$.

3.连续型随机变量的概率密度与分布函数及与事件概率的关系

（1）若 X 的概率密度为 $f(x)$，则 X 的分布函数为 $F(x) = \int_{-\infty}^{x} f(t)\,\mathrm{d}t$，当 $f(x)$ 为分段函数时，其分布函数 $F(x)$ 要分段讨论;

（2）若 $f(x)$ 在点 x 处连续，则有 $F'(x) = f(x)$;

（3）$P\{X = a\} = 0 \ (-\infty < a < +\infty)$;

（4）$P\{a < X \leqslant b\} = P\{a < X < b\} = P\{a \leqslant X < b\} = P\{a \leqslant X \leqslant b\}$

$$= F(b) - F(a) = \int_{a}^{b} f(x)\,\mathrm{d}x.$$

4.重要分布

（1）均匀分布：若连续型随机变量 X 的概率密度函数为

$$f(x) = \begin{cases} \dfrac{1}{b-a}, & a \leqslant x \leqslant b, \\ 0, & \text{其他} \end{cases} \quad (\text{如图 2-1 所示}),$$

则称 X 服从 $[a,b]$ 上的均匀分布.

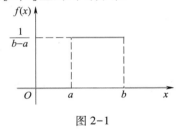

图 2-1 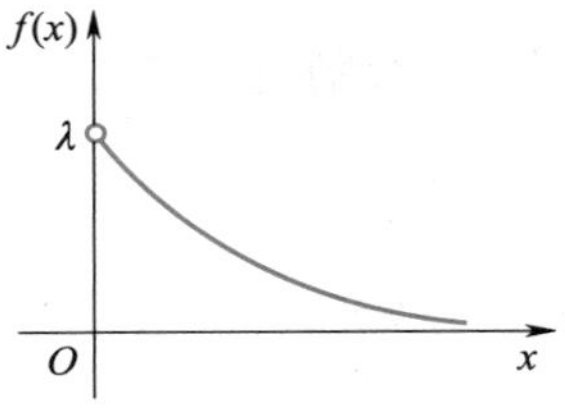   图 2-2

（2）指数分布：若连续型随机变量 X 的概率密度函数为

$$f(x) = \begin{cases} \lambda \mathrm{e}^{-\lambda x}, & x > 0, \\ 0, & \text{其他} \end{cases} \quad (\text{如图 2-2 所示}),$$

其中 $\lambda > 0$，则称 X 服从参数为 λ 的指数分布.

（3）正态分布：若连续型随机变量 X 的概率密度函数（如图 2-3 所示）为

$$f(x) = \frac{1}{\sqrt{2\pi}\,\sigma} \mathrm{e}^{-\frac{(x-\mu)^2}{2\sigma^2}} \quad (-\infty < x < +\infty),$$

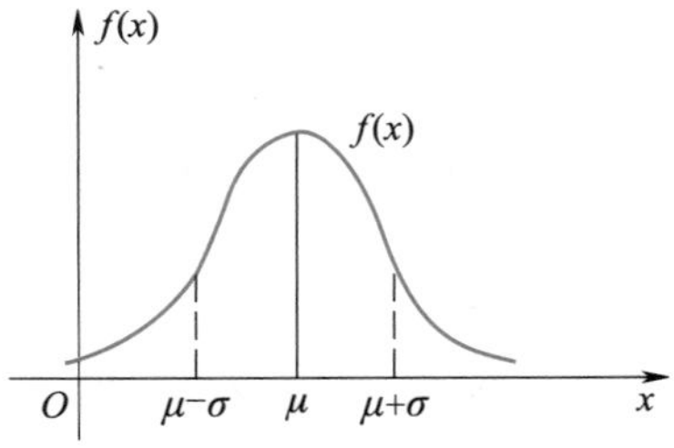

图 2-3

其中 μ 与 $\sigma>0$ 都是常数,则称 X 服从参数为 μ 和 σ^2 的正态分布.简记为 $X\sim N(\mu,\sigma^2)$.

(4)标准正态分布:当 $\mu=0,\sigma=1$ 时称 X 服从标准正态分布,简记为 $X\sim N(0,1)$,其概率密度函数和分布函数分别用 $\varphi(x),\Phi(x)$ 表示,即有

$$\varphi(x)=\frac{1}{\sqrt{2\pi}}\mathrm{e}^{-\frac{x^2}{2}}\ (\text{如图 2-4 所示}),\quad \Phi(x)=\frac{1}{\sqrt{2\pi}}\int_{-\infty}^{x}\mathrm{e}^{-\frac{t^2}{2}}\mathrm{d}t.$$

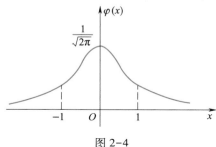

图 2-4

性质 1　$\Phi(-x)=1-\Phi(x)$.

性质 2　当 $X\sim N(\mu,\sigma^2)$ 时,$U=\dfrac{X-\mu}{\sigma}\sim N(0,1)$,即 $F(x)=\Phi\left(\dfrac{x-\mu}{\sigma}\right)$,可把一般正态分布化为标准正态分布 $N(0,1)$.

四、随机变量函数的分布

1.离散型随机变量函数的分布

设随机变量 X 的分布律为 $P\{X=x_k\}=p_k,k=1,2,\cdots$,则当 $Y=g(X)$ 的所有取值为 y_j $(j=1,2,\cdots)$ 时,随机变量 Y 有分布律

$$P\{Y=y_j\}=\sum_{g(x_k)=y_j}P\{X=x_k\}.$$

2.连续型随机变量函数的分布

方法一:设随机变量 X 的概率密度函数为 $f_X(x)$ $(-\infty<x<+\infty)$,那么 $Y=g(X)$ 的分布函数为

$$F_Y(y)=P\{Y\leqslant y\}=P\{g(X)\leqslant y\}=\int_{g(x)\leqslant y}f_X(x)\mathrm{d}x,$$

其概率密度为 $f_Y(y)=F_Y'(y)$.

方法二:设随机变量 X 具有概率密度函数 $f_X(x)$ $(-\infty<x<+\infty)$,$g(x)$ 为 $(-\infty,+\infty)$ 内严格单调的可导函数,则随机变量 $Y=g(X)$ 的概率密度为

$$f_Y(y)=\begin{cases}f_X[h(y)]\,|h'(y)|,&\alpha<y<\beta,\\0,&\text{其他},\end{cases}$$

其中 $h(y)$ 是 $g(x)$ 的反函数,$\alpha=\min\{g(-\infty),g(+\infty)\}$,$\beta=\max\{g(-\infty),g(+\infty)\}$.

§2.1　随机变量及其分布函数

1　下列函数中,可以做随机变量的分布函数的是(　　　).

(A) $F(x)=\dfrac{1}{1+x^2}$ 　　　　　　　　　　(B) $F(x)=\dfrac{3}{4}+\dfrac{1}{2\pi}\arctan x$

$$(C)\,F(x)=\begin{cases}0, & x\leqslant 0,\\[2mm]\dfrac{x}{1+x}, & x>0\end{cases}\qquad\qquad (D)\,F(x)=\dfrac{2}{\pi}\arctan x+1$$

知识点睛 0202 分布函数的概念及其性质

解 $(A)\,F(+\infty)=0,(B)\,F(-\infty)\neq 0,(D)\,F(+\infty)\neq 1.$

对于(C)满足:

$(1)\,0\leqslant F(x)\leqslant 1,F(-\infty)=0,F(+\infty)=1,(2)\,F'(x)>0,(3)\,F(x)$连续.

故应选(C).

2️⃣ 设随机变量 X 的分布函数为

$$F(x)=\begin{cases}0, & x<0,\\[2mm]\dfrac{x}{3}, & 0\leqslant x<1,\\[2mm]\dfrac{x}{2}, & 1\leqslant x<2,\\[2mm]1, & x\geqslant 2,\end{cases}$$

求:$(1)\,P\left\{\dfrac{1}{2}<X\leqslant\dfrac{3}{2}\right\}$; $(2)\,P\left\{X>\dfrac{1}{2}\right\}$; $(3)\,P\left\{X>\dfrac{3}{2}\right\}$.

知识点睛 0202 分布函数的概念及其性质

解 $(1)\,P\left\{\dfrac{1}{2}<X\leqslant\dfrac{3}{2}\right\}=F\left(\dfrac{3}{2}\right)-F\left(\dfrac{1}{2}\right)=\dfrac{3}{4}-\dfrac{1}{6}=\dfrac{7}{12}.$

$(2)\,P\left\{X>\dfrac{1}{2}\right\}=1-P\left\{X\leqslant\dfrac{1}{2}\right\}=1-F\left(\dfrac{1}{2}\right)=1-\dfrac{1}{6}=\dfrac{5}{6}.$

$(3)\,P\left\{X>\dfrac{3}{2}\right\}=1-F\left(\dfrac{3}{2}\right)=1-\dfrac{3}{4}=\dfrac{1}{4}.$

【评注】分布函数可以完整、准确地描述随机变量的取值规律.利用 X 的分布函数可求如下概率:

$(1)\,P\{X\leqslant b\}=F(b),$

$(2)\,P\{X>b\}=1-F(b),$

$(3)\,P\{a<X\leqslant b\}=F(b)-F(a),$

其他情形的概率需根据随机变量的类型——离散型或连续型分别讨论归纳.

3️⃣ 一个靶子是半径为 2 m 的圆盘,设击中靶上任一同心圆盘上的点的概率与该圆盘的面积成正比,并设射击都能中靶,以 X 表示弹着点与圆心的距离.试求随机变量 X 的分布函数.

知识点睛 0202 分布函数的概念及其性质

解 若 $x<0$,则 $\{X\leqslant x\}$ 是不可能事件,于是

$$F(x)=P\{X\leqslant x\}=0.$$

若 $0\leqslant x\leqslant 2$,由题意,$P\{0\leqslant X\leqslant x\}=kx^2$,$k$ 是某一常数,为了确定 k 的值,取 $x=2$,有

$P\{0\leqslant X\leqslant 2\}=2^2 k$,但已知 $P\{0\leqslant X\leqslant 2\}=1$,故得 $k=\dfrac{1}{4}$,即

$$P\{0 \leqslant X \leqslant x\} = \frac{x^2}{4}.$$

于是

$$F(x) = P\{X \leqslant x\} = P\{X < 0\} + P\{0 \leqslant X \leqslant x\} = \frac{x^2}{4}.$$

若 $x>2$，由题意 $\{X \leqslant x\}$ 是必然事件，于是

$$F(x) = P\{X \leqslant x\} = 1.$$

综上所述，即得 X 的分布函数

$$F(x) = \begin{cases} 0, & x<0, \\ \dfrac{x^2}{4}, & 0 \leqslant x \leqslant 2, \\ 1, & x>2, \end{cases}$$

它的图形是一条连续曲线，如 3 题图所示.

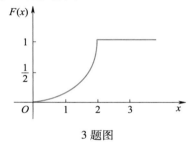

3 题图

§2.2 离散型随机变量及其概率分布

4 当 $C = \underline{\qquad}$ 时，$P\{X=k\} = C \cdot \left(\dfrac{2}{3}\right)^k \ (k=1,2,\cdots)$ 才能成为随机变量 X 的分布律.

知识点睛 0204 离散型随机变量及其概率分布

解 由分布律的性质 $\sum\limits_k p_k = 1$，所以

$$\sum_{k=1}^{\infty} C \cdot \left(\frac{2}{3}\right)^k = 1 \quad \text{即} \quad C\left[\frac{2}{3} + \left(\frac{2}{3}\right)^2 + \cdots + \left(\frac{2}{3}\right)^n + \cdots\right] = 1,$$

从而 $C \cdot \dfrac{\frac{2}{3}}{1-\frac{2}{3}} = 1$，进而 $C = \dfrac{1}{2}$. 应填 $\dfrac{1}{2}$.

5 设随机变量 X 的可能取值为 $-1,0,1$，且取这三个值的概率之比为 $1:2:3$，写出 X 的概率分布.

知识点睛 0204 离散型随机变量及其概率分布

解 记 $X \sim \begin{pmatrix} -1 & 0 & 1 \\ p_1 & p_2 & p_3 \end{pmatrix}$，依题意 $p_1 : p_2 : p_3 = 1 : 2 : 3$，而

$$p_1 + p_2 + p_3 = 1 \quad 即 \quad p_1 + 2p_1 + 3p_1 = 1,$$

故 $p_1 = \dfrac{1}{6}, p_2 = \dfrac{1}{3}, p_3 = \dfrac{1}{2}$, 从而 X 的概率分布为

$$X \sim \begin{pmatrix} -1 & 0 & 1 \\ \dfrac{1}{6} & \dfrac{1}{3} & \dfrac{1}{2} \end{pmatrix}.$$

6 一袋中有 5 只球, 编号为 1, 2, 3, 4, 5, 在袋中同时取 3 只, 以 X 表示取出的 3 只球中的最大号码, 写出随机变量 X 的分布律.

知识点睛 0204 离散型随机变量及其概率分布

解 从 5 只球中任取 3 只, 有 $C_5^3 = 10$ 种取法, 每种取法的概率为 $\dfrac{1}{10}$. 随机变量的可能值为 3, 4, 5.

当 $X = 3$ 时, 相当于取出 3 只球的号码为: 1, 2, 3, 故 $P\{X = 3\} = \dfrac{1}{10}$, 类似地

$$P\{X = 4\} = \dfrac{3}{10}, \quad P\{X = 5\} = \dfrac{6}{10},$$

所以, X 的分布律为

X	3	4	5
P	$\dfrac{1}{10}$	$\dfrac{3}{10}$	$\dfrac{6}{10}$

1991 数学三, 6 分

7 一辆汽车沿一街道行驶, 需要通过三个均设有红绿信号灯的路口, 每个信号灯为红或绿与其他信号灯为红或绿相互独立, 且红绿两种信号显示时间相等. 以 X 表示该汽车首次遇到红灯前已通过的路口的个数, 写出 X 的概率分布.

知识点睛 0204 离散型随机变量及其概率分布

分析 X 为离散型随机变量, 其全部可能取值是 0, 1, 2, 3, 再通过概率计算公式求得.

解 设 A_i 为汽车在第 i 个路口遇到红灯, $i = 1, 2, 3$. 因为 A_1, A_2, A_3 相互独立, 所以

$$P\{X = 0\} = P(A_1) = \frac{1}{2},$$

$$P\{X = 1\} = P(\bar{A}_1 A_2) = P(\bar{A}_1)P(A_2) = \frac{1}{2} \times \frac{1}{2} = \frac{1}{4},$$

$$P\{X = 2\} = P(\bar{A}_1 \bar{A}_2 A_3) = P(\bar{A}_1)P(\bar{A}_2)P(A_3) = \frac{1}{2} \times \frac{1}{2} \times \frac{1}{2} = \frac{1}{8},$$

$$P\{X = 3\} = P(\bar{A}_1 \bar{A}_2 \bar{A}_3) = P(\bar{A}_1)P(\bar{A}_2)P(\bar{A}_3) = \frac{1}{2} \times \frac{1}{2} \times \frac{1}{2} = \frac{1}{8}.$$

所以, X 的分布律为

X	0	1	2	3
P	$\dfrac{1}{2}$	$\dfrac{1}{4}$	$\dfrac{1}{8}$	$\dfrac{1}{8}$

8　设一盒子内有 5 个小球,2 个白的和 3 个黑的,如果从中任取 2 个,求取到黑球数的分布函数.

知识点睛　0202 分布函数的概念及其性质

分析　对于未知概率分布的随机变量要求其分布函数的问题,需先求出该随机变量的分布律.

解　令 X 表示取到黑球的个数,因为 X 为离散型随机变量,其全部可能取值为 0, 1,2,所以其分布律为

$$P\{X=k\} = \frac{C_3^k C_2^{2-k}}{C_5^2}\ (k=0,1,2),$$

得

$$P\{X=0\}=0.1,\quad P\{X=1\}=0.6,\quad P\{X=2\}=0.3.$$

由 X 的分布函数 $F(x)=P\{X\leqslant x\}=\sum\limits_{k\leqslant x}p_k$, 得

$$F(x)=\begin{cases}0,&x<0,\\0.1,&0\leqslant x<1,\\0.7,&1\leqslant x<2,\\1,&x\geqslant 2.\end{cases}$$

【评注】在求解离散型随机变量的分布函数时,先通过概率公式求得分布律,再应用

$$F(x)=P\{X\leqslant x\}=\sum\limits_{x_k\leqslant x}p_k$$

这一公式,这是最基本的方法.

9　设随机变量的分布函数为

$$F(x)=P\{X\leqslant x\}=\begin{cases}0,&x<-1,\\0.4,&-1\leqslant x<1,\\0.8,&1\leqslant x<3,\\1,&x\geqslant 3,\end{cases}$$

写出 X 的概率分布.

知识点睛　0202 分布函数的概念及其性质, 0204 离散型随机变量及其概率分布

解法 1(作图法)　根据题意作出 X 的分布函数 $F(x)$ 的图像(如 9 题图).

因为离散型随机变量的分布函数为阶梯型,而且随机变量在间断点处取值概率不为零而是跳跃取值,所以得到

$$P\{X=-1\}=0.4,\quad P\{X=1\}=0.4,\quad P\{X=3\}=0.2.$$

解法 2(公式法)　由

$$P\{X=x_k\}=F(x_k)-F(x_k-0)$$

得

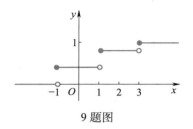

9 题图

$$P\{X = -1\} = F(-1) - F(-1 - 0) = 0.4,$$
$$P\{X = 1\} = F(1) - F(1 - 0) = 0.8 - 0.4 = 0.4,$$
$$P\{X = 3\} = F(3) - F(3 - 0) = 1 - 0.8 = 0.2.$$

【评注】利用分布函数求解离散型随机变量的概率分布一般采用作图法或公式法. 离散型随机变量的统计规律一般用分布律来描述, 离散型随机变量的分布函数是阶梯函数, 也是研究随机变量的统计规律的重要工具, 但不如分布律直观简单.

10 设随机变量 X 的分布律为

X	-1	0	1
P	$\dfrac{1}{4}$	a	b

分布函数为

$$F(x) = \begin{cases} c, & x < -1, \\ d, & -1 \leqslant x < 0, \\ \dfrac{3}{4}, & 0 \leqslant x < 1, \\ e, & x \geqslant 1, \end{cases}$$

求 a, b, c, d, e.

知识点睛 0202 分布函数的概念及其性质

解 由分布函数性质: $F(-\infty) = 0$ 可知 $c = 0, F(+\infty) = 1$ 可知 $e = 1$.
由分布律与分布函数的关系

$$F(-1) = P\{X \leqslant -1\} = P\{X = -1\} = \frac{1}{4},$$

可知 $d = \dfrac{1}{4}$. 由

$$F(0) = P\{X \leqslant 0\} = P\{X = -1\} + P\{X = 0\} = \frac{1}{4} + a = \frac{3}{4},$$

可知 $a = \dfrac{1}{2}$.

由分布律的性质 $\dfrac{1}{4} + a + b = 1$, 可得 $b = \dfrac{1}{4}$.

11 已知离散型随机变量 X 的可能取值为 $-2,0,2,\sqrt{5}$,相应的概率依次为 $\dfrac{1}{a},\dfrac{3}{2a}$,

$\dfrac{5}{4a},\dfrac{7}{8a}$,则 $P\{\,|X|\leqslant 2\,|\,X\geqslant 0\,\}=($ $)$.

(A) $\dfrac{21}{29}$ (B) $\dfrac{22}{29}$ (C) $\dfrac{2}{3}$ (D) $\dfrac{1}{3}$

知识点睛 0109 条件概率, 0204 离散型随机变量及其概率分布

解 首先根据概率分布的性质求出常数 a 的值,其次确定概率分布的具体形式,然后计算条件概率. 由

$$\sum_{i=1}^{4}P\{X=x_i\}=\frac{1}{a}+\frac{3}{2a}+\frac{5}{4a}+\frac{7}{8a}=\frac{37}{8a}=1,$$

解得 $a=\dfrac{37}{8}$,故

$$X\sim\begin{pmatrix} -2 & 0 & 2 & \sqrt{5} \\ \dfrac{8}{37} & \dfrac{12}{37} & \dfrac{10}{37} & \dfrac{7}{37} \end{pmatrix},$$

从而

$$P\{\,|X|\leqslant 2\,|\,X\geqslant 0\,\}=\frac{P\{\,|X|\leqslant 2,X\geqslant 0\,\}}{P\{X\geqslant 0\}}$$

$$=\frac{P\{X=0\}+P\{X=2\}}{P\{X=0\}+P\{X=2\}+P\{X=\sqrt{5}\}}=\frac{22}{29}.$$

应选(B).

12 设随机变量的分布律为 $P\{X=k\}=\dfrac{1}{2^k}$,$k=1,2,\cdots$,则 $P\{X=偶数\}=$ _____,

$P\{X\geqslant 5\}=$ _____.

知识点睛 0204 离散型随机变量及其概率分布

解 $P\{X=偶数\}=\displaystyle\sum_{k=1}^{\infty}P\{X=2k\}=\sum_{k=1}^{\infty}\frac{1}{2^{2k}}=\frac{\dfrac{1}{4}}{1-\dfrac{1}{4}}=\frac{1}{3}.$

$$P\{X\geqslant 5\}=\sum_{k=5}^{\infty}P\{X=k\}=\sum_{k=5}^{\infty}\frac{1}{2^k}=\frac{\dfrac{1}{2^5}}{1-\dfrac{1}{2}}=\frac{1}{16}.$$

应填 $\dfrac{1}{3},\dfrac{1}{16}$.

13 设随机变量 X 服从参数为 $(2,p)$ 的二项分布,随机变量 Y 服从参数为 $(3,p)$ 的二项分布,若 $P\{X\geqslant 1\}=\dfrac{5}{9}$,则 $P\{Y\geqslant 1\}=$ _____.

知识点睛 0205 二项分布

解 由 $\dfrac{5}{9}=P\{X\geqslant 1\}=1-P\{X<1\}=1-C_2^0p^0(1-p)^2=1-(1-p)^2$,得

$$1 - p = \frac{2}{3},$$

则

$$P\{Y \geqslant 1\} = 1 - P\{Y < 1\} = 1 - C_3^0 p^0 (1 - p)^3 = 1 - \left(\frac{2}{3}\right)^3 = \frac{19}{27}.$$

故应填 $\frac{19}{27}$.

14 随机变量 X 服从泊松分布,并且已知 $P\{X=1\}=P\{X=2\}$,则 $P\{X=4\}=$ _____.

知识点睛 0205 泊松分布

解 由题设,X 的分布律为:

$$P\{X = k\} = \frac{\lambda^k}{k!} e^{-\lambda}, \quad k = 0, 1, 2, \cdots.$$

本题的关键是先求出参数 λ 的值.由 $P\{X=1\}=P\{X=2\}$ 得

$$\lambda e^{-\lambda} = \frac{\lambda^2}{2} e^{-\lambda}, \quad 即 \quad \lambda^2 - 2\lambda = 0,$$

因为 $\lambda > 0$,得 $\lambda = 2$.于是

$$P\{X = 4\} = \frac{2^4}{4!} e^{-2} = \frac{2}{3} e^{-2}.$$

故应填 $\frac{2}{3} e^{-2}$.

15 设某批电子元件的正品率为 $\frac{4}{5}$,次品率为 $\frac{1}{5}$,现对这批元件进行测试,只要测得一个正品就停止测试工作,写出测试次数的分布律.

知识点睛 0205 几何分布

解 设测试次数为 X,则 X 的可能值为 $1, 2, 3, \cdots$.当 $X=k$ 时,相当于"前 $k-1$ 次测到的都是次品,而第 k 次测到的是正品",故

$$P\{X = k\} = \left(\frac{1}{5}\right)^{k-1} \left(\frac{4}{5}\right) \quad (k = 1, 2, \cdots).$$

【评注】本题中 X 服从几何分布,几何分布的实际背景是重复独立试验下首次成功的概率,它可作为描述"独立射击,首次击中时的射击次数""有放回地抽取产品,首次抽到次品时的抽取次数"等概率分布的数学模型.

16 有一批产品共 20 件,其中次品 3 件.现从中任取 4 件(不放回抽样),求其中次品数 X 的分布律;其中次品不多于 2 件的概率有多大?

知识点睛 0205 超几何分布

解 共有 20 个元素,分为两类(次品与正品),其中第一类元素(次品)有 3 个.现从中任取 4 个元素,则其中第一类元素数 X 为服从超几何分布的随机变量.故 X 的分布律为

$$P\{X = k\} = \frac{C_3^k C_{17}^{4-k}}{C_{20}^4}, \quad k = 0, 1, 2, 3.$$

用表格可表示为

X	0	1	2	3
p_k	$\dfrac{28}{57}$	$\dfrac{8}{19}$	$\dfrac{8}{95}$	$\dfrac{1}{285}$

则其中次品不多于 2 件的概率为

$$P\{X \leqslant 2\} = P\{X = 0\} + P\{X = 1\} + P\{X = 2\} \approx 0.996.$$

【评注】可以证明,当 $N \to +\infty$ 时,超几何分布以二项分布为极限,即当 N 充分大,n 相对较小时,X 近似服从 $B\left(n, \dfrac{M}{N}\right)$.

17 一电话交换台每分钟收到呼唤的次数服从参数为 4 的泊松分布,求
(1)某一分钟恰有 8 次呼唤的概率;
(2)某一分钟的呼唤次数大于 3 的概率.

知识点睛 0205 泊松分布

解 用 X 表示每分钟收到呼唤的次数,则

$$P\{X = k\} = \frac{4^k}{k!} e^{-4}, \quad k = 0, 1, 2, \cdots.$$

$(1) P\{X = 8\} = \dfrac{4^8}{8!} e^{-4} = 0.0298.$

$(2) P\{X > 3\} = \sum_{k=4}^{\infty} \dfrac{4^k}{k!} e^{-4} = 0.5665.$

18 一大楼装有 5 个同类型的供水设备,调查表明在任一时刻 t 每个设备被使用的概率为 0.1,问在同一时刻:
(1)恰有 2 个设备被使用的概率是多少?
(2)至少有 3 个设备被使用的概率是多少?
(3)至多有 3 个设备被使用的概率是多少?
(4)至少有 1 个设备被使用的概率是多少?

知识点睛 0205 二项分布

解 设被使用的设备数为 X,则 $X \sim B(5, 0.1)$,故
$(1) P\{X = 2\} = C_5^2 (0.1)^2 (0.9)^3 = 0.0729.$

$(2) P\{X \geqslant 3\} = \sum_{k=3}^{5} C_5^k (0.1)^k (0.9)^{5-k} = 0.008\,56.$

$(3) P\{X \leqslant 3\} = \sum_{k=0}^{3} C_5^k (0.1)^k (0.9)^{5-k} = 0.999\,54.$

$(4) P\{X \geqslant 1\} = 1 - C_5^0 (0.1)^0 (0.9)^5 = 1 - (0.9)^5 = 0.409\,51.$

19 有甲、乙两种味道和颜色都极为相似的名酒各 4 杯.如果从中挑 4 杯,能将甲种酒全部挑出来,算是试验成功一次.
(1)某人随机地去猜,问他试验成功一次的概率是多少?

（2）某人声称他通过品尝能区分两种酒.他连续试验 10 次,成功 3 次.试推断他是猜对的,还是确有区分的能力(设各次试验是相互独立的).

知识点睛 0205 二项分布

解 （1）随机试验是从 8 杯酒中任选 4 杯,从而样本空间的样本点总数为 C_8^4,故试验成功一次的概率为 $p = \dfrac{1}{C_8^4} = \dfrac{1}{70}$.

（2）连续试验 10 次,成功 3 次,如果他是猜对的,则猜对的次数 $X \sim B\left(10, \dfrac{1}{70}\right)$,猜对 3 次的概率为

$$P\{X = 3\} = C_{10}^3 \left(\frac{1}{70}\right)^3 \left(\frac{69}{70}\right)^7 \approx \frac{\left(\frac{1}{7}\right)^3}{3!} e^{-\frac{1}{7}} \approx 3 \times 10^{-4},$$

这个概率很小,根据实际推断原理,可以认为他确有区分能力.

20 现有同型设备 300 台,各台设备的工作是相互独立的,发生故障的概率都是 0.01.设一台设备的故障可由一名维修工人处理,问至少需配备多少名维修工人,才能保证设备发生故障但不能及时维修的概率小于 0.01?

20 题精解视频

知识点睛 0206 用泊松分布近似表示二项分布

解 设需配备 N 名工人,X 为同一时刻发生故障的设备的台数,则 $X \sim B(300, 0.01)$.所需解决的问题是确定 N 的最小值,使 $P\{X \leqslant N\} \geqslant 0.99$.

因 $np = \lambda = 3$,由泊松定理

$$P\{X \leqslant N\} \approx \sum_{k=0}^{N} \frac{3^k}{k!} e^{-3},$$

故问题转化为求 N 的最小值,使

$$\sum_{k=0}^{N} \frac{3^k}{k!} e^{-3} \geqslant 0.99.$$

查表可知,当 $N \geqslant 8$ 时,上式成立.因此,为达到上述要求,至少需配备 8 名维修工人.

【评注】利用二项分布求概率时,如果遇到多个概率的和式不易求,可以运用泊松定理或后面的中心极限定理求其近似值.本题就是如此,设 $X \sim B(n, p)$,当 n 较大,p 较小时,X 近似服从分布 $P(np)$.

§2.3 连续型随机变量及其概率密度

21 下列选项中,能作为连续型随机变量密度函数的是(   ).

$(A) f(x) = \begin{cases} \dfrac{1}{\sqrt{2\pi}} e^{-\frac{x^2}{2}}, & x > 0, \\ 0, & x \leqslant 0 \end{cases}$ $\qquad$ $(B) f(x) = \begin{cases} 1, & |x| < 1, \\ 0, & \text{其他} \end{cases}$

$(C)f(x)=\begin{cases} \dfrac{x}{2}, & 0<x<1, \\ 0, & \text{其他} \end{cases}$ $\qquad(D)f(x)=\dfrac{1}{2}\mathrm{e}^{-|x|}$

知识点睛 0207 连续型随机变量及其概率密度

解 只有(D)中$f(x)$满足概率密度的性质:

$(1)f(x)\geqslant0$; $\qquad(2)\displaystyle\int_{-\infty}^{+\infty}f(x)\mathrm{d}x=1$.

故应选(D).

22 设随机变量X的密度函数为$\varphi(x)$,且$\varphi(-x)=\varphi(x)$,$F(x)$是X的分布函数,则对任意实数a,有( ). K 1993数学三, 3分

$(A)F(-a)=1-\displaystyle\int_0^a\varphi(x)\mathrm{d}x$ $\qquad(B)F(-a)=\dfrac{1}{2}-\displaystyle\int_0^a\varphi(x)\mathrm{d}x$

$(C)F(-a)=F(a)$ $\qquad(D)F(-a)=2F(a)-1$

知识点睛 0207 连续型随机变量及其概率密度

分析 在对随机变量求密度函数与分布函数问题中多用到高等数学中微积分方面的知识,本题中需要对积分变量做换元法.

解 由分布函数与密度函数关系可知$F(-a)=\displaystyle\int_{-\infty}^{-a}\varphi(x)\mathrm{d}x$.

令$x=-t$,得到

$$F(-a)=-\int_{+\infty}^{a}\varphi(t)\mathrm{d}t=\int_a^{+\infty}\varphi(x)\mathrm{d}x.$$

又因为$\displaystyle\int_{-\infty}^{+\infty}\varphi(x)\mathrm{d}x=1$,且有$\varphi(-x)=\varphi(x)$,故

$$\int_{-\infty}^{-a}\varphi(x)\mathrm{d}x+\int_{-a}^{0}\varphi(x)\mathrm{d}x=\int_0^a\varphi(x)\mathrm{d}x+\int_a^{+\infty}\varphi(x)\mathrm{d}x=\frac{1}{2}\int_{-\infty}^{+\infty}\varphi(x)\mathrm{d}x=\frac{1}{2},$$

得$\displaystyle\int_0^a\varphi(x)\mathrm{d}x+F(-a)=\frac{1}{2}$,所以

$$F(-a)=\frac{1}{2}-\int_0^a\varphi(x)\mathrm{d}x.$$

故应选(B).

【评注】另外还可以根据随机变量X的密度函数图形来判定.

由于密度函数$\varphi(x)$满足$\varphi(x)=\varphi(-x)$,是关于y轴对称的,如22题图所示.S_1,D_1,D_2,S_2表示图中对应部分的面积.根据密度函数的性质及$\varphi(-x)=\varphi(x)$,知$S_1=S_2,D_1=D_2$,

$$S_1+D_1=D_2+S_2=\frac{1}{2}.$$

22题图

因此

$$F(-a)=S_1=S_2=\frac{1}{2}-D_2=\frac{1}{2}-\int_0^a\varphi(x)\mathrm{d}x.$$

故应选(B).

23   设连续型随机变量 X 的分布函数为

$$F(x) = \begin{cases} 0, & x<0, \\ Ax^2, & 0 \leqslant x<1, \\ 1, & x \geqslant 1, \end{cases}$$

求: (1) 常数 A; (2) X 落在 $\left(-1, \dfrac{1}{2}\right)$ 及 $\left(\dfrac{1}{3}, 2\right)$ 内的概率; (3) X 的概率密度.

知识点睛   0207 连续型随机变量及其概率密度

分析   求解分布函数未知参数时要用到分布函数的性质. 由已知分布函数来求概率密度时要对分布函数求导, 其中若分布函数为分段函数, 概率密度也要分区间考虑.

解   (1) 由 $F(x)$ 的连续性, 可知 $\lim\limits_{x \to 1^-} F(x) = F(1)$, 则 $\lim\limits_{x \to 1^-} Ax^2 = 1$, 可得 $A = 1$. 那么分布函数

$$F(x) = \begin{cases} 0, & x<0, \\ x^2, & 0 \leqslant x<1, \\ 1, & x \geqslant 1. \end{cases}$$

(2) 由于 X 落在 $\left(-1, \dfrac{1}{2}\right)$ 内, 则

$$P\left\{-1 < X < \frac{1}{2}\right\} = F\left(\frac{1}{2}\right) - F(-1) = \left(\frac{1}{2}\right)^2 - 0 = \frac{1}{4},$$

同理可知

$$P\left\{\frac{1}{3} < X < 2\right\} = F(2) - F\left(\frac{1}{3}\right) = 1 - \left(\frac{1}{3}\right)^2 = \frac{8}{9}.$$

(3) 因为 $f(x) = F'(x)$, 且当 $0 \leqslant x<1$ 时, $f(x) = (x^2)' = 2x$; 其他情况时, $f(x) = 0$. 所以

$$f(x) = \begin{cases} 2x, & 0 \leqslant x<1, \\ 0, & \text{其他}. \end{cases}$$

24   已知 $f(x) = ce^{-x^2+x}$ 是随机变量 X 的密度函数, 求常数 c.

知识点睛   0207 连续型随机变量及其概率密度

解 $\displaystyle\int_{-\infty}^{+\infty} f(x)\,\mathrm{d}x = \frac{c}{\sqrt{2}} e^{\frac{1}{4}} \int_{-\infty}^{+\infty} e^{-\frac{t^2}{2}}\,\mathrm{d}t = c \cdot \sqrt{\pi}\, e^{\frac{1}{4}} = 1$. 故 $c = \dfrac{1}{\sqrt{\pi}} e^{-\frac{1}{4}}$.

25   设随机变量 X 的概率密度为

$$f(x) = \begin{cases} kx+1, & 0 \leqslant x<2, \\ 0, & \text{其他}, \end{cases}$$

求 (1) k 值; (2) X 的分布函数; (3) $P\{1<X<2\}$.

知识点睛   0207 连续型随机变量及其概率密度

解   (1) 由概率密度性质

$$\int_{-\infty}^{+\infty} f(x)\,\mathrm{d}x = \int_0^2 (kx+1)\,\mathrm{d}x = 2k + 2 = 1,$$

得 $k = -\dfrac{1}{2}$.

(2)因为 $F(x) = \int_{-\infty}^{x} f(t)\mathrm{d}t$,所以

当 $x < 0$ 时,$F(x) = \int_{-\infty}^{x} 0\mathrm{d}t = 0$;

当 $0 \leqslant x < 2$ 时,$F(x) = \int_{-\infty}^{0} 0\mathrm{d}t + \int_{0}^{x}\left(-\frac{1}{2}t + 1\right)\mathrm{d}t = -\frac{1}{4}x^2 + x$;

当 $x \geqslant 2$ 时,$F(x) = \int_{-\infty}^{0} 0\mathrm{d}t + \int_{0}^{2}\left(-\frac{1}{2}t + 1\right)\mathrm{d}t + \int_{2}^{x} 0\mathrm{d}t = 1$,

故 X 的分布函数

$$F(x) = \begin{cases} 0, & x<0, \\ -\dfrac{1}{4}x^2+x, & 0\leqslant x<2, \\ 1, & x\geqslant 2. \end{cases}$$

(3) $P\{1 < X < 2\} = \int_{1}^{2}\left(-\frac{1}{2}x + 1\right)\mathrm{d}x = \frac{1}{4}$.

【评注】本题也可以用分布函数 $F(x)$ 求概率 $P\{1<X<2\} = F(2)-F(1) = \dfrac{1}{4}$.

26 某种型号的电子管其寿命(以 h 计)为一随机变量 X,概率密度函数是

$$\varphi(x) = \begin{cases} \dfrac{100}{x^2}, & x \geqslant 100, \\ 0, & \text{其他}, \end{cases}$$

某一无线电器材配有三个这种电子管,求使用 150 h 内不需要更换的概率.

知识点睛 0207 连续型随机变量及其概率密度

解 每个电子管寿命 $X \leqslant 150$ 的概率

$$P\{X \leqslant 150\} = \int_{100}^{150}\frac{100}{x^2}\mathrm{d}x = -\left.\frac{100}{x}\right|_{100}^{150} = \frac{1}{3}.$$

每个电子管寿命 $X>150$ 的概率

$$P\{X > 150\} = 1 - \frac{1}{3} = \frac{2}{3}.$$

某一无线电器材配有三个这种电子管,150 h 内不需要更换,即三个电子管的寿命都在 150 h 以上.所以不需要更换的概率

$$p = \left(\frac{2}{3}\right)^3 = \frac{8}{27}.$$

27 设某一随机变量 X 服从正态分布 $N(\mu, \sigma^2)$,随着 σ 的增大,则概率 $P\{|X-\mu|<\sigma\}$( ).

(A)单调增加 (B)单调减少 (C)保持不变 (D)非单调变化

知识点睛 0208 正态分布

解 $P\{|X-\mu|<\sigma\} = P\left\{\left|\dfrac{X-\mu}{\sigma}\right|<1\right\} = \Phi(1)-\Phi(-1)$.

上式与 σ 无关,可见概率 $P\{|X-\mu|<\sigma\}$ 不随 σ 的增大而改变.应选(C).

【评注】对于正态分布的题型,普通正态分布化成标准正态分布,往往是解决问题的关键.

28 设 $X \sim N(3,2^2)$,

(1)求 $P\{2<X\leqslant 5\}$,$P\{-4<X\leqslant 10\}$,$P\{|X|>2\}$,$P\{X>3\}$;

(2)确定 c 使得 $P\{X>c\}=P\{X\leqslant c\}$;

(3)设 d 满足 $P\{X>d\}\geqslant 0.9$,问 d 至多为多少?

知识点睛 0208 正态分布

解 当 $X\sim N(3,2^2)$ 时,

$$\frac{X-\mu}{\sigma}=\frac{X-3}{2}\sim N(0,1).$$

$$(1)P\{2<X\leqslant 5\}=P\left\{\frac{2-3}{2}<\frac{X-3}{2}\leqslant\frac{5-3}{2}\right\}=\Phi(1)-\Phi\left(-\frac{1}{2}\right)$$

$$=\Phi(1)-\left(1-\Phi\left(\frac{1}{2}\right)\right)=0.8413-1+0.6915=0.5328,$$

$$P\{-4<X\leqslant 10\}=P\left\{\frac{-4-3}{2}<\frac{X-3}{2}\leqslant\frac{10-3}{2}\right\}=\Phi\left(\frac{7}{2}\right)-\Phi\left(-\frac{7}{2}\right)$$

$$=2\Phi\left(\frac{7}{2}\right)-1=0.9996,$$

$$P\{|X|>2\}=P\{X>2 \text{ 或 } X<-2\}=P\{X>2\}+P\{X<-2\}$$

$$=1-P\{X\leqslant 2\}+P\{X<-2\}$$

$$=1-P\left\{\frac{X-3}{2}\leqslant\frac{2-3}{2}\right\}+P\left\{\frac{X-3}{2}<\frac{-2-3}{2}\right\}$$

$$=1-\Phi\left(-\frac{1}{2}\right)+\Phi\left(-\frac{5}{2}\right)=0.6977,$$

$$P\{X>3\}=1-P\{X\leqslant 3\}=1-P\left\{\frac{X-3}{2}\leqslant\frac{3-3}{2}\right\}=1-\Phi(0)=1-0.5=0.5.$$

(2)由 $P\{X>c\}=P\{X\leqslant c\}$,则 $1-P\{X\leqslant c\}=P\{X\leqslant c\}$,有

$$P\{X\leqslant c\}=P\left\{\frac{X-3}{2}\leqslant\frac{c-3}{2}\right\}=\Phi\left(\frac{c-3}{2}\right)=\frac{1}{2},$$

查表得 $\frac{c-3}{2}=0$,故 $c=3$.

$$(3)P\{X>d\}=1-P\{X\leqslant d\}=1-P\left\{\frac{X-3}{2}\leqslant\frac{d-3}{2}\right\}=1-\Phi\left(\frac{d-3}{2}\right)\geqslant 0.9.$$

则 $\Phi\left(\frac{d-3}{2}\right)\leqslant 0.1$,所以 $\frac{d-3}{2}<0$,那么

$$\Phi\left(\frac{3-d}{2}\right)\geqslant 0.9.$$

查标准正态分布表知 $\Phi(1.29)=0.9015$,取 $\frac{3-d}{2}\geqslant 1.29$,得到 $d\leqslant 0.42$.

29 若随机变量 Y 在 $(1,6)$ 上服从均匀分布,则方程 $x^2+Yx+1=0$ 有实根的概率 是_____. 1989 数学一, 2 分

知识点睛 0208 均匀分布

解 方程 $x^2+Yx+1=0$ 有实根的条件是:$\Delta=Y^2-4\geqslant0$,即 $Y\geqslant2$ 或 $Y\leqslant-2$.

由于 Y 服从 $(1,6)$ 上的均匀分布,故 Y 的密度函数为

$$f_Y(y)=\begin{cases}\dfrac{1}{5}, & 1<y<6,\\ 0, & y\geqslant6\ 或\ y\leqslant1,\end{cases}$$

所以,$P\{x^2+Yx+1=0\ 有实根\}=P\{Y\geqslant2\}+P\{Y\leqslant-2\}=\dfrac{4}{5}$.

故应填 $\dfrac{4}{5}$.

30 设顾客在某银行的窗口等待服务的时间 X(以分计)服从指数分布,其概率 密度为

$$f_X(x)=\begin{cases}\dfrac{1}{5}\mathrm{e}^{-\frac{x}{5}}, & x>0,\\ 0, & 其他,\end{cases}$$

某顾客在窗口等待服务,若超过 10 分钟,他就离开.他一个月要到银行 5 次,以 Y 表示 一个月内他未等到服务而离开窗口的次数,写出 Y 的分布律,并求 $P\{Y\geqslant1\}$.

知识点睛 0208 指数分布

解 该顾客在窗口未等到服务而离开的概率为

$$p=P\{X>10\}=\int_{10}^{+\infty}f_X(x)\,\mathrm{d}x=\int_{10}^{+\infty}\dfrac{1}{5}\mathrm{e}^{-\frac{x}{5}}\,\mathrm{d}x=-\mathrm{e}^{-\frac{x}{5}}\Big|_{10}^{+\infty}=\mathrm{e}^{-2}.$$

显然 $Y\sim B(5,\mathrm{e}^{-2})$,故

$$P\{Y=k\}=\mathrm{C}_5^k\mathrm{e}^{-2k}(1-\mathrm{e}^{-2})^{5-k},\ k=0,1,2,3,4,5,$$

从而

$$P\{Y\geqslant1\}=1-P\{Y=0\}=1-(1-\mathrm{e}^{-2})^5=0.5167.$$

31 由某机器生产的螺栓的长度(cm)服从参数为 $\mu=10.05,\sigma=0.06$ 的正态分 布,规定合格长度的上、下限为 10.05 ± 0.12.求一螺栓为不合格品的概率.

知识点睛 0208 正态分布

解 设螺栓的长度为 X,则 $X\sim N(10.05,0.06^2)$,从而一螺栓为不合格品的概率为

$$p=1-P\{10.05-0.12<X<10.05+0.12\}$$
$$=1-\Phi\left(\dfrac{10.17-10.05}{0.06}\right)+\Phi\left(\dfrac{10.05-0.12-10.05}{0.06}\right)$$
$$=1-\Phi(2)+\Phi(-2)=2-2\Phi(2)=0.0455.$$

32 一工厂生产的电子管的寿命 X(以小时计)服从参数为 $\mu=160,\sigma$ 的正态分 布,若要求 $P\{120<X\leqslant200\}\geqslant0.80$,允许 σ 最大为多少?

知识点睛 0208 正态分布

解 若要求 $P\{120<X\leqslant200\}\geqslant0.80$,即

$$\Phi\left(\frac{200-160}{\sigma}\right) - \Phi\left(\frac{120-160}{\sigma}\right) = \Phi\left(\frac{40}{\sigma}\right) - \Phi\left(-\frac{40}{\sigma}\right) = 2\Phi\left(\frac{40}{\sigma}\right) - 1 \geq 0.80,$$

或 $\Phi\left(\frac{40}{\sigma}\right) \geq 0.9$. 从而 $\frac{40}{\sigma} \geq 1.28$，$\sigma \leq 31.25$，即允许 σ 最大为 31.25.

§2.4 随机变量函数的分布

33 已知 X 的分布律如下表所示

X	0	1	2	3	4	5
$P\{X=x\}$	$\frac{1}{12}$	$\frac{1}{6}$	$\frac{1}{3}$	$\frac{1}{12}$	$\frac{2}{9}$	$\frac{1}{9}$

则 $Y=(X-2)^2$ 的分布律为 _____.

知识点睛 0209 随机变量函数的分布

解 记 $g(x)=(x-2)^2$. 由于 $g(0)=g(4)=4$，$g(1)=g(3)=1$，$g(2)=0$，$g(5)=9$，因此

$$P\{Y=0\} = P\{X=2\} = \frac{1}{3},$$

$$P\{Y=1\} = P\{X=1\} + P\{X=3\} = \frac{1}{6} + \frac{1}{12} = \frac{1}{4},$$

$$P\{Y=4\} = P\{X=0\} + P\{X=4\} = \frac{1}{12} + \frac{2}{9} = \frac{11}{36},$$

$$P\{Y=9\} = P\{X=5\} = \frac{1}{9}.$$

故应填

Y	0	1	4	9
$P\{Y=y\}$	$\frac{1}{3}$	$\frac{1}{4}$	$\frac{11}{36}$	$\frac{1}{9}$

【评注】求离散型随机变量函数的分布律时，要注意两种情形：

设 X 为离散型随机变量，其分布律为 $P\{X=x_k\}=p_k$，$k=1,2,\cdots$，则 $Y=g(X)$ 的分布律为

(1) 当 y_k 各不相同时，$P\{Y=y_k\}=P\{g(X)=y_k\}=p_k$，$k=1,2,\cdots$.

(2) 当 y_k 有重复时，$P\{Y=y_k\} = P\{g(X)=y_k\} = \sum_{g(x_i)=y_k} p_i$.

34 设随机变量 X 的概率分布为 $P\{X=k\}=\frac{1}{2^k}$，$k=1,2,3,\cdots$. 试求随机变量 $Y=\sin\left(\frac{\pi}{2}X\right)$ 的分布律.

知识点睛 0209 随机变量函数的分布

解 由题意,有

$$P\{Y=0\} = P\{X=2\} + P\{X=4\} + P\{X=6\} + \cdots = \frac{1}{2^2} + \frac{1}{2^4} + \frac{1}{2^6} + \cdots = \frac{1}{3},$$

$$P\{Y=-1\} = P\{X=3\} + P\{X=7\} + P\{X=11\} + \cdots = \frac{1}{2^3} + \frac{1}{2^7} + \frac{1}{2^{11}} + \cdots = \frac{2}{15},$$

$$P\{Y=1\} = 1 - P\{Y=0\} - P\{Y=-1\} = \frac{8}{15}.$$

34 题精解视频

故 $Y = \sin\left(\frac{\pi}{2}X\right)$ 的分布律为:

Y	-1	0	1
P	$\frac{2}{15}$	$\frac{1}{3}$	$\frac{8}{15}$

35 设离散型随机变量 X 服从参数为 4 的泊松分布,则 $Y = 3X - 2$ 的分布律为

_____.

知识点睛 0209 随机变量函数的分布

解 由题意有

$$P\{Y=k\} = P\{3X-2=k\} = P\left\{X = \frac{k+2}{3}\right\}$$

$$= \frac{4^{\frac{k+2}{3}}e^{-4}}{\left(\frac{k+2}{3}\right)!} \quad (k = 3n-2, n = 0,1,2,\cdots),$$

故应填 $P\{Y=k\} = \dfrac{4^{\frac{k+2}{3}}e^{-4}}{\left(\dfrac{k+2}{3}\right)!}$.

【评注】本题中 X 和 $Y=g(X)$ 均为无限可列的离散型随机变量,对于此类题型只需注意函数关系的转化即可求出分布律.

36 设随机变量 X 的概率密度为 $f_X(x) = \begin{cases} e^{-x}, & x \geq 0, \\ 0, & x < 0, \end{cases}$ 试求随机变量 $Y = e^X$ 的概率密度 $f_Y(y)$.

知识点睛 0209 随机变量函数的分布

解法 1 分段考察 Y 的分布函数.

(1)当 $y \leq 1$ 时,$f_X(x) = 0$,$F_Y(y) = 0$,

(2)当 $y > 1$ 时,$F_Y(y) = P\{Y \leq y\} = P\{e^X \leq y\} = P\{X \leq \ln y\} = \int_0^{\ln y} e^{-x}dx = 1 - y^{-1}.$

则 $f_Y(y) = F_Y'(y) = \begin{cases} \dfrac{1}{y^2}, & y > 1, \\ 0, & y \leq 1. \end{cases}$

解法 2 因为 $y = e^x$ 在 $(0, +\infty)$ 内是单调的,其反函数 $x = \ln y$ 在 $(1, +\infty)$ 内是可导的,且 $x' = \dfrac{1}{y} > 0$,所以根据公式,有

$$f_Y(y) = f_X(\ln y) \mid (\ln y)' \mid = e^{-\ln y} \cdot \frac{1}{y} = \frac{1}{y^2},$$

从而

$$f_Y(y) = \begin{cases} \dfrac{1}{y^2}, & y > 1, \\ 0, & y \leqslant 1. \end{cases}$$

37 已知 X 的分布函数为

$$F(x) = \begin{cases} 0, & x < -1, \\ \dfrac{1}{3}, & -1 \leqslant x < 0, \\ \dfrac{1}{2}, & 0 \leqslant x < 1, \\ \dfrac{2}{3}, & 1 \leqslant x < 2, \\ 1, & x \geqslant 2, \end{cases}$$

求 $Y = \left(\sin \dfrac{\pi}{6} X \right)^2$ 的分布函数.

知识点睛 0209 随机变量函数的分布

解 直接求 Y 的分布函数 $F_Y(y)$ 较为困难,可先利用 X 与 Y 分布律之间的关系求出 Y 的分布律.

由题意可得 X 的分布律

X	-1	0	1	2
P	$\dfrac{1}{3}$	$\dfrac{1}{6}$	$\dfrac{1}{6}$	$\dfrac{1}{3}$

则 $Y = \left(\sin \dfrac{\pi}{6} X \right)^2$ 的分布律为

Y	$\dfrac{1}{4}$	0	$\dfrac{1}{4}$	$\dfrac{3}{4}$
P	$\dfrac{1}{3}$	$\dfrac{1}{6}$	$\dfrac{1}{6}$	$\dfrac{1}{3}$

即

Y	0	$\dfrac{1}{4}$	$\dfrac{3}{4}$
P	$\dfrac{1}{6}$	$\dfrac{1}{2}$	$\dfrac{1}{3}$

故 Y 的分布函数为

$$F_Y(y) = P\{Y \leqslant y\} = \begin{cases} 0, & y < 0, \\ \dfrac{1}{6}, & 0 \leqslant y < \dfrac{1}{4}, \\ \dfrac{2}{3}, & \dfrac{1}{4} \leqslant y < \dfrac{3}{4}, \\ 1, & y \geqslant \dfrac{3}{4}. \end{cases}$$

38 设随机变量 X 的分布函数为 $F(x)$,则随机变量 $Y = 2X + 1$ 的分布函数 $G(y) = ($ $)$.

(A) $F\left(\dfrac{1}{2}y + 1\right)$ (B) $2F(y) + 1$

(C) $\dfrac{1}{2}F(y) - \dfrac{1}{2}$ (D) $F\left(\dfrac{1}{2}y - \dfrac{1}{2}\right)$

知识点睛 0209 随机变量函数的分布

解 $G(y) = P\{Y \leqslant y\} = P\{2X + 1 \leqslant y\} = P\left\{X \leqslant \dfrac{y-1}{2}\right\} = F\left(\dfrac{y-1}{2}\right)$.故应选(D).

39 设随机变量 X 服从 $(0,2)$ 上的均匀分布,求随机变量 $Y = X^2$ 的概率密 度 $f_Y(y)$.

🔲 1993 数学一, 3 分

知识点睛 0209 随机变量函数的分布

解法 1 分布函数法(或定义法).由已知条件,可知

(1)当 $y \leqslant 0$ 时,$F_Y(y) = 0$,

(2)当 $y \geqslant 4$ 时,$F_Y(y) = 1$,

(3)当 $0 < y < 4$ 时,$F_Y(y) = P\{Y \leqslant y\} = P\{X^2 \leqslant y\} = P\{X \leqslant \sqrt{y}\} = F_X(\sqrt{y})$.

由于 X 服从 $(0,2)$ 上的均匀分布,所以

$$F_Y(y) = F_X(\sqrt{y}) = \frac{\sqrt{y}}{2},$$

因此 $f_Y(y) = F_Y'(y) = \begin{cases} \dfrac{1}{4\sqrt{y}}, & 0 < y < 4, \\ 0, & \text{其他}. \end{cases}$

解法 2 公式法.因为 $y = x^2$ 在 $(0,2)$ 内单调,其反函数 $x = \sqrt{y}$ 在 $(0,4)$ 内可导,那么

$$f_Y(y) = f_X(\sqrt{y})(\sqrt{y})' = \frac{1}{2\sqrt{y}} \times \frac{1}{2} = \frac{1}{4\sqrt{y}} \quad (0 < y < 4),$$

此处对 $\sqrt{y}$ 求导得 $\dfrac{1}{2\sqrt{y}} > 0$,因 $f_Y(y) \geqslant 0$,从而符合概率密度非负的性质.若对反函数求导 为负值时,需要取其绝对值.因此随机变量 Y 的概率密度为

$$f_Y(y) = \begin{cases} \dfrac{1}{4\sqrt{y}}, & 0 < y < 4, \\ 0, & \text{其他}. \end{cases}$$

【评注】连续型随机变量函数的分布有两种求法,一是先通过随机变量的概率密度或分布函数求出随机变量函数的分布函数,再求其概率密度.二是如果随机变量函数是严格单调可导函数.先求其反函数,再根据公式算出其概率密度.

40 设 $X \sim N(0,1)$,求

(1) $Y = e^X$ 的概率密度;

(2) $Y = 2X^2 + 1$ 的概率密度;

(3) $Y = |X|$ 的概率密度.

知识点睛 0209 随机变量函数的分布

解 (1) X 的概率密度为 $f(x) = \dfrac{1}{\sqrt{2\pi}} e^{-\frac{x^2}{2}}$, $-\infty < x < +\infty$.

因为 $Y = e^X$,故 $Y > 0$,从而当 $y \leqslant 0$ 时,$\{Y \leqslant y\}$ 为不可能事件,有

$$F_Y(y) = P\{Y \leqslant y\} = 0, \quad f_Y(y) = F_Y'(y) = 0.$$

当 $y > 0$ 时,由 $y = e^x$ 得 $x = \ln y = h(y)$,$h'(y) = \dfrac{1}{y}$,由公式得 $Y = e^X$ 的概率密度为

$$f_Y(y) = \frac{1}{\sqrt{2\pi}} e^{-\frac{1}{2}(\ln y)^2} \cdot \frac{1}{y},$$

故

$$f_Y(y) = \begin{cases} \dfrac{1}{\sqrt{2\pi} \, y} e^{-\frac{1}{2}(\ln y)^2}, & y > 0, \\ 0, & y \leqslant 0, \end{cases}$$

或

$$F_Y(y) = P\{Y \leqslant y\} = P\{e^X \leqslant y\} = P\{X \leqslant \ln y\}$$

$$= \int_{-\infty}^{\ln y} f(x)\,dx = \int_{-\infty}^{\ln y} \frac{1}{\sqrt{2\pi}} e^{-\frac{x^2}{2}}\,dx,$$

从而

$$f_Y(y) = F_Y'(y) = \frac{1}{\sqrt{2\pi}} e^{-\frac{(\ln y)^2}{2}} \cdot \frac{1}{y} \quad (y > 0).$$

(2) 由 $Y = 2X^2 + 1$ 知 $Y \geqslant 1$,故当 $y < 1$ 时,$\{Y \leqslant y\}$ 是不可能事件,所以 $F_Y(y) = P\{Y \leqslant y\} = 0$,从而 $f_Y(y) = 0$.

当 $y \geqslant 1$ 时,

$$F_Y(y) = P\{Y \leqslant y\} = P\{2X^2 + 1 \leqslant y\} = P\left\{-\sqrt{\frac{y-1}{2}} \leqslant X \leqslant \sqrt{\frac{y-1}{2}}\right\}$$

$$= \int_{-\sqrt{\frac{y-1}{2}}}^{\sqrt{\frac{y-1}{2}}} f(x)\,dx = \int_{-\sqrt{\frac{y-1}{2}}}^{\sqrt{\frac{y-1}{2}}} \frac{1}{\sqrt{2\pi}} e^{-\frac{x^2}{2}}\,dx,$$

有

$$f_Y(y) = F_Y'(y) = \frac{1}{\sqrt{2\pi}} e^{-\frac{1}{2} \cdot \frac{y-1}{2}} \times \left(\sqrt{\frac{y-1}{2}}\right)' - \frac{1}{\sqrt{2\pi}} e^{-\frac{1}{2} \cdot \frac{y-1}{2}} \times \left(-\sqrt{\frac{y-1}{2}}\right)'$$

$$= \frac{1}{2\sqrt{\pi(y-1)}}e^{-\frac{y-1}{4}},$$

即 $f_Y(y)=\begin{cases}\dfrac{1}{2\sqrt{\pi(y-1)}}e^{-\frac{y-1}{4}}, & y>1,\\ 0, & y\leqslant 1.\end{cases}$

（3）由 $Y=|X|$ 知 $Y\geqslant 0$，所以当 $y<0$ 时，$\{Y\leqslant y\}$ 为不可能事件，$F_Y(y)=P\{Y\leqslant y\}=0$，故 $f_Y(y)=0$. 当 $y\geqslant 0$ 时，

$$F_Y(y)=P\{Y\leqslant y\}=P\{|X|\leqslant y\}=P\{-y\leqslant X\leqslant y\}$$
$$=\int_{-y}^{y}f(x)\,dx=\int_{-y}^{y}\frac{1}{\sqrt{2\pi}}e^{-\frac{x^2}{2}}dx=2\int_{0}^{y}\frac{1}{\sqrt{2\pi}}e^{-\frac{x^2}{2}}dx,$$

有

$$f_Y(y)=F_Y'(y)=\frac{2}{\sqrt{2\pi}}e^{-\frac{y^2}{2}},$$

所以

$$f_Y(y)=\begin{cases}\sqrt{\dfrac{2}{\pi}}e^{-\frac{y^2}{2}}, & y>0,\\ 0, & y\leqslant 0.\end{cases}$$

【评注】本题（1）既可用分布函数法，也可用公式法；（2）、（3）中 $y=g(x)$ 不是单调函数，故只能用分布函数法.

§2.5 综合提高题

41 设离散型随机变量 X 的分布律为 $P\{X=k\}=b\lambda^k(k=1,2,3,\cdots)$ 且 $b>0$，则 λ 为（　）.

(A) $\lambda>0$ 的任意实数 　　　　(B) $\lambda=b+1$

(C) $\lambda=\dfrac{1}{1+b}$ 　　　　(D) $\lambda=\dfrac{1}{b-1}$

知识点睛　0204 离散型随机变量及其概率分布

解　因为 $\sum\limits_{k=1}^{\infty}P\{X=k\}=\sum\limits_{k=1}^{\infty}b\lambda^k=1,S_n=\sum\limits_{k=1}^{n}b\lambda^k=b\cdot\dfrac{(1-\lambda^n)\lambda}{1-\lambda}$，即

$$\lim_{n\to\infty}S_n=\lim_{n\to\infty}b\cdot\lambda\frac{(1-\lambda^n)}{1-\lambda}=1.$$

于是，当 $|\lambda|<1$ 时，$b\cdot\dfrac{\lambda}{1-\lambda}=1$，所以

$$\lambda=\frac{1}{1+b}<1\quad（因 b>0）.$$

应选（C）.

42 设 $F_1(x)$ 与 $F_2(x)$ 为两个分布函数，其相应的概率密度 $f_1(x)$ 与 $f_2(x)$ 是连续

2011 数学一、数学三,4 分

函数,则必为概率密度的是( ).

(A)$f_1(x)f_2(x)$ (B)$2f_2(x)F_1(x)$

(C)$f_1(x)F_2(x)$ (D)$f_1(x)F_2(x)+f_2(x)F_1(x)$

42题精解视频

知识点睛 0207 连续型随机变量及其概率密度

解 因为 $f_1(x)F_2(x)+f_2(x)F_1(x)\geqslant 0$,且

$$\int_{-\infty}^{+\infty}\left[f_1(x)F_2(x)+f_2(x)F_1(x)\right]\mathrm{d}x$$

$$=\int_{-\infty}^{+\infty}\left[F_1'(x)F_2(x)+F_2'(x)F_1(x)\right]\mathrm{d}x$$

$$=F_1(x)F_2(x)\Big|_{-\infty}^{+\infty}=1.$$

则 $f_1(x)F_2(x)+f_2(x)F_1(x)$ 满足概率密度的两条性质,故应选(D).

【评注】本题考查了多个基本知识点,综合性较强:

① 概率密度的性质:$f(x)\geqslant 0$;$\int_{-\infty}^{+\infty}f(x)\mathrm{d}x=1$.

② 分布函数的性质:$F(-\infty)=0$;$F(+\infty)=1$.

③ 分布函数与概率密度的关系:$F'(x)=f(x)$.

43 设 $X\sim B(n,p)$,若 $(n+1)p$ 不是整数,则( )时 $P\{X=k\}$ 最大.

(A)$k=(n+1)p$ (B)$k=(n+1)p-1$ (C)$k=np$ (D)$k=\left[(n+1)p\right]$

知识点睛 0205 二项分布

解 由二项分布的性质知,应选(D).

【评注】设 $X\sim B(n,p)$,则使 $P\{X=k\}$ 达到最大的 k,称为二项分布的最可能值,记为 k_0,且

$$k_0=\begin{cases}(n+1)p\ \text{和}\ (n+1)p-1, & \text{当}\ (n+1)p\ \text{是整数时},\\\left[(n+1)p\right], & \text{其他}.\end{cases}$$

1989 数学三,8分

44 设随机变量 X 在区间 $[2,5]$ 上服从均匀分布,现对 X 进行三次独立观测,则至少有两次观测值大于 3 的概率为( ).

(A)$\dfrac{20}{27}$ (B)$\dfrac{27}{30}$ (C)$\dfrac{2}{5}$ (D)$\dfrac{2}{3}$

44题精解视频

知识点睛 0205 二项分布

解 由题意"对 X 进行三次独立观测"即是在相同条件下进行三次独立重复试验,因此所求概率属于二项分布的概率计算问题.

以 A 表示事件"对 X 的观测值大于 3",即 $A=\{X>3\}$,由题设知 X 的概率密度为

$$f(x)=\begin{cases}\dfrac{1}{3}, & 2\leqslant x\leqslant 5,\\0, & \text{其他},\end{cases}$$

因此 $P(A)=P\{X>3\}=\int_3^5\dfrac{1}{3}\mathrm{d}x=\dfrac{2}{3}.$

以 Y 表示三次独立观测中观测值大于 3 的次数,则 $Y \sim B\left(3, \frac{2}{3}\right)$, Y 的可能值为 0,
1,2,3,Y 取各可能值的概率为

$$P\{Y=k\} = C_3^k p^k q^{3-k} = C_3^k \left(\frac{2}{3}\right)^k \left(\frac{1}{3}\right)^{3-k} \quad (k=0,1,2,3),$$

从而,所求概率为

$$P\{Y \geqslant 2\} = C_3^2 \left(\frac{2}{3}\right)^2 \left(\frac{1}{3}\right) + C_3^3 \left(\frac{2}{3}\right)^3 = \frac{20}{27}.$$

故应选(A).

45 若随机变量的可能值充满区间(　　),则 $\varphi(x) = \cos x$ 可以成为随机变量 X 的分布密度.

(A) $\left[0, \frac{\pi}{2}\right]$　　　　(B) $\left[\frac{\pi}{2}, \pi\right]$　　　　(C) $[0, \pi]$　　　　(D) $\left[\frac{3}{2}\pi, \frac{7}{4}\pi\right]$

知识点睛　0207 连续型随机变量及其概率密度

解　由随机变量 X 的分布密度函数 $\varphi(x)$ 的非负性可知(B)(C)不该入选.

又 $\int_{-\infty}^{+\infty} \varphi(x)\mathrm{d}x = 1.$ 验证

$$(A) \int_{-\infty}^{+\infty} \varphi(x)\mathrm{d}x = \int_0^{\frac{\pi}{2}} \cos x \mathrm{d}x = \sin x \Big|_0^{\frac{\pi}{2}} = 1,$$

$$(D) \int_{-\infty}^{+\infty} \varphi(x)\mathrm{d}x = \int_{\frac{3}{2}\pi}^{\frac{7}{4}\pi} \cos x \mathrm{d}x = \sin x \Big|_{\frac{3}{2}\pi}^{\frac{7}{4}\pi} = 1 - \frac{\sqrt{2}}{2}.$$

故应选(A).

46 设 X 为随机变量,若矩阵 $\boldsymbol{A} = \begin{pmatrix} 2 & 3 & 2 \\ 0 & -2 & -X \\ 0 & 1 & 0 \end{pmatrix}$ 的特征值全为实数的概率为
0.5,则(　　).

(A) X 在 $[0,2]$ 上服从均匀分布　　　　(B) X 服从二项分布 $B(2,0.5)$
(C) X 服从参数为 1 的指数分布　　　　(D) X 服从正态分布 $N(0,1)$

知识点睛　0208 均匀分布

解　由 $|\lambda\boldsymbol{E}-\boldsymbol{A}| = \begin{vmatrix} \lambda-2 & -3 & -2 \\ 0 & \lambda+2 & X \\ 0 & -1 & \lambda \end{vmatrix} = (\lambda-2)(\lambda^2+2\lambda+X)$,得其特征值全为实数
的概率 $P\{2^2-4X \geqslant 0\} = P\{X \leqslant 1\} = 0.5$,可见,当 X 服从 $[0,2]$ 上的均匀分布时成立.

故应选(A).

47 设随机变量 X 的密度函数为 $f_X(x)$,则 $Y=3-2X$ 的密度函数为(　　).

(A) $-\frac{1}{2}f_X\left(-\frac{y-3}{2}\right)$　　　　　　　　(B) $\frac{1}{2}f_X\left(-\frac{y-3}{2}\right)$

(C) $-\frac{1}{2}f_X\left(-\frac{y+3}{2}\right)$　　　　　　　　(D) $\frac{1}{2}f_X\left(-\frac{y+3}{2}\right)$

知识点睛 0209 随机变量函数的分布

解 本题是求连续型随机变量函数的概率密度,因为 $Y=g(X)$ 是单调函数,由公式法可知(B)正确.

48 设随机变量 X 具有对称的概率密度,即 $f(-x)=f(x)$,则对任意 $a>0$,$P\{|X|>a\}$ 是( ).

(A)$1-2F(a)$ (B)$2F(a)-1$ (C)$2-F(a)$ (D)$2[1-F(a)]$

知识点睛 0207 连续型随机变量及其概率密度

解 因为 $f(-x)=f(x)$,所以

$$F(-a)=\int_{-\infty}^{-a}f(x)\mathrm{d}x=\int_{a}^{+\infty}f(x)\mathrm{d}x,$$

从而

$$F(a)+F(-a)=\int_{-\infty}^{+\infty}f(x)\mathrm{d}x=1$$

$$\Rightarrow F(-a)=1-F(a)$$

$$\Rightarrow P\{|X|>a\}=1-P\{|X|<a\}=1-P\{-a<X<a\}$$

$$=1-[F(a)-F(-a)]=1-[F(a)-(1-F(a))]=2[1-F(a)].$$

故应选(D).

2006 数学一、数学三,4 分

49 设随机变量 X 服从正态分布 $N(\mu_1,\sigma_1^2)$,Y 服从正态分布 $N(\mu_2,\sigma_2^2)$,且

$$P\{|X-\mu_1|<1\}>P\{|Y-\mu_2|<1\},$$

则必有( ).

(A)$\sigma_1<\sigma_2$ (B)$\sigma_1>\sigma_2$ (C)$\mu_1<\mu_2$ (D)$\mu_1>\mu_2$

知识点睛 0208 正态分布

分析 由于 X 与 Y 的分布不同,不能直接判断 $P\{|X-\mu_1|<1\}$ 和 $P\{|Y-\mu_2|<1\}$ 的大小与参数的关系,如果将其标准化,就可以方便地比较.

解 $P\{|X-\mu_1|<1\}=P\left\{\left|\dfrac{X-\mu_1}{\sigma_1}\right|<\dfrac{1}{\sigma_1}\right\}$.随机变量 $\dfrac{X-\mu_1}{\sigma_1}\sim N(0,1)$,且其概率密度函数是偶函数.故

$$P\left\{\left|\frac{X-\mu_1}{\sigma_1}\right|<\frac{1}{\sigma_1}\right\}=2P\left\{0<\frac{X-\mu_1}{\sigma_1}<\frac{1}{\sigma_1}\right\}$$

$$=2\left[\Phi\left(\frac{1}{\sigma_1}\right)-\Phi(0)\right]=2\Phi\left(\frac{1}{\sigma_1}\right)-1.$$

同理,$P\{|Y-\mu_2|<1\}=2\Phi\left(\dfrac{1}{\sigma_2}\right)-1.$

因为 $\Phi(x)$ 是单调增加函数,当 $P\{|X-\mu_1|<1\}>P\{|Y-\mu_2|<1\}$ 时,

$$2\Phi\left(\frac{1}{\sigma_1}\right)-1>2\Phi\left(\frac{1}{\sigma_2}\right)-1,$$

有 $\Phi\left(\dfrac{1}{\sigma_1}\right)>\Phi\left(\dfrac{1}{\sigma_2}\right)$,所以 $\dfrac{1}{\sigma_1}>\dfrac{1}{\sigma_2}$,即 $\sigma_1<\sigma_2$.

故应选(A).

2010 数学一、数学三,4 分

50 设随机变量 X 的分布函数 $F(x)=\begin{cases}0, & x<0, \\ \dfrac{1}{2}, & 0\leqslant x<1, \\ 1-\mathrm{e}^{-x}, & x\geqslant 1,\end{cases}$ 则 $P\{X=1\}=($).

(A) 0 (B) $\dfrac{1}{2}$ (C) $\dfrac{1}{2}-\mathrm{e}^{-1}$ (D) $1-\mathrm{e}^{-1}$

知识点睛 0202 分布函数的概念及其性质

分析 根据分布函数的性质 $P\{X=x\}=F(x)-F(x-0)$,不难计算 $P\{X=1\}$ 的值.

解 $P\{X=1\}=F(1)-F(1-0)=1-\mathrm{e}^{-1}-\dfrac{1}{2}=\dfrac{1}{2}-\mathrm{e}^{-1}$.

所以应选(C).

50 题精解视频

51 设 $f_1(x)$ 为标准正态分布的概率密度,$f_2(x)$ 为 $[-1,3]$ 上均匀分布的概率密度,若

2010 数学一、数学三,4 分

$$f(x)=\begin{cases}af_1(x), & x\leqslant 0, \\ bf_2(x), & x>0\end{cases}\quad(a>0,b>0)$$

为概率密度,则 a,b 应满足( ).

(A) $2a+3b=4$ (B) $3a+2b=4$ (C) $a+b=1$ (D) $a+b=2$

知识点睛 0208 均匀分布、正态分布

分析 根据密度函数的性质:$\displaystyle\int_{-\infty}^{+\infty}f(x)\mathrm{d}x=1$,以及正态分布和均匀分布的性质,可以求出 a,b 应满足的条件.

解 $1=\displaystyle\int_{-\infty}^{+\infty}f(x)\mathrm{d}x=\int_{-\infty}^{0}af_1(x)\mathrm{d}x+\int_{0}^{+\infty}bf_2(x)\mathrm{d}x=a\int_{-\infty}^{0}f_1(x)\mathrm{d}x+b\int_{0}^{+\infty}f_2(x)\mathrm{d}x.$

$f_1(x)$ 为标准正态分布的概率密度,其对称中心在 $x=0$ 处,故 $\displaystyle\int_{-\infty}^{0}f_1(x)\mathrm{d}x=\dfrac{1}{2}$.

$f_2(x)$ 为 $[-1,3]$ 上均匀分布的概率密度,即

$$f_2(x)=\begin{cases}\dfrac{1}{4}, & -1\leqslant x\leqslant 3, \\ 0, & \text{其他},\end{cases}$$

则 $\displaystyle\int_{0}^{+\infty}f_2(x)\mathrm{d}x=\int_{0}^{3}\dfrac{1}{4}\mathrm{d}x=\dfrac{3}{4}$.所以 $1=a\cdot\dfrac{1}{2}+b\cdot\dfrac{3}{4}$,即 $2a+3b=4$.应选(A).

52 设 X_1,X_2,X_3 是随机变量,且 $X_1\sim N(0,1)$,$X_2\sim N(0,2^2)$,$X_3\sim N(5,3^2)$,$p_i=P\{-2\leqslant X_i\leqslant 2\}(i=1,2,3)$,则( ).

2013 数学一、数学三,4 分

(A) $p_1>p_2>p_3$ (B) $p_2>p_1>p_3$ (C) $p_3>p_1>p_2$ (D) $p_1>p_3>p_2$

知识点睛 0208 正态分布

解 因为 $X_1\sim N(0,1)$,所以

$$p_1=P\{-2\leqslant X_1\leqslant 2\}=\Phi(2)-\Phi(-2)=2\Phi(2)-1.$$

52 题精解视频

因为 $X_2 \sim N(0,2^2)$，所以

$$p_2 = P\{-2 \leqslant X_2 \leqslant 2\} = P\left\{-1 \leqslant \frac{X_2 - 0}{2} \leqslant 1\right\}$$
$$= \Phi(1) - \Phi(-1) = 2\Phi(1) - 1,$$

因为 $X_3 \sim N(5,3^2)$，所以

$$p_3 = P\{-2 \leqslant X_3 \leqslant 2\} = P\left\{-\frac{7}{3} \leqslant \frac{X_3 - 5}{3} \leqslant -1\right\} = \Phi(-1) - \Phi\left(-\frac{7}{3}\right),$$

因为 $\Phi(x)$ 为单调增加函数，所以

$$p_1 = 2\Phi(2) - 1 > 2\Phi(1) - 1 = p_2.$$

由正态分布的图形可看出

$$p_2 = \Phi(1) - \Phi(-1) > \Phi(-1) - \Phi\left(-\frac{7}{3}\right) = p_3,$$

故 $p_1 > p_2 > p_3$，应选（A）.

2013 数学一，
4 分

53 设某一随机变量 Y 服从参数为 1 的指数分布，a 为常数且大于零，则
$P\{Y \leqslant a+1 \mid Y > a\} = \underline{\qquad}$.

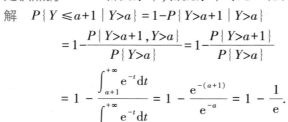

53 题精解视频

知识点睛　0208 指数分布，指数分布的无记忆性

解　$P\{Y \leqslant a+1 \mid Y > a\} = 1 - P\{Y > a+1 \mid Y > a\}$

$$= 1 - \frac{P\{Y > a+1, Y > a\}}{P\{Y > a\}} = 1 - \frac{P\{Y > a+1\}}{P\{Y > a\}}$$

$$= 1 - \frac{\int_{a+1}^{+\infty} e^{-t}\,dt}{\int_a^{+\infty} e^{-t}\,dt} = 1 - \frac{e^{-(a+1)}}{e^{-a}} = 1 - \frac{1}{e}.$$

所以应填 $1 - \dfrac{1}{e}$.

【评注】 如果记得指数分布具有无记忆性：

设 $X \sim E(\lambda)$，当 $s,t > 0$ 时，$P\{X > s+t \mid X > t\} = P\{X > s\}$.

本题可以直接求解：

$$P\{Y \leqslant a+1 \mid Y > a\} = 1 - P\{Y > a+1 \mid Y > a\} = 1 - P\{Y > 1\} = 1 - e^{-1}.$$

2016 数学一，
4 分

54 设随机变量 $X \sim N(\mu, \sigma^2)$ $(\sigma > 0)$，记 $p = P\{X \leqslant \mu + \sigma^2\}$，则（　　）.

（A）p 随着 μ 的增加而增加　　　　　（B）p 随着 σ 的增加而增加

（C）p 随着 μ 的增加而减少　　　　　（D）p 随着 σ 的增加而减少

知识点睛　0208 正态分布

解　因为 $X \sim N(\mu, \sigma^2)$，所以 $\dfrac{X-\mu}{\sigma} \sim N(0,1)$，其分布函数为 $\Phi(x)$. 从而

$$p = P\{X \leqslant \mu + \sigma^2\} = P\left\{\frac{X-\mu}{\sigma} \leqslant \sigma\right\} = \Phi(\sigma),$$

由标准正态分布函数的单调性，知 p 随着 σ 的增加而增加，故应选（B）.

2018 数学一、
数学三，4 分

55 设随机变量 X 的概率密度 $f(x)$ 满足 $f(1+x) = f(1-x)$，且 $\int_0^2 f(x)\,dx = 0.6$，

则 $P\{X<0\}=($).

(A)0.2   (B)0.3   (C)0.4   (D)0.5

知识点睛 0207 连续型随机变量及其概率密度

解法1 因为 $f(1+x)=f(1-x)$,所以概率密度函数 $f(x)$ 在 $x=1$ 处对称(如55题图所示).

根据对称性,有

$$P\{X<0\}=P\{X>2\}=\frac{1-0.6}{2}=0.2.$$

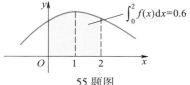

55 题图

55 题精解视频

应选(A).

解法2 $1=\int_{-\infty}^{+\infty}f(x)\mathrm{d}x=\int_{-\infty}^{0}f(x)\mathrm{d}x+\int_{0}^{2}f(x)\mathrm{d}x+\int_{2}^{+\infty}f(x)\mathrm{d}x$

$$=\int_{-\infty}^{0}f(x)\mathrm{d}x+0.6+\int_{1}^{+\infty}f(1+t)\mathrm{d}t$$

$$=\int_{-\infty}^{0}f(x)\mathrm{d}x+0.6+\int_{1}^{+\infty}f(1-t)\mathrm{d}t$$

$$=\int_{-\infty}^{0}f(x)\mathrm{d}x+0.6+\int_{0}^{-\infty}f(s)\mathrm{d}(-s)$$

$$=2\int_{-\infty}^{0}f(x)\mathrm{d}x+0.6,$$

所以

$$P\{X<0\}=\int_{-\infty}^{0}f(x)\mathrm{d}x=0.2.$$

应选(A).

56 设随机变量 X 与 Y 相互独立,且都服从正态分布 $N(\mu,\sigma^2)$,则 $P\{|X-Y|<1\}($). ◪ 2019 数学一、数学三,4 分

(A)与 μ 无关,而与 σ^2 有关   (B)与 μ 有关,而与 σ^2 无关

(C)与 μ,σ^2 都有关   (D)与 μ,σ^2 都无关

知识点睛 0208 正态分布,0209 随机变量函数的分布

分析 X,Y 独立且都服从正态分布 $N(\mu,\sigma^2)$,则 $X-Y$ 服从 $N(0,2\sigma^2)$ 分布,可以推出 $P\{|X-Y|<1\}$ 与 μ 无关,只与 σ^2 有关.

解 X,Y 独立,均服从正态分布 $N(\mu,\sigma^2)$,则 $X-Y$ 服从正态分布 $N(0,2\sigma^2)$,有

$$P\{|X-Y|<1\}=P\{-1<X-Y<1\}$$

$$=P\left\{-\frac{1}{\sqrt{2\sigma^2}}<\frac{X-Y}{\sqrt{2\sigma^2}}<\frac{1}{\sqrt{2\sigma^2}}\right\},$$

其中,$\dfrac{X-Y}{\sqrt{2\sigma^2}}\sim N(0,1)$.记 $N(0,1)$ 的分布函数为 $\Phi(x)$,则

$$P\{|X-Y|<1\}=\Phi\left(\frac{1}{\sqrt{2\sigma^2}}\right)-\Phi\left(-\frac{1}{\sqrt{2\sigma^2}}\right)=2\Phi\left(\frac{1}{\sqrt{2\sigma^2}}\right)-1.$$

应选(A).

◪ 2002 数学一,4 分

57 设随机变量 X 服从正态分布 $N(\mu,\sigma^2)$ $(\sigma>0)$,且二次方程 $y^2+4y+X=0$ 无

实根的概率为 $\dfrac{1}{2}$,则 $\mu=$ _____.

知识点睛 0208 正态分布

解 二次方程无实根,即 $y^2+4y+X=0$ 的判别式 $\Delta=16-4X<0$.由题意知其概率为

$\dfrac{1}{2}$,即 $P\{X>4\}=\dfrac{1}{2}$,所以 $\mu=4$,应填 4.

2004 数学一、
数学三,4 分

58 设随机变量 X 服从正态分布 $N(0,1)$,且对给定的 $\alpha(0<\alpha<1)$,数 u_α 满足 $P\{X>u_\alpha\}=\alpha$,若 $P\{|X|<x\}=\alpha$,则 x 等于(　　).

(A) $u_{\frac{\alpha}{2}}$ 　　　　(B) $u_{1-\frac{\alpha}{2}}$ 　　　　(C) $u_{\frac{1-\alpha}{2}}$ 　　　　(D) $u_{1-\alpha}$

知识点睛 0208 正态分布概率密度函数的对称性

解 利用正态分布的概率密度函数图形的对称性,对任何 $x>0$,有

$$P\{X>x\}=P\{X<-x\}=\dfrac{1}{2}P\{|X|>x\},$$

或者直接利用图形求解

解法 1 若 $P\{|X|<x\}=\alpha$,其中 $0<\alpha<1,x>0$,则

$$P\{X>x\}=\dfrac{1}{2}P\{|X|>x\}=\dfrac{1}{2}P\{|X|\geqslant x\}=\dfrac{1}{2}[1-P\{|X|<x\}]$$

$$=\dfrac{1}{2}(1-\alpha)=\dfrac{1-\alpha}{2},$$

即 $x=u_{\frac{1-\alpha}{2}}$,应选(C).

解法 2 如 58 题图(1)所示,题设条件 $P\{X>u_\alpha\}=\alpha$.而 58 题图(2)中间阴影部分面积为 α,$P\{|X|<x\}=\alpha$.两端各余面积为 $\dfrac{1-\alpha}{2}$,所以 $P\{|X|<u_{\frac{1-\alpha}{2}}\}=\alpha$.应选(C).

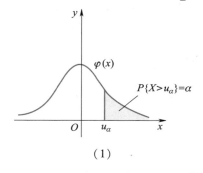　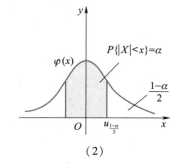

(1)　　　　　　　　　　　　(2)

58 题图

59 设随机变量 X 的分布函数为 $F_X(x)=\begin{cases}0, & x<1,\\ \ln x, & 1\leqslant x<e,\\ 1, & x\geqslant e,\end{cases}$

(1)求 $P\{X<2\}$,$P\{0<X\leqslant 3\}$,$P\{2<X<\dfrac{5}{2}\}$;

(2)求概率密度函数 $f_X(x)$.

知识点睛　0202 分布函数的概念及其性质

解　(1)$P\{X<2\}=F_X(2)=\ln 2,$

$\qquad P\{0<X\le 3\}=F_X(3)-F_X(0)=1-0=1,$

$\qquad P\left\{2<X<\dfrac{5}{2}\right\}=F_X\left(\dfrac{5}{2}\right)-F_X(2)=\ln\dfrac{5}{2}-\ln 2=\ln\dfrac{5}{4}.$

$(2)f_X(x)=F_X'(x)=\begin{cases}\dfrac{1}{x}, & 1<x<\mathrm{e},\\[2mm] 0, & \text{其他.}\end{cases}$

60.　某公共汽车从上午 7：00 起每隔 15 分钟有一趟班车经过某车站，即 7：00，7：15，7：30，…时刻有班车到达此车站，如果某乘客是在 7：00 至 7：30 等可能地到达此车站候车，问他等候不超过 5 分钟便乘上汽车的概率.

知识点睛　0208 均匀分布

解　设乘客于 7 点过 X 分钟到达车站，则 $X\sim U[0,30]$，即其概率密度为

$$f(x)=\begin{cases}\dfrac{1}{30}, & 0\le x\le 30,\\[2mm] 0, & \text{其他,}\end{cases}$$

于是该乘客等候不超过 5 分钟便能乘上汽车的概率为

$$P\{10\le X\le 15 \text{ 或 } 25\le X\le 30\}$$
$$=P\{10\le X\le 15\}+P\{25\le X\le 30\}$$
$$=\int_{10}^{15}\dfrac{1}{30}\mathrm{d}x+\int_{25}^{30}\dfrac{1}{30}\mathrm{d}x=\dfrac{5}{30}+\dfrac{5}{30}=\dfrac{1}{3}.$$

61.　设 X 是在 $[0,1]$ 上取值的连续型随机变量，且 $P\{X\le 0.29\}=0.75.$ 如果 $Y=1-X$，则 $k=$ _____ 时，$P\{Y\le k\}=0.25.$

知识点睛　0207 连续型随机变量及其概率密度

解　$P\{Y\le k\}=P\{1-X\le k\}=P\{X\ge 1-k\}$
$\qquad\qquad =1-P\{X<1-k\}=0.25,$

所以 $P\{X<1-k\}=0.75$，则 $1-k=0.29$，即 $k=0.71.$ 应填 0.71.

62.　设随机变量 $X\sim\begin{pmatrix}0 & 1\\[1mm] \dfrac{1}{4} & \dfrac{3}{4}\end{pmatrix}$，$P\left\{Y=-\dfrac{1}{2}\right\}=1$，又 n 维向量 $\boldsymbol{\alpha}_1,\boldsymbol{\alpha}_2,\boldsymbol{\alpha}_3$ 线性无关，则 $\boldsymbol{\alpha}_1+\boldsymbol{\alpha}_2,\boldsymbol{\alpha}_2+2\boldsymbol{\alpha}_3,X\boldsymbol{\alpha}_3+Y\boldsymbol{\alpha}_1$ 线性相关的概率为(　　).

(A) $\dfrac{3}{4}$ 　　　　(B) $\dfrac{1}{4}$ 　　　　(C) 1 　　　　(D) $\dfrac{1}{2}$

知识点睛　0205(0—1)分布

解　$\boldsymbol{\alpha}_1+\boldsymbol{\alpha}_2,\boldsymbol{\alpha}_2+2\boldsymbol{\alpha}_3,X\boldsymbol{\alpha}_3+Y\boldsymbol{\alpha}_1$ 线性相关 $\Leftrightarrow\begin{vmatrix}1 & 1 & 0\\ 0 & 1 & 2\\ Y & 0 & X\end{vmatrix}=X+2Y=0$，则

$$P\{X+2Y=0\}=P\left\{X+2Y=0,Y=-\dfrac{1}{2}\right\}$$

$$= P\{X = 1\} = \frac{3}{4}.$$

应选(A).

连续型随机变量 X 的密度函数为

$$p(x) = \begin{cases} \dfrac{A}{\sqrt{1 - x^2}}, & |x| < 1, \\ 0, & \text{其他}, \end{cases}$$

求:(1)系数 A;

(2)X 落在区间 $\left(-\dfrac{1}{2}, \dfrac{1}{2}\right)$ 内的概率;

(3)X 的分布函数.

知识点睛 0207 连续型随机变量及其概率密度

解 (1)因为 $\int_{-\infty}^{+\infty} p(x)\,\mathrm{d}x = 1$,故

$$\int_{-\infty}^{+\infty} p(x)\,\mathrm{d}x = \int_{-1}^{1} \frac{A}{\sqrt{1 - x^2}}\,\mathrm{d}x = A\arcsin x \Big|_{-1}^{1} = A\left(\frac{\pi}{2} + \frac{\pi}{2}\right) = 1,$$

由此得 $A = \dfrac{1}{\pi}$.

(2)$P\left\{-\dfrac{1}{2} < X < \dfrac{1}{2}\right\} = \int_{-\frac{1}{2}}^{\frac{1}{2}} \dfrac{1}{\pi} \dfrac{1}{\sqrt{1 - x^2}}\,\mathrm{d}x = \dfrac{1}{\pi}\arcsin x \Big|_{-\frac{1}{2}}^{\frac{1}{2}} = \dfrac{1}{3}.$

(3)设 X 的分布函数为 $F(x)$,当 $x \leqslant -1$ 时,有

$$F(x) = \int_{-\infty}^{x} p(t)\,\mathrm{d}t = \int_{-\infty}^{x} 0\,\mathrm{d}t = 0,$$

当 $-1 < x \leqslant 1$ 时,

$$F(x) = \int_{-\infty}^{-1} 0\,\mathrm{d}t + \int_{-1}^{x} \frac{1}{\pi\sqrt{1 - t^2}}\,\mathrm{d}t$$

$$= \frac{1}{2} + \frac{1}{\pi}\arcsin x,$$

当 $x > 1$ 时,

$$F(x) = \int_{-\infty}^{-1} 0\,\mathrm{d}t + \int_{-1}^{1} \frac{1}{\pi\sqrt{1 - t^2}}\,\mathrm{d}t + \int_{1}^{x} 0\,\mathrm{d}t = 1.$$

综上,得

$$F(x) = \begin{cases} 0, & x \leqslant -1, \\ \dfrac{1}{2} + \dfrac{1}{\pi}\arcsin x, & -1 < x \leqslant 1, \\ 1, & x > 1. \end{cases}$$

设随机变量 X 的密度为

$$f(x) = \begin{cases} cx, & 0 \leqslant x \leqslant 1, \\ 0, & \text{其他}, \end{cases}$$

求:(1)常数 c;

(2)$P\{0.3<X<0.7\}$;

(3)常数 a,使 $P\{X>a\}=P\{X<a\}$;

(4)X 的分布函数 $F(x)$.

知识点睛 0207 连续型随机变量及其概率密度

解 (1)由性质

$$\int_{-\infty}^{+\infty} f(x)\mathrm{d}x = \int_0^1 cx\mathrm{d}x = \frac{c}{2} = 1,$$

可得 $c=2$.

(2)$P\{0.3<X<0.7\} = \int_{0.3}^{0.7} f(x)\mathrm{d}x = \int_{0.3}^{0.7} 2x\mathrm{d}x = x^2\Big|_{0.3}^{0.7} = 0.4$.

(3)因为 $P\{X>a\}+P\{X<a\}=1(P\{X=a\}=0)$,而 $P\{X>a\}=P\{X<a\}$,故

$$P\{X>a\} = P\{X<a\} = \frac{1}{2},$$

即

$$\int_{-\infty}^{a} f(x)\mathrm{d}x = \int_0^a 2x\mathrm{d}x = a^2 = \frac{1}{2}, \quad 得\ a = \frac{1}{\sqrt{2}}.$$

$$(4)F(x) = \int_{-\infty}^{x} f(t)\mathrm{d}t = \begin{cases} 0, & x<0 \\ \int_0^x 2t\mathrm{d}t, & 0 \leqslant x < 1 \\ 1, & x \geqslant 1 \end{cases} = \begin{cases} 0, & x<0, \\ x^2, & 0 \leqslant x<1, \\ 1, & x \geqslant 1. \end{cases}$$

65 在区间 $(0,2)$ 内随机取一点,将该区间分成两段,较短一段的长度记为 X,较长一段的长度记为 Y.令 $Z=\dfrac{Y}{X}$,

2021 数学一、数学三,12 分

(1)求 X 的概率密度;

(2)求 Z 的概率密度;

(3)求 $E\left(\dfrac{X}{Y}\right)$.

65 题精解视频

知识点睛 0207 连续型随机变量的概率密度,0401 数学期望的概念

解 (1)$X+Y=2$,$X<Y$,$X\sim U(0,1)$,故

$$X\sim f_X(x) = \begin{cases} 1, & 0<x<1, \\ 0, & 其他. \end{cases}$$

(2)$X+Y=2$,$Y=2-X$,$Z=\dfrac{Y}{X}=\dfrac{2-X}{X}$,则

$$F_Z(z) = P\{Z\leqslant z\} = P\left\{\frac{2-X}{X}\leqslant z\right\}.$$

① $z<1$ 时,$F_Z(z)=0$;

② $z\geqslant 1$ 时,$F_Z(z)=P\left\{X\geqslant\dfrac{2}{z+1}\right\}=1-\dfrac{2}{z+1}$,

总之

$$F_Z(z) = \begin{cases} 0, & z < 1, \\ 1 - \dfrac{2}{z+1}, & z \geqslant 1, \end{cases}$$

$$f_Z(z) = F_Z'(z) = \begin{cases} \dfrac{2}{(z+1)^2}, & z \geqslant 1, \\ 0, & z < 1. \end{cases}$$

（3）$E\left(\dfrac{X}{Y}\right) = E\left(\dfrac{X}{2-X}\right) = \displaystyle\int_{-\infty}^{+\infty} \dfrac{x}{2-x} f_X(x)\,\mathrm{d}x = \int_0^1 \dfrac{x}{2-x}\,\mathrm{d}x = 2\ln 2 - 1.$

66 进行某种试验,成功的概率为 $\dfrac{3}{4}$,失败的概率为 $\dfrac{1}{4}$.以 X 表示直到试验首次成功时所需试验的次数,写出 X 的概率分布并求 X 取偶数的概率.

知识点睛 0205 几何分布

解 由题意可知,$X \sim G\left(\dfrac{3}{4}\right)$,故 X 的分布律为

$$P\{X = k\} = \dfrac{3}{4}\left(\dfrac{1}{4}\right)^{k-1}, k = 1, 2, \cdots.$$

$$P\{X = \text{偶数}\} = \dfrac{3}{4} \cdot \dfrac{1}{4} + \dfrac{3}{4}\left(\dfrac{1}{4}\right)^3 + \dfrac{3}{4}\left(\dfrac{1}{4}\right)^5 + \cdots$$

$$= \dfrac{3}{4} \cdot \dfrac{\dfrac{1}{4}}{1 - \dfrac{1}{16}} = \dfrac{1}{5}.$$

67 测量一圆形物体的半径 R,其分布律为

R	10	11	12	13
P	0.1	0.4	0.3	0.2

求圆周长 X 和圆面积 Y 的分布律.

知识点睛 0209 随机变量函数的分布

解 显然周长 $X = 2\pi R$ 和面积 $Y = \pi R^2$ 均为随机变量 R 的函数,且易看出 X, Y 的取值分别全不相等,因而其分布律分别为

X	20π	22π	24π	26π
P	0.1	0.4	0.3	0.2

Y	100π	121π	144π	169π
P	0.1	0.4	0.3	0.2

68 随机变量 X 的概率密度为 $f(x) = \begin{cases} 2x, & 0 < x < 1, \\ 0, & \text{其他}, \end{cases}$ 现在对 X 进行 n 次独立重复观测,以 V_n 表示观测值不大于 0.1 的次数.求随机变量 V_n 的概率分布.

知识点睛 0205 二项分布

解 事件"观测值不大于 0.1",即事件 $\{X \leqslant 0.1\}$ 的概率为

$$p = P\{X \leqslant 0.1\} = \int_{-\infty}^{0.1} f(x)\,\mathrm{d}x = 2\int_0^{0.1} x\,\mathrm{d}x = 0.01.$$

每次观测所得观测值不大于 0.1 为成功,则 V_n 作为 n 次独立重复试验成功的次数,服从 $B(n,0.01)$ 的二项分布

$$P\{V_n = m\} = C_n^m (0.01)^m (0.99)^{n-m} \quad (m = 0,1,2,\cdots,n).$$

已知随机变量 X 的分布律如下:

X	-2	-1	0	1	2	3
P	$4a$	$\dfrac{1}{12}$	$3a$	a	$10a$	$4a$

$Y = X^2$,写出 Y 的分布律.

知识点睛　0209 随机变量函数的分布

解　Y 的分布律可表示为

Y	0	1	4	9
P	$3a$	$\dfrac{1}{12}+a$	$14a$	$4a$

由性质可确定 $a = \dfrac{1}{24}$.

则 Y 的分布律为

Y	0	1	4	9
P	$\dfrac{1}{8}$	$\dfrac{1}{8}$	$\dfrac{7}{12}$	$\dfrac{1}{6}$

设随机变量 $X \sim \begin{pmatrix} -1 & 0 & 1 \\ \dfrac{1}{3} & \dfrac{1}{6} & \dfrac{1}{2} \end{pmatrix}$,求 X 的分布函数.

知识点睛　0202 分布函数的概念及其性质

解　当 $x<-1$ 时,$F(x) = P\{X \leqslant x\} = 0$.

当 $-1 \leqslant x < 0$ 时,$F(x) = P\{X \leqslant x\} = \dfrac{1}{3}$.

当 $0 \leqslant x < 1$ 时,$F(x) = P\{X \leqslant x\} = \dfrac{1}{3} + \dfrac{1}{6} = \dfrac{1}{2}$.

当 $x \geqslant 1$ 时,$F(x) = P\{X \leqslant x\} = \dfrac{1}{3} + \dfrac{1}{6} + \dfrac{1}{2} = 1$.

故 X 的分布函数为

$$F(x) = \begin{cases} 0, & x < -1, \\ \dfrac{1}{3}, & -1 \leqslant x < 0, \\ \dfrac{1}{2}, & 0 \leqslant x < 1, \\ 1, & x \geqslant 1. \end{cases}$$

1997 数学三，
7 分

7.1 假设随机变量 X 的绝对值不大于 1，

$$P\{X=-1\}=\frac{1}{8}, \quad P\{X=1\}=\frac{1}{4}.$$

在事件 $\{-1<X<1\}$ 出现的条件下，X 在 $(-1,1)$ 内的任一子区间上取值的条件概率与该子区间长度成正比，试求 X 的分布函数 $F(x)=P\{X\leqslant x\}$。

知识点睛　0109 条件概率，0202 分布函数的概念及其性质

解　$P\{X=-1\}=\dfrac{1}{8}$，$P\{X=1\}=\dfrac{1}{4}$，所以

$$P\{-1<X<1\}=1-\frac{1}{8}-\frac{1}{4}=\frac{5}{8}.$$

在 $\{-1<X<1\}$ 的条件下，事件 $\{-1<X\leqslant x\}$ 的条件概率与区间长度成正比，即

$$P\{-1<X\leqslant x \mid -1<X<1\}=k[x-(-1)]=k(x+1).$$

因 $P\{-1<X\leqslant 1 \mid -1<X<1\}=1$，故 $k=\dfrac{1}{2}$，于是当 $x<-1$ 时，

$$F(x)=P\{X\leqslant x\}=0,$$

当 $-1\leqslant x<1$ 时，

$$\begin{aligned}
F(x)&=P\{X\leqslant -1\}+P\{-1<X\leqslant x\}\\
&=\frac{1}{8}+P\{-1<X<1\}P\{-1<X\leqslant x \mid -1<X<1\}\\
&=\frac{1}{8}+\frac{5}{8}\cdot\frac{x+1}{2}=\frac{5x+7}{16},
\end{aligned}$$

当 $x\geqslant 1$ 时，$F(x)=1$。

从而

$$F(x)=\begin{cases}0, & x<-1,\\[2mm] \dfrac{5x+7}{16}, & -1\leqslant x<1,\\[3mm] 1, & x\geqslant 1.\end{cases}$$

1998 数学三，
3 分

7.2 设 $F_1(x)$ 与 $F_2(x)$ 分别为随机变量 X_1 和 X_2 的分布函数，为使 $F(x)=aF_1(x)-bF_2(x)$ 是某一随机变量的分布函数，在下列给定的各组数值中应取（　　）。

(A) $a=\dfrac{3}{5}, b=-\dfrac{2}{5}$　　　　　　　　　　　(B) $a=\dfrac{2}{3}, b=\dfrac{2}{3}$

(C) $a=-\dfrac{1}{2}, b=\dfrac{3}{2}$　　　　　　　　　　　(D) $a=\dfrac{1}{2}, b=-\dfrac{3}{2}$

知识点睛　0202 分布函数的概念及其性质

解　根据分布函数的性质 $\lim\limits_{x\to+\infty}F(x)=1$，可知

$$1=\lim_{x\to+\infty}F(x)=a\lim_{x\to+\infty}F_1(x)-b\lim_{x\to+\infty}F_2(x)=a-b.$$

只有 (A) 满足 $a-b=1$。故应选 (A)。

【评注】严格地说,$F(x)$要成为某随机变量的分布函数的充分必要条件是:

(1)$F(x)$单调不减;

(2)$\lim\limits_{x\to-\infty}F(x)=0,\lim\limits_{x\to+\infty}F(x)=1$;

(3)$F(x)$是右连续的.

本题之所以只验证条件$\lim\limits_{x\to+\infty}F(x)=1$是因为四个选项中仅有(A)满足此条件,且答案具有唯一性.

73 设随机变量X的概率密度为

2000 数学三,
3分

$$f(x)=\begin{cases}\dfrac{1}{3}, & x\in[0,1],\\[2mm]\dfrac{2}{9}, & x\in[3,6],\\[2mm]0, & 其他,\end{cases}$$

若k使得$P\{X\geqslant k\}=\dfrac{2}{3}$,则$k$的取值范围是_____.

知识点睛 0207 连续型随机变量及其概率密度

解 由题意如

$$P\{X\geqslant k\}=1-P\{X<k\}=1-\int_{-\infty}^{k}f(x)\,\mathrm{d}x=\frac{2}{3}.$$

故

$$\int_{-\infty}^{k}f(x)\,\mathrm{d}x=\frac{1}{3},$$

当$1\leqslant k\leqslant3$时,

$$\int_{-\infty}^{k}f(x)\,\mathrm{d}x=\int_{0}^{1}f(x)\,\mathrm{d}x=\frac{1}{3}.$$

故应填$[1,3]$.

74 假设随机变量X服从指数分布,则随机变量$Y=\min\{X,2\}$的分布函数( ).

1999 数学四,
3分

(A)是连续函数　　　　　　(B)至少有两个间断点

(C)是阶梯函数　　　　　　(D)恰巧有一个间断点

知识点睛 0208 指数分布,0209 随机变量函数的分布

解法1 当$y<0$时,$F_Y(y)=0$.

当$0\leqslant y<2$时,$F_Y(y)=P\{Y\leqslant y\}=P\{\min\{X,2\}\leqslant y\}=P\{X\leqslant y\}=F_X(y)=1-\mathrm{e}^{-\lambda y}$.

当$y\geqslant2$时,$F_Y(y)=1$.

综上

$$F_Y(y)=\begin{cases}0, & y<0,\\1-\mathrm{e}^{-\lambda y}, & 0\leqslant y<2,\\1, & y\geqslant2\end{cases}$$

恰巧有一个间断点$y=2$.故应选(D).

解法 2 $F_X(x) = \begin{cases} 0, & x<0, \\ 1-e^{-\lambda x}, & x \geqslant 0 \end{cases}$ 是连续函数,而

$$F_Y(y) = P\{Y \leqslant y\} = P\{\min\{X,2\} \leqslant y\} = \begin{cases} F_X(y), & y < 2, \\ 1, & y \geqslant 2, \end{cases}$$

有一个间断点.故应选(D).

2003 数学三,
13 分

75 设随机变量 X 的概率密度为

$$f(x) = \begin{cases} \dfrac{1}{3\sqrt[3]{x^2}}, & x \in [1,8], \\ 0, & \text{其他}, \end{cases}$$

$F(x)$ 是 X 的分布函数,求随机变量 $Y = F(X)$ 的分布函数.

知识点睛 0208 均匀分布,0209 随机变量函数的分布

解 先求出 $F(x) = \displaystyle\int_{-\infty}^{x} f(t)\mathrm{d}t = \begin{cases} 0, & x < 1, \\ \sqrt[3]{x}-1, & 1 \leqslant x < 8, \\ 1, & x \geqslant 8. \end{cases}$

设 $Y = F(X)$ 的分布函数为 $F_Y(y)$.

当 $y \leqslant 0$ 时,

$$F_Y(y) = P\{Y \leqslant y\} = 0,$$

当 $0 < y < 1$ 时,

$$\begin{aligned} F_Y(y) = P\{Y \leqslant y\} &= P\{F(X) \leqslant y\} = P\{\sqrt[3]{X}-1 \leqslant y\} \\ &= P\{X \leqslant (y+1)^3\} = F[(y+1)^3] \\ &= \sqrt[3]{(y+1)^3}-1 = y, \end{aligned}$$

当 $y \geqslant 1$ 时,$F_Y(y) = 1$.

故

$$F_Y(y) = \begin{cases} 0, & y \leqslant 0, \\ y, & 0 < y < 1, \\ 1, & y \geqslant 1. \end{cases}$$

【评注】(1)本题直接由定义来求 $F_Y(y)$,也可以用公式法来求,但一般按定义来求比较方便.

(2)设连续型随机变量 X 的分布函数为 $F(x)$,则 $Y = F(X)$ 必为 $(0,1)$ 上的均匀分布的随机变量,本题是这一结论的一个特例.

76 一房间有 3 扇同样大小的窗子,其中只有一扇是打开的.有一只鸟自开着的窗子飞入了房间,它只能从开着的窗子飞出去.鸟在房子里飞来飞去,试图飞出房间.假定鸟是没有记忆的,鸟飞向各扇窗子是随机的.

(1)以 X 表示鸟为了飞出房间试飞的次数,求 X 的分布律.

(2)户主声称,他养的一只鸟是有记忆的,它飞向任一窗子的尝试不多于一次.以 Y 表示这只聪明的鸟为了飞出房间试飞的次数,如户主所说是确定的,试求 Y 的分布律.

知识点睛 0205 几何分布

解 (1)X 的可能取值为 $1,2,\cdots,X$ 服从几何分布,故 X 的分布律为

$$P\{X = k\} = \left(\frac{2}{3}\right)^{k-1} \cdot \frac{1}{3}, \ k = 1,2,\cdots$$

或者

X	1	2	3	⋯
P	$\frac{1}{3}$	$\frac{2}{3} \times \frac{1}{3}$	$\left(\frac{2}{3}\right)^2 \times \frac{1}{3}$	⋯

（2）Y 的可能取值为 $1,2,3.$ 则由题意，Y 的分布律为

Y	1	2	3
P	$\frac{1}{3}$	$\frac{1}{3}$	$\frac{1}{3}$

77 设随机变量 X 的概率密度为

$$(1)\,f(x) = \begin{cases} 2\left(1 - \dfrac{1}{x^2}\right), & 1 \leqslant x \leqslant 2, \\ 0, & \text{其他,} \end{cases} \qquad (2)\,f(x) = \begin{cases} x, & 0 \leqslant x < 1, \\ 2 - x, & 1 \leqslant x < 2, \\ 0, & \text{其他,} \end{cases}$$

求 X 的分布函数 $F(x)$.

知识点睛 0202 分布函数的概念及其性质

解 （1）当 $x < 1$ 时，

$$F(x) = \int_{-\infty}^{x} f(t)\,\mathrm{d}t = 0,$$

当 $1 \leqslant x < 2$ 时，

$$F(x) = \int_{1}^{x} 2\left(1 - \frac{1}{t^2}\right)\mathrm{d}t = 2x + \frac{2}{x} - 4,$$

当 $x \geqslant 2$ 时，

$$F(x) = \int_{-\infty}^{x} f(t)\,\mathrm{d}t = \int_{1}^{2} 2\left(1 - \frac{1}{x^2}\right)\mathrm{d}x = 1,$$

故 X 的分布函数为

$$F(x) = \begin{cases} 0, & x < 1, \\ 2x + \dfrac{2}{x} - 4, & 1 \leqslant x < 2, \\ 1, & x \geqslant 2. \end{cases}$$

（2）当 $x < 0$ 时，

$$F(x) = \int_{-\infty}^{x} f(t)\,\mathrm{d}t = 0,$$

当 $0 \leqslant x < 1$ 时，

$$F(x) = \int_{0}^{x} t\,\mathrm{d}t = \frac{x^2}{2},$$

当 $1 \leqslant x < 2$ 时，

$$F(x) = \int_{-\infty}^{x} f(t)\,\mathrm{d}t = \int_{0}^{1} t\,\mathrm{d}t + \int_{1}^{x} (2 - t)\,\mathrm{d}t = -\frac{x^2}{2} + 2x - 1,$$

当 $x \geqslant 2$ 时，

$$F(x) = \int_{-\infty}^{x} f(t)\,dt = \int_{0}^{1} x\,dx + \int_{1}^{2} (2 - x)\,dx = 1,$$

故 X 的分布函数为

$$F(x) = \begin{cases} 0, & x < 0, \\ \dfrac{x^2}{2}, & 0 \leqslant x < 1, \\ -\dfrac{x^2}{2} + 2x - 1, & 1 \leqslant x < 2, \\ 1, & x \geqslant 2. \end{cases}$$

78 设随机变量 ξ 的分布函数为 $F(x) = A + B\arctan x$ $(-\infty < x < \infty)$. 求:

(1) 系数 A 与 B;

(2) ξ 落在 $(-1,1)$ 内的概率;

(3) ξ 的分布密度.

知识点睛 0202 分布函数的概念及其性质

解 (1) 由于 $F(-\infty) = 0, F(+\infty) = 1$, 可知

$$\begin{cases} A - \dfrac{\pi}{2}B = 0 \\ A + \dfrac{\pi}{2}B = 1 \end{cases} \Rightarrow A = \frac{1}{2}, \quad B = \frac{1}{\pi},$$

于是

$$F(x) = \frac{1}{2} + \frac{1}{\pi}\arctan x \quad (-\infty < x < +\infty).$$

$(2)\, P\{-1 < \xi < 1\} = F(1) - F(-1) = \left(\frac{1}{2} + \frac{1}{\pi}\arctan 1\right) - \left(\frac{1}{2} + \frac{1}{\pi}\arctan(-1)\right)$

$$= \frac{1}{2} + \frac{1}{\pi} \times \frac{\pi}{4} - \frac{1}{2} - \frac{1}{\pi} \times \left(-\frac{\pi}{4}\right) = \frac{1}{2}.$$

$(3)\, \varphi(x) = F'(x) = \left(\frac{1}{2} + \frac{1}{\pi}\arctan x\right)' = \frac{1}{\pi(1 + x^2)} \quad (-\infty < x < +\infty).$

79 设随机变量 X 在 $(0,1)$ 内服从均匀分布.

(1) 求 $Y = e^X$ 的概率密度; (2) 求 $Y = -2\ln X$ 的概率密度.

知识点睛 0208 均匀分布, 0209 随机变量函数的分布

解 由题设知, X 的概率密度为

$$f_X(x) = \begin{cases} 1, & 0 < x < 1, \\ 0, & 其他. \end{cases}$$

$(1)\, F_Y(y) = P\{Y \leqslant y\} = P\{e^X \leqslant y\} = P\{X \leqslant \ln y\} = \int_{0}^{\ln y} f_X(x)\,dx = \int_{0}^{\ln y} dx = \ln y.$

故 $f_Y(y) = F_Y'(y) = \dfrac{1}{y}$, $0 < \ln y < 1$, 所以

$$f_Y(y) = \begin{cases} \dfrac{1}{y}, & 1 < y < e, \\ 0, & 其他. \end{cases}$$

（2）由 $y=-2\ln x$ 得 $x=h(y)=\mathrm{e}^{-\frac{y}{2}},h'(y)=-\dfrac{1}{2}\mathrm{e}^{-\frac{y}{2}}$，由定理得 $Y=-2\ln X$ 的概率密度为

$$f_Y(y)=\begin{cases}\dfrac{1}{2}\mathrm{e}^{-\frac{y}{2}},&y>0,\\[2mm]0,&y\le0.\end{cases}$$

或由 $Y=-2\ln X$ 知，Y 的取值必为非负，故当 $y\le0$ 时，$\{Y\le y\}$ 是不可能事件，所以

$$F_Y(y)=P\{Y\le y\}=0,\quad\text{有}\quad f_Y(y)=0.$$

当 $y>0$ 时，

$$F_Y(x)=P\{Y\le y\}=P\{-2\ln X\le y\}$$
$$=P\left\{\ln X\ge-\frac{y}{2}\right\}=P\{X\ge\mathrm{e}^{-\frac{y}{2}}\}$$
$$=\int_{\mathrm{e}^{-\frac{y}{2}}}^{1}f_X(x)\,\mathrm{d}x=\int_{\mathrm{e}^{-\frac{y}{2}}}^{1}\mathrm{d}x=1-\mathrm{e}^{-\frac{y}{2}},$$

从而 $f_Y(y)=F_Y'(y)=\dfrac{1}{2}\mathrm{e}^{-\frac{y}{2}}$，故

$$f_Y(y)=\begin{cases}\dfrac{1}{2}\mathrm{e}^{-\frac{y}{2}},&y>0,\\[2mm]0,&y\le0.\end{cases}$$

80 设随机变量 X 的概率密度为 $f(x)=\begin{cases}\dfrac{1}{9}x^2,&0<x<3,\\[2mm]0,&\text{其他}.\end{cases}$ 令随机变量

$$Y=\begin{cases}2,&X\le1,\\X,&1<X<2,\\1,&X\ge2.\end{cases}$$

区 2013 数学一，11 分

（1）求 Y 的分布函数；

（2）求概率 $P\{X\le Y\}$.

80 题精解视频

知识点睛 0209 随机变量函数的分布

解 （1）因为 $1\le Y\le2$，所以 $F_Y(y)=P\{Y\le y\}$.

当 $y<1$ 时，$F_Y(y)=0$，当 $y\ge2$ 时，$F_Y(y)=1$，当 $1\le y<2$ 时，

$$F_Y(y)=P\{Y=1\}+P\{1<Y\le y\}$$
$$=P\{X\ge2\}+P\{1<X\le y\}$$
$$=\int_2^3\frac{1}{9}x^2\mathrm{d}x+\int_1^y\frac{1}{9}x^2\mathrm{d}x$$
$$=\frac{y^3+18}{27},$$

所以

$$F_Y(y)=\begin{cases}0,&y<1,\\[2mm]\dfrac{y^3+18}{27},&1\le y<2,\\[2mm]1,&y\ge2.\end{cases}$$

$(2) P\{X \leqslant Y\} = P\{X < 2\} = \int_0^2 \dfrac{1}{9}x^2\mathrm{d}x = \dfrac{8}{27}.$

81 设随机变量 X 服从参数为 2 的指数分布,证明 $Y = 1 - \mathrm{e}^{-2X}$ 在区间 $(0,1)$ 内服从均匀分布.

知识点睛 0208 均匀分布,0209 随机变量函数的分布

证 X 的分布函数 $F(x) = \begin{cases} 1 - \mathrm{e}^{-2x}, & x > 0, \\ 0, & x \leqslant 0, \end{cases}$ $y = 1 - \mathrm{e}^{-2x}$ 是单调增函数,其反函数为

$x = -\dfrac{\ln(1-y)}{2}.$

设 $G(y)$ 是 Y 的分布函数,则

$$
\begin{aligned}
G(y) &= P\{Y \leqslant y\} = P\{1 - \mathrm{e}^{-2X} \leqslant y\} \\
&= \begin{cases} 0, & y \leqslant 0 \\ P\left\{X \leqslant -\dfrac{1}{2}\ln(1-y)\right\}, & 0 < y < 1 \\ 1, & y \geqslant 1 \end{cases} \\
&= \begin{cases} 0, & y \leqslant 0, \\ y, & 0 < y < 1, \\ 1, & y \geqslant 1. \end{cases}
\end{aligned}
$$

于是,Y 在 $(0,1)$ 内服从均匀分布.

82 设事件 A 在每一次试验中发生的概率为 0.3,当 A 发生不少于 3 次时,指示灯发出信号.

(1)进行了 5 次独立试验,求指示灯发出信号的概率;

(2)进行了 7 次独立试验,求指示灯发出信号的概率.

知识点睛 0205 二项分布

解 记 A 发生的次数为 X,则 $X \sim B(n, 0.3)$,$n = 5, 7$.记 B 为指示灯发出信号.

$(1)\ P(B) = P\{X \geqslant 3\} = \sum\limits_{k=3}^{5} \mathrm{C}_5^k (0.3)^k (0.7)^{5-k} \approx 0.163$,或

$$
\begin{aligned}
P(B) &= 1 - \sum\limits_{k=0}^{2} P\{X = k\} \\
&= 1 - (0.7)^5 - \mathrm{C}_5^1 (0.3)(0.7)^4 - \mathrm{C}_5^2 (0.3)^2 (0.7)^3 \approx 0.163.
\end{aligned}
$$

$(2)\ P(B) = \sum\limits_{k=3}^{7} P\{X = k\} = \sum\limits_{k=3}^{7} \mathrm{C}_7^k (0.3)^k (0.7)^{7-k} \approx 0.353$,或

$$
\begin{aligned}
P(B) &= 1 - \sum\limits_{k=0}^{2} P\{X = k\} \\
&= 1 - (0.7)^7 - \mathrm{C}_7^1 (0.3)(0.7)^6 - \mathrm{C}_7^2 (0.3)^2 (0.7)^5 \approx 0.353.
\end{aligned}
$$

83 某批零件的次品率为 0.1,从这批零件中任取 20 件,求:

(1)恰有 3 件次品的概率;

(2)至少有 3 件次品的概率;

(3)次品数的最可能值.

知识点睛　0205 二项分布

解　设次品数为 X,则 $X \sim B(20, 0.1)$,由二项分布的分布律,可知

(1) $P\{X=3\} = C_{20}^3 \times 0.1^3 \times 0.9^{17} = 0.19.$

(2) $P\{X \geqslant 3\} = 1 - P\{X=0\} - P\{X=1\} - P\{X=2\}$
$$= 1 - 0.9^{20} - C_{20}^1 \times 0.1^1 \times 0.9^{19} - C_{20}^2 \times 0.1^2 \times 0.9^{18}$$
$$= 0.3231.$$

(3) 次品数的最可能值为 $[(n+1)p] = 2.$

84　设随机变量 X 服从几何分布,证明
$$P\{X = n+k \mid X > n\} = P\{X = k\}, \quad (n \geqslant 1, k = 1, 2, \cdots).$$

知识点睛　0205 几何分布

证　$P\{X=k\} = pq^{k-1} (k = 1, 2, \cdots; q = 1-p).$ 而
$$P\{X = n+k \mid X > n\} = \frac{P\{X = n+k\}}{P\{X > n\}} = \frac{pq^{n+k-1}}{\displaystyle\sum_{k=n+1}^{\infty} pq^{k-1}} = pq^{k-1} = P\{X=k\}.$$

故得证.

85　一本 500 页的书,共有 500 个错字,每个错字等可能地出现在每一页上(每一页的印刷符号超过 500 个),试求在给定的一页上至少有三个错字的概率.

知识点睛　0206 泊松定理及应用条件

解　500 个错字中的每一个在该页上的概率为 $p = \dfrac{1}{500}.$ 设该页上的错字数为 X,则
$$P\{X=i\} = C_{500}^i p^i (1-p)^{500-i}, \quad i = 0, 1, 2, \cdots, 500.$$

因 $n = 500$ 较大,而 $p = \dfrac{1}{500}$ 较小,由泊松定理,有
$$P\{X=i\} \approx \frac{(np)^i}{i!} e^{-np} = \frac{e^{-1}}{i!}, \quad i = 1, 2, \cdots,$$

从而
$$P\{该页至少有三个错字\}$$
$$= 1 - P\{该页上至多有两个错字\}$$
$$= 1 - [P\{X=0\} + P\{X=1\} + P\{X=2\}]$$
$$\approx 1 - \left(e^{-1} + e^{-1} + \frac{1}{2!}e^{-1}\right) = 1 - \frac{5}{2}e^{-1}.$$

86　现有 500 人检查身体,初步发现有 50 人患有某种病,从中任意找出 10 人,求下列事件的概率:

(1) 恰有 1 人患此病;

(2) 最多有 1 人患此病;

(3) 至少有 1 人患此病.

知识点睛　0205 超几何分布

解　设任意找的 10 人中患此病的人数为 X,据题意知 X 服从超几何分布,有
$$P\{X=k\} = \frac{C_{50}^k C_{450}^{10-k}}{C_{500}^{10}}, \quad k = 0, 1, \cdots, 10.$$

因为总数 N 很大,而抽取个数 n 相对较小,故可用二项分布近似代替超几何分布.有

$$P\{X=k\} \approx C_{10}^{k}\left(\frac{50}{500}\right)^{k}\left(\frac{450}{500}\right)^{10-k} = C_{10}^{k} \cdot 0.1^{k} \cdot 0.9^{10-k}.$$

(1) $P\{X=1\} \approx 10×0.1×0.9^9 \approx 0.3874.$

(2) $P\{X\leqslant1\} = P\{X=0\}+P\{X=1\} \approx 0.9^{10}+0.3874 \approx 0.7361.$

(3) $P\{X\geqslant1\} = 1-P\{X<1\} = 1-P\{X=0\} = 1-0.9^{10} \approx 0.6513.$

87 某地区一个月内发生交通事故的次数 X 服从参数为 λ 的泊松分布,即 $X\sim P(\lambda)$.据统计资料知,一个月内发生 8 次交通事故的概率是发生 10 次事故概率的 2.5 倍.

(1) 求 1 个月内发生 8 次、10 次交通事故的概率;

(2) 求 1 个月内至少发生 1 次交通事故的概率.

知识点睛   0205 泊松分布及应用

分析   这是泊松分布的应用问题, $X\sim P(\lambda)$, $P\{X=k\} = \dfrac{\lambda^{k}\mathrm{e}^{-\lambda}}{k!}$, $k=0,1,2,\cdots$,这里 λ 是未知的,关键是求出 λ.

解   根据题意,有 $P\{X=8\} = 2.5P\{X=10\}$,即 $\dfrac{\lambda^{8}\mathrm{e}^{-\lambda}}{8!} = 2.5×\dfrac{\lambda^{10}\mathrm{e}^{-\lambda}}{10!}$,解出

$$\lambda^{2} = 36, \quad \lambda = 6.$$

(1) $P\{X=8\} = \dfrac{6^{8}\mathrm{e}^{-6}}{8!} \approx 0.1033$, $P\{X=10\} = \dfrac{6^{10}\mathrm{e}^{-6}}{10!} \approx 0.0413.$

(2) $P\{X=0\} = \mathrm{e}^{-6} \approx 0.00248$, $P\{X\geqslant1\} = 1-P\{X=0\} \approx 1-0.00248 \approx 0.9975.$

88 某单位招聘 155 人,按考试成绩录用,共有 526 人报名,假设报名者的考试成绩 $X\sim N(\mu,\sigma^{2})$.已知 90 分以上的 12 人,60 分以下的 83 人,若从高分到低分依次录取,某人成绩为 78 分,问此人能否被录取?

知识点睛   0208 正态分布

解   本题中只知成绩 $X\sim N(\mu,\sigma^{2})$,但不知 μ,σ 的值是多少,所以必须首先想法求出 μ 和 σ.根据已知条件,有

$$P\{X>90\} = \frac{12}{526} \approx 0.0228,$$

$$P\{X\leqslant90\} = 1-P\{X>90\} \approx 1-0.0228 = 0.9772.$$

又因为

$$P\{X\leqslant90\} \xrightarrow{\text{标准化}} P\left\{\frac{X-\mu}{\sigma} \leqslant \frac{90-\mu}{\sigma}\right\} = \varPhi\left(\frac{90-\mu}{\sigma}\right),$$

所以

$$\varPhi\left(\frac{90-\mu}{\sigma}\right) = 0.9772,$$

反查标准正态分布表,得

$$\frac{90-\mu}{\sigma} \approx 2.0.$$

①

又

$$P\{X < 60\} = \frac{83}{526} \approx 0.1588,$$

$$P\{X < 60\} \xlongequal{\text{标准化}} P\left\{\frac{X-\mu}{\sigma} < \frac{60-\mu}{\sigma}\right\} = \Phi\left(\frac{60-\mu}{\sigma}\right),$$

所以

$$\Phi\left(\frac{60-\mu}{\sigma}\right) \approx 0.1588, \quad \Phi\left(\frac{\mu-60}{\sigma}\right) \approx 1 - 0.1588 = 0.8412.$$

反查标准正态分布表,得

$$\frac{\mu-60}{\sigma} \approx 1.0. \tag{②}$$

由①,②联立解出 $\sigma = 10, \mu = 70$.所以

$$X \sim N(70, 10^2).$$

某人成绩 78 分,能否被录取,关键在于录取率.已知录取率为 $\frac{155}{526} \approx 0.2947$.看是否能被录取,解法有二.

方法 1   看 $P\{X>78\} = ?$

$$\begin{aligned} P\{X > 78\} &= 1 - P\{X \leqslant 78\} \\ &= 1 - P\left\{\frac{X-70}{10} \leqslant \frac{78-70}{10}\right\} \\ &= 1 - P\{X^* \leqslant 0.8\} \\ &= 1 - \Phi(0.8) \\ &\approx 1 - 0.7881 = 0.2119, \end{aligned}$$

因为 0.2119<0.2947(录取率),所以此人能被录取.

方法 2   看录取分数限.设被录用者的最低分为 x_0,则 $P\{X \geqslant x_0\} = 0.2947$(录取率),

$$P\{X \leqslant x_0\} = 1 - P\{X > x_0\} \approx 1 - 0.2947 = 0.7053,$$

而

$$P\{X \leqslant x_0\} = P\left\{\frac{X-70}{10} \leqslant \frac{x_0-70}{10}\right\} = P\left\{X^* \leqslant \frac{x_0-70}{10}\right\} = \Phi\left(\frac{x_0-70}{10}\right),$$

所以

$$\Phi\left(\frac{x_0-70}{10}\right) = 0.7053.$$

反查标准正态分布表,得

$$\frac{x_0-70}{10} \approx 0.54,$$

解出 $x_0 = 75$,某人成绩 78 分,在 75 分以上,所以他能被录取.

88   设随机变量 X 与 Y 均服从正态分布,$X \sim N(\mu, 4^2)$,$Y \sim N(\mu, 5^2)$;记 $p_1 = P\{X \leqslant \mu-4\}$,$p_2 = P\{Y \geqslant \mu+5\}$,则(   ).

(A)对任何实数 μ,都有 $p_1=p_2$　　　　(B)对任何实数 μ,都有 $p_1<p_2$

(C)只对 μ 的个别值,才有 $p_1=p_2$　　　(D)对任何实数 μ,都有 $p_1>p_2$

知识点睛　0208 正态分布

解　由于 $\dfrac{X-\mu}{4}\sim N(0.1)$,$\dfrac{Y-\mu}{5}\sim N(0.1)$,所以

$$p_1=P\left\{\dfrac{X-\mu}{4}\leqslant-1\right\}=\varPhi(-1)=1-\varPhi(1),$$

$$p_2=P\left\{\dfrac{Y-\mu}{5}\geqslant1\right\}=1-\varPhi(1).$$

故 $p_1=p_2$,而且与 μ 的取值无关.应选(A).

90　设打一次电话所用时间 X(分钟)服从参数 $\lambda=0.1$ 的指数分布.如某人刚好在你前面走进电话间,求你等待的时间

(1)超过 10 分钟的概率;

(2)在 10 分钟到 20 分钟之间的概率.

知识点睛　0208 指数分布

解　因为 $X\sim E(0.1)$,则

$$f(x)=\begin{cases}\dfrac{1}{10}\mathrm{e}^{-\frac{x}{10}},&x>0,\\0,&x\leqslant0,\end{cases}\quad F(x)=\begin{cases}1-\mathrm{e}^{-\frac{x}{10}},&x>0,\\0,&x\leqslant0,\end{cases}$$

故

(1)$P\{X>10\}=1-F(10)\left(\text{或}=\displaystyle\int_{10}^{+\infty}f(x)\mathrm{d}x\right)=\mathrm{e}^{-1}.$

(2)$P\{10<X<20\}=F(20)-F(10)\left(\text{或}=\displaystyle\int_{10}^{20}f(x)\mathrm{d}x\right)=\mathrm{e}^{-1}-\mathrm{e}^{-2}.$

91　假设测量的随机误差 $X\sim N(0,10^2)$,试求在 100 次独立重复测量中,至少有三次测量误差的绝对值大于 19.6 的概率 α,并利用泊松分布求出 α 的近似值(要求小数点后取两位有效数字).

知识点睛　0206 用泊松分布近似表示二项分布

解　设在 100 次测量中,有 Y 次的测量误差的绝对值大于 19.6,则 $Y\sim B(100,p)$,其中

$$p=P\{\,|X|>19.6\}=1-P\{-19.6\leqslant X\leqslant19.6\}$$
$$=1-[\varPhi(1.96)-\varPhi(-1.96)]=2-2\varPhi(1.96)$$
$$=2-2\times0.975=0.05.$$

故

$$\alpha=P\{Y\geqslant3\}=\sum_{k=3}^{100}\mathrm{C}_{100}^k\times0.05^k\times0.95^{100-k}.$$

若用泊松近似,则 $\lambda=100\times0.05=5$,即 $Y\sim B(100,0.05)$ 近似于 $P(5)$,故 $\alpha\approx0.88.$

92　设一大型设备在任何长为 t 的时间内发生故障的次数 $N(t)$ 服从参数为 λt 的泊松分布.

⟟ 1993 数学三,
8 分

(1)求在相继两次故障之间时间间隔 T 的概率分布;

（2）求在设备已经无故障工作 8 小时的情况下，再无故障运行 8 小时的概率 Q.

知识点睛 0205 泊松分布及应用，0208 指数分布

解 （1）由于 T 是非负随机变量，可见当 $t<0$ 时，$F(t)=P\{T\leqslant t\}=0$.

设 $t\geqslant 0$ 时，则事件 $\{T>t\}$ 与 $\{N(t)=0\}$ 等价.因此，当 $t\geqslant 0$ 时，有

$$F(t)=P\{T\leqslant t\}=1-P\{T>t\}$$
$$=1-P\{N(t)=0\}=1-\mathrm{e}^{-\lambda t},$$

于是，T 服从参数为 λ 的指数分布.

$$(2)\,Q=P\{T\geqslant 16\mid T\geqslant 8\}=\frac{P\{T\geqslant 16,T\geqslant 8\}}{P\{T\geqslant 8\}}=\frac{P\{T\geqslant 16\}}{P\{T\geqslant 8\}}=\frac{\mathrm{e}^{-16\lambda}}{\mathrm{e}^{-8\lambda}}=\mathrm{e}^{-8\lambda}.$$

【评注】本题第（2）问也可以利用指数分布的"无记忆性"直接求 Q.设 X 服从指数分布，则 $P\{X>s+t\mid X>s\}=P\{X>t\}$，由此 $Q=P\{T\geqslant 8\}=\mathrm{e}^{-8\lambda}$.

93 有一大批产品，其验收方案如下.先作第一次检验：从中取 10 件，经检验无次品则接受这批产品，次品数大于 2 则拒收；否则做第二次检验：从中再任取 5 件，仅当 5 件中无次品时接受这批产品.若产品的次品率为 10%，求：

（1）这批产品经第一次检验就能接受的概率；

（2）需做第二次检验的概率；

（3）这批产品按第二次检验标准被接受的概率；

（4）这批产品在第一次检验未能做决定且第二次检验时被通过的概率；

（5）这批产品被接受的概率.

知识点睛 0205 二项分布

解 第一次检验相当于 10 重伯努利试验.设 X 为第一次检验中的次品数，则 $X\sim B(10,10\%)$，第二次检验为 5 重伯努利试验.设 Y 为第二次检验中的次品数，则 $Y\sim B(5,10\%)$.

$(1)\,P\{X=0\}=\mathrm{C}_{10}^{0}(0.1)^{0}\times(0.9)^{10}=(0.9)^{10}\approx 0.349.$

$(2)\,P\{0<X\leqslant 2\}=P\{X=1\}+P\{X=2\}=10\times 0.1\times(0.9)^{9}+\dfrac{10\times 9}{2}\times(0.1)^{2}\times(0.9)^{8}$

$\qquad\approx 0.387+0.194=0.581.$

$(3)\,P\{Y=0\}=\mathrm{C}_{5}^{0}(0.1)^{0}\times(0.9)^{5}=(0.9)^{5}\approx 0.590.$

$(4)\,P\{0<X\leqslant 2,Y=0\}=P\{0<X\leqslant 2\}\cdot P\{Y=0\}\approx 0.581\times 0.590\approx 0.343.$

$(5)\,P\{X=0\}+P\{0<X\leqslant 2,Y=0\}=0.349+0.343=0.692.$

94 若每只母鸡产 k 个蛋的概率服从参数为 λ 的泊松分布，而每个蛋能孵化成小鸡的概率为 p.试证：每只母鸡有 n 只小鸡的概率服从参数为 λp 的泊松分布.

知识点睛 0205 泊松分布及应用

证 设 $X=\{$蛋数$\}$，$Y=\{$鸡数$\}$.由全概率公式，有

$$P\{Y=n\}=P\{X=n\}P\{Y=n\mid X=n\}+P\{X=n+1\}P\{Y=n\mid X=n+1\}+\cdots$$

$$=\frac{\lambda^{n}}{n!}\mathrm{e}^{-\lambda}p^{n}+\frac{\lambda^{n+1}}{(n+1)!}\mathrm{e}^{-\lambda}\mathrm{C}_{n+1}^{n}p^{n}q+\cdots$$

$$=\frac{(\lambda p)^{n}}{n!}\mathrm{e}^{-\lambda(1-q)}=\frac{(\lambda p)^{n}}{n!}\mathrm{e}^{-\lambda p}.$$

94题精解视频

所以 $Y \sim P(\lambda p)$.

95 设电源电压 $U \sim N(220, 25^2)$（单位：V）.通常有 3 种状态：①不超过 200 V；②在 200 V ~ 240 V；③超过 240 V.在上述三种状态下，某电子元件损坏的概率分别为 0.1,0.001,0.2.

(1)求电子元件损坏的概率 α；

(2)在电子元件已损坏的情况下，试分析电压所处的状态.

知识点睛 0106 全概率公式,贝叶斯公式,0208 正态分布

解 (1)设事件 A_1, A_2, A_3 分别顺序表示题中所述电压的 3 种状态，B 表示电子元件损坏，则 $\alpha = P(B)$.根据全概率公式，有

$$P(B) = \sum_{i=1}^{3} P(A_i) P(B \mid A_i).$$

据题意知，$P(B \mid A_1) = 0.1, P(B \mid A_2) = 0.001, P(B \mid A_3) = 0.2$.下面求 $P(A_i)$ $(i = 1,2,3)$，已知 $U \sim N(220, 25^2)$，则

$$P(A_1) = P\{U \le 200\} \xrightarrow{\text{标准化}} P\left\{\frac{U - 220}{25} \le \frac{200 - 220}{25}\right\}$$

$$= P\{U^* \le -0.8\} \quad (\text{其中 } U^* \sim N(0.1))$$

$$= \Phi(-0.8) = 1 - \Phi(0.8) \quad (\text{查表})$$

$$\approx 1 - 0.7881 = 0.2119.$$

考虑到正态分布的对称性，有

$$P(A_3) = P(A_1) \approx 0.2119.$$

由于 A_1, A_2, A_3 是一个完备事件组，所以

$$P(A_1) + P(A_2) + P(A_3) = 1,$$

$$P(A_2) = 1 - P(A_1) - P(A_3) = 1 - 2P(A_1)$$

$$= 1 - 2 \times 0.2119 = 0.5762.$$

故

$$\alpha = P(B) = 0.2119 \times 0.1 + 0.5762 \times 0.001 + 0.2119 \times 0.2 \approx 0.0642.$$

(2)考虑 $P(A_i \mid B)$，$i = 1,2,3$.由贝叶斯公式

$$P(A_i \mid B) = \frac{P(A_i) P(B \mid A_i)}{P(B)},$$

有

$$P(A_1 \mid B) = \frac{P(A_1) P(B \mid A_1)}{P(B)} \approx \frac{0.2119 \times 0.1}{0.0642} \approx 0.330,$$

$$P(A_2 \mid B) = \frac{P(A_2) P(B \mid A_2)}{P(B)} \approx \frac{0.5762 \times 0.001}{0.0642} \approx 0.009,$$

$$P(A_3 \mid B) = \frac{P(A_3) P(B \mid A_3)}{P(B)} \approx \frac{0.2119 \times 0.2}{0.0642} \approx 0.660.$$

从上面的几个概率值看出，$P(A_3 \mid B) \approx 0.660$ 是三者中的最大者，说明当电器损坏时，电压处在高压状态下的可能性最大；而 $P(A_2 \mid B) \approx 0.009$ 很小，说明当电器损坏时，电压处在中压(200 V ~ 240 V)状态的可能性很小，几乎是不会发生的.这符合实际情况.

96 设某城市成年男子的身高 $X \sim N(170, 6^2)$（单位:cm）.

（1）问应如何设计公共汽车车门的高度,使成年男子与车门顶碰头的机会小于 0.01;

（2）若车门设计高度为 182 cm,求 10 个成年男子中与车门顶碰头的人数不多于 1 人的概率.

知识点睛 0208 正态分布

解 （1）设公共汽车车门高度为 l cm,按设计要求应有 $P\{X > l\} < 0.01$. 由题设知 $X \sim N(170, 6^2)$,将其标准化后,有

$$\frac{X - 170}{6} \sim N(0, 1),$$

因此,按设计要求有

$$P\{X > l\} = 1 - P\{X \le l\} = 1 - P\left\{\frac{X - 170}{6} \le \frac{l - 170}{6}\right\}$$

$$= 1 - \Phi\left(\frac{l - 170}{6}\right) < 0.01,$$

即 $\Phi\left(\dfrac{l-170}{6}\right) > 0.99$,查表得 $\dfrac{l-170}{6} > 2.33$,故

$$l > 183.98.$$

（2）因为任一男子其身高可能超过 182 cm,也可能低于 182 cm,一般来说,只有身高超过 182 cm 的才能与车门顶相碰,因此,我们将任一男子是否与车门顶碰头看成一个伯努利试验,故问题转化为一个 10 重伯努利试验中的概率计算问题. 为此,先求任一男子身高超过 182 cm 的概率 p,显然

$$p = P\{X > 182\} = P\left\{\frac{X - 170}{6} > \frac{182 - 170}{6}\right\}$$

$$= 1 - \Phi(2) = 0.0228.$$

设 Y 为 10 个成年男子中身高超过 182 cm 的人数,故由以上分析知,$Y \sim B(10, 0.0228)$,即

$$P\{Y = k\} = C_{10}^k (0.0228)^k (0.9772)^{10-k}, \quad k = 0, 1, \cdots, 10,$$

故所求概率为

$$P\{Y \le 1\} = P\{Y = 0\} + P\{Y = 1\}$$

$$= (0.9772)^{10} + C_{10}^1 (0.0228)(0.9772)^9$$

$$\approx 0.9793.$$

第 3 章
多维随机变量及其分布

知识要点

一、二维随机变量及其分布

1.二维随机变量 设 E 是随机试验,样本空间 $\Omega=\{\omega\}$,由 $X=X(\omega)$,$Y=Y(\omega)$ 构成的向量 (X,Y) 称为二维随机变量.

2.联合分布函数 设 (X,Y) 是二维随机变量,x,y 是两个任意实数,则称定义在平面上的二元函数 $P\{X\leqslant x,Y\leqslant y\}$ 为 (X,Y) 的分布函数,或称为 X 和 Y 的联合分布函数,记作 $F(x,y)$,即

$$F(x,y)=P\{X\leqslant x,Y\leqslant y\}.$$

$F(x,y)$ 的性质:

(1)$0\leqslant F(x,y)\leqslant 1$,且 $F(-\infty,y)=F(x,-\infty)=F(-\infty,-\infty)=0$,$F(+\infty,+\infty)=1$.

(2)$F(x,y)$ 是变量 x 或 y 的单调不减函数.

(3)$F(x,y)=F(x+0,y)$,$F(x,y)=F(x,y+0)$,$F(x,y)$ 关于 x 或 y 都是右连续的.

(4)对任意 (x_1,y_1),(x_2,y_2):当 $x_1<x_2,y_1<y_2$ 时,有

$$P\{x_1<X\leqslant x_2,y_1<Y\leqslant y_2\}=F(x_2,y_2)-F(x_1,y_2)-F(x_2,y_1)+F(x_1,y_1).$$

3.二维离散型随机变量 若 (X,Y) 所有可能取值为 (x_i,y_j),$i,j=1,2,\cdots$,则 $P\{X=x_i,Y=y_j\}=p_{ij}$ 称为联合分布律,联合分布律可列表如下:

X \ Y	y_1	$\cdots$	y_j	$\cdots$
x_1	p_{11}	$\cdots$	p_{1j}	$\cdots$
$\vdots$	$\vdots$		$\vdots$	
x_i	p_{i1}	$\cdots$	p_{ij}	$\cdots$
$\vdots$	$\vdots$		$\vdots$	

联合分布律的性质:$p_{ij}\geqslant 0$,$\displaystyle\sum_{i=1}^{\infty}\sum_{j=1}^{\infty}p_{ij}=1$.

4.二维连续型随机变量 若分布函数 $F(x,y)=\displaystyle\int_{-\infty}^{x}\int_{-\infty}^{y}f(u,v)\mathrm{d}u\mathrm{d}v$,则称 (X,Y) 是连续型随机变量.$f(x,y)$ 称为 (X,Y) 的联合概率密度.联合概率密度的性质:

(1)$f(x,y)\geqslant 0$;$\displaystyle\int_{-\infty}^{+\infty}\int_{-\infty}^{+\infty}f(x,y)\mathrm{d}x\mathrm{d}y=1$.

(2)若 $f(x,y)$ 在点 (x,y) 处连续,则 $\dfrac{\partial^2 F(x,y)}{\partial x\partial y}=f(x,y)$.

（3）设 G 是 xOy 平面上一个区域,则 $P\{(X,Y)\in G\}=\iint\limits_{G}f(x,y)\mathrm{d}x\mathrm{d}y.$

二、边缘分布

1.边缘分布函数　设二维随机变量 (X,Y) 的分布函数为 $F(x,y)$,分别称函数

$$F_X(x)=\lim_{y\to+\infty}F(x,y)=F(x,+\infty)\quad\text{和}\quad F_Y(y)=\lim_{x\to+\infty}F(x,y)=F(+\infty,y)$$

为 (X,Y) 关于 X 和 Y 的边缘分布函数.

2.边缘分布律　设二维离散型随机变量 (X,Y) 的联合分布律为 $P\{X=x_i,Y=y_j\}=p_{ij}$,则分别称

$$p_{i\cdot}=\sum_{j=1}^{\infty}p_{ij}=P\{X=x_i\}\quad(i=1,2,\cdots)$$

和

$$p_{\cdot j}=\sum_{i=1}^{\infty}p_{ij}=P\{Y=y_j\}\quad(j=1,2,\cdots)$$

为 (X,Y) 关于 X 和 Y 的边缘分布律.

3.边缘概率密度　设二维连续型随机变量 (X,Y) 的概率密度为 $f(x,y)$,则 $f_X(x)=\int_{-\infty}^{+\infty}f(x,y)\mathrm{d}y$ 和 $f_Y(y)=\int_{-\infty}^{+\infty}f(x,y)\mathrm{d}x$ 分别称为 (X,Y) 关于 X 和 Y 的边缘概率密度.

4.常用的二维分布

（1）二维均匀分布:如果二维随机变量 (X,Y) 有概率密度

$$f(x,y)=\begin{cases}\dfrac{1}{A},&(x,y)\in G,\\0,&\text{其他},\end{cases}$$

其中 G 为平面有界区域,A 为其面积,则称 (X,Y) 在 G 上服从二维均匀分布.

（2）二维正态分布:如果二维随机变量 (X,Y) 的概率密度为

$$f(x,y)=\frac{1}{2\pi\sigma_1\sigma_2\sqrt{1-\rho^2}}\exp\left\{-\frac{1}{2(1-\rho^2)}\left[\frac{(x-\mu_1)^2}{\sigma_1^2}-2\rho\frac{(x-\mu_1)(y-\mu_2)}{\sigma_1\sigma_2}+\frac{(y-\mu_2)^2}{\sigma_2^2}\right]\right\}$$
$$-\infty<x,y<+\infty,$$

其中 $\mu_1,\mu_2,\sigma_1,\sigma_2,\rho$ 均为常数,且 $\sigma_1>0,\sigma_2>0,-1<\rho<1$,则称 (X,Y) 服从参数为 $\mu_1,\mu_2;\sigma_1^2,\sigma_2^2;\rho$ 的二维正态分布,记作

$$(X,Y)\sim N(\mu_1,\mu_2;\sigma_1^2,\sigma_2^2;\rho).$$

特别地,当 $\mu_1=\mu_2=0,\sigma_1=\sigma_2=1$ 时,则称 (X,Y) 服从标准二维正态分布.

性质　$(X,Y)\sim N(\mu_1,\mu_2;\sigma_1^2,\sigma_2^2;\rho)\Rightarrow X\sim N(\mu_1,\sigma_1^2),Y\sim N(\mu_2,\sigma_2^2)$.注意:逆命题不成立.

三、条件分布

1.条件分布律　设 (X,Y) 是二维离散型随机变量,若 $p_{\cdot j}>0$,则称

$$p_{X|Y}(i\,|\,j)=P\{X=x_i\mid Y=y_j\}=\frac{P\{X=x_i,Y=y_i\}}{P\{Y=y_i\}}=\frac{p_{ij}}{p_{\cdot j}}\quad(i=1,2,\cdots)$$

为在 $\{Y=y_j\}$ 条件下随机变量 X 的条件分布律.

若 $p_i. > 0$, 则称

$$p_{Y|X}(j\mid i) = P\{Y=y_j \mid X=x_i\} = \frac{P\{X=x_i, Y=y_j\}}{P\{X=x_i\}} = \frac{p_{ij}}{p_i.} \quad (j=1,2,\cdots)$$

为在 $\{X=x_i\}$ 条件下随机变量 Y 的条件分布律.

2.条件概率密度 设 (X,Y) 是二维连续型随机变量,若 $f_Y(y) > 0$,则称

$$f_{X|Y}(x\mid y) = \frac{f(x,y)}{f_Y(y)} \quad (-\infty < x < +\infty)$$

为在 $\{Y=y\}$ 条件下 X 的条件概率密度.

若 $f_X(x) > 0$,则称

$$f_{Y|X}(y\mid x) = \frac{f(x,y)}{f_X(x)} \quad (-\infty < y < +\infty)$$

为在 $\{X=x\}$ 条件下 Y 的条件概率密度.

四、随机变量的独立性

1.随机变量的独立性 若二维随机变量 (X,Y) 对任意实数 x,y,均有

$$P\{X\leqslant x, Y\leqslant y\} = P\{X\leqslant x\}P\{Y\leqslant y\}, \quad 即 \quad F(x,y) = F_X(x) \cdot F_Y(y),$$

则称 X 与 Y 相互独立.

2.离散型随机变量相互独立的充要条件

$$p_{ij} = p_i.p_{.j}, \quad i,j=1,2,\cdots.$$

3.连续型随机变量相互独立的充要条件

$$f(x,y) = f_X(x) \cdot f_Y(y), \quad x,y \text{ 为任意实数}.$$

五、多维随机变量函数的分布

1.二维随机变量函数的分布

(1)已知离散型随机变量 (X,Y) 的分布律 $P\{X=x_i, Y=y_j\} = p_{ij}$,则 $Z=g(X,Y)$ 的分布律为

$$P\{Z=z_k\} = P\{g(X,Y)=z_k\} = \sum_{g(x_i,y_j)=z_k} p_{ij}.$$

(2)设连续型随机变量 (X,Y) 的概率密度为 $f(x,y)$,则 $Z=g(X,Y)$ 的分布函数为

$$F_Z(z) = P\{Z\leqslant z\} = \iint\limits_{g(x,y)\leqslant z} f(x,y)\,\mathrm{d}x\mathrm{d}y,$$

概率密度 $f_Z(z) = F_Z'(z)$.

特殊类型:

① $Z=X+Y$ 密度函数为

$$f_Z(z) = \int_{-\infty}^{+\infty} f(x,z-x)\,\mathrm{d}x = \int_{-\infty}^{+\infty} f(z-y,y)\,\mathrm{d}y,$$

特别地,当 X 与 Y 相互独立时

$$f_Z(z) = f_X * f_Y = \int_{-\infty}^{+\infty} f_X(x)f_Y(z-x)\,\mathrm{d}x = \int_{-\infty}^{+\infty} f_X(z-y)f_Y(y)\,\mathrm{d}y.$$

②设 $X \sim N(\mu_1, \sigma_1^2)$, $Y \sim N(\mu_2, \sigma_2^2)$,且 X,Y 相互独立,则

$$aX+bY \sim N(a\mu_1+b\mu_2, a^2\sigma_1^2+b^2\sigma_2^2).$$

③设 X,Y 相互独立,分布函数分别为 $F_X(x)$ 和 $F_Y(y)$,$M=\max\{X,Y\}$,$N=\min\{X,Y\}$,则
$$F_M(z) = F_X(z)F_Y(z),$$
$$F_N(z) = 1 - [1 - F_X(z)][1 - F_Y(z)].$$

④$Z = \dfrac{X}{Y}$ 的密度函数为
$$f_Z(z) = \int_{-\infty}^{+\infty} |y| f(yz,y)\,\mathrm{d}y,$$
当 X,Y 相互独立时,
$$f_Z(z) = \int_{-\infty}^{+\infty} |y| f_X(yz)f_Y(y)\,\mathrm{d}y.$$

⑤$Z = \dfrac{Y}{X}$ 的密度函数为
$$f_Z(z) = \int_{-\infty}^{+\infty} |x| f(x,xz)\,\mathrm{d}x,$$
当 X,Y 相互独立时,
$$f_Z(z) = \int_{-\infty}^{+\infty} |x| f_X(x)f_Y(xz)\,\mathrm{d}x.$$

⑥$Z = XY$ 的密度函数为
$$f_Z(z) = \int_{-\infty}^{+\infty} \frac{1}{|x|} f\left(x,\frac{z}{x}\right)\mathrm{d}x,$$
当 X,Y 相互独立时,
$$f_Z(z) = \int_{-\infty}^{+\infty} \frac{1}{|x|} f_X(x)f_Y\left(\frac{z}{x}\right)\mathrm{d}x.$$

2. 多维随机变量函数的分布

对于相互独立的多维随机变量所构成的简单函数,可利用二维随机变量的结果加以推广.常用结论及公式如下:

（1）设 $X_1,X_2,\cdots,X_n$ 相互独立,且 $X_i \sim N(\mu_i,\sigma_i^2)$,$k_i$ 为任意常数 $(i=1,2,\cdots,n)$,则
$$Z = \sum_{i=1}^n k_i X_i \sim N\left(\sum_{i=1}^n k_i\mu_i, \sum_{i=1}^n k_i^2\sigma_i^2\right).$$

（2）设 $X_1,X_2,\cdots,X_n$ 相互独立,且 X_i 的分布函数为 $F_{X_i}(x_i)$ $(i=1,2,\cdots,n)$,则 $Z=\max\{X_1,X_2,\cdots,X_n\}$ 的分布函数为
$$F_{\max}(z) = F_{X_1}(z)F_{X_2}(z)\cdots F_{X_n}(z),$$
$Z=\min\{X_1,X_2,\cdots,X_n\}$ 的分布函数为
$$F_{\min}(z) = 1-[1-F_{X_1}(z)][1-F_{X_2}(z)]\cdots[1-F_{X_n}(z)].$$

§3.1 二维随机变量及其分布的求解方法

1 设随机变量 (X,Y) 的分布函数为:
$$F(x,y) = A\left(B + \arctan\frac{x}{2}\right)\left(C + \arctan\frac{y}{3}\right),$$
求 A,B,C 及 (X,Y) 的联合密度函数.

知识点睛 0302 多维随机变量分布的概念和性质

解 (1)由联合分布函数的性质知

$$F(+\infty,+\infty)=A\left(B+\frac{\pi}{2}\right)\left(C+\frac{\pi}{2}\right)=1,$$

$$F(-\infty,+\infty)=A\left(B-\frac{\pi}{2}\right)\left(C+\frac{\pi}{2}\right)=0,$$

$$F(+\infty,-\infty)=A\left(B+\frac{\pi}{2}\right)\left(C-\frac{\pi}{2}\right)=0,$$

得 $A=\dfrac{1}{\pi^2},B=\dfrac{\pi}{2},C=\dfrac{\pi}{2}$.

$$(2)f(x,y)=\frac{\partial^2 F}{\partial x\partial y}=\frac{6}{\pi^2(4+x^2)(9+y^2)}.$$

2 设二维连续型随机变量(X_1,X_2)与(Y_1,Y_2)的联合密度分别为$p(x,y)$和$g(x,y)$,令$f(x,y)=ap(x,y)+bg(x,y)$.要使函数$f(x,y)$是某个二维随机变量的联合密度,则a,b应满足(   ).

(A)$a+b=1$ (B)$a>0,b>0$

(C)$0\leqslant a\leqslant1,0\leqslant b\leqslant1$ (D)$a\geqslant0,b\geqslant0$,且$a+b=1$

知识点睛 0304 二维连续型随机变量的概率密度

解 $f(x,y)$为密度函数$\Leftrightarrow f(x,y)\geqslant0$且$\displaystyle\int_{-\infty}^{+\infty}\int_{-\infty}^{+\infty}f(x,y)\mathrm{d}x\mathrm{d}y=1$,由此可推得

$$a+b=1,\quad 且\quad ap(x,y)+bg(x,y)\geqslant0\quad(\forall x,y\in\mathbf{R}).$$

应选择(D).

对于$a\geqslant0,b\geqslant0$,由$p(x,y)\geqslant0,g(x,y)\geqslant0$,得

$$ap(x,y)+bg(x,y)\geqslant0\quad(\forall x,y\in\mathbf{R}).$$

如果$a<0$(或$b<0$),则对一切x,y,有

$$bg(x,y)\geqslant(-a)p(x,y)\quad 或\quad ap(x,y)\geqslant(-b)g(x,y),$$

此式未必成立.应选(D).

3 设(X,Y)的分布律为

X \ Y	1	2	3
-1	$\frac{1}{3}$	$\frac{a}{6}$	$\frac{1}{4}$
1	0	$\frac{1}{4}$	a^2

求a的值.

知识点睛 0303 二维离散型随机变量的概率分布

解 由分布律性质,知

$$\frac{1}{3}+\frac{a}{6}+\frac{1}{4}+\frac{1}{4}+a^2=1,$$

即
$$6a^2 + a - 1 = 0, \quad (3a - 1)(2a + 1) = 0,$$

解得 $a = \dfrac{1}{3}$ 或 $a = -\dfrac{1}{2}$.

由 $p_{ij} \geq 0$ 可舍去 $a = -\dfrac{1}{2}$, 所以 $a = \dfrac{1}{3}$.

4 盒子里装有 3 只黑球、2 只红球、2 只白球, 在其中任选 4 只球, 以 X 表示取到黑球的只数, 以 Y 表示取到红球的只数, 求 X 和 Y 的联合分布律.

知识点睛 0303 二维离散型随机变量的概率分布

解 (X, Y) 的所有可能取值为 $(0,0), (0,1), (0,2), (1,0), (1,1), (1,2),$ $(2,0), (2,1), (2,2), (3,0), (3,1), (3,2)$.

按古典概型, 有

$$P\{X = 0, Y = 2\} = \frac{C_3^0 \times C_2^2 \times C_2^2}{C_7^4} = \frac{1}{35},$$

$$P\{X = 1, Y = 1\} = \frac{C_3^1 \times C_2^1 \times C_2^2}{C_7^4} = \frac{6}{35},$$

$$P\{X = 1, Y = 2\} = \frac{C_3^1 \times C_2^2 \times C_2^1}{C_7^4} = \frac{6}{35},$$

$$P\{X = 2, Y = 1\} = \frac{C_3^2 \times C_2^1 \times C_2^1}{C_7^4} = \frac{12}{35},$$

$$P\{X = 2, Y = 0\} = \frac{C_3^2 \times C_2^0 \times C_2^2}{C_7^4} = \frac{3}{35},$$

$$P\{X = 2, Y = 2\} = \frac{C_3^2 \times C_2^2 \times C_2^0}{C_7^4} = \frac{3}{35},$$

$$P\{X = 3, Y = 0\} = \frac{C_3^3 \times C_2^0 \times C_2^1}{C_7^4} = \frac{2}{35},$$

$$P\{X = 3, Y = 1\} = \frac{C_3^3 \times C_2^1 \times C_2^0}{C_7^4} = \frac{2}{35},$$

则 X 和 Y 的联合分布律为

Y \ X	0	1	2	3
0	0	0	$\dfrac{3}{35}$	$\dfrac{2}{35}$
1	0	$\dfrac{6}{35}$	$\dfrac{12}{35}$	$\dfrac{2}{35}$
2	$\dfrac{1}{35}$	$\dfrac{6}{35}$	$\dfrac{3}{35}$	0

5 设二维随机变量(X,Y)的联合分布函数为

$$F(x,y) = \begin{cases} 1-3^{-x}-3^{-y}+3^{-x-y}, & x \geq 0, y \geq 0, \\ 0, & \text{其他}, \end{cases}$$

求二维随机变量(X,Y)的联合密度$\varphi(x,y)$.

知识点睛 0304 二维连续型随机变量的概率密度

解 由公式$\varphi(x,y) = \dfrac{\partial^2 F}{\partial x \partial y}$,有

$$\frac{\partial F}{\partial x} = 3^{-x}\ln 3 - 3^{-x-y}\ln 3, \qquad \frac{\partial^2 F}{\partial x \partial y} = 3^{-x-y}(\ln 3)^2,$$

故$\varphi(x,y) = \begin{cases} 3^{-x-y}(\ln 3)^2, & x \geq 0, y \geq 0, \\ 0, & \text{其他}. \end{cases}$

6 设随机变量(X,Y)的概率密度为

$$f(x,y) = \begin{cases} A\mathrm{e}^{-(3x+4y)}, & x>0, y>0, \\ 0, & \text{其他}, \end{cases}$$

求:(1)A的值;

(2)(X,Y)的联合分布函数$F(x,y)$;

(3)(X,Y)落在$G = \{(x,y) \mid 0<x \leq 1, 0<y \leq 2\}$中的概率.

知识点睛 0304 二维连续型随机变量的概率密度

(1)解 由$\displaystyle\int_{-\infty}^{+\infty}\int_{-\infty}^{+\infty} f(x,y)\,\mathrm{d}x\mathrm{d}y = 1$,可得$\dfrac{A}{12} = 1$,故$A = 12$.

(2)解 分情况讨论分布函数$F(x,y)$.

①当$x>0, y>0$时,

$$\begin{aligned} F(x,y) &= \int_{-\infty}^{x}\int_{-\infty}^{y} f(x,y)\,\mathrm{d}x\mathrm{d}y = \int_0^x\int_0^y 12\,\mathrm{e}^{-(3x+4y)}\,\mathrm{d}x\mathrm{d}y \\ &= (1-\mathrm{e}^{-3x})(1-\mathrm{e}^{-4y}). \end{aligned}$$

②当x,y属于其他范围时$f(x,y) = 0$,则$F(x,y) = \displaystyle\int_{-\infty}^{x}\int_{-\infty}^{y} 0\,\mathrm{d}x\mathrm{d}y = 0$.

所以$F(x,y) = \begin{cases} (1-\mathrm{e}^{-3x})(1-\mathrm{e}^{-4y}), & x>0, y>0, \\ 0, & \text{其他}. \end{cases}$

(3)解法1 利用概率密度,有

$$\begin{aligned} P\{0 < X \leq 1, 0 < Y \leq 2\} &= \int_0^1\int_0^2 12\mathrm{e}^{-(3x+4y)}\,\mathrm{d}x\mathrm{d}y = \int_0^1 \mathrm{e}^{-3x}\,\mathrm{d}x\int_0^2 12\mathrm{e}^{-4y}\,\mathrm{d}y \\ &= (1-\mathrm{e}^{-3})(1-\mathrm{e}^{-8}). \end{aligned}$$

解法2 利用分布函数.由$F(x,y)$的性质可知

$$P\{0<X \leq 1, 0<Y \leq 2\} = F(1,2) - F(1,0) - F(0,2) + F(0,0) = (1-\mathrm{e}^{-3})(1-\mathrm{e}^{-8}).$$

【评注】在求解二维随机变量在某矩形域上的概率时可采用直接计算概率密度函数在矩形域上的积分,也可采用分布函数计算,根据具体问题选择不同方法.注意:非矩形域只能用解法1.

7 设随机变量 X_1,X_2,X_3 相互独立,其中 X_1 与 X_2 均服从标准正态分布, X_3 的概率分布为

2020 数学一,11 分

$$P\{X_3 = 0\} = P\{X_3 = 1\} = \frac{1}{2},$$

且

$$Y = X_3 X_1 + (1 - X_3) X_2.$$

(1)求二维随机变量 (X_1,Y) 的分布函数,结果用标准正态分布函数 $\Phi(x)$ 表示.

(2)证明随机变量 Y 服从标准正态分布.

7题精解视频

知识点睛 分布函数

解 (1) (X_1,Y) 的分布函数 $F(x,y)$,有

$$
\begin{aligned}
F(x,y) &= P\{X_1 \leqslant x, Y \leqslant y\} = P\{X_1 \leqslant x, X_3 X_1 + (1 - X_3) X_2 \leqslant y\} \\
&= P\{X_3 = 0\} P\{X_1 \leqslant x, X_3 X_1 + (1 - X_3) X_2 \leqslant y \mid X_3 = 0\} + \\
&\quad\ P\{X_3 = 1\} P\{X_1 \leqslant x, X_3 X_1 + (1 - X_3) X_2 \leqslant y \mid X_3 = 1\} \\
&= \frac{1}{2} P\{X_1 \leqslant x, X_2 \leqslant y \mid X_3 = 0\} + \frac{1}{2} P\{X_1 \leqslant x, X_1 \leqslant y \mid X_3 = 1\} \\
&= \frac{1}{2} P\{X_1 \leqslant x, X_2 \leqslant y\} + \frac{1}{2} P\{X_1 \leqslant x, X_1 \leqslant y\} \\
&= \frac{1}{2} P\{X_1 \leqslant x\} P\{X_2 \leqslant y\} + \frac{1}{2} P\{X_1 \leqslant \min(x,y)\} \\
&= \frac{1}{2} \Phi(x) \Phi(y) + \frac{1}{2} \Phi(\min(x,y)).
\end{aligned}
$$

(2) Y 的分布函数

$$
\begin{aligned}
F_Y(y) &= P\{X_3 X_1 + (1 - X_3) X_2 \leqslant y\} \\
&= P\{X_3 = 0\} P\{X_3 X_1 + (1 - X_3) X_2 \leqslant y \mid X_3 = 0\} + \\
&\quad\ P\{X_3 = 1\} P\{X_3 X_1 + (1 - X_3) X_2 \leqslant y \mid X_3 = 1\} \\
&= \frac{1}{2} P\{X_2 \leqslant y \mid X_3 = 0\} + \frac{1}{2} P\{X_1 \leqslant y \mid X_3 = 1\} \\
&= \frac{1}{2} P\{X_2 \leqslant y\} + \frac{1}{2} P\{X_1 \leqslant y\} = \frac{1}{2} \Phi(y) + \frac{1}{2} \Phi(y) = \Phi(y).
\end{aligned}
$$

从而 $Y \sim N(0,1)$.

8 设随机变量 (X,Y) 的分布函数为

$$F(x,y) = \begin{cases} 1 - 2^{-x} - 2^{-y} + 2^{-x-y}, & x \geqslant 0, y \geqslant 0, \\ 0, & \text{其他}, \end{cases}$$

求 $P\{1 < X \leqslant 2, 3 < Y \leqslant 5\}$.

知识点睛 0302 多维随机变量分布的概念和性质

解 $P\{1 < X \leqslant 2, 3 < Y \leqslant 5\} = F(2,5) - F(1,5) - F(2,3) + F(1,3) = \dfrac{3}{128}.$

9 设 (X,Y) 的分布律为

X \ Y	1	2	3
0	0.1	0.1	0.3
1	0.25	0	0.25

求:(1)$P\{X=0\}$; (2)$P\{Y\leqslant 2\}$; (3)$P\{X<1,Y\leqslant 2\}$; (4)$P\{X+Y=2\}$.

知识点晴 0303 二维离散型随机变量的概率分布

分析 利用联合分布律求概率公式

$$P\{(X,Y)\in G\}=\sum_{(x_i,y_j)\in G}p_{ij}.$$

解 (1)$P\{X=0\}=P\{X=0,Y=1\}+P\{X=0,Y=2\}+P\{X=0,Y=3\}$
$=0.1+0.1+0.3=0.5.$

(2)$P\{Y\leqslant 2\}=P\{X=0,Y=1\}+P\{X=0,Y=2\}+P\{X=1,Y=1\}+P\{X=1,Y=2\}$
$=0.1+0.1+0.25+0=0.45.$

(3)$P\{X<1,Y\leqslant 2\}=P\{X=0,Y=1\}+P\{X=0,Y=2\}=0.1+0.1=0.2.$

(4)$P\{X+Y=2\}=P\{X=0,Y=2\}+P\{X=1,Y=1\}=0.1+0.25=0.35.$

2006 数学一、数学三,4 分

10 设两个随机变量 X 与 Y 相互独立,且均服从区间 $[0,3]$ 上的均匀分布,则 $P\{\max\{X,Y\}\leqslant 1\}=$ _____.

知识点晴 0306 随机变量的独立性

分析 本题考查均匀分布,两个随机变量的独立性和它们的简单函数的分布.

事件$\{\max\{X,Y\}\leqslant 1\}=\{X\leqslant 1,Y\leqslant 1\}=\{X\leqslant 1\}\cap\{Y\leqslant 1\}$,又根据 X,Y 相互独立,均服从均匀分布,可以直接写出 $P\{X\leqslant 1\}=\dfrac{1}{3}$.

解 $P\{\max\{X,Y\}\leqslant 1\}=P\{X\leqslant 1,Y\leqslant 1\}=P\{X\leqslant 1\}P\{Y\leqslant 1\}=\dfrac{1}{3}\times\dfrac{1}{3}=\dfrac{1}{9}$.应填$\dfrac{1}{9}$.

2008 数学一、数学三,4 分

11 设随机变量 X,Y 独立同分布,且 X 的分布函数为 $F(x)$,则 $Z=\max\{X,Y\}$ 的分布函数为( ).

(A)$F^2(x)$ (B)$F(x)F(y)$

(C)$1-[1-F(x)]^2$ (D)$[1-F(x)][1-F(y)]$

知识点晴 0306 随机变量的独立性

分析 随机变量 $Z=\max\{X,Y\}$ 的分布函数 $F_Z(x)$ 应为 $F_Z(x)=P\{Z\leqslant x\}$,由此定义不难推出 $F_Z(x)$.

11 题精解视频

解 $F_Z(x)=P\{Z\leqslant x\}=P\{\max\{X,Y\}\leqslant x\}=P\{X\leqslant x,Y\leqslant x\}$
$=P\{X\leqslant x\}P\{Y\leqslant x\}=F(x)F(x)=F^2(x).$

故应选(A).

【评注】不难验证(B)选项中,$F(x)F(y)$ 恰是二维随机变量 (X,Y) 的分布函数. (C)选项中,$1-[1-F(x)]^2$ 是随机变量 $\min(X,Y)$ 的分布函数. (D)选项中,$[1-F(x)]\cdot[1-F(y)]$ 本身不是分布函数,因它不满足分布函数的充要条件.

§3.2　边缘分布的计算

12　设随机变量 X 在 $1,2,3,4$ 四个整数中随机地取一值,另一随机变量 Y 在 1 到 X 中随机地取一整数.求 (X,Y) 的分布律及 X 和 Y 的边缘分布律.

　　知识点睛　0303 二维离散型随机变量的边缘分布

　　解　X 可能的取值为 $i=1,2,3,4$, Y 可能的取值为 $j=1,2,\cdots,i$.由乘法公式,得

$$P\{X=i,Y=j\}=P\{Y=j\,|\,X=i\}\cdot P\{X=i\}$$

$$=\begin{cases}\dfrac{1}{4}\cdot\dfrac{1}{i}, & j\leqslant i,\\[2mm]0, & j>i,\end{cases}$$

故得 X 和 Y 的联合分布律为

Y ＼ X	1	2	3	4
1	$\dfrac{1}{4}$	$\dfrac{1}{8}$	$\dfrac{1}{12}$	$\dfrac{1}{16}$
2	0	$\dfrac{1}{8}$	$\dfrac{1}{12}$	$\dfrac{1}{16}$
3	0	0	$\dfrac{1}{12}$	$\dfrac{1}{16}$
4	0	0	0	$\dfrac{1}{16}$

　　利用 $p_{i\cdot}=\sum\limits_{j}p_{ij}$ 和 $p_{\cdot j}=\sum\limits_{i}p_{ij}$,求出 (X,Y) 关于 X 和 Y 的边缘分布律,并写在联合分布律表格的边缘相应位置,可得下表

Y ＼ X	1	2	3	4	$P\{Y=y_j\}=p_{\cdot j}$
1	$\dfrac{1}{4}$	$\dfrac{1}{8}$	$\dfrac{1}{12}$	$\dfrac{1}{16}$	$\dfrac{25}{48}$
2	0	$\dfrac{1}{8}$	$\dfrac{1}{12}$	$\dfrac{1}{16}$	$\dfrac{13}{48}$
3	0	0	$\dfrac{1}{12}$	$\dfrac{1}{16}$	$\dfrac{7}{48}$
4	0	0	0	$\dfrac{1}{16}$	$\dfrac{3}{48}$
$P\{X=x_i\}=p_{i\cdot}$	$\dfrac{1}{4}$	$\dfrac{1}{4}$	$\dfrac{1}{4}$	$\dfrac{1}{4}$	1

13　假设随机变量 Y 服从 $(0,3)$ 上的均匀分布,随机变量

$$X_k=\begin{cases}0, & Y\leqslant k,\\1, & Y>k,\end{cases}\quad(k=1,2),$$

求 X_1 和 X_2 的联合概率分布律和边缘分布律.

知识点睛 0303 二维离散型随机变量的边缘分布

解 (X_1,X_2) 有四个可能值:$(0,0),(0,1),(1,0),(1,1)$.易见

$$P\{X_1=0,X_2=0\}=P\{Y\leqslant 1,Y\leqslant 2\}=P\{Y\leqslant 1\}=\frac{1}{3},$$

$$P\{X_1=0,X_2=1\}=P\{Y\leqslant 1,Y>2\}=0,$$

$$P\{X_1=1,X_2=0\}=P\{Y>1,Y\leqslant 2\}=P\{1<Y\leqslant 2\}=\frac{1}{3},$$

$$P\{X_1=1,X_2=1\}=P\{Y>1,Y>2\}=P\{Y>2\}=\frac{1}{3},$$

于是,X_1 和 X_2 的联合概率分布律如下

X_2 \ X_1	0	1
0	$\frac{1}{3}$	$\frac{1}{3}$
1	0	$\frac{1}{3}$

由联合分布律可求得 X_1,X_2 的边缘分布律,合并列表为

X_2 \ X_1	0	1	$p_{\cdot j}$
0	$\frac{1}{3}$	$\frac{1}{3}$	$\frac{2}{3}$
1	0	$\frac{1}{3}$	$\frac{1}{3}$
$p_{i\cdot}$	$\frac{1}{3}$	$\frac{2}{3}$	1

14 已知二维随机变量 (X,Y) 的分布函数为

$$F(x,y)=\frac{1}{\pi^2}\left(\frac{\pi}{2}+\arctan\frac{x}{2}\right)\left(\frac{\pi}{2}+\arctan\frac{y}{2}\right)$$
$$(-\infty<x<+\infty,-\infty<y<+\infty),$$

求 (X,Y) 关于 X,Y 的边缘分布函数.

知识点睛 0304 二维连续型随机变量的边缘分布函数

解 分别运用公式,得

$$F_X(x)=F(x,+\infty)=\frac{1}{\pi}\left(\frac{\pi}{2}+\arctan\frac{x}{2}\right)\quad(-\infty<x<+\infty),$$

$$F_Y(y)=F(+\infty,y)=\frac{1}{\pi}\left(\frac{\pi}{2}+\arctan\frac{y}{2}\right)\quad(-\infty<y<+\infty).$$

K 1992 数学三, 4 分

15 设二维随机变量 (X,Y) 的概率密度为

$$f(x,y) = \begin{cases} \mathrm{e}^{-y} & 0 < x < y, \\ 0, & \text{其他}, \end{cases}$$

（1）求随机变量 X 的密度 $f_X(x)$；

（2）求概率 $P\{X+Y \le 1\}$.

知识点睛　0304 二维连续型随机变量的边缘密度

解　（1）由联合密度与边缘概率密度的关系可知

$$f_X(x) = \int_{-\infty}^{+\infty} f(x,y)\,\mathrm{d}y.$$

当 $x \le 0$ 时，$f(x,y) = 0$，$f_X(x) = 0$，

当 $x > 0$ 时，$f_X(x) = \int_x^{+\infty} \mathrm{e}^{-y}\,\mathrm{d}y = \mathrm{e}^{-x}$，

所以 $f_X(x) = \begin{cases} \mathrm{e}^{-x}, & x > 0, \\ 0, & x \le 0. \end{cases}$

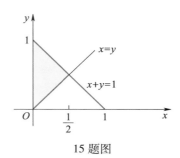

15 题图

（2）根据题意作图，如 15 题图所示，有

$$P\{X+Y \le 1\} = \iint\limits_{x+y \le 1} f(x,y)\,\mathrm{d}x\mathrm{d}y = \int_0^{\frac{1}{2}} \mathrm{d}x \int_x^{1-x} \mathrm{e}^{-y}\,\mathrm{d}y$$

$$= 1 - \frac{2}{\mathrm{e}^{\frac{1}{2}}} + \frac{1}{\mathrm{e}}.$$

【评注】 由联合密度求边缘密度时，要注意讨论范围及积分定限，必要时将 $f(x,y)$ 的非零区域用图形表示，便于分析.

16 设平面区域 D 由曲线 $y = \dfrac{1}{x}$ 及直线 $y = 0$，$x = 1$，$x = \mathrm{e}^2$ 所围成. 二维随机变量 $(X,$ 1998 数学一，3 分

$Y)$ 在区域 D 上服从均匀分布，则 (X,Y) 关于 X 的边缘概率密度在 $x = 2$ 处的值为_____.

知识点睛　0304 二维连续型随机变量的边缘密度

解　区域 D 的面积

$$S_D = \int_1^{\mathrm{e}^2} \frac{1}{x}\,\mathrm{d}x = \ln x \,\Big|_1^{\mathrm{e}^2} = 2,$$

所以二维随机变量 (X,Y) 的联合分布密度为

$$f(x,y) = \begin{cases} \dfrac{1}{2}, & (x,y) \in D, \\ 0, & \text{其他}, \end{cases}$$

则 (X,Y) 关于 X 的边缘概率密度

$$f_X(x) = \int_{-\infty}^{+\infty} f(x,y)\,\mathrm{d}y = \int_0^{\frac{1}{x}} \frac{1}{2}\,\mathrm{d}y = \frac{1}{2x}, \quad 得 \quad f_X(x)\,\Big|_{x=2} = \frac{1}{4}.$$

应填 $\dfrac{1}{4}$.

17 设 (X,Y) 服从二维正态分布，概率密度为

$$f(x,y) = \frac{1}{2\pi \times 10^2} \mathrm{e}^{-\frac{x^2+y^2}{2 \times 10^2}},$$

求 $P\{Y \geqslant X\}$.

知识点睛 0304 二维连续型随机变量的概率密度

解 $P\{Y \geqslant X\} = \iint\limits_{y \geqslant x} f(x,y)\mathrm{d}x\mathrm{d}y$ （如17题图所示）

$$= \iint\limits_{y \geqslant x} \frac{1}{2\pi \times 10^2} \mathrm{e}^{-\frac{x^2+y^2}{2 \times 10^2}}\mathrm{d}x\mathrm{d}y$$

$$= \frac{1}{2\pi \times 10^2}\int_{\frac{\pi}{4}}^{\frac{5\pi}{4}}\mathrm{d}\theta \int_0^{+\infty} \mathrm{e}^{-\frac{r^2}{2 \times 10^2}} \cdot r\mathrm{d}r \quad \text{（利用极坐标法）}$$

$$= -\frac{1}{2}\int_0^{+\infty} \mathrm{e}^{-\frac{r^2}{2 \times 10^2}}\mathrm{d}\left(-\frac{r^2}{2 \times 10^2}\right) = -\frac{1}{2}\mathrm{e}^{-\frac{r^2}{2 \times 10^2}}\bigg|_0^{+\infty}$$

$$= \frac{1}{2}.$$

17题图

18 设 (X,Y) 服从区域 D 上的均匀分布,其中 $D = \{(x,y) \mid x \geqslant y, 0 \leqslant x \leqslant 1, y \geqslant 0\}$,求 $P\{X+Y \leqslant 1\}$.

知识点睛 0304 二维连续型随机变量的概率密度

解法1 因为 D 的面积 $A = \dfrac{1}{2}$,所以 (X,Y) 的概率密度为

$$f(x,y) = \begin{cases} 2, & (x,y) \in D, \\ 0, & \text{其他}, \end{cases}$$

则

$$P\{X + Y \leqslant 1\} = \iint\limits_{x+y \leqslant 1} f(x,y)\mathrm{d}x\mathrm{d}y$$

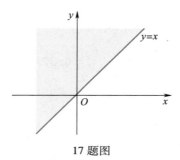

18题图

$$= \iint\limits_{D_1} 2\mathrm{d}x\mathrm{d}y \quad \text{（如18题图所示）}$$

$$= 2 \times \frac{1}{4} = \frac{1}{2}.$$

解法2 可利用几何概率,得

$$P\{X + Y \leqslant 1\} = \frac{S(D_1)}{S(D)} = \frac{1}{2}.$$

【评注】二维均匀分布求概率可以利用几何概型来进行计算,更加简便.

§3.3 条件分布的计算

19 已知 X 和 Y 的联合分布律为

Y \ X	1	2	3	4
1	$\frac{1}{4}$	$\frac{1}{8}$	$\frac{1}{12}$	$\frac{1}{16}$
2	0	$\frac{1}{8}$	$\frac{1}{12}$	$\frac{1}{16}$
3	0	0	$\frac{1}{12}$	$\frac{1}{16}$
4	0	0	0	$\frac{1}{16}$

求条件分布律 $P\{Y=k \mid X=i\}$.

知识点睛 0303 二维离散型随机变量的条件分布

解 $P\{Y=k \mid X=i\}=\dfrac{P\{Y=k,X=i\}}{P\{X=i\}}$,而

$$P\{Y=k,X=i\}=\frac{1}{i}\cdot\frac{1}{4},i=1,2,3,4,k\leqslant i,$$

$$P\{X=i\}=\frac{1}{4},$$

所以

$$P\{Y=k \mid X=i\}=\frac{1}{i},i=1,2,3,4,k\leqslant i.$$

即

Y	1
$P\{Y=k \mid X=1\}$	1

Y	1	2
$P\{Y=k \mid X=2\}$	$\frac{1}{2}$	$\frac{1}{2}$

Y	1	2	3
$P\{Y=k \mid X=3\}$	$\frac{1}{3}$	$\frac{1}{3}$	$\frac{1}{3}$

Y	1	2	3	4
$P\{Y=k \mid X=4\}$	$\frac{1}{4}$	$\frac{1}{4}$	$\frac{1}{4}$	$\frac{1}{4}$

20 设随机变量 (X,Y) 的概率密度为

$$f(x,y)=\begin{cases}1, & |y|<x,0<x<1,\\ 0, & \text{其他},\end{cases}$$

求条件概率密度 $f_{Y\mid X}(y\mid x)$,$f_{X\mid Y}(x\mid y)$.

知识点睛 0304 二维连续型随机变量的边缘密度、条件分布

解 由于概率密度 $f(x,y)$ 仅在图中阴影部分为非零值(20题图).故 $f(x,y)$ 关于 X 和 Y 的边缘密度为

$$f_X(x) = \begin{cases} \int_{-x}^{x} 1\mathrm{d}y, & 0 < x < 1 \\ 0, & \text{其他} \end{cases} = \begin{cases} 2x, & 0 < x < 1, \\ 0, & \text{其他}, \end{cases}$$

$$f_Y(y) = \begin{cases} \int_{|y|}^{1} 1\mathrm{d}x, & -1 < y < 1 \\ 0, & \text{其他} \end{cases} = \begin{cases} 1 - |y|, & -1 < y < 1, \\ 0, & \text{其他}, \end{cases}$$

20题图

所以,当 $0<x<1$ 时,

$$f_{Y|X}(y \mid x) = \frac{f(x,y)}{f_X(x)} = \begin{cases} \dfrac{1}{2x}, & |y| < x, \\ 0, & \text{其他}, \end{cases}$$

当 $|y|<1$ 时,

$$f_{X|Y}(x \mid y) = \frac{f(x,y)}{f_Y(y)} = \begin{cases} \dfrac{1}{1 - |y|}, & |y| < x < 1, \\ 0, & \text{其他}. \end{cases}$$

21 设二维随机变量 (X,Y) 服从区域 $D: x^2 + y^2 \leqslant 1$ 上的均匀分布,求条件密度函数和条件概率 $P\left\{X > \dfrac{1}{2} \mid Y = 0\right\}$.

知识点睛 0304 二维连续型随机变量的条件分布

解 由于 (X,Y) 服从均匀分布,易知

$$f(x,y) = \begin{cases} \dfrac{1}{\pi}, & x^2 + y^2 \leqslant 1, \\ 0, & \text{其他}. \end{cases}$$

由 $f_X(x) = \int_{-\infty}^{+\infty} f(x,y)\mathrm{d}y$, 得

$$f_X(x) = \begin{cases} \dfrac{2\sqrt{1-x^2}}{\pi}, & -1 \leqslant x \leqslant 1, \\ 0, & \text{其他}, \end{cases}$$

同理可得

$$f_Y(y) = \begin{cases} \dfrac{2\sqrt{1-y^2}}{\pi}, & -1 \leqslant y \leqslant 1, \\ 0, & \text{其他}. \end{cases}$$

当$-1<y<1$时

$$f_{X|Y}(x|y) = \frac{f(x,y)}{f_Y(y)} = \begin{cases} \dfrac{1}{2\sqrt{1-y^2}}, & -\sqrt{1-y^2} \leqslant x \leqslant \sqrt{1-y^2}, \\ 0, & \text{其他}, \end{cases}$$

同理,当$-1<x<1$时

$$f_{Y|X}(y|x) = \frac{f(x,y)}{f_X(x)} = \begin{cases} \dfrac{1}{2\sqrt{1-x^2}}, & -\sqrt{1-x^2} \leqslant y \leqslant \sqrt{1-x^2}, \\ 0, & \text{其他}, \end{cases}$$

当$y=0$时,$f_{X|Y}(x|y=0) = \begin{cases} \dfrac{1}{2}, & -1 \leqslant x \leqslant 1, \\ 0 & \text{其他}, \end{cases}$ 从而

$$P\left\{X > \frac{1}{2} \,\middle|\, Y=0\right\} = \int_{\frac{1}{2}}^{+\infty} f_{X|Y}(x|y=0)\,\mathrm{d}x = \int_{\frac{1}{2}}^{1} \frac{1}{2}\,\mathrm{d}x = \frac{1}{4}.$$

§3.4 随机变量的独立性及其应用

22 设随机变量(X,Y)的概率密度为

$$f(x,y) = \begin{cases} Axy^2, & 0<x<1, 0<y<1, \\ 0, & \text{其他}, \end{cases}$$

求:(1)常数A; (2)证明X与Y相互独立.

知识点睛 0307 随机变量相互独立的条件

(1)解 由性质$\displaystyle\int_{-\infty}^{+\infty}\int_{-\infty}^{+\infty} f(x,y)\,\mathrm{d}x\mathrm{d}y = 1$,可知$\dfrac{A}{6} = 1$,则$A = 6$.

(2)证 边缘密度为

$$f_X(x) = \int_{-\infty}^{+\infty} f(x,y)\,\mathrm{d}y = \begin{cases} 2x, & 0 < x < 1, \\ 0, & \text{其他}, \end{cases}$$

$$f_Y(y) = \int_{-\infty}^{+\infty} f(x,y)\,\mathrm{d}x = \begin{cases} 3y^2, & 0 < y < 1, \\ 0, & \text{其他}, \end{cases}$$

显然,$f(x,y)=f_X(x) \cdot f_Y(y)$.故$X,Y$相互独立.

23 一个电子仪器由两个部件构成,以X和Y分别表示两个部件的寿命(单位: 1990数学三,千小时).已知X和Y的联合分布函数为 5分

$$F(x,y) = \begin{cases} 1-\mathrm{e}^{-0.5x}-\mathrm{e}^{-0.5y}+\mathrm{e}^{-0.5(x+y)}, & x \geqslant 0, y \geqslant 0, \\ 0, & \text{其他}, \end{cases}$$

(1)问X和Y是否独立?

(2)求两个部件的寿命都超过100小时的概率α.

知识点睛 0307 随机变量相互独立的条件

解 （1）由 $F(x,y)$ 易知 X,Y 的边缘分布函数

$$F_X(x) = F(x,+\infty) = \begin{cases} 1 - e^{-0.5x}, & x \geq 0, \\ 0, & x < 0, \end{cases}$$

$$F_Y(y) = F(+\infty,y) = \begin{cases} 1 - e^{-0.5y}, & y \geq 0, \\ 0, & y < 0. \end{cases}$$

因为,若 $x \geq 0, y \geq 0$,有

$$F_X(x)F_Y(y) = (1-e^{-0.5x})(1-e^{-0.5y})$$
$$= 1 - e^{-0.5x} - e^{-0.5y} + e^{-0.5(x+y)},$$

当 x,y 为其他情况时,$F_X(x)F_Y(y) = 0$.

所以对任意实数 x,y,都有 $F(x,y) = F_X(x)F_Y(y)$,故 X 与 Y 相互独立.

（2）由题意可知

$$\alpha = P\{X > 0.1, Y > 0.1\} = P\{X > 0.1\}P\{Y > 0.1\}$$
$$= [1 - F_X(0.1)][1 - F_Y(0.1)] = e^{-0.05}e^{-0.05} = e^{-0.1}.$$

24 设二维随机变量 (X,Y) 的联合概率密度函数为

$$f(x,y) = \begin{cases} \dfrac{1+xy}{4}, & |x|<1, |y|<1, \\ 0, & 其他, \end{cases}$$

证明 X 与 Y 不独立,但 X^2 与 Y^2 独立.

知识点睛 0307 随机变量相互独立的条件

证 对 X,Y 而言,

$$f_X(x) = \begin{cases} \dfrac{1}{2}, & |x|<1, \\ 0, & 其他, \end{cases} \quad f_Y(y) = \begin{cases} \dfrac{1}{2}, & |y|<1, \\ 0, & 其他, \end{cases}$$

因为 $f(x,y) \neq f_X(x)f_Y(y)$,所以 X,Y 不独立.

而

$$F_U(u) = P\{X^2 \leq u\} = \begin{cases} 0, & u < 0, \\ \sqrt{u}, & 0 \leq u < 1, \\ 1, & u \geq 1, \end{cases}$$

$$F_V(v) = P\{Y^2 \leq v\} = \begin{cases} 0, & v < 0, \\ \sqrt{v}, & 0 \leq v < 1, \\ 1, & v \geq 1, \end{cases}$$

$U = X^2, V = Y^2$ 的联合分布函数为

$$F(u,v) = P\{X^2 \leq u, Y^2 \leq v\} = \begin{cases} 0, & u<0 \text{ 或 } v<0, \\ \sqrt{uv}, & 0 \leq u<1, 0 \leq v<1, \\ \sqrt{u}, & 0 \leq u<1, v \geq 1, \\ \sqrt{v}, & u \geq 1, 0 \leq v<1, \\ 1 & u \geq 1, v \geq 1, \end{cases}$$

可见,对 $U=X^2,V=Y^2$ 而言,有 $F(u,v)=F_U(u)F_V(v)$,即 X^2 和 Y^2 相互独立.

25 设随机变量 X 和 Y 相互独立,它们的密度函数分别为

$$f_X(x)=\begin{cases}\mathrm{e}^{-x}, & x>0,\\ 0, & x\leqslant0,\end{cases}\qquad f_Y(y)=\begin{cases}\mathrm{e}^{-y}, & y>0,\\ 0, & y\leqslant0,\end{cases}$$

求:(1)(X,Y)的密度函数; (2)$P\{X\leqslant1\mid Y>0\}$.

知识点睛 0306 随机变量的独立性

解 (1)因为随机变量 X 和 Y 相互独立,有

$$f(x,y)=f_X(x)f_Y(y)=\begin{cases}\mathrm{e}^{-(x+y)}, & x>0,y>0,\\ 0, & \text{其他}.\end{cases}$$

$$(2)P\{X\leqslant1\mid Y>0\}=\frac{P\{X\leqslant1,Y>0\}}{P\{Y>0\}}=\frac{\displaystyle\int_{-\infty}^{1}\int_{0}^{+\infty}f(x,y)\mathrm{d}x\mathrm{d}y}{\displaystyle\int_{0}^{+\infty}f_Y(y)\mathrm{d}y}=1-\mathrm{e}^{-1}.$$

或者由独立性,有

$$P\{X\leqslant1\mid Y>0\}=P\{X\leqslant1\}=F_X(1)=1-\mathrm{e}^{-1}.$$

26 设随机变量 X 与 Y 相互独立,且 $X\sim U(0,1),Y\sim E(1)$.求 $Z=X+Y$ 的密度函数.

知识点睛 0306 随机变量的独立性,卷积公式

解 由题意知,X 和 Y 的概率密度函数分别为

$$f_X(x)=\begin{cases}1, & 0<x<1,\\ 0, & \text{其他},\end{cases}\qquad f_Y(y)=\begin{cases}\mathrm{e}^{-y}, & y>0,\\ 0, & \text{其他}.\end{cases}$$

因 $Z=X+Y$,则 Z 的取值范围如 26 题图所示.

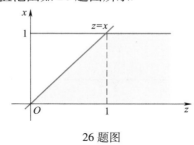

26 题图

随机变量 X 与 Y 相互独立,利用卷积公式,可以求出 Z 的概率密度函数,即
当 $z<0$ 时,$f_Z(z)=0$;

当 $0\leqslant z\leqslant1$ 时,$f_Z(z)=\displaystyle\int_{-\infty}^{+\infty}f_X(x)f_Y(z-x)\mathrm{d}x=\int_{0}^{z}\mathrm{e}^{-(z-x)}\mathrm{d}x=1-\mathrm{e}^{-z}$;

当 $z>1$ 时,$f_Z(z)=\displaystyle\int_{-\infty}^{+\infty}f_X(x)f_Y(z-x)\mathrm{d}x=\int_{0}^{1}\mathrm{e}^{-(z-x)}\mathrm{d}x=\mathrm{e}^{-z}(\mathrm{e}-1)$.

综上所述,Z 的概率密度为

$$f_Z(z)=\begin{cases}1-\mathrm{e}^{-z}, & 0\leqslant z\leqslant1,\\ \mathrm{e}^{-z}(\mathrm{e}-1), & z>1,\\ 0, & \text{其他}.\end{cases}$$

27 设二维随机变量(X,Y)的联合概率密度为

$$f(x,y) = \begin{cases} e^{-y}, & 0<x<y, \\ 0, & \text{其他}, \end{cases}$$

求 $f_X(x)$ 和 $f_Y(y)$，并判断 X,Y 是否独立.

知识点睛 0307 随机变量相互独立的条件

解 当 $x \leqslant 0$ 时，

$$f_X(x) = \int_{-\infty}^{+\infty} f(x,y)\,\mathrm{d}y = 0;$$

当 $x>0$ 时，$f_X(x) = \int_{-\infty}^{+\infty} f(x,y)\,\mathrm{d}y = \int_x^{+\infty} e^{-y}\,\mathrm{d}y = e^{-x}.$

因此，X 的边缘概率密度为

$$f_X(x) = \begin{cases} e^{-x}, & x>0, \\ 0, & \text{其他}. \end{cases}$$

当 $y \leqslant 0$ 时，$f_Y(y) = \int_{-\infty}^{+\infty} f(x,y)\,\mathrm{d}x = 0;$

当 $y > 0$ 时，$f_Y(y) = \int_{-\infty}^{+\infty} f(x,y)\,\mathrm{d}x = \int_0^y e^{-y}\,\mathrm{d}x = ye^{-y}.$

因此，Y 的边缘概率密度为

$$f_Y(y) = \begin{cases} ye^{-y}, & y>0, \\ 0, & \text{其他}. \end{cases}$$

因为 $f_X(x)f_Y(y) \neq f(x,y)$，所以 X,Y 不独立.

28 设二维离散型随机变量 (X,Y) 的联合分布律为

X \ Y	1	2	3
1	$\dfrac{1}{6}$	$\dfrac{1}{9}$	$\dfrac{1}{18}$
2	$\dfrac{1}{3}$	α	β

问 α,β 取什么值时，X 与 Y 相互独立.

知识点睛 0307 随机变量相互独立的条件

解 根据联合分布律的性质 $\sum_i \sum_j p_{ij} = 1$，得

$$\frac{1}{6} + \frac{1}{9} + \frac{1}{18} + \frac{1}{3} + \alpha + \beta = 1,$$

则 $\alpha+\beta = \dfrac{1}{3}$.

由联合分布律可得 $P\{X=1\} = \dfrac{1}{6}+\dfrac{1}{9}+\dfrac{1}{18} = \dfrac{1}{3}$，$P\{Y=2\} = \dfrac{1}{9}+\alpha.$

若 X 与 Y 相互独立，可得

$$P\{X=1, Y=2\} = P\{X=1\}P\{Y=2\},$$

即 $\dfrac{1}{9} = \dfrac{1}{3}\left(\dfrac{1}{9}+\alpha\right)$，故 $\alpha = \dfrac{2}{9}$，进而 $\beta = \dfrac{1}{9}$. 即 $\alpha = \dfrac{2}{9}$，$\beta = \dfrac{1}{9}$ 时，X 和 Y 相互独立.

§3.5　多维随机变量函数的分布

29　设两个相互独立的随机变量 ξ 与 η 的分布律分别为

ξ	1	3
p_i	0.3	0.7

η	2	4
p_j	0.6	0.4

求随机变量 $Z=\xi+\eta$ 的分布律.

知识点睛　0309 两个随机变量简单函数的分布

分析　简单的离散型随机变量的求解可直接应用列表法.

解　由于 ξ 与 η 相互独立,因此有 $p_{ij}=p_i \cdot p_j$,得到二维随机变量的联合分布:

ξ \ η	2	4
1	0.18	0.12
3	0.42	0.28

因为 $Z=\xi+\eta$,易知 Z 的分布为

p_{ij}	(ξ,η)	Z
0.18	$(1,2)$	3
0.12	$(1,4)$	5
0.42	$(3,2)$	5
0.28	$(3,4)$	7

由离散型随机变量函数的定义 $P\{Z=z_k\} = \sum\limits_{x_i+y_j=z_k} P\{X=x_i,Y=y_j\}$,得到 Z 的分布律为

Z	3	5	7
P	0.18	0.54	0.28

30　假设随机变量 X_1,X_2,X_3,X_4 相互独立且同分布,$P\{X_i=0\}=0.6$,$P\{X_i=1\}=0.4(i=1,2,3,4)$,求行列式 $X=\begin{vmatrix} X_1 & X_2 \\ X_3 & X_4 \end{vmatrix}$ 的概率分布.

📖 1994 数学三,8 分

知识点睛　0310 多个相互独立随机变量简单函数的分布

解　记 $Y_1=X_1X_4$,$Y_2=X_2X_3$,则 $X=Y_1-Y_2$,随机变量 Y_1 和 Y_2 独立同分布,从而

$$P\{Y_1=1\} = P\{Y_2=1\} = P\{X_2=1,X_3=1\} = 0.16,$$

$$P\{Y_1=0\} = P\{Y_2=0\} = 1 - 0.16 = 0.84.$$

随机变量 $X=Y_1-Y_2$ 有三个可能值 $-1,0,1$,易见

30 题精解视频

$$P\{X=-1\} = P\{Y_1=0,Y_2=1\} = 0.84 \times 0.16 = 0.1344,$$
$$P\{X=1\} = P\{Y_1=1,Y_2=0\} = 0.16 \times 0.84 = 0.1344,$$
$$P\{X=0\} = 1 - 2 \times 0.1344 = 0.7312,$$

于是 X 的概率分布为

$$X = \begin{vmatrix} X_1 & X_2 \\ X_3 & X_4 \end{vmatrix} \sim \begin{pmatrix} -1 & 0 & 1 \\ 0.1344 & 0.7312 & 0.1344 \end{pmatrix}$$

【评注】本题将概率论及线性代数很好地结合在一起,有一定的参考价值.先将行列式求出,再引入中间变量 Y_1、Y_2 并求出其分布,则问题得到解决.

31 设二维随机变量 (X,Y) 的概率分布为

X \ Y	-1	0	1
-1	a	0	0.2
0	0.1	b	0.2
1	0	0.1	c

其中 a,b,c 为常数,且 X 的数学期望 $EX=-0.2$,$P\{Y\leqslant 0 \mid X\leqslant 0\}=0.5$,记 $Z=X+Y$,求

(1) a,b,c 的值;

(2) Z 的概率分布;

(3) $P\{X=Z\}$.

知识点睛 0309 两个随机变量简单函数的分布,0401 数学期望的概念

解 (1) 由概率分布的性质,知 $a+b+c+0.6=1$,即

$$a + b + c = 0.4,$$

由 $EX=-0.2$,可得

$$-a + c = -0.1,$$

再由 $P\{Y\leqslant 0 \mid X\leqslant 0\} = \dfrac{P\{X\leqslant 0,Y\leqslant 0\}}{P\{X\leqslant 0\}} = \dfrac{a+b+0.1}{a+b+0.5} = 0.5$,得

$$a + b = 0.3,$$

解以上关于 a,b,c 的三个方程得

$$a = 0.2, \quad b = 0.1, \quad c = 0.1.$$

(2) Z 的可能取值为 $-2,-1,0,1,2$,

$$P\{Z=-2\} = P\{X=-1,Y=-1\} = 0.2,$$
$$P\{Z=-1\} = P\{X=-1,Y=0\} + P\{X=0,Y=-1\} = 0.1,$$
$$P\{Z=0\} = P\{X=-1,Y=1\} + P\{X=0,Y=0\} + P\{X=1,Y=-1\} = 0.3,$$
$$P\{Z=1\} = P\{X=1,Y=0\} + P\{X=0,Y=1\} = 0.3,$$
$$P\{Z=2\} = P\{X=1,Y=1\} = 0.1,$$

从而,Z 的概率分布为

Z	-2	-1	0	1	2
P	0.2	0.1	0.3	0.3	0.1

$(3) P\{X=Z\} = P\{Y=0\} = 0+b+0.1 = 0.1+0.1 = 0.2.$

32 设 X 与 Y 相互独立，分别服从参数为 λ_1 与 λ_2 的指数分布，求 $Z = \dfrac{X}{Y}$ 的密度函数.

知识点睛 0309 两个随机变量简单函数的分布

分析 设 (X,Y) 是二维连续型随机变量，其联合密度函数为 $f(x,y)$，则随机变量 $Z = \dfrac{X}{Y}$ 的密度函数 $f_Z(z)$ 为

$$f_Z(z) = \int_{-\infty}^{+\infty} |y| f(zy, y) \, \mathrm{d}y.$$

特别地，如果 X 与 Y 相互独立，则有 $f(x,y) = f_X(x)f_Y(y)$，此时，我们有

$$f_Z(z) = \int_{-\infty}^{+\infty} |y| f_X(yz) f_Y(y) \, \mathrm{d}y.$$

解 由题意有

$$f_X(x) = \begin{cases} \lambda_1 \mathrm{e}^{-\lambda_1 x}, & x>0, \\ 0, & x \leqslant 0, \end{cases} \qquad f_Y(y) = \begin{cases} \lambda_2 \mathrm{e}^{-\lambda_2 y}, & y>0, \\ 0, & y \leqslant 0. \end{cases}$$

设 $Z = \dfrac{X}{Y}$，由 X 与 Y 相互独立，我们有

$$f_Z(z) = \int_{-\infty}^{+\infty} |y| f_X(yz) f_Y(y) \, \mathrm{d}y, \quad yz>0, y>0.$$

如 32 题图所示，有

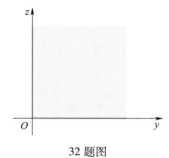

32 题图

(1) 若 $z \leqslant 0$，$f_Z(z) = 0$，

(2) 若 $z>0$，

$$f_Z(z) = \int_0^{+\infty} y \lambda_1 \mathrm{e}^{-\lambda_1 yz} \lambda_2 \mathrm{e}^{-\lambda_2 y} \, \mathrm{d}y = \lambda_1 \lambda_2 \int_0^{+\infty} y \mathrm{e}^{-(\lambda_2 + \lambda_1 z)y} \, \mathrm{d}y$$

$$= \frac{\lambda_1 \lambda_2}{(\lambda_2 + \lambda_1 z)^2},$$

则 $Z = \dfrac{X}{Y}$ 的密度函数为

$$f_Z(z)=\begin{cases}\dfrac{\lambda_1\lambda_2}{(\lambda_2+\lambda_1 z)^2}, & z>0,\\[2mm] 0, & z\leqslant 0.\end{cases}$$

33 设二维随机变量 (X,Y) 在矩形 $G=\{(x,y)\mid 0\leqslant x\leqslant 2,0\leqslant y\leqslant 1\}$ 上服从均匀分布,试求边长为 X 和 Y 的矩形面积 S 的概率密度 $f(s)$.

知识点睛 0309 两个随机变量简单函数的分布

解 本题实际上为利用 (X,Y) 的分布求 $S=XY$ 的分布问题.二维随机变量 (X,Y) 的概率密度为

$$\varphi(x,y)=\begin{cases}\dfrac{1}{2}, & (x,y)\in G,\\[2mm] 0, & (x,y)\notin G.\end{cases}$$

设 $F(s)=P\{S\leqslant s\}$ 为 S 的分布函数,则当 $s\leqslant 0$ 时,$F(s)=0$;当 $s\geqslant 2$ 时,$F(s)=1$.

现在,设 $0<s<2$,如 33 题图所示,曲线 $xy=s$ 与矩形 G 的上边交于点 $(s,1)$,位于曲线 $xy=s$ 上方的点满足 $xy>s$,位于下方的点满足 $xy<s$,于是

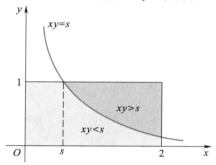

33 题图

$$F(s)=P\{S\leqslant s\}=P\{XY\leqslant s\}=1-P\{XY>s\}$$
$$=1-\iint\limits_{xy\geqslant s}\frac{1}{2}\mathrm{d}x\mathrm{d}y$$
$$=1-\frac{1}{2}\int_s^2\mathrm{d}x\int_{\frac{s}{x}}^1\mathrm{d}y=\frac{s}{2}(1+\ln 2-\ln s),$$

于是

$$f(s)=\begin{cases}\dfrac{1}{2}(\ln 2-\ln s), & 0<s<2,\\[2mm] 0, & s\leqslant 0 \text{ 或 } s\geqslant 2.\end{cases}$$

【评注】本题也可利用公式计算:

$$f(s)=\int_{-\infty}^{+\infty}\frac{1}{|x|}\varphi\left(x,\frac{s}{x}\right)\mathrm{d}x=\begin{cases}\dfrac{1}{2}(\ln 2-\ln s), & 0<s<2,\\[2mm] 0, & \text{其他}.\end{cases}$$

34 假设一电路装有 3 个同种电气元件,其工作状态相互独立,且无故障工作时间都服从参数为 $\lambda>0$ 的指数分布.当 3 个元件都无故障时,电路正常工作,否则整个电

路不能正常工作.试求电路正常工作的时间 T 的概率分布.

知识点睛 0310 多个相互独立随机变量简单函数的分布

解法 1 以 $X_i(i=1,2,3)$ 表示第 i 个电气元件无故障工作的时间,则 X_1,X_2,X_3 相互独立且同分布,其分布函数为

$$F(x)=\begin{cases}1-\mathrm{e}^{-\lambda x}, & x>0,\\ 0, & x\leq 0.\end{cases}$$

设 $G(t)$ 是 T 的分布函数.当 $t\leq 0$ 时,$G(t)=0$;当 $t>0$ 时,有

$$G(t)=P\{T\leq t\}=1-P\{T>t\}=1-P\{X_1>t,X_2>t,X_3>t\}$$
$$=1-P\{X_1>t\}P\{X_2>t\}P\{X_3>t\}=1-[1-F(t)]^3$$
$$=1-\mathrm{e}^{-3\lambda t},$$

得

$$G(t)=\begin{cases}1-\mathrm{e}^{-3\lambda t}, & t>0,\\ 0, & t\leq 0.\end{cases}$$

于是,T 服从参数为 3λ 的指数分布.

解法 2 本题也可直接利用公式计算:因为 X_1,X_2,X_3 独立同分布,而 $T=\min\{X_1,X_2,X_3\}$,故

$$G(t)=1-[1-F(t)]^3=\begin{cases}1-\mathrm{e}^{-3\lambda t}, & t>0,\\ 0, & t\leq 0.\end{cases}$$

35 设随机变量 (X,Y) 的概率密度为

$$f(x,y)=\begin{cases}x+y, & 0<x<1,0<y<1,\\ 0, & 其他,\end{cases}$$

求 $Z=X+Y$ 的概率密度.

知识点睛 0309 两个随机变量简单函数的分布

解 设 Z 的概率密度函数为 $f_Z(z)$,则

$$f_Z(z)=\int_{-\infty}^{+\infty}f(x,z-x)\mathrm{d}x.$$

被积函数的非零区域为

$$\begin{cases}0<x<1,\\ 0<z-x<1,\end{cases}\quad 即\quad \begin{cases}0<x<1,\\ z-1<x<z,\end{cases}$$

故

$$f_Z(z)=\begin{cases}\int_0^z[x+(z-x)]\mathrm{d}x, & 0<z<1,\\ \int_{z-1}^1[x+(z-x)]\mathrm{d}x, & 1\leq z<2,\\ 0, & 其他\end{cases}$$
$$=\begin{cases}z^2, & 0<z<1,\\ 2z-z^2, & 1\leq z<2,\\ 0, & 其他.\end{cases}$$

36 设二维随机变量 (X,Y) 的联合概率密度为

$$f(x,y)=\begin{cases}x\mathrm{e}^{-x(1+y)}, & x>0,y>0,\\ 0, & \text{其他},\end{cases}$$

求 $Z=XY$ 的概率密度.

知识点睛 0309 两个随机变量简单函数的分布

解 根据积的分布公式

$$f_{XY}(z)=\int_{-\infty}^{+\infty}\frac{1}{|x|}f\left(x,\frac{z}{x}\right)\mathrm{d}x,$$

被积函数的非零区域为

$$\begin{cases}x>0,\\ \dfrac{z}{x}>0,\end{cases}\quad\text{即}\quad\begin{cases}x>0,\\ z>0.\end{cases}$$

因此,当 $z>0$ 时,

$$\begin{aligned}f_Z(z)&=\int_0^{+\infty}\frac{1}{x}\cdot x\mathrm{e}^{-x\left(1+\frac{z}{x}\right)}\mathrm{d}x\\ &=\int_0^{+\infty}\mathrm{e}^{-x-z}\mathrm{d}x=\mathrm{e}^{-z}\int_0^{+\infty}\mathrm{e}^{-x}\mathrm{d}x\\ &=\mathrm{e}^{-z}.\end{aligned}$$

所以,Z 的概率密度函数为

$$f_Z(z)=\begin{cases}\mathrm{e}^{-z}, & z>0,\\ 0, & \text{其他}.\end{cases}$$

§3.6 综合提高题

37 如下四个二元函数,( )不能作为二维随机变量 (ξ,η) 的分布函数.

(A) $F_1(x,y)=\begin{cases}(1-\mathrm{e}^{-x})(1-\mathrm{e}^{-y}), & 0<x<+\infty,0<y<+\infty,\\ 0, & \text{其他}\end{cases}$

(B) $F_2(x,y)=\begin{cases}\sin x\sin y, & 0\leqslant x\leqslant\dfrac{\pi}{2},0\leqslant y\leqslant\dfrac{\pi}{2},\\ 0, & \text{其他}\end{cases}$

(C) $F_3(x,y)=\begin{cases}1, & x+2y\geqslant1,\\ 0, & x+2y<1\end{cases}$

(D) $F_4(x,y)=1+2^{-x}-2^{-y}+2^{-x-y}$

知识点睛 0302 多维随机变量分布的概念和性质

解 二维随机变量 (ξ,η) 的分布函数具有四条性质,因此只有满足这些性质的函数才能作为 (ξ,η) 的分布函数.

对 $F_3(x,y)$ 取四点 $(1,0),(0,1),(1,1),(0,0)$,有

$$F(1,1)-F(1,0)-F(0,1)+F(0,0)=1-1-1+0=-1<0,$$

即 $F_3(x,y)$ 不满足性质.

故应选(C).

38 抛掷一枚均匀的硬币三次,以 X 表示出现正面的次数,以 Y 表示正面出现次数与反面出现次数之差的绝对值,求 (X,Y) 的联合分布律.

知识点睛 0303 二维离散型随机变量的概率分布

解 由题意知, $X \sim B\left(3, \dfrac{1}{2}\right)$, Y 的取值为 1 和 3,则

$$P\{X=0, Y=1\} = P\{X=1, Y=3\} = P\{X=2, Y=3\} = P\{X=3, Y=1\} = 0,$$

$$P\{X=1, Y=1\} = P\{X=1\} = C_3^1 \left(\frac{1}{2}\right)^3 = \frac{3}{8},$$

$$P\{X=2, Y=1\} = P\{X=2\} = C_3^2 \left(\frac{1}{2}\right)^3 = \frac{3}{8},$$

$$P\{X=3, Y=3\} = P\{X=3\} = C_3^3 \left(\frac{1}{2}\right)^3 = \frac{1}{8},$$

$$P\{X=0, Y=3\} = P\{X=0\} = C_3^0 \left(\frac{1}{2}\right)^3 = \frac{1}{8},$$

因此, (X,Y) 的联合分布律为

Y \ X	0	1	2	3
1	0	$\dfrac{3}{8}$	$\dfrac{3}{8}$	0
3	$\dfrac{1}{8}$	0	0	$\dfrac{1}{8}$

39 设二维连续型随机变量 (X,Y) 的分布函数为

$$F(x,y) = \begin{cases} (1-e^{-3x})(1-e^{-5y}), & x \geq 0, y \geq 0, \\ 0, & 其他, \end{cases}$$

求 (X,Y) 的概率密度 $f(x,y)$.

知识点睛 0304 二维连续型随机变量的概率密度

解 由题意有

$$f(x,y) = \frac{\partial^2 F(x,y)}{\partial x \partial y}.$$

当 $x<0$ 或 $y<0$ 时, $F(x,y)=0$,则 $f(x,y)=0$.

当 $x \geq 0$ 且 $y \geq 0$ 时, $\dfrac{\partial F(x,y)}{\partial x} = 3e^{-3x}(1-e^{-5y})$,且

$$\frac{\partial^2 F(x,y)}{\partial x \partial y} = \frac{\partial(3e^{-3x}(1-e^{-5y}))}{\partial y} = 15e^{-3x}e^{-5y} = 15e^{-(3x+5y)}.$$

因此, (X,Y) 的联合概率密度为

$$f(x,y) = \begin{cases} 15e^{-(3x+5y)}, & x \geq 0, y \geq 0, \\ 0, & 其他. \end{cases}$$

40 设二维随机变量 (X,Y) 的联合概率密度为

$$f(x,y) = \frac{A}{\pi^2(16+x^2)(25+y^2)},$$

求常数 A 及 (X,Y) 的联合分布函数.

知识点睛 0304 二维连续型随机变量的概率密度

解 根据联合概率密度函数的性质,有

$$1 = \int_{-\infty}^{+\infty}\int_{-\infty}^{+\infty} f(x,y)\mathrm{d}x\mathrm{d}y = A\int_{-\infty}^{+\infty}\frac{1}{\pi(16+x^2)}\mathrm{d}x\int_{-\infty}^{+\infty}\frac{1}{\pi(25+y^2)}\mathrm{d}y$$

$$= \frac{A}{4\times 5}\int_{-\infty}^{+\infty}\frac{1}{\pi\left[1+\left(\frac{x}{4}\right)^2\right]}\mathrm{d}\left(\frac{x}{4}\right)\cdot\int_{-\infty}^{+\infty}\frac{1}{\pi\left[1+\left(\frac{y}{5}\right)^2\right]}\mathrm{d}\left(\frac{y}{5}\right)$$

$$= \frac{A}{20}\left(\frac{1}{\pi}\arctan\frac{x}{4}\,\Big|_{-\infty}^{+\infty}\right)\left(\frac{1}{\pi}\arctan\frac{y}{5}\,\Big|_{-\infty}^{+\infty}\right) = \frac{A}{20},$$

故 $A=20$.

(X,Y) 的联合分布函数为

$$F(x,y) = \int_{-\infty}^{x}\int_{-\infty}^{y} f(u,v)\mathrm{d}v\mathrm{d}u$$

$$= 20\int_{-\infty}^{x}\frac{1}{\pi(16+u^2)}\mathrm{d}u\int_{-\infty}^{y}\frac{1}{\pi(25+v^2)}\mathrm{d}v$$

$$= \frac{20}{4\times 5}\int_{-\infty}^{x}\frac{1}{\pi\left[1+\left(\frac{u}{4}\right)^2\right]}\mathrm{d}\left(\frac{u}{4}\right)\cdot\int_{-\infty}^{y}\frac{1}{\pi\left[1+\left(\frac{v}{5}\right)^2\right]}\mathrm{d}\left(\frac{v}{5}\right)$$

$$= \left(\frac{1}{\pi}\arctan\frac{u}{4}\,\Big|_{-\infty}^{x}\right)\left(\frac{1}{\pi}\arctan\frac{v}{5}\,\Big|_{-\infty}^{y}\right)$$

$$= \frac{1}{\pi^2}\left(\arctan\frac{x}{4}+\frac{\pi}{2}\right)\left(\arctan\frac{y}{5}+\frac{\pi}{2}\right),$$

即

$$F(x,y) = \frac{1}{\pi^2}\left(\arctan\frac{x}{4}+\frac{\pi}{2}\right)\left(\arctan\frac{y}{5}+\frac{\pi}{2}\right).$$

41 设随机变量 X_1,X_2,X_3 相互独立,并且有相同的概率分布

$$P\{X_i=1\}=p,\quad P\{X_i=0\}=q,\ i=1,2,3,\ p+q=1.$$

考虑随机变量

$$Y_1 = \begin{cases}1, & X_1+X_2\ \text{为奇数},\\ 0, & X_1+X_2\ \text{为偶数},\end{cases}\quad Y_2 = \begin{cases}1, & X_2+X_3\ \text{为奇数},\\ 0, & X_2+X_3\ \text{为偶数},\end{cases}$$

则乘积 Y_1Y_2 的概率分布为(　　).

(A) $Y_1Y_2 \sim \begin{pmatrix} 0 & 1 \\ 1-pq & pq \end{pmatrix}$

(B) $Y_1Y_2 \sim \begin{pmatrix} 0 & 1 \\ pq & 1-pq \end{pmatrix}$

(C) $Y_1Y_2 \sim \begin{pmatrix} 0 & 1 \\ p & q \end{pmatrix}$

(D) $Y_1Y_2 \sim \begin{pmatrix} 0 & 1 \\ q & p \end{pmatrix}$

知识点睛 0306 随机事件的独立性, 0309 两个随机变量简单函数的分布

解 根据 Y_1 和 Y_2 的取值情况知, Y_1Y_2 只可能取 0 和 1 两个数值.因此,只要求出 $P\{Y_1Y_2=1\}$ 或 $P\{Y_1Y_2=0\}$ 即可.

因为 $P\{Y_1Y_2=1\}+P\{Y_1Y_2=0\}=1$,而事件

$$\{Y_1Y_2=1\}=\{Y_1=1,Y_2=1\}=\{X_1+X_2\text{为奇数},X_2+X_3\text{为奇数}\}$$
$$=\{X_1=0,X_2=1,X_3=0\}\cup\{X_1=1,X_2=0,X_3=1\}.$$

再根据不相容事件和概率的可加性及 X_1,X_2,X_3 是相互独立的条件,可求出

$$P\{Y_1Y_2=1\}=P\{Y_1=1,Y_2=1\}$$
$$=P\{X_1=0,X_2=1,X_3=0\}+P\{X_1=1,X_2=0,X_3=1\}$$
$$=pq^2+p^2q=pq,$$
$$P\{Y_1Y_2=0\}=1-P\{Y_1Y_2=1\}=1-pq.$$

所以 Y_1Y_2 的概率分布为 $Y_1Y_2\sim\begin{pmatrix}0&1\\1-pq&pq\end{pmatrix}$.应选(A).

42 将一枚硬币掷 3 次,以 X 表示前 2 次中出现 H 的次数,以 Y 表示 3 次中出现 H 的次数,求 X,Y 的联合分布律以及边缘分布律.

知识点睛 0303 二维离散型随机变量的概率分布、边缘分布

解 (X,Y) 的所有情形为 HHH,HHT,HTH,THH,HTT,THT,TTH,TTT (其中 T 表示不出现 H 面).按古典概型,显然有

$$P\{X=0,Y=0\}=\frac{1}{8},\quad P\{X=0,Y=1\}=\frac{1}{8},$$
$$P\{X=1,Y=1\}=\frac{2}{8},\quad P\{X=1,Y=2\}=\frac{2}{8},$$
$$P\{X=2,Y=2\}=\frac{1}{8},\quad P\{X=2,Y=3\}=\frac{1}{8}.$$

从而把 (X,Y) 的联合分布律及边缘分布律列成表格:

Y \ X	0	1	2	$p_{\cdot j}$
0	$\frac{1}{8}$	0	0	$\frac{1}{8}$
1	$\frac{1}{8}$	$\frac{2}{8}$	0	$\frac{3}{8}$
2	0	$\frac{2}{8}$	$\frac{1}{8}$	$\frac{3}{8}$
3	0	0	$\frac{1}{8}$	$\frac{1}{8}$
$p_{i\cdot}$	$\frac{1}{4}$	$\frac{1}{2}$	$\frac{1}{4}$	1

43 设随机变量 (X,Y) 的概率密度为

$$f(x,y)=\begin{cases}k(6-x-y),&0<x<2,2<y<4,\\0,&\text{其他}.\end{cases}$$

(1)确定常数 k ；   (2)求 $P\{X<1,Y<3\}$ ；

(3)求 $P\{X<1.5\}$ ；   (4)求 $P\{X+Y\leqslant 4\}$.

知识点睛 0304 二维连续型随机变量的概率密度

解 （1）因为

$$\int_{-\infty}^{+\infty}\int_{-\infty}^{+\infty}f(x,y)\,\mathrm{d}x\mathrm{d}y=\int_0^2\mathrm{d}x\int_2^4 k(6-x-y)\,\mathrm{d}y=k\int_0^2(6-2x)\,\mathrm{d}x$$
$$=k(12-4)=8k=1,$$

所以 $k=\dfrac{1}{8}$.

$$(2)\,P\{X<1,Y<3\}=\int_0^1\mathrm{d}x\int_2^3\frac{1}{8}(6-x-y)\,\mathrm{d}y=\frac{1}{8}\int_0^1\left[(6-x)-\frac{5}{2}\right]\mathrm{d}x$$
$$=\frac{1}{8}\left(\frac{7}{2}-\frac{1}{2}\right)=\frac{3}{8}.$$

$$(3)\,P\{X<1.5\}=\int_{-\infty}^{1.5}\int_{-\infty}^{+\infty}f(x,y)\,\mathrm{d}y\mathrm{d}x=\int_0^{1.5}\left[\int_2^4\frac{1}{8}(6-x-y)\,\mathrm{d}y\right]\mathrm{d}x$$
$$=\frac{1}{8}\int_0^{1.5}\left[2(6-x)-6\right]\mathrm{d}x=\frac{1}{8}\int_0^{1.5}(6-2x)\,\mathrm{d}x$$
$$=\frac{1}{8}\left[6\times 1.5-(1.5)^2\right]=\frac{1}{8}\left(9-\frac{9}{4}\right)=\frac{27}{32}.$$

（4）将 (X,Y) 看作是平面上随机点的坐标，即有 $\{X+Y\leqslant 4\}=\{(X,Y)\in G\}$ ，其中 G 为 xOy 平面上直线 $x+y=4$ 下方的部分(参见 43 题图)，则

$$P\{X+Y\leqslant 4\}=P\{(X,Y)\in G\}=\iint_G f(x,y)\,\mathrm{d}x\mathrm{d}y$$
$$=\int_0^2\mathrm{d}x\int_2^{4-x}\frac{1}{8}(6-x-y)\,\mathrm{d}y$$
$$=\frac{1}{8}\int_0^2\left[(6-x)(2-x)-\frac{(6-x)(2-x)}{2}\right]\mathrm{d}x$$
$$=\frac{1}{16}\int_0^2(12-8x+x^2)\,\mathrm{d}x$$
$$=\frac{1}{16}\left(24-16+\frac{8}{3}\right)=\frac{2}{3}.$$

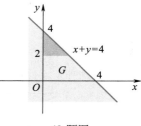

43 题图

44 设 (X,Y) 的概率密度为

$$f(x,y)=\begin{cases}\dfrac{21}{4}x^2y, & x^2\leqslant y\leqslant 1,\\[2mm] 0, & \text{其他,}\end{cases}$$

(1)求条件概率密度 $f_{Y|X}(y\mid x)$ ，特别写出当 $X=\dfrac{1}{2}$ 时 Y 的条件概率密度；

(2)求条件概率 $P\left\{Y\geqslant\dfrac{3}{4}\,\bigg|\,X=\dfrac{1}{2}\right\}$.

知识点睛　0304 二维连续型随机变量的概率密度和条件分布
解　由

$$f(x,y)=\begin{cases}\dfrac{21}{4}x^2y, & x^2\leqslant y\leqslant 1,\\[2mm]0, & \text{其他},\end{cases}$$

可得

$$f_X(x)=\begin{cases}\dfrac{21}{8}x^2(1-x^4), & -1\leqslant x\leqslant 1,\\[2mm]0, & \text{其他},\end{cases}$$

$$f_Y(y)=\begin{cases}\dfrac{7}{2}y^{\frac{5}{2}}, & 0\leqslant y\leqslant 1,\\[2mm]0, & \text{其他}.\end{cases}$$

$(1)\,f_{Y|X}(y\mid x)=\dfrac{f(x,y)}{f_X(x)}=\begin{cases}\dfrac{2y}{1-x^4}, & x^2<y<1,-1<x<1,\\[2mm]0, & \text{其他},\end{cases}$

$$f_{Y|X}\left(y\mid x=\dfrac{1}{2}\right)=\begin{cases}\dfrac{32}{15}y, & \dfrac{1}{4}<y<1,\\[2mm]0, & \text{其他}.\end{cases}$$

$(2)\,P\left\{Y\geqslant\dfrac{3}{4}\,\bigg|\,X=\dfrac{1}{2}\right\}=\displaystyle\int_{\frac{3}{4}}^{+\infty}f_{Y|X}\left(y\mid x=\dfrac{1}{2}\right)\mathrm{d}y=\int_{\frac{3}{4}}^{1}\dfrac{32}{15}y\,\mathrm{d}y=\dfrac{7}{15}.$

45　设 (X,Y) 的联合密度函数为

$$f(x,y)=\begin{cases}A\mathrm{e}^{-(2x+y)}, & x>0,y>0,\\0, & \text{其他}.\end{cases}$$

(1)确定 A；
(2)求 $f_{X|Y}(x|y)$ 及 $f_{Y|X}(y|x)$，并判断 X,Y 的独立性；
(3)求 $P\{X\leqslant 2\mid Y\leqslant 1\}$；
(4)求 $P\{X\leqslant 2\mid Y=1\}$.

知识点睛　0306 随机变量的独立性
解　(1)因为 $\displaystyle\int_{-\infty}^{+\infty}\int_{-\infty}^{+\infty}f(x,y)\mathrm{d}x\mathrm{d}y=1$，所以应有

$$\int_0^{+\infty}\int_0^{+\infty}A\mathrm{e}^{-(2x+y)}\mathrm{d}y\mathrm{d}x=\dfrac{A}{2}=1,$$

故 $A=2$.
　　(2)根据公式,有

$$f_{X|Y}(x|y)=\dfrac{f(x,y)}{f_Y(y)}, \quad f_{Y|X}(y|x)=\dfrac{f(x,y)}{f_X(x)}.$$

由于当 $y\leqslant 0$ 时, $f_Y(y)=0$,当 $y>0$ 时, $f_Y(y)=\displaystyle\int_0^{+\infty}2\mathrm{e}^{-(2x+y)}\mathrm{d}x=\mathrm{e}^{-y}$, 所以

$$f_Y(y)=\begin{cases}\mathrm{e}^{-y}, & y>0,\\0, & y\leqslant 0.\end{cases}$$

因此,当 $x>0$, $y>0$ 时, $f_{X|Y}(x|y) = \dfrac{2e^{-(2x+y)}}{e^{-y}} = 2e^{-2x}$,从而

$$f_{X|Y}(x|y) = \begin{cases} 2e^{-2x}, & x>0, y>0, \\ 0, & \text{其他}. \end{cases}$$

又由于当 $x \leqslant 0$ 时, $f_X(x)=0$,当 $x>0$ 时, $f_X(x) = \displaystyle\int_0^{+\infty} 2e^{-(2x+y)}\,\mathrm{d}y = 2e^{-2x}$,所以

$$f_X(x) = \begin{cases} 2e^{-2x}, & x>0, \\ 0, & x \leqslant 0. \end{cases}$$

因此,当 $x>0$, $y>0$ 时, $f_{Y|X}(y|x) = \dfrac{2e^{-(2x+y)}}{2e^{-2x}} = e^{-y}$,从而

$$f_{Y|X}(y|x) = \begin{cases} e^{-y}, & x>0, y>0, \\ 0, & \text{其他}. \end{cases}$$

从以上结果可以看出, $f_{X|Y}(x|y) = f_X(x)$, $f_{Y|X}(y|x) = f_Y(y)$,这说明 X 与 Y 是相互独立的.

(3)求 $P\{X \leqslant 2 \mid Y \leqslant 1\}$.

由于(2)中已判断出 X, Y 相互独立,则

$$P\{X \leqslant 2 \mid Y \leqslant 1\} = P\{X \leqslant 2\} = F_X(2) = \int_{-\infty}^{2} f_X(x)\,\mathrm{d}x = \int_0^2 2e^{-2x}\,\mathrm{d}x$$
$$= 1 - e^{-4}.$$

(4)求 $P\{X \leqslant 2 \mid Y=1\}$.

因为 X, Y 相互独立,这个概率与条件 $Y=1$ 无关.

$$P\{X \leqslant 2 \mid Y=1\} = P\{X \leqslant 2\} = 1 - e^{-4}.$$

【评注】对于(2),可以先由 $f(x,y) = f_X(x)f_Y(y)$ 判断出 X 与 Y 相互独立,因此

$$f_{X|Y}(x|y) = f_X(x), \qquad f_{Y|X}(y|x) = f_Y(y),$$

计算更加简便.

46 已知随机变量 (X,Y) 的联合分布律为

Y \ X	1	2	3
1	$\dfrac{1}{5}$	0	$\dfrac{1}{5}$
2	$\dfrac{1}{5}$	$\dfrac{1}{5}$	$\dfrac{1}{5}$

试求 $Z_1 = X+Y$, $Z_2 = \max\{X,Y\}$ 的分布律.

知识点睛   0309 两个随机变量简单函数的分布

解 Z_1 的所有可能取值为 2,3,4,5,而

$$P\{Z_1=2\} = P\{X+Y=2\} = P\{X=1, Y=1\} = \frac{1}{5},$$

$$P\{Z_1 = 3\} = P\{X = 1, Y = 2\} + P\{X = 2, Y = 1\} = \frac{1}{5},$$

$$P\{Z_1 = 4\} = P\{X = 2, Y = 2\} + P\{X = 3, Y = 1\} = \frac{2}{5},$$

$$P\{Z_1 = 5\} = P\{X = 3, Y = 2\} = \frac{1}{5},$$

因此,Z_1 的分布律为

Z_1	2	3	4	5
p_k	$\frac{1}{5}$	$\frac{1}{5}$	$\frac{2}{5}$	$\frac{1}{5}$

Z_2 的所有可能取值为 $1,2,3$,而

$$P\{Z_2 = 1\} = P\{X = 1, Y = 1\} = \frac{1}{5},$$

$$P\{Z_2 = 2\} = P\{X = 2, Y = 1\} + P\{X = 2, Y = 2\} + P\{X = 1, Y = 2\} = \frac{2}{5},$$

$$P\{Z_2 = 3\} = P\{X = 3, Y = 1\} + P\{X = 3, Y = 2\} = \frac{2}{5},$$

因此,Z_2 的分布律为

Z_2	1	2	3
p_k	$\frac{1}{5}$	$\frac{2}{5}$	$\frac{2}{5}$

47 设 X 和 Y 是相互独立的随机变量,其概率密度分别为

$$f_X(x) = \begin{cases} \lambda e^{-\lambda x} & x > 0, \\ 0, & x \le 0, \end{cases} \quad f_Y(y) = \begin{cases} \mu e^{-\mu y}, & y > 0, \\ 0, & y \le 0, \end{cases}$$

其中 $\lambda > 0, \mu > 0$ 是常数.引入随机变量

$$Z = \begin{cases} 1, & X \le Y, \\ 0, & X > Y, \end{cases}$$

求 Z 的分布律和分布函数.

47 题图

知识点睛 0306 随机变量的独立性,0309 两个随机变量简单函数的分布

解 由于 $Z = \begin{cases} 1, & X \le Y, \\ 0, & X > Y, \end{cases}$（如 47 题图所示）,则

$$P\{Z = 1\} = P\{X \le Y\} = \int_0^{+\infty} \int_x^{+\infty} \lambda \mu e^{-(\lambda x + \mu y)} \, dy dx$$

$$= \int_0^{+\infty} \lambda e^{-(\lambda + \mu)x} \, dx$$

$$= -\frac{\lambda}{\lambda + \mu} e^{-(\lambda + \mu)x} \Big|_0^{+\infty} = \frac{\lambda}{\lambda + \mu},$$

$$P\{Z = 0\} = P\{X > Y\} = 1 - P\{X \le Y\} = 1 - \frac{\lambda}{\lambda + \mu} = \frac{\mu}{\lambda + \mu},$$

故 Z 的分布律为

Z	0	1
P	$\dfrac{\mu}{\lambda+\mu}$	$\dfrac{\lambda}{\lambda+\mu}$

从而, Z 的分布函数为

$$F_Z(z) = \begin{cases} 0, & z < 0, \\ \dfrac{\mu}{\lambda + \mu}, & 0 \le z < 1, \\ 1, & z \ge 1. \end{cases}$$

48 设 X, Y 是相互独立的随机变量, $X \sim P(\lambda_1)$, $Y \sim P(\lambda_2)$. 证明

$$Z = X + Y \sim P(\lambda_1 + \lambda_2).$$

知识点睛 0306 随机变量的独立性, 0309 两个随机变量简单函数的分布

证 因为 X, Y 分别服从参数 λ_1, λ_2 的泊松分布, 故 X, Y 的分布律分别为

$$P\{X = k\} = \frac{\lambda_1^k}{k!} e^{-\lambda_1}, \quad \lambda_1 > 0,$$

$$P\{Y = r\} = \frac{\lambda_2^r}{r!} e^{-\lambda_2}, \quad \lambda_2 > 0,$$

则 $Z = X + Y$ 的分布律为

$$P\{Z = i\} = P\{X + Y = i\} = \sum_{k=0}^{i} P\{X = k\} \cdot P\{Y = i - k\}$$

$$= \sum_{k=0}^{i} \frac{\lambda_1^k}{k!} e^{-\lambda_1} \cdot \frac{\lambda_2^{i-k}}{(i-k)!} e^{-\lambda_2}$$

$$= \frac{e^{-(\lambda_1 + \lambda_2)}}{i!} \sum_{k=0}^{i} \frac{i!}{k!\,(i-k)!} \lambda_1^k \lambda_2^{i-k}$$

$$= \frac{e^{-(\lambda_1 + \lambda_2)}}{i!} (\lambda_1 + \lambda_2)^i, \quad i = 0, 1, 2, \cdots,$$

即 $Z = X + Y$ 服从参数为 $\lambda_1 + \lambda_2$ 的泊松分布.

49 设随机变量 X, Y 相互独立, 且具有相同的分布, 它们的概率密度均为

$$f(x) = \begin{cases} e^{1-x}, & x > 1, \\ 0, & \text{其他}, \end{cases}$$

求 $Z = X + Y$ 的概率密度.

知识点睛 0306 随机变量的独立性, 0309 两个随机变量简单函数的分布

解 由卷积公式

$$f_Z(z) = \int_{-\infty}^{+\infty} f_X(x) f_Y(z-x) \,\mathrm{d}x,$$

而

$$f_X(x) = \begin{cases} \mathrm{e}^{1-x}, & x > 1, \\ 0, & \text{其他}, \end{cases}$$

$$f_Y(y) = \begin{cases} \mathrm{e}^{1-y}, & y > 1, \\ 0, & \text{其他}. \end{cases}$$

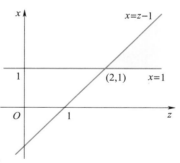

49 题图

仅当 $\begin{cases} x>1, \\ z-x>1 \end{cases}$ 即 $\begin{cases} x>1, \\ x<z-1 \end{cases}$ 时,上述积分的被积函数不等

于零,由 49 题图即得

$$f_Z(z) = \begin{cases} \int_1^{z-1} \mathrm{e}^{1-x} \mathrm{e}^{1-(z-x)} \,\mathrm{d}x = \int_1^{z-1} \mathrm{e}^{2-z} \,\mathrm{d}x, & z > 2, \\ 0, & \text{其他}, \end{cases}$$

得 $f_Z(z) = \begin{cases} \mathrm{e}^{2-z}(z-2), & z>2, \\ 0, & \text{其他}. \end{cases}$

50 设 (X,Y) 的联合密度函数为

$$f(x,y) = \begin{cases} \mathrm{e}^{-y}, & 0 \leqslant x \leqslant 1, y \geqslant 0, \\ 0, & \text{其他}, \end{cases}$$

(1)问 X,Y 是否独立?

(2)求 $Z=2X+Y$ 的密度函数 $f_Z(z)$ 和分布函数 $F_Z(z)$;

(3)求 $P\{Z>3\}$.

知识点睛 0306 随机变量的独立性,0309 两个随机变量简单函数的分布

(1)解 先求边缘密度函数 $f_X(x), f_Y(y)$.

当 $0 < x < 1$ 时,$f_X(x) = \int_0^{+\infty} \mathrm{e}^{-y} \mathrm{d}y = 1$,所以

$$f_X(x) = \begin{cases} 1, & 0 < x < 1, \\ 0, & \text{其他}, \end{cases} \qquad X \sim U(0,1).$$

当 $y > 0$ 时,$f_Y(y) = \int_0^1 \mathrm{e}^{-y} \mathrm{d}x = \mathrm{e}^{-y}$,所以

$$f_Y(y) = \begin{cases} \mathrm{e}^{-y}, & y > 0, \\ 0, & y \leqslant 0, \end{cases} \qquad Y \text{ 服从指数分布}.$$

显然有

$$f_X(x) f_Y(y) = \begin{cases} \mathrm{e}^{-y}, & 0 < x < 1, y > 0 \\ 0, & \text{其他} \end{cases} = f(x,y),$$

所以 X,Y 相互独立.

(2)求 $Z=2X+Y$ 的 $f_Z(z)$ 和 $F_Z(z)$.

解法 1 ①先求 $f_Z(z)$,因为 X,Y 相互独立,用推广的卷积公式

$$f_Z(z) = \int_{-\infty}^{+\infty} f_X(x) f_Y(z-2x) \,\mathrm{d}x.$$

首先要进行密度函数非零区域的变换,由

$$\begin{cases} 0 \leqslant x \leqslant 1 \\ y \geqslant 0 \end{cases} \rightarrow \begin{cases} 0 \leqslant x \leqslant 1 \\ z - 2x \geqslant 0 \end{cases} \rightarrow \begin{cases} 0 \leqslant x \leqslant 1, \\ z \geqslant 2x. \end{cases}$$

由 50 题图(1)可看出:

当 $z < 0$ 时, $f_Z(z) = 0$,

当 $0 \leqslant z \leqslant 2$ 时, $f_Z(z) = \int_0^{\frac{z}{2}} e^{-(z-2x)} dx = \dfrac{1}{2}(1 - e^{-z})$,

当 $z > 2$ 时, $f_Z(z) = \int_0^1 e^{-(z-2x)} dx = \dfrac{1}{2}(e^2 - 1)e^{-z}$.

所以

$$f_Z(z) = \begin{cases} 0, & z < 0, \\ \dfrac{1}{2}(1 - e^{-z}), & 0 \leqslant z \leqslant 2, \\ \dfrac{1}{2}(e^2 - 1)e^{-z}, & z > 2. \end{cases}$$

还可以用另一个卷积公式计算,由读者自己完成.

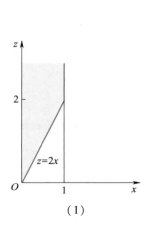

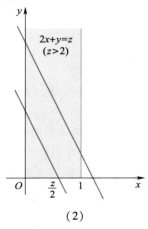

| (1) | (2) |

50 题图

②再求 $F_Z(z)$,由 $f_Z(z)$ 经过定积分求得:

当 $z < 0$ 时, $F_Z(z) = 0$,

当 $0 \leqslant z \leqslant 2$ 时, $F_Z(z) = \int_0^z \dfrac{1}{2}(1 - e^{-z}) dz = \dfrac{1}{2}(z - 1 + e^{-z})$,

当 $z > 2$ 时, $F_Z(z) = \int_0^2 \dfrac{1}{2}(1 - e^{-z}) dz + \int_2^z \dfrac{1}{2}(e^2 - 1)e^{-z} dz = 1 + \dfrac{1}{2}(1 - e^2)e^{-z}$.

所以

$$F_Z(z) = \begin{cases} 0, & z < 0, \\ \dfrac{1}{2}(z - 1 + e^{-z}), & 0 \leqslant z \leqslant 2, \\ 1 + \dfrac{1}{2}(1 - e^2)e^{-z}, & z > 2. \end{cases}$$

解法 2 ①先求 $F_Z(z)$. 根据 $F_Z(z)$ 的定义, 利用二重积分可求得

$$F_Z(z) = P\{Z \leqslant z\} = P\{2X + Y \leqslant z\}$$

$$= \iint\limits_{2x+y \leqslant z} f(x,y)\,\mathrm{d}x\mathrm{d}y,$$

积分区域见 50 题图(2).

当 $z < 0$ 时, $\quad F_Z(z) = 0$,

当 $0 \leqslant z \leqslant 2$ 时, $F_Z(z) = \int_0^{\frac{z}{2}} \mathrm{d}x \int_0^{z-2x} \mathrm{e}^{-y}\mathrm{d}y = \dfrac{1}{2}(z - 1 + \mathrm{e}^{-z})$,

当 $z > 2$ 时, $\quad F_Z(z) = \int_0^1 \mathrm{d}x \int_0^{z-2x} \mathrm{e}^{-y}\mathrm{d}y = 1 + \dfrac{1}{2}(1 - \mathrm{e}^2)\mathrm{e}^{-z}$,

所以

$$F_Z(z) = \begin{cases} 0, & z < 0, \\ \dfrac{1}{2}(z - 1 + \mathrm{e}^{-z}), & 0 \leqslant z \leqslant 2, \\ 1 + \dfrac{1}{2}(1 - \mathrm{e}^2)\mathrm{e}^{-z}, & z > 2. \end{cases}$$

②再求 $f_Z(z)$, 因为 $f_Z(z) = F_Z'(z)$, 所以

当 $z < 0$ 时, $\quad f_Z(z) = 0$,

当 $0 \leqslant z \leqslant 2$ 时, $f_Z(z) = \dfrac{1}{2}(1 - \mathrm{e}^{-z})$,

当 $z > 2$ 时, $\quad f_Z(z) = \dfrac{1}{2}(\mathrm{e}^2 - 1)\mathrm{e}^{-z}$,

故

$$f_Z(z) = \begin{cases} 0, & z < 0, \\ \dfrac{1}{2}(1 - \mathrm{e}^{-z}), & 0 \leqslant z \leqslant 2, \\ \dfrac{1}{2}(\mathrm{e}^2 - 1)\mathrm{e}^{-z}, & z > 2. \end{cases}$$

解法 2 比解法 1 好, 一是不必记公式, 二是求导比积分更容易, 因此, 这是求随机变量函数分布的好方法.

(3) 求 $P\{Z > 3\}$. 利用已经得出的分布函数 $F_Z(z)$, 则

$$P\{Z > 3\} = 1 - P\{Z \leqslant 3\}$$

$$= 1 - F_Z(3) = 1 - \left[1 + \dfrac{1}{2}(1 - \mathrm{e}^2)\mathrm{e}^{-3}\right]$$

$$= \dfrac{1}{2}(\mathrm{e}^2 - 1)\mathrm{e}^{-3} = \dfrac{1}{2}(\mathrm{e}^{-1} - \mathrm{e}^{-3}).$$

51 设随机变量 (X, Y) 的概率密度为

$$f(x,y) = \begin{cases} b\mathrm{e}^{-(x+y)}, & 0 < x < 1, 0 < y < +\infty, \\ 0, & \text{其他}, \end{cases}$$

（1）试确定常数 b；

（2）求边缘概率密度 $f_X(x)$，$f_Y(y)$；

（3）求函数 $U=\max\{X,Y\}$ 的分布函数.

知识点睛 0304 二维连续型随机变量的概率密度、边缘密度，0309 两个随机变量简单函数的分布

解 （1）由联合概率密度的性质知

$$1 = \int_{-\infty}^{+\infty} \int_{-\infty}^{+\infty} f(x,y)\,dx\,dy$$

$$= \int_0^1 \left[\int_0^{+\infty} b e^{-(x+y)}\,dy \right] dx = b\int_0^1 e^{-x}\,dx \int_0^{+\infty} e^{-y}\,dy$$

$$= (1 - e^{-1})b,$$

所以 $b = \dfrac{1}{1 - e^{-1}}$.

$$(2)\ f_X(x) = \int_{-\infty}^{+\infty} f(x,y)\,dy = \begin{cases} \displaystyle\int_0^{+\infty} \frac{1}{1-e^{-1}} e^{-(x+y)}\,dy, & 0 < x < 1 \\ 0, & \text{其他} \end{cases}$$

$$= \begin{cases} \dfrac{e^{-x}}{1-e^{-1}}, & 0 < x < 1, \\ 0, & \text{其他}. \end{cases}$$

$$f_Y(y) = \int_{-\infty}^{+\infty} f(x,y)\,dx = \begin{cases} \displaystyle\int_0^1 \frac{1}{1-e^{-1}} e^{-(x+y)}\,dx, & y > 0 \\ 0, & y \leq 0 \end{cases}$$

$$= \begin{cases} e^{-y}, & y > 0, \\ 0, & y \leq 0. \end{cases}$$

（3）$U=\max\{X,Y\}$ 的分布函数

$$F_U(u) = P\{U \leq u\} = P\{X \leq u, Y \leq u\} = F(u,u) = \int_{-\infty}^{u} \int_{-\infty}^{u} f(x,y)\,dx\,dy$$

$$= \begin{cases} 0, & u \leq 0 \\ \displaystyle\int_0^u \int_0^u \frac{1}{1-e^{-1}} e^{-(x+y)}\,dx\,dy, & 0 < u < 1 \\ \displaystyle\int_0^1 \int_0^u \frac{1}{1-e^{-1}} e^{-(x+y)}\,dx\,dy, & u \geq 1 \end{cases}$$

$$= \begin{cases} 0, & u \leq 0 \\ \dfrac{1}{1-e^{-1}} \displaystyle\int_0^u e^{-x}\,dx \int_0^u e^{-y}\,dy, & 0 < u < 1 \\ \dfrac{1}{1-e^{-1}} \displaystyle\int_0^1 e^{-x}\,dx \int_0^u e^{-y}\,dy, & u \geq 1 \end{cases}$$

$$= \begin{cases} 0, & u \leq 0, \\ \dfrac{(1-e^{-u})^2}{1-e^{-1}}, & 0 < u < 1, \\ 1 - e^{-u}, & u \geq 1. \end{cases}$$

52 设 X, Y 是相互独立的随机变量,它们都服从正态分布 $N(0, \sigma^2)$. 验证随机变量 $Z = \sqrt{X^2 + Y^2}$ 具有概率密度

$$f_Z(z) = \begin{cases} \dfrac{z}{\sigma^2} e^{-\frac{z^2}{2\sigma^2}}, & z \geq 0, \\ 0, & \text{其他}, \end{cases}$$

我们称 Z 服从参数为 $\sigma(\sigma > 0)$ 的瑞利(Rayleigh)分布.

知识点睛 0306 随机变量的独立性,0309 两个随机变量简单函数的分布

证 由 X, Y 独立同分布,有

$$f(x, y) = f_X(x) f_Y(y) = \frac{1}{\sqrt{2\pi}\sigma} e^{-\frac{x^2}{2\sigma^2}} \cdot \frac{1}{\sqrt{2\pi}\sigma} e^{-\frac{y^2}{2\sigma^2}} = \frac{1}{2\pi\sigma^2} e^{-\frac{1}{2\sigma^2}(x^2 + y^2)}.$$

而 $Z = \sqrt{X^2 + Y^2}$.

当 $z < 0$ 时,$\{Z \leq z\}$ 是不可能事件,$F_Z(z) = P\{Z \leq z\} = 0$,从而 $f_Z(z) = 0$.

当 $z \geq 0$ 时,

$$F_Z(z) = P\{Z \leq z\} = P\{\sqrt{X^2 + Y^2} \leq z\} = P\{X^2 + Y^2 \leq z^2\}$$

$$= \iint\limits_{D} f(x, y) \, dx \, dy \, (D: x^2 + y^2 \leq z^2, z \geq 0)$$

$$= \iint\limits_{D} \frac{1}{2\pi\sigma^2} e^{-\frac{1}{2\sigma^2}(x^2 + y^2)} \, dx \, dy$$

$$= \int_0^{2\pi} d\theta \int_0^z \frac{1}{2\pi\sigma^2} e^{-\frac{r^2}{2\sigma^2}} r \, dr = 1 - e^{-\frac{z^2}{2\sigma^2}},$$

从而 $f_Z(z) = F_Z'(z) = \dfrac{z}{\sigma^2} e^{-\frac{z^2}{2\sigma^2}}$,故

$$f_Z(z) = \begin{cases} \dfrac{z}{\sigma^2} e^{-\frac{z^2}{2\sigma^2}}, & z \geq 0, \\ 0, & \text{其他}. \end{cases}$$

53 设随机变量 (X, Y) 的概率密度为

$$f(x, y) = \begin{cases} x + y, & 0 < x < 1, 0 < y < 1, \\ 0, & \text{其他}, \end{cases}$$

求 $Z = XY$ 的概率密度.

知识点睛 0309 两个随机变量简单函数的分布

解 利用公式,$Z = XY$ 的概率密度

$$f_Z(z) = \int_{-\infty}^{+\infty} \frac{1}{|x|} f\left(x, \frac{z}{x}\right) dx.$$

易知,仅当 $\begin{cases} 0 < x < 1, \\ 0 < \dfrac{z}{x} < 1, \end{cases}$ 即 $\begin{cases} 0 < x < 1, \\ 0 < z < x, \end{cases}$ 时,被积函数不等于

零,如 53 题图所示.故

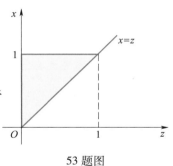

53 题图

$$f_Z(x) = \begin{cases} \displaystyle\int_z^1 \frac{1}{x}\left(x + \frac{z}{x}\right)\mathrm{d}x, & 0 < z < 1 \\ 0, & \text{其他} \end{cases}$$
$$= \begin{cases} 2(1-z), & 0 < z < 1, \\ 0, & \text{其他}. \end{cases}$$

2015 数学一、数学三,4 分

54题精解视频

54 设二维随机变量 (X,Y) 服从正态分布 $N(1,0;1,1;0)$,则 $P\{XY - Y < 0\}$ =_____.

知识点睛 0306 随机变量的独立性

解 由题意知 $(X,Y) \sim N(1,0;1,1;0)$,所以 X 与 Y 相互独立,且
$$X \sim N(1,1), \quad Y \sim N(0,1),$$
也就有 $(X-1) \sim N(0,1)$ 与 Y 相互独立.

再根据对称性
$$P\{X - 1 < 0\} = P\{X - 1 > 0\} = P\{Y < 0\} = P\{Y > 0\} = \frac{1}{2}.$$

不难求出 $P\{XY-Y<0\}$ 的值,有
$$\begin{aligned} P\{XY - Y < 0\} &= P\{(X-1)Y < 0\} \\ &= P\{X - 1 < 0, Y > 0\} + P\{X - 1 > 0, Y < 0\} \\ &= P\{X - 1 < 0\}P\{Y > 0\} + P\{X - 1 > 0\}P\{Y < 0\} \\ &= \frac{1}{2} \times \frac{1}{2} + \frac{1}{2} \times \frac{1}{2} = \frac{1}{2}. \end{aligned}$$

应填 $\dfrac{1}{2}$.

2019 数学一、数学三,11 分

55 设随机变量 X 与 Y 相互独立,X 服从参数为 1 的指数分布,Y 的概率分布为 $P\{Y=-1\}=p, P\{Y=1\}=1-p, (0<p<1)$,令 $Z=XY$.

(1)求 Z 的概率密度;

(2)p 为何值时,X 与 Z 不相关?

(3)X 与 Z 是否相互独立?

知识点睛 0306 随机变量的独立性,0309 两个随机变量简单函数的分布

分析 (1)Z 的概率密度 $f_Z(z) = F_Z'(z)$,而 $F_Z(z) = P\{Z \leqslant z\} = P\{XY \leqslant z\}$,且
$$X \sim f_X(x) = \begin{cases} \mathrm{e}^{-x}, & x > 0, \\ 0, & x \leqslant 0, \end{cases}$$
有
$$F_X(x) = \begin{cases} 1 - \mathrm{e}^{-x}, & x > 0, \\ 0, & x \leqslant 0, \end{cases}$$
而

Y	-1	1
P	p	$1-p$

(2)X 与 Z 不相关等价于 $\mathrm{Cov}(X,Z) = 0$,可以从 $\mathrm{Cov}(X,XY) = 0$,定出 p.

(3)X 与 Z 是否相互独立?独立必定不相关,只要从(2)得到的 p 值代入,验证是否满足 X 与 Z 独立的条件:$P\{X \leqslant x, Z \leqslant z\} = P\{X \leqslant x\}P\{Z \leqslant z\}$ 对任何 x,z 都成立.

解 (1)$F_Z(z) = P\{Z \leqslant z\} = P\{XY \leqslant z\}$

$$= P\{Y=-1, XY \leq z\} + P\{Y=1, XY \leq z\}$$
$$= P\{Y=-1, -X \leq z\} + P\{Y=1, X \leq z\}$$
$$= P\{Y=-1\} P\{X \geq -z\} + P\{Y=1\} P\{X \leq z\}$$
$$= p[1 - F_X(-z)] + (1-p) F_X(z),$$

从而

$$f_Z(z) = F'_Z(z) = p f_X(-z) + (1-p) f_X(z)$$
$$= \begin{cases} p e^z, & z \leq 0, \\ (1-p) e^{-z}, & z > 0. \end{cases}$$

（2）$\mathrm{Cov}(X, Z) = \mathrm{Cov}(X, XY)$
$$= E(X^2 Y) - EX \cdot E(XY) = E(X^2) EY - (EX)^2 EY$$
$$= [E(X^2) - (EX)^2] EY = DX[-p+(1-p)] = DX(1-2p).$$

从而当 $p = \dfrac{1}{2}$ 时，$\mathrm{Cov}(X, Z) = 0$，X 与 Z 不相关.

（3）可以判断 X 与 Z 不相互独立.用反证法，取 $x=1, y=1$，现在证明：当 $p = \dfrac{1}{2}$ 时，

$$P\{X \leq 1, Z \leq 1\} = P\{X \leq 1\} P\{Z \leq 1\}$$

不成立.

显然

$$P\{X \leq 1\} P\{Z \leq 1\} = F_X(1) F_Z(1) = (1 - e^{-1}) \left[\frac{1}{2} + \frac{1}{2}(1 - e^{-1}) \right]$$
$$= \frac{1}{2}(2 - 3e^{-1} + e^{-2}),$$

$$P\{X \leq 1, Z \leq 1\} = P\{X \leq 1, XY \leq 1\}$$
$$= P\{X \leq 1, XY \leq 1, Y = -1\} + P\{X \leq 1, XY \leq 1, Y = 1\}$$
$$= P\{X \leq 1, -X \leq 1, Y = -1\} + P\{X \leq 1, X \leq 1, Y = 1\}$$
$$= P\{-1 \leq X \leq 1\} P\{Y = -1\} + P\{X \leq 1\} P\{Y = 1\}$$
$$= \frac{1}{2} P\{X \leq 1\} + \frac{1}{2} P\{X \leq 1\} = P\{X \leq 1\} = 1 - e^{-1}.$$

可见，$P\{X \leq 1, Z \leq 1\} \neq P\{X \leq 1\} P\{Z \leq 1\}$，从而 X 与 Z 不相互独立.

【评注】从 $P\{X \leq 1, XY \leq 1\}$ 可以直接得到 $P\{X \leq 1, XY \leq 1\} = P\{X \leq 1\}$.因为"$X \leq 1$" $\subset$ "$XY \leq 1$".如果独立，$P\{X \leq 1, XY \leq 1\} = P\{X \leq 1\} = P\{X \leq 1\} P\{Z \leq 1\}$，则 $P\{Z \leq 1\} = 1$，这不可能.

56 设两个相互独立的随机变量 X 和 Y 分别服从正态分布 $N(0,1)$ 和 $N(1,1)$，则（ ）.

K 1999 数学一，3 分

（A）$P\{X+Y \leq 0\} = \dfrac{1}{2}$　　　　　（B）$P\{X+Y \leq 1\} = \dfrac{1}{2}$

（C）$P\{X-Y \leq 0\} = \dfrac{1}{2}$　　　　　（D）$P\{X-Y \leq 1\} = \dfrac{1}{2}$

56 题精解视频

知识点睛 0306 随机变量的独立性，0309 两个随机变量简单函数的分布

解 首先应看到，$X+Y$ 和 $X-Y$ 均为一维正态分布的随机变量.

其次要看到,如果 $Z \sim N(\mu, \sigma^2)$,则 $P\{Z \leq \mu\} = \dfrac{1}{2}$. 反之,如果 $P\{Z \leq a\} = \dfrac{1}{2}$,则必有 $a = \mu$. 因为正态分布的概率密度有对称性,有

$$X + Y \sim N(1,2), \quad X - Y \sim N(-1,2),$$

所以

$$P\{X + Y \leq 1\} = \frac{1}{2}.$$

故选(B).

【评注】有考生在求解过程中将 $X+Y$ 和 $X-Y$ 都进行标准化,更有考生把 $X+Y$ 和 $X-Y$ 都看成二维正态随机变量的函数来求解,就更复杂化了.

1999 数学一,
8分

57 设随机变量 X 和 Y 相互独立,下表列出了二维随机变量 (X,Y) 的联合分布律及关于 X 和关于 Y 的边缘分布律中的部分数值.试将其余数值填入表中的空白处.

X \ Y	y_1	y_2	y_3	$P\{X=x_i\} = p_i.$
x_1		$\dfrac{1}{8}$		
x_2	$\dfrac{1}{8}$			
$P\{Y=y_j\} = p._j$	$\dfrac{1}{6}$			1

知识点睛 0303 二维离散型随机变量的边缘分布,0306 随机变量的独立性

解 当离散型随机变量 (X,Y) 中 X 与 Y 相互独立时,有 $p_{ij} = p_i. \cdot p._j$,进一步就有

$$\frac{p_{11}}{p_{21}} = \frac{p_{12}}{p_{22}} = \frac{p_{13}}{p_{23}} = \frac{p_{1j}}{p_{2j}} = \frac{p_1. \cdot p._j}{p_2. \cdot p._j} = \frac{p_1.}{p_2.}.$$

也就是说,在 (X,Y) 的分布律中,当 X,Y 独立就对应各行成比例.有了这一点再加上边缘分布性质,就能很快解得

X \ Y	y_1	y_2	y_3	$P\{X=x_i\} = p_i.$
x_1	$\dfrac{1}{24}$	$\dfrac{1}{8}$	$\dfrac{1}{12}$	$\dfrac{1}{4}$
x_2	$\dfrac{1}{8}$	$\dfrac{3}{8}$	$\dfrac{1}{4}$	$\dfrac{3}{4}$
$P\{Y=y_j\} = p._j$	$\dfrac{1}{6}$	$\dfrac{1}{2}$	$\dfrac{1}{3}$	1

2002 数学一,
3分

58 设 X_1 和 X_2 是任意两个相互独立的连续型随机变量,它们的概率密度分别为 $f_1(x)$ 和 $f_2(x)$,分布函数分别为 $F_1(x)$ 和 $F_2(x)$,则(   ).

(A) $f_1(x) + f_2(x)$ 必为某一随机变量的概率密度

（B）$f_1(x)f_2(x)$ 必为某一随机变量的概率密度

（C）$F_1(x)+F_2(x)$ 必为某一随机变量的分布函数

（D）$F_1(x)F_2(x)$ 必为某一随机变量的分布函数

知识点睛　0306 随机变量的独立性

解法 1　用排除法,选项（A）、（B）和（C）都不对.

（A）$\int_{-\infty}^{+\infty}[f_1(x)+f_2(x)]\mathrm{d}x=2.$

（B）令 $f_1(x)=\begin{cases}1, & -1<x<0, \\ 0, & 其他,\end{cases}\ f_2(x)=\begin{cases}1, & 0<x<1, \\ 0, & 其他,\end{cases}$ 则

$$f_1(x)f_2(x)=0,\ -\infty<x<+\infty.$$

（C）$\lim\limits_{x\to+\infty}[F_1(x)+F_2(x)]=2.$

解法 2　不难直接验证:

（1）$0\leqslant F_1(x)F_2(x)\leqslant 1$;

（2）$F_1(x)F_2(x)$ 单调不减;

（3）$\lim\limits_{x\to-\infty}[F_1(x)F_2(x)]=0$ 和 $\lim\limits_{x\to+\infty}[F_1(x)F_2(x)]=1$;

（4）$F_1(x)F_2(x)$ 右连续.

解法 3　设 X_1 和 X_2 的分布函数分别为 $F_1(x)$ 和 $F_2(x)$,且 X_1 和 X_2 相互独立,不难验证 $X=\max(X_1,X_2)$ 的分布函数就是 $F_1(x)F_2(x)$.

综上,应选（D）.

59　设二维随机变量 (X,Y) 的概率密度为

$$f(x,y)=\begin{cases}2-x-y, & 0<x<1,0<y<1, \\ 0, & 其他.\end{cases}$$

（1）求 $P\{X>2Y\}$;

（2）求 $Z=X+Y$ 的概率密度 $f_Z(z)$.

Ⓚ 2007 数学一、数学三,11 分

59 题精解视频

知识点睛　0309 两个随机变量简单函数的分布

分析　本题考查二维随机变量相关事件的概率和两个随机变量简单函数的分布.

计算 $P\{X>2Y\}$ 可用公式

$$P\{X>2Y\}=\iint\limits_{x>2y}f(x,y)\mathrm{d}x\mathrm{d}y.$$

求 $Z=X+Y$ 的概率密度 $f_Z(z)$,可用两个随机变量和的概率密度的一般公式求解.

$$f_Z(z)=\int_{-\infty}^{+\infty}f(z-y,y)\mathrm{d}y=\int_{-\infty}^{+\infty}f(x,z-x)\mathrm{d}x,$$

此公式简单,但讨论具体的积分上下限会较复杂.

另一种方法可用定义先求出

$$F_Z(z)=P\{Z\leqslant z\}=P\{X+Y\leqslant z\},$$

然后利用 $f_Z(z)=F_Z'(z)$.

（1）解　$P\{X>2Y\}=\iint\limits_{x>2y}f(x,y)\mathrm{d}x\mathrm{d}y$

$$=\iint\limits_{D}(2-x-y)\mathrm{d}x\mathrm{d}y$$

$$= \int_0^1 dx \int_0^{\frac{x}{2}} (2 - x - y) dy$$

$$= \int_0^1 \left(x - \frac{5}{8} x^2 \right) dx = \frac{7}{24},$$

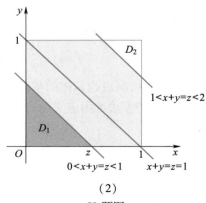

其中 D 为区域:$0<2y<x<1$(见 59 题图(1)).

(2)解法 1   根据两个随机变量和的概率密度的一般公式,有

$$f_Z(z) = \int_{-\infty}^{+\infty} f(x, z - x) dx.$$

先考虑被积函数 $f(x,z-x)$ 中第一个自变量 x 的变化范围,根据题设条件只有当 $0<x<1$ 时 $f(x,z-x)$ 才不等于 0.因此,不妨将积分范围改成:

$$f_Z(z) = \int_0^1 f(x, z - x) dx.$$

现在考虑被积函数 $f(x,z-x)$ 中第二个变量 $z-x$.显然,只有当 $0<z-x<1$ 时,$f(x, z-x)$ 才不等于 0,且 $2-x-(z-x)=2-z$.为此,我们将 z 分段讨论:

当 $z\leqslant 0$ 时,由于 $0<x<1$,故 $z-x<0$,所以 $f_Z(z)=0$;

当 $0<z\leqslant 1$ 时,$f_Z(z) = \int_0^z (2-z) dx = 2z-z^2$;

当 $1<z\leqslant 2$ 时,$f_Z(z) = \int_{z-1}^1 (2-z) dx = 4-4z+z^2$;

当 $z>2$ 时,由于 $0<x<1$,故 $z-x>1$,所以 $f_Z(z)=0$.

综上,有

$$f_Z(z) = \begin{cases} 2z - z^2, & 0 < z \leqslant 1, \\ 4 - 4z + z^2, & 1 < z \leqslant 2, \\ 0, & 其他. \end{cases}$$

解法 2 $F_Z(z) = P\{Z \leqslant z\} = P\{X + Y \leqslant z\}$

$$= \iint_{x+y \leqslant z} f(x, y) dx dy.$$

当 $z\leqslant 0$ 时,$F_Z(z)=0$;

当 $0<z\leqslant 1$ 时,由 59 题图(2)有

$$F_Z(z) = \iint_{x+y \leqslant z} f(x, y) dx dy$$

$$= \iint_{D_1} f(x, y) dx dy$$

$$= \int_0^z dx \int_0^{z-x} (2 - x - y) dy$$

$$= z^2 - \frac{1}{3} z^3;$$

当 $1<z\leqslant 2$ 时,由 59 题图(2)有

59 题图

$$F_Z(z) = \iint\limits_{x+y\leq z} f(x,y)\,\mathrm{d}x\mathrm{d}y = 1 - \iint\limits_{D_2} f(x,y)\,\mathrm{d}x\mathrm{d}y$$

$$= 1 - \iint\limits_{x+y\geq z} f(x,y)\,\mathrm{d}x\mathrm{d}y$$

$$= 1 - \int_{z-1}^1 \mathrm{d}x \int_{z-x}^1 (2-x-y)\,\mathrm{d}y$$

$$= \frac{1}{3}z^3 - 2z^2 + 4z - \frac{5}{3};$$

当 $z>2$ 时,$F_Z(z)=1$.

所以

$$f_Z(z) = \begin{cases} 2z - z^2, & 0 < z \leq 1, \\ 4 - 4z + z^2, & 1 < z \leq 2, \\ 0, & 其他. \end{cases}$$

60 设随机变量 X 与 Y 相互独立,X 的概率分布为 $P\{X=i\}=\dfrac{1}{3}$ $(i=-1,0,1)$,Y ⟨K⟩ 2008 数学一、数学三,11 分

的概率密度为 $f_Y(y)=\begin{cases} 1, & 0\leq y<1, \\ 0, & 其他. \end{cases}$ 记 $Z=X+Y$.

(1)求 $P\left\{Z\leq\dfrac{1}{2}\,\middle|\,X=0\right\}$;

(2)求 Z 的概率密度 $f_Z(z)$.

60 题精解视频

知识点睛 0306 随机变量的独立性,0309 两个随机变量简单函数的分布

分析 本题考查均匀分布,随机变量的独立性,条件概率和随机变量简单函数的分布.

求 $P\left\{Z\leq\dfrac{1}{2}\,\middle|\,X=0\right\}$ 时,由于 $Z=X+Y$,且 X 与 Y 独立,所以

$$P\left\{Z\leq\frac{1}{2}\,\middle|\,X=0\right\} = P\left\{X+Y\leq\frac{1}{2}\,\middle|\,X=0\right\}$$

$$= P\left\{Y\leq\frac{1}{2}\,\middle|\,X=0\right\} = P\left\{Y\leq\frac{1}{2}\right\},$$

由题意 Y 服从均匀分布,再利用均匀分布的性质求 Z 的分布,即求

$$F_Z(z) = P\{Z\leq z\} = P\{X+Y\leq z\}.$$

可以将事件" $X+Y\leq z$ "分解成

$$\{X+Y\leq z\} = \{X+Y\leq z, X=-1\} \cup \{X+Y\leq z, X=0\} \cup \{X+Y\leq z, X=1\},$$

就不难进一步求出结果.

解 (1) $P\left\{Z\leq\dfrac{1}{2}\,\middle|\,X=0\right\} = P\left\{X+Y\leq\dfrac{1}{2}\,\middle|\,X=0\right\}$

$$= P\left\{Y\leq\frac{1}{2}\,\middle|\,X=0\right\} = P\left\{Y\leq\frac{1}{2}\right\} = \frac{1}{2}.$$

(2) $F_Z(z) = P\{Z\leq z\} = P\{X+Y\leq z\}$

$$= P\{X+Y\leqslant z, X=-1\} + P\{X+Y\leqslant z, X=0\} + P\{X+Y\leqslant z, X=1\}$$

$$= P\{Y\leqslant z+1, X=-1\} + P\{Y\leqslant z, X=0\} + P\{Y\leqslant z-1, X=1\}$$

$$= P\{Y\leqslant z+1\}P\{X=-1\} + P\{Y\leqslant z\}P\{X=0\} + P\{Y\leqslant z-1\}P\{X=1\}$$

$$= \frac{1}{3}\left[P\{Y\leqslant z+1\} + P\{Y\leqslant z\} + P\{Y\leqslant z-1\}\right]$$

$$= \frac{1}{3}\left[F_Y(z+1) + F_Y(z) + F_Y(z-1)\right],$$

其中 $F_Y(z)$ 为 Y 的分布函数. 由此得到

$$f_Z(z) = F'_Z(z) = \frac{1}{3}\left[f_Y(z+1) + f_Y(z) + f_Y(z-1)\right]$$

$$= \begin{cases} \dfrac{1}{3}, & -1 \leqslant z < 2, \\ 0, & \text{其他.} \end{cases}$$

【评注】(1)本题主要考查条件概率和独立性的运用,关键在于

$$P\left\{X+Y\leqslant\frac{1}{2}\,\middle|\,X=0\right\} = P\left\{Y\leqslant\frac{1}{2}\,\middle|\,X=0\right\} = P\left\{Y\leqslant\frac{1}{2}\right\}.$$

(2)在求 $F_Z(z)$ 时,也可用全概率公式:

$$P\{Z\leqslant z\} = \sum_{i=-1}^{1} P\{X=i\}P\{X+Y\leqslant z\mid X=i\} = \frac{1}{3}\sum_{i=-1}^{1} P\{Y\leqslant z-i\mid X=i\}$$

$$= \frac{1}{3}\sum_{i=-1}^{1} P\{Y\leqslant z-i\} = \frac{1}{3}\sum_{i=-1}^{1} F_Y(z-i).$$

一般地说,如果 $Z=X+Y$,其中 X 是离散型随机变量,X 和 Y 独立,常常采用本题所用的方法求解 $F_Z(z)$.

(3)当得到 $F_Z(z) = \dfrac{1}{3}\left[F_Y(z+1)+F_Y(z)+F_Y(z-1)\right]$ 后,就有

$$f_Z(z) = F'_Z(z) = \frac{1}{3}\left[f_Y(z+1)+f_Y(z)+f_Y(z-1)\right].$$

严格地说,$F'_Y(z)=f_Y(z)$ 只有当 $z\neq 0$ 和 $z\neq 1$ 时成立,因在 $z=0$ 和 $z=1$ 处 $f_Y(z)$ 不连续. 实际上,$F'_Y(z)$ 在 $z=0$ 和 $z=1$ 处不存在. 但作为密度函数,$f_Y(z)$ 个别点的取值并不影响 $f_Y(z)$ 和 $F_Y(z)$ 的概率性质,就直接写成 $F'_Y(z)=f_Y(z)$ 处处成立.

区 2009 数学一、数学三,4分

61 设随机变量 X 与 Y 独立,且 X 服从标准正态分布 $N(0,1)$,Y 的概率分布为 $P\{Y=0\} = P\{Y=1\} = \dfrac{1}{2}$. 记 $F_Z(z)$ 为随机变量 $Z=XY$ 的分布函数,则函数 $F_Z(z)$ 的间断点个数为( ).

(A)0   (B)1   (C)2   (D)3

知识点睛 0309 两个随机变量简单函数的分布

分析 本题考查标准正态分布,随机变量的独立性,条件概率,全概率公式.

如果将事件"$Y=0$"和"$Y=1$"看成一完备事件组,则由全概率公式,有

$$F_Z(z) = P\{XY \leqslant z\}$$
$$= P\{Y = 0\}P\{XY \leqslant z \mid Y = 0\} + P\{Y = 1\}P\{XY \leqslant z \mid Y = 1\}.$$

不难计算出 $F_Z(z)$,从而可判断其间断点.这种方法常用于两独立随机变量其中一个为离散型的情况.

解 $F_Z(z) = P\{Y = 0\}P\{XY \leqslant z \mid Y = 0\} + P\{Y = 1\}P\{XY \leqslant z \mid Y = 1\}$
$$= \frac{1}{2}P\{z \geqslant 0 \mid Y = 0\} + \frac{1}{2}P\{X \leqslant z \mid Y = 1\}.$$

又由于 X、Y 相互独立,故
$$F_Z(z) = \frac{1}{2}P\{z \geqslant 0\} + \frac{1}{2}P\{X \leqslant z\},$$

所以

$$F_Z(z) = \begin{cases} \dfrac{1}{2}\Phi(z), & z < 0, \\ \dfrac{1}{2} + \dfrac{1}{2}\Phi(z), & z \geqslant 0. \end{cases}$$

且 $\Phi(0) = \dfrac{1}{2}$,故

$$\begin{cases} F_Z(0^-) = \dfrac{1}{4}, \\ F_Z(0^+) = \dfrac{3}{4}. \end{cases}$$

$F_Z(z)$ 在 $z = 0$ 处有一个间断点,应选(B).

【评注】也可以将事件"$Z \leqslant z$"分解成 $\{Z \leqslant z\} = \{Z \leqslant z, Y = 0\} \cup \{Z \leqslant z, Y = 1\}$.即
$$F_Z(z) = P\{Z \leqslant z\} = P\{Z \leqslant z, Y = 0\} + P\{Z \leqslant z, Y = 1\}.$$

当 $z < 0$ 时,$P\{Z \leqslant z, Y = 0\} = P\{XY \leqslant z, Y = 0\} = P(\varnothing) = 0$;

当 $z \geqslant 0$ 时,$P\{Z \leqslant z, Y = 0\} = P\{XY \leqslant z, Y = 0\} = P\{Y = 0\} = \dfrac{1}{2}$,

而对任意 z,有
$$P\{Z \leqslant z, Y = 1\} = P\{XY \leqslant z, Y = 1\} = P\{X \leqslant z, Y = 1\}$$
$$= P\{X \leqslant z\}P\{Y = 1\} = \frac{1}{2}\Phi(z).$$

结论是相同的.

62 设随机变量 X 与 Y 相互独立,且分别服从参数为 1 与参数为 4 的指数分布,则 $P\{X < Y\} = (\qquad)$. 2012 数学一, 4 分

(A) $\dfrac{1}{5}$ (B) $\dfrac{1}{3}$ (C) $\dfrac{2}{3}$ (D) $\dfrac{4}{5}$

知识点睛 0306 随机变量的独立性

分析 $X \sim E(1), Y \sim E(4)$ 且相互独立,所以 (X, Y) 的概率密度

62 题精解视频

$$f(x,y) = f_X(x)f_Y(y) = \begin{cases} e^{-x} \cdot 4e^{-4y}, & x > 0, y > 0, \\ 0, & \text{其他}. \end{cases}$$

再利用公式 $P\{X < Y\} = \iint\limits_{x<y} f(x,y)\mathrm{d}x\mathrm{d}y$ 可以计算出结果.

解 $P\{X < Y\} = \iint\limits_{x<y} f(x,y)\mathrm{d}x\mathrm{d}y = \int_0^{+\infty} \mathrm{d}y \int_0^y 4e^{-x-4y}\mathrm{d}x$

$$= \int_0^{+\infty} 4e^{-4y}(1 - e^{-y})\mathrm{d}y = 1 - \int_0^{+\infty} 4e^{-5y}\mathrm{d}y$$

$$= 1 - \frac{4}{5} = \frac{1}{5},$$

故应选（A）.

2016 数学一、数学三,11 分

63 题精解视频

63 设二维随机变量 (X,Y) 在区域 $D = \{(x,y)\,|\,0<x<1, x^2<y<\sqrt{x}\}$ 上服从均匀分布,令 $U = \begin{cases} 1, & X \leqslant Y, \\ 0, & X > Y. \end{cases}$

（1）写出 (X,Y) 的概率密度;

（2）请问 U 与 X 是否相互独立? 并说明理由;

（3）求 $Z = U + X$ 的分布函数 $F(z)$.

知识点睛 0306 随机变量的独立性,0309 两个随机变量简单函数的分布

分析 （1）(X,Y) 的概率密度 $f_1(x,y)$ 可用在区域 D 上均匀分布的密度公式直接写出:

$$f_1(x,y) = \begin{cases} \dfrac{1}{S_D}, & (x,y) \in D, \\ 0, & \text{其他}, \end{cases}$$ 其中 S_D 为区域 D 的面积（见 63 题图）.

（2）由于 U 是离散型随机变量,考查 U 与 X 是否独立,只要验证下式.

$$P\{U = i, X \leqslant x_1\} = P\{U = i\}P\{X \leqslant x_1\}, i = 0, 1$$

是否成立.

（3）$Z = U + X$ 的分布函数

$F(z) = P\{Z \leqslant z\} = P\{U + X \leqslant z\}$

$\quad = P\{U = 0, U + X \leqslant z\} + P\{U = 1, U + X \leqslant z\}$

$\quad = P\{X > Y, X \leqslant z\} + P\{X \leqslant Y, X \leqslant z - 1\}$

$\quad = \iint\limits_{\substack{x>y \\ x \leqslant z}} f_1(x,y)\mathrm{d}x\mathrm{d}y + \iint\limits_{\substack{x \leqslant y \\ x \leqslant z-1}} f_1(x,y)\mathrm{d}x\mathrm{d}y.$

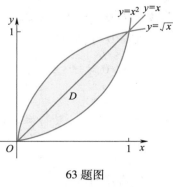

63 题图

解 （1）区域 D 的面积

$$S_D = \int_0^1 (\sqrt{x} - x^2)\mathrm{d}x = \frac{2}{3}x^{\frac{3}{2}}\Big|_0^1 - \frac{1}{3}x^3\Big|_0^1$$

$$= \frac{2}{3} - \frac{1}{3} = \frac{1}{3},$$

由公式得

$$f_1(x,y) = \begin{cases} 3, & 0 < x < 1, x^2 < y < \sqrt{x}, \\ 0, & \text{其他.} \end{cases}$$

（2）当 $0 < x_1 < 1$ 时，

$$P\{U = 0, X \leqslant x_1\} = P\{X > Y, X \leqslant x_1\} = P\{Y < X \leqslant x_1\}$$

$$= \iint\limits_{y < x \leqslant x_1} f_1(x,y)\,\mathrm{d}x\mathrm{d}y = \int_0^{x_1} \mathrm{d}x \int_{x^2}^x 3\mathrm{d}y$$

$$= \int_0^{x_1} 3(x - x^2)\,\mathrm{d}x = \frac{3}{2}x_1^2 - x_1^3.$$

而

$$P\{U = 0\} = P\{X > Y\} = \iint\limits_{x > y} f_1(x,y)\,\mathrm{d}x\mathrm{d}y = \int_0^1 \mathrm{d}x \int_{x^2}^x 3\mathrm{d}y$$

$$= \int_0^1 3(x - x^2)\,\mathrm{d}x = \frac{3}{2} - 1 = \frac{1}{2},$$

$$P\{X \leqslant x_1\} = \iint\limits_{x \leqslant x_1} f_1(x,y)\,\mathrm{d}x\mathrm{d}y$$

$$= \int_0^{x_1} \mathrm{d}x \int_{x^2}^{\sqrt{x}} 3\mathrm{d}y = \int_0^{x_1} 3(\sqrt{x} - x^2)\,\mathrm{d}x = 2x_1^{\frac{3}{2}} - x_1^3,$$

可见，$P\{U = 0, X \leqslant x_1\} \neq P\{U = 0\}P\{X \leqslant x_1\}$，从而 U 与 X 不相互独立.

（3）考查 $F(z) = \iint\limits_{\substack{x > y \\ x \leqslant z}} f_1(x,y)\,\mathrm{d}x\mathrm{d}y + \iint\limits_{\substack{x \leqslant y \\ x \leqslant z-1}} f_1(x,y)\,\mathrm{d}x\mathrm{d}y.$

当 $z < 0$ 时，$F(z) = 0$；

当 $0 \leqslant z < 1$ 时，

$$F(z) = \iint\limits_{\substack{x > y \\ x \leqslant z}} f_1(x,y)\,\mathrm{d}x\mathrm{d}y + 0 = \int_0^z \mathrm{d}x \int_{x^2}^x 3\mathrm{d}y = \int_0^z 3(x - x^2)\,\mathrm{d}x = \frac{3}{2}z^2 - z^3;$$

当 $1 \leqslant z < 2$ 时，

$$F(z) = \iint\limits_{\substack{x > y \\ x \leqslant z}} f_1(x,y)\,\mathrm{d}x\mathrm{d}y + \iint\limits_{\substack{x \leqslant y \\ x \leqslant z-1}} f_1(x,y)\,\mathrm{d}x\mathrm{d}y = \int_0^1 \mathrm{d}x \int_{x^2}^x 3\mathrm{d}y + \int_0^{z-1} \mathrm{d}x \int_x^{\sqrt{x}} 3\mathrm{d}y$$

$$= \left(\frac{3}{2} - 1\right) + \int_0^{z-1} 3(\sqrt{x} - x)\,\mathrm{d}x = \frac{1}{2} + 2(z-1)^{\frac{3}{2}} - \frac{3}{2}(z-1)^2;$$

当 $z \geqslant 2$ 时，$F(z) = 1$.

所以

$$F(z) = \begin{cases} 0, & z < 0, \\[2mm] \dfrac{3}{2}z^2 - z^3, & 0 \leqslant z < 1, \\[2mm] \dfrac{1}{2} + 2(z-1)^{\frac{3}{2}} - \dfrac{3}{2}(z-1)^2, & 1 \leqslant z < 2, \\[2mm] 1, & z \geqslant 2. \end{cases}$$

Ⓚ2003 数学一,
4 分

64 设二维随机变量 (X,Y) 的概率密度为 $f(x,y)=\begin{cases}6x, & 0\leqslant x\leqslant y\leqslant 1,\\ 0, & \text{其他,}\end{cases}$ 则 $P\{X+Y$ $\leqslant 1\}=$ _____.

知识点睛   0304 二维连续型随机变量的概率密度

解   如 64 题图所示,
$$P\{X+Y\leqslant 1\}=\iint\limits_{x+y\leqslant 1}f(x,y)\mathrm{d}x\mathrm{d}y$$
$$=\int_0^{\frac{1}{2}}\mathrm{d}x\int_x^{1-x}6x\mathrm{d}y=\int_0^{\frac{1}{2}}6x(1-2x)\,\mathrm{d}x$$
$$=\frac{1}{4}.$$

应填 $\dfrac{1}{4}$.

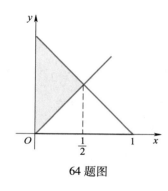

64 题图

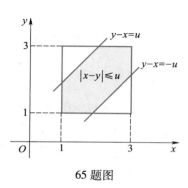

65 题图

Ⓚ2001 数学三,
8 分

65 设随机变量 X 和 Y 的联合分布是正方形
$$G=\{(x,y)\mid 1\leqslant x\leqslant 3,1\leqslant y\leqslant 3\}$$
上的均匀分布,试求随机变量 $U=|X-Y|$ 的概率密度 $p(u)$.

知识点睛   0309 两个随机变量简单函数的分布

解   本题考查两个随机变量函数的分布和均匀分布.设 U 的分布函数为 $F(u)$,如
65 题图所示,则
$$F(u)=P\{U\leqslant u\}=P\{|X-Y|\leqslant u\}$$
$$=\iint\limits_{|x-y|\leqslant u}f(x,y)\mathrm{d}x\mathrm{d}y,$$

其中 $f(x,y)=\begin{cases}\dfrac{1}{4}, & 1\leqslant x\leqslant 3,1\leqslant y\leqslant 3,\\ 0, & \text{其他.}\end{cases}$

当 $0<u<2$ 时,$F(u)=1-\dfrac{1}{4}(2-u)^2$.最后得到

$$p(u)=\begin{cases}\dfrac{1}{2}(2-u), & 0<u<2,\\ 0, & \text{其他.}\end{cases}$$

K 2003 数学三, 13 分

66 设随机变量 X 与 Y 独立,其中 X 的概率分布为 $X \sim \begin{pmatrix} 1 & 2 \\ 0.3 & 0.7 \end{pmatrix}$,而 Y 的概率密度为 $f(y)$,求随机变量 $U = X + Y$ 的概率密度 $g(u)$.

知识点睛 0309 两个随机变量简单函数的分布

解 本题考查一个离散型和一个连续型两个随机变量函数的分布,随机变量的独立性等.

先求分布函数

$$
\begin{aligned}
G(u) &= P\{U \leqslant u\} = P\{X + Y \leqslant u\} \\
&= P\{X = 1\} P\{X + Y \leqslant u \mid X = 1\} + P\{X = 2\} P\{X + Y \leqslant u \mid X = 2\} \\
&= 0.3 P\{1 + Y \leqslant u\} + 0.7 P\{2 + Y \leqslant u\} \\
&= 0.3 F(u - 1) + 0.7 F(u - 2),
\end{aligned}
$$

其中 $F(y)$ 为 Y 的分布函数.

由此得 $g(u) = 0.3 f(u - 1) + 0.7 f(u - 2)$.

K 2010 数学一、 数学三,11 分

67 设二维随机变量 (X, Y) 的概率密度为

$$
f(x, y) = A e^{-2x^2 + 2xy - y^2}, \quad -\infty < x < +\infty, \quad -\infty < y < +\infty,
$$

求常数 A 及条件概率密度 $f_{Y|X}(y|x)$.

知识点睛 0304 二维连续型随机变量的概率密度、边缘密度和条件分布

分析 二维正态随机变量的概率密度,边缘概率密度和条件密度是本题考查的内容.

本题中当给出二维密度 $f(x, y)$ 后,要求条件概率密度 $f_{Y|X}(y|x)$ 时,可用公式 $f_{Y|X}(y|x) = \dfrac{f(x, y)}{f_X(x)}$,当 $f_X(x) > 0$ 时,而 $f_X(x) = \displaystyle\int_{-\infty}^{+\infty} f(x, y) \, dy$.本题还有待定常数 A,既可用 $\displaystyle\int_{-\infty}^{+\infty} \int_{-\infty}^{+\infty} f(x, y) \, dx \, dy = 1$ 来求常数 A,也可用 $\displaystyle\int_{-\infty}^{+\infty} f_X(x) \, dx = 1$ 来求常数 A.

解法 1 $\displaystyle f_X(x) = \int_{-\infty}^{+\infty} f(x, y) \, dy = A \int_{-\infty}^{+\infty} e^{-2x^2 + 2xy - y^2} \, dy$

$$
\begin{aligned}
&= A \int_{-\infty}^{+\infty} e^{-(y-x)^2 - x^2} \, dy = A e^{-x^2} \int_{-\infty}^{+\infty} e^{-(y-x)^2} \, dy \\
&= A \sqrt{\pi} \, e^{-x^2}, \quad -\infty < x < +\infty,
\end{aligned}
$$

所以

$$
1 = \int_{-\infty}^{+\infty} f_X(x) \, dx = A \sqrt{\pi} \int_{-\infty}^{+\infty} e^{-x^2} \, dx = A \pi,
$$

即 $A = \dfrac{1}{\pi}$.

当 $f_X(x) > 0$,即 $-\infty < x < +\infty$ 时,

$$
\begin{aligned}
f_{Y|X}(y \mid x) &= \frac{f(x, y)}{f_X(x)} = \frac{A e^{-2x^2 + 2xy - y^2}}{A \sqrt{\pi} \, e^{-x^2}} \\
&= \frac{1}{\sqrt{\pi}} e^{-x^2 + 2xy - y^2} = \frac{1}{\sqrt{\pi}} e^{-(x-y)^2}, \quad -\infty < y < +\infty.
\end{aligned}
$$

解法 2 二维正态概率密度一般形式为

$$f(x,y) = \frac{1}{2\pi\sigma_1\sigma_2\sqrt{1-\rho^2}}\exp\left\{-\frac{1}{2(1-\rho^2)}\left[\frac{(x-\mu_1)^2}{\sigma_1^2} - 2\rho\frac{(x-\mu_1)(y-\mu_2)}{\sigma_1\sigma_2} + \frac{(y-\mu_2)^2}{\sigma_2^2}\right]\right\}$$

对比本题所给二维概率密度 $f(x,y) = Ae^{-2x^2+2xy-y^2}$，可知 $\mu_1 = \mu_2 = 0$，且

$$\begin{cases} \dfrac{1}{2(1-\rho^2)\sigma_1^2} = 2, \\[2mm] \dfrac{\rho}{(1-\rho^2)\sigma_1\sigma_2} = 2, \\[2mm] \dfrac{1}{2(1-\rho^2)\sigma_2^2} = 1 \end{cases}$$

成立，由此解得

$$\begin{cases} \rho = \sqrt{\dfrac{1}{2}}, \\[2mm] \sigma_1 = \sqrt{\dfrac{1}{2}}, \\[2mm] \sigma_2 = 1. \end{cases}$$

由此，$A = \dfrac{1}{2\pi\sigma_1\sigma_2\sqrt{1-\rho^2}} = \dfrac{1}{\pi}$，这时的边缘密度

$$f_X(x) = \frac{1}{\sqrt{2\pi}\,\sigma_1}e^{-\frac{x^2}{2\sigma_1^2}} = \frac{1}{\sqrt{\pi}}e^{-x^2}, \quad -\infty < x < +\infty,$$

从而

$$f_{Y|X}(y \mid x) = \frac{f(x,y)}{f_X(x)} = \frac{\dfrac{1}{\pi}e^{-2x^2+2xy-y^2}}{\dfrac{1}{\sqrt{\pi}}e^{-x^2}}$$

$$= \frac{1}{\sqrt{\pi}}e^{-x^2+2xy-y^2} = \frac{1}{\sqrt{\pi}}e^{-(x-y)^2} \quad (-\infty < y < +\infty).$$

2004 数学四，13 分

68 题精解视频

68 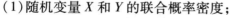 设随机变量 X 在区间 $(0,1)$ 内服从均匀分布，在 $X = x(0 < x < 1)$ 的条件下，随机变量 Y 在区间 $(0,x)$ 内服从均匀分布，求

（1）随机变量 X 和 Y 的联合概率密度；

（2）Y 的概率密度；

（3）概率 $P\{X+Y>1\}$.

知识点睛 0304 二维连续型随机变量的概率密度、边缘密度和条件分布

解 本题考查均匀分布，二维随机变量的概率密度、边缘密度和条件密度，本题的主要困难在于对条件概率密度的理解.

（1）根据题意有 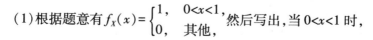 $f_X(x) = \begin{cases} 1, & 0 < x < 1, \\ 0, & 其他, \end{cases}$ 然后写出，当 $0 < x < 1$ 时，

$$f_{Y|X}(y \mid x) = \begin{cases} \dfrac{1}{x}, & 0 < y < x, \\ 0, & \text{其他,} \end{cases}$$

因此,当 $0<x<1$ 时,

$$f(x,y) = \begin{cases} \dfrac{1}{x}, & 0 < y < x, \\ 0, & \text{其他.} \end{cases}$$

进一步推得,当 $-\infty <x<+\infty$, $-\infty <y<+\infty$ 时,

$$f(x,y) = \begin{cases} \dfrac{1}{x}, & 0 < y < x < 1, \\ 0, & \text{其他.} \end{cases}$$

(2) $f_Y(y) = \displaystyle\int_{-\infty}^{+\infty} f(x,y)\,\mathrm{d}x = \begin{cases} -\ln y, & 0 < y < 1, \\ 0, & \text{其他.} \end{cases}$

(3) 由 68 题图可知

$$P\{X + Y > 1\} = \iint\limits_{x+y>1} f(x,y)\,\mathrm{d}x\mathrm{d}y = \int_{\frac{1}{2}}^{1}\mathrm{d}x\int_{1-x}^{x}\frac{1}{x}\mathrm{d}y = 1 - \ln 2.$$

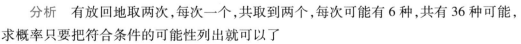

68 题图

2009 数学一、数学三,11 分

69 袋中有 1 个红球,2 个黑球与 3 个白球,现有放回地从袋中取两次,每次取一个球,以 X,Y,Z 分别表示两次取球所取得的红球,黑球与白球个数.

(1)求 $P\{X=1 \mid Z=0\}$;

(2)求二维随机变量 (X,Y) 的概率分布.

知识点晴 0303 二维离散型随机变量的概率分布

分析 有放回地取两次,每次一个,共取到两个,每次可能有 6 种,共有 36 种可能,求概率只要把符合条件的可能性列出就可以了

69 题精解视频

解 (1) $P\{X=1 \mid Z=0\} = \dfrac{P\{X=1,Z=0\}}{P\{Z=0\}} = \dfrac{P\{X=1,Y=1\}}{P\{Z=0\}}$

$$= \dfrac{\dfrac{1\times2+2\times1}{36}}{\dfrac{3\times3}{36}} = \dfrac{4}{9}.$$

也可以用下面的方法

$$P\{X = 1 \mid Z = 0\} = \frac{P\{X = 1, Z = 0\}}{P\{Z = 0\}} = \frac{C_2^1 \times \frac{1}{6} \times \frac{1}{3}}{\frac{1}{2} \times \frac{1}{2}} = \frac{4}{9}.$$

或者用缩减样本空间方法:$Z = 0$,即已知两次都没白球的条件下,只能取红球和黑球,总的可能为 $3 \times 3 = 9$,则

$$P\{X = 1 \mid Z = 0\} = \frac{1 \times 2 + 2 \times 1}{3 \times 3} = \frac{4}{9}.$$

(2)首先确定 X 与 Y 的取值范围为 $0, 1, 2$,$P\{X = 0, Y = 0\} = \frac{3 \times 3}{6 \times 6}$.

同理可求得

X \ Y	0	1	2
0	$\frac{3\times3}{6\times6}$	$\frac{3\times2+2\times3}{6\times6}$	$\frac{2\times2}{6\times6}$
1	$\frac{1\times3+3\times1}{6\times6}$	$\frac{1\times2+2\times1}{6\times6}$	0
2	$\frac{1\times1}{6\times6}$	0	0

即

X \ Y	0	1	2
0	$\frac{1}{4}$	$\frac{1}{3}$	$\frac{1}{9}$
1	$\frac{1}{6}$	$\frac{1}{9}$	0
2	$\frac{1}{36}$	0	0

2013 数学三,
4 分

70 设随机变量 X 和 Y 相互独立,且 X 和 Y 的概率分布分别为

X	0	1	2	3
p	$\frac{1}{2}$	$\frac{1}{4}$	$\frac{1}{8}$	$\frac{1}{8}$

Y	-1	0	1
p	$\frac{1}{3}$	$\frac{1}{3}$	$\frac{1}{3}$

则 $P\{X + Y = 2\} = ($ $)$.

(A) $\frac{1}{12}$ $\qquad$ (B) $\frac{1}{8}$ $\qquad$ (C) $\frac{1}{6}$ $\qquad$ (D) $\frac{1}{2}$

知识点睛 0306 随机变量的独立性

解 $P\{X+Y=2\}=P\{X=1,Y=1\}+P\{X=2,Y=0\}+P\{X=3,Y=-1\}$

$\qquad\qquad\quad =P\{X=1\}P\{Y=1\}+P\{X=2\}P\{Y=0\}+P\{X=3\}P\{Y=-1\}$

$\qquad\qquad\quad =\dfrac{1}{4}\times\dfrac{1}{3}+\dfrac{1}{8}\times\dfrac{1}{3}+\dfrac{1}{8}\times\dfrac{1}{3}=\dfrac{1}{6}.$

应选(C).

71 设两个随机变量 X 和 Y 相互独立且同分布：

$$P\{X=-1\}=P\{Y=-1\}=\frac{1}{2},\quad P\{X=1\}=P\{Y=1\}=\frac{1}{2},$$

则下列各式中成立的是( ).

1997 数学三, 3 分

(A) $P\{X=Y\}=\dfrac{1}{2}$ $\qquad\qquad$ (B) $P\{X=Y\}=1$

(C) $P\{X+Y=0\}=\dfrac{1}{4}$ $\qquad\qquad$ (D) $P\{XY=1\}=\dfrac{1}{4}$

知识点睛 0306 随机变量的独立性

解 $P\{X=Y\}=P\{X=1,Y=1\}+P\{X=-1,Y=-1\}$

$\qquad\qquad\quad =P\{X=1\}P\{Y=1\}+P\{X=-1\}P\{Y=-1\}$

$\qquad\qquad\quad =\dfrac{1}{2}\times\dfrac{1}{2}+\dfrac{1}{2}\times\dfrac{1}{2}=\dfrac{1}{2}.$

应选(A).

72 设某一随机变量 $X_i\sim\begin{pmatrix}-1&0&1\\\dfrac{1}{4}&\dfrac{1}{2}&\dfrac{1}{4}\end{pmatrix}(i=1,2)$，且满足 $P\{X_1X_2=0\}=1$，则 $P\{X_1=X_2\}=($).

1999 数学三, 3 分

(A) 0 $\qquad\qquad$ (B) $\dfrac{1}{4}$ $\qquad\qquad$ (C) $\dfrac{1}{2}$ $\qquad\qquad$ (D) 1

知识点睛 0303 二维离散型随机变量的概率分布、边缘分布

解 一般地，给出联合分布去求边缘分布容易解决.反过来，给出边缘分布求联合分布就应该有附加条件.本题给的条件为 $P\{X_1X_2=0\}=1$，也就是 $P\{X_1X_2\neq0\}=0$，本题选择题不必公式推导，直接用分布律表示：

X_1 \ X_2	-1	0	1	
-1				$\dfrac{1}{4}$
0				$\dfrac{1}{2}$
1				$\dfrac{1}{4}$
	$\dfrac{1}{4}$	$\dfrac{1}{2}$	$\dfrac{1}{4}$	

加上条件 $P\{X_1X_2\neq0\}=0$, 得

X_1 \ X_2	-1	0	1	
-1	0		0	$\frac{1}{4}$
0				$\frac{1}{2}$
1	0		0	$\frac{1}{4}$
	$\frac{1}{4}$	$\frac{1}{2}$	$\frac{1}{4}$	

再由边缘分布, 推得

X_1 \ X_2	-1	0	1	
-1	0	$\frac{1}{4}$	0	$\frac{1}{4}$
0	$\frac{1}{4}$	0	$\frac{1}{4}$	$\frac{1}{2}$
1	0	$\frac{1}{4}$	0	$\frac{1}{4}$
	$\frac{1}{4}$	$\frac{1}{2}$	$\frac{1}{4}$	

所以 $P\{X_1=X_2\}=0+0+0=0$. 应选 (A).

2012 数学三, 4 分

73 设随机变量 X 与 Y 相互独立, 且都服从区间 $(0,1)$ 上的均匀分布, 则 $P\{X^2+Y^2\leqslant1\}=($　　　).

(A) $\frac{1}{4}$　　　　　(B) $\frac{1}{2}$　　　　　(C) $\frac{\pi}{8}$　　　　　(D) $\frac{\pi}{4}$

知识点睛　0306 随机变量的独立性

解　$P\{X^2+Y^2\leqslant1\}=\iint\limits_{x^2+y^2\leqslant1}f(x,y)\,\mathrm{d}x\mathrm{d}y$. 而

$$f(x,y)=f_X(x)f_Y(y)=\begin{cases}1,&0<x<1,0<y<1,\\0,&\text{其他}.\end{cases}$$

$\iint\limits_{x^2+y^2\leqslant1}f(x,y)\,\mathrm{d}x\mathrm{d}y$ 实际上就是单位圆 $x^2+y^2\leqslant1$ 在第一象限的面积, 从而

$$P\{X^2+Y^2\leqslant1\}=\frac{\pi}{4}.$$

应选 (D).

73 题精解视频

2009 数学三, 11 分

74 设二维随机变量 (X,Y) 的概率密度为

$$f(x,y) = \begin{cases} \mathrm{e}^{-x}, & 0 < y < x, \\ 0, & 其他. \end{cases}$$

(1)求条件概率密度$f_{Y|X}(y|x)$;

(2)求条件概率$P\{X \le 1 | Y \le 1\}$.

知识点睛 0304 二维连续型随机变量的条件分布

分析 本题涉及有关定义和公式,如

$$f_{Y|X}(y \mid x) = \frac{f(x,y)}{f_X(x)},$$

$$f_X(x) > 0, \quad f_X(x) = \int_{-\infty}^{+\infty} f(x,y)\,\mathrm{d}y,$$

$$P\{X \le 1 \mid Y \le 1\} = \frac{P\{X \le 1, Y \le 1\}}{P\{Y \le 1\}}$$

$$= \frac{\int_{-\infty}^{1} \int_{-\infty}^{1} f(x,y)\,\mathrm{d}x\mathrm{d}y}{\int_{-\infty}^{1} \mathrm{d}y \int_{-\infty}^{+\infty} f(x,y)\,\mathrm{d}x}.$$

为确定积分范围,画出$f(x,y)$的非零区域(74题图)会带来方便.

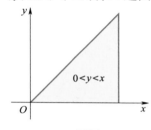

74 题图

解 (1) $f_X(x) = \int_{-\infty}^{+\infty} f(x,y)\,\mathrm{d}y$

$$= \begin{cases} \int_0^x \mathrm{e}^{-x}\mathrm{d}y, & x > 0 \\ 0, & x \le 0 \end{cases} = \begin{cases} x\mathrm{e}^{-x}, & x > 0, \\ 0, & x \le 0. \end{cases}$$

可见,$f_X(x) > 0$ 等价于 $x > 0$. 当 $x > 0$ 时,

$$f_{Y|X}(y \mid x) = \frac{f(x,y)}{f_X(x)} = \begin{cases} \dfrac{1}{x}, & 0 < y < x, \\ 0, & 其他. \end{cases}$$

(2) $P\{X \le 1 \mid Y \le 1\} = \dfrac{P\{X \le 1, Y \le 1\}}{P\{Y \le 1\}} = \dfrac{\int_{-\infty}^{1} \int_{-\infty}^{1} f(x,y)\,\mathrm{d}x\mathrm{d}y}{\int_{-\infty}^{1} \mathrm{d}y \int_{-\infty}^{+\infty} f(x,y)\,\mathrm{d}x}$

$$= \frac{\int_0^1 \mathrm{d}x \int_0^x \mathrm{e}^{-x}\mathrm{d}y}{\int_0^1 \mathrm{e}^{-y}\mathrm{d}y} = \frac{1 - 2\mathrm{e}^{-1}}{1 - \mathrm{e}^{-1}} = \frac{\mathrm{e} - 2}{\mathrm{e} - 1}.$$

2011 数学三,
11 分

75 题精解视频

75 设二维随机变量 (X,Y) 服从区域 G 上的均匀分布,其中 G 是由 $x-y=0$,
$x+y=2$ 与 $y=0$ 所围成的三角形区域.

(1)求 X 的概率密度 $f_X(x)$;

(2)求条件概率密度 $f_{X|Y}(x|y)$.

知识点睛 0304 二维连续型随机变量的概率密度和条件分布

分析 G 为 $\begin{cases} x-y=0, \\ x+y=2, \\ y=0 \end{cases}$ 所围成区域,即 $G:0 \leq y \leq x \leq 2-y$(75

题图),则

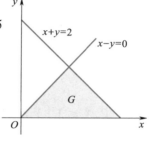

75 题图

$$f(x,y) = \begin{cases} 1, & 0 \leq y \leq x \leq 2-y, \\ 0, & \text{其他}. \end{cases}$$

不难用公式求出

$$f_X(x) = \int_{-\infty}^{+\infty} f(x,y)\,\mathrm{d}y \text{ 和 } f_Y(y) = \int_{-\infty}^{+\infty} f(x,y)\,\mathrm{d}x,$$

$$f_{X|Y}(x|y) = \frac{f(x,y)}{f_Y(y)}, f_Y(y) > 0.$$

解 (1) $f_X(x) = \int_{-\infty}^{+\infty} f(x,y)\,\mathrm{d}y,$

当 $x<0$ 或 $x>2$ 时, $f_X(x)=0$;

当 $0 \leq x \leq 1$ 时, $f_X(x) = \int_0^x \mathrm{d}y = x$;

当 $1 < x \leq 2$ 时, $f_X(x) = \int_0^{2-x} \mathrm{d}y = 2-x$.

所以,

$$f_X(x) = \begin{cases} x, & 0 \leq x \leq 1, \\ 2-x, & 1 < x \leq 2, \\ 0, & \text{其他}, \end{cases}$$

或者

$$f_X(x) = \begin{cases} 1-|x-1|, & |x-1| \leq 1, \\ 0, & \text{其他}. \end{cases}$$

(2) $f_Y(y) = \int_{-\infty}^{+\infty} f(x,y)\,\mathrm{d}x = \begin{cases} \int_y^{2-y} \mathrm{d}x, & 0 \leq y \leq 1 \\ 0, & \text{其他} \end{cases}$

$$= \begin{cases} 2(1-y), & 0 \leq y \leq 1, \\ 0, & \text{其他}. \end{cases}$$

$f_Y(y)>0$ 等价于 $0 \leq y < 1$.

当 $Y=y(0 \leq y<1)$ 时, X 的条件概率密度为

$$f_{X|Y}(x|y) = \frac{f(x,y)}{f_Y(y)} = \begin{cases} \dfrac{1}{2(1-y)}, & 0 \leq y \leq x \leq 2-y, \\ 0, & \text{其他}. \end{cases}$$

【评注】本题也可以把 G 理解成 $G:0<y<x<2-y$,可给出同样正确的答案

$$f_X(x)=\begin{cases}x, & 0<x\leqslant 1,\\ 2-x, & 1<x<2,\\ 0, & 其他,\end{cases}$$

和

$$f_{X|Y}(x\mid y)=\begin{cases}\dfrac{1}{2(1-y)}, & 0<y<x<2-y,\\ 0, & 其他\end{cases}\quad(0<y<1).$$

76　设 (X,Y) 是二维随机变量,X 的边缘概率密度为

$$f_X(x)=\begin{cases}3x^2, & 0<x<1,\\ 0, & 其他,\end{cases}$$

在给定 $X=x(0<x<1)$ 的条件下,Y 的条件概率密度为

$$f_{Y|X}(y\mid x)=\begin{cases}\dfrac{3y^2}{x^3}, & 0<y<x,\\ 0, & 其他.\end{cases}$$

（1）求 (X,Y) 的概率密度 $f(x,y)$；
（2）求 Y 的边缘概率密度 $f_Y(y)$；
（3）求 $P\{X>2Y\}$.

知识点睛　0304 二维连续型随机变量的概率密度、边缘分布和条件分布

分析　在题给条件 $f_X(x)=\begin{cases}3x^2, & 0<x<1,\\ 0, & 其他\end{cases}$ 和 $X=x(0<x<1)$ 的条件下,有

$$f_{Y|X}(y\mid x)=\begin{cases}\dfrac{3y^2}{x^3}, & 0<y<x,\\ 0, & 其他.\end{cases}$$

现在问题关键在于求出 $f(x,y)$,有了 $f(x,y)$ 后,不难用公式 $f_Y(y)=\int_{-\infty}^{+\infty}f(x,y)\mathrm{d}x$ 和 $P\{X>2Y\}=\iint\limits_{x>2y}f(x,y)\mathrm{d}x\mathrm{d}y$ 求得（2）和（3）.

为求 $f(x,y)$,可利用 $f_{Y|X}(y|x)=\dfrac{f(x,y)}{f_X(x)},f_X(x)>0$.

解　（1）已知当 $f_X(x)>0$ 时,公式 $f_{Y|X}(y|x)=\dfrac{f(x,y)}{f_X(x)}$ 成立.

又因为 $f_X(x)=\begin{cases}3x^2, & 0<x<1,\\ 0, & 其他\end{cases}$ 和 $f_{Y|X}(y|x)=\begin{cases}\dfrac{3y^2}{x^3}, & 0<y<x,\\ 0, & 其他,\end{cases}$ 所以,当 $f_X(x)>0$ 时,

也就是当 $0<x<1$ 时,

$$f(x,y)=f_X(x)f_{Y|X}(y\mid x)=\begin{cases}\dfrac{9y^2}{x}, & 0<y<x,\\ 0, & 其他.\end{cases}$$

这样得到的 $f(x,y)$ 只是定义在 $0<y<x<1$ 上的 $f(x,y)$.但实际上的 $f(x,y)$ 必须定义

在全平面上. 又由于

$$\int_0^1\int_{-\infty}^{+\infty}f(x,y)\,\mathrm{d}x\mathrm{d}y = \int_0^1\mathrm{d}x\int_0^x\frac{9y^2}{x}\,\mathrm{d}y = \int_0^1 3x^2\,\mathrm{d}x = 1,$$

因此,我们有理由确定,在 $0<y<x<1$ 以外 $f(x,y)\equiv 0$.

最后得到

$$f(x,y) = \begin{cases} \dfrac{9y^2}{x}, & 0 < y < x < 1, \\ 0, & \text{其他.} \end{cases}$$

(2) $f_Y(y) = \displaystyle\int_{-\infty}^{+\infty}f(x,y)\,\mathrm{d}x = \begin{cases}\displaystyle\int_y^1\frac{9y^2}{x}\,\mathrm{d}x, & 0 < y < 1 \\ 0, & \text{其他}\end{cases}$

$$= \begin{cases} -9y^2\ln y, & 0 < y < 1, \\ 0, & \text{其他.} \end{cases}$$

(3) 如 76 题图所示,

$$P\{X > 2Y\} = \iint_{x>2y}f(x,y)\,\mathrm{d}x\mathrm{d}y = \int_0^1\mathrm{d}x\int_0^{\frac{x}{2}}\frac{9y^2}{x}\,\mathrm{d}y$$

$$= \int_0^1\frac{3x^2}{8}\,\mathrm{d}x = \frac{1}{8}.$$

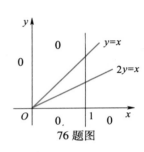

76 题图

【评注】本题(1)的解题过程中用了四个其他,其实这四个其他的含义是完全不同的. 应该加以区分.

如果本题(1)的解写成:

$$f(x,y) = f_X(x)f_{Y|X}(y|x) = \begin{cases} \dfrac{9y^2}{x}, & 0<y<x<1, \\ 0, & \text{其他.} \end{cases}$$

这种写法的问题是:第一个等号成立条件是 $0<x<1$. 因为 $f_{Y|X}(y|x)$ 只有在 $0<x<1$ 时有定义,而第二个等号要求整个 xOy 平面有定义.

77 设二维随机变量 (X,Y) 的联合概率密度为

$$f(x,y) = \begin{cases} 6(1-y), & 0 < x < y < 1, \\ 0, & \text{其他,} \end{cases}$$

求 (1) $P\{X>0.5,Y>0.5\}$;

(2) $P\{X<0.5\}$ 和 $P\{Y<0.5\}$.

知识点睛 0304 二维连续型随机变量的概率密度

解 (1) $f(x,y)$ 中的非零区域与 $\{x>0.5,y>0.5\}$ 的交集如 77 题图(1)所示,故

$$P\{X > 0,5,Y > 0.5\}$$

$$= 6\int_{0.5}^1\int_{0.5}^y(1-y)\,\mathrm{d}x\mathrm{d}y$$

$$= 6\int_{0.5}^1(-y^2+1.5y-0.5)\,\mathrm{d}y$$

$$= \frac{1}{8}.$$

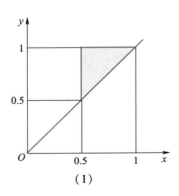

(1)

（2）$f(x,y)$ 中的非零区域与 $\{x<0.5\}$ 的交集如 77 题图（2）所示，故

$$P\{X < 0.5\} = 6\int_0^{0.5}\int_x^1 (1 - y)\,\mathrm{d}y\mathrm{d}x$$

$$= 6\int_0^{0.5}\left(\frac{1}{2}x^2 - x + \frac{1}{2}\right)\mathrm{d}x$$

$$= \frac{7}{8}.$$

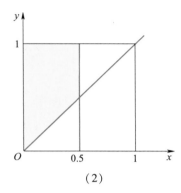 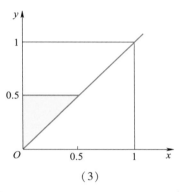

（2）　　　　　　　　　（3）

77 题图

$f(x,y)$ 中的非零区域与 $\{y<0.5\}$ 的交集如 77 题图（3）所示，故

$$P\{Y < 0.5\} = 6\int_0^{0.5}\int_x^{0.5} (1 - y)\,\mathrm{d}y\mathrm{d}x$$

$$= 6\int_0^{0.5}\left(\frac{1}{2}x^2 - x + \frac{3}{8}\right)\mathrm{d}x$$

$$= \frac{1}{2}.$$

78 证明：二元函数

$$F(x,y) = \begin{cases} 1, & x + y \geq 0, \\ 0, & x + y < 0 \end{cases}$$

对每个变量单调不减、右连续，且 $F(-\infty, y) = F(x, -\infty) = 0$，$F(+\infty, +\infty) = 1$，但 $F(x,y)$ 并不是分布函数.

知识点睛　0302 多维随机变量分布的概念和性质

证　对任意的 x,y 都有 $0 \leq F(x,y) \leq 1$.

（1）当固定 y 时，对任意的 $x_1 < x_2$：

①若 $x_2 + y \geq 0$，则 $F(x_2, y) = 1 \geq F(x_1, y)$；

②若 $x_2 + y < 0$，那么 $x_1 + y < x_2 + y < 0$，则 $F(x_2, y) = F(x_1, y) = 0$.

因此，$F(x,y)$ 关于 x 是单调不减的.

同理可证，对于固定的 x，$F(x,y)$ 关于 y 也是单调不减的.

（2）当固定 y 时，

①若 $x+y \geq 0$，对于任意的 $\Delta x > 0$，都有

$$F(x + \Delta x, y) = F(x,y) = 1$$

成立，即 $F(x+0, y) = F(x,y)$；

②若 $x+y<0$，即 $0<-x-y$，取 $\Delta x\in\left(0,\dfrac{-x-y}{2}\right)$，总有

$$x+\Delta x+y < x+(-x-y)+y = 0$$

成立，故 $F(x+\Delta x,y)=F(x,y)=0$，即

$$F(x+0,y)=F(x,y).$$

因此，$F(x,y)$ 关于 x 是右连续的.

同理可证，当固定 x 时，$F(x,y)$ 关于 y 也是右连续的，即 $F(x,y+0)=F(x,y)$.

(3)当 $x<-y$，即 $x+y<0$ 时，总有 $F(x,y)=0$，则

$$\lim_{x\to-\infty}F(x,y)=F(-\infty,y)=0,$$

同理，$F(x,-\infty)=0$.

当 $x\geqslant0,y\geqslant0$，即 $x+y\geqslant0$ 时，$F(x,y)=1$，故 $F(+\infty,+\infty)=1$.

(4)因为

$$P\{-1<X\leqslant1,-1<Y\leqslant1\}=F(1,1)-F(1,-1)-F(-1,1)+F(-1,-1)$$
$$=1-1-1+0=-1<0,$$

可见，$F(x,y)$ 不满足分布函数的第(4)条性质，因此 $F(x,y)$ 不是分布函数.

79 设二维随机变量 (X,Y) 的联合概率密度为

$$f(x,y)=\begin{cases}\dfrac{1}{2}\sin(x+y), & 0\leqslant x<\dfrac{\pi}{2},0\leqslant y<\dfrac{\pi}{2},\\0, & \text{其他},\end{cases}$$

求 (X,Y) 的联合分布函数 $F(x,y)$.

知识点睛 0302 多维随机变量分布的概念和性质

解 因为 $F(x,y)=\displaystyle\int_{-\infty}^{x}\int_{-\infty}^{y}f(u,v)\mathrm{d}v\mathrm{d}u$，所以

(1)当 $x<0$ 或 $y<0$ 时，$F(x,y)=\displaystyle\int_{-\infty}^{x}\int_{-\infty}^{y}0\mathrm{d}v\mathrm{d}u=0$.

(2)当 $x\geqslant\dfrac{\pi}{2}$ 且 $y\geqslant\dfrac{\pi}{2}$ 时，显然有 $F(x,y)=1$.

(3)当 $0\leqslant x<\dfrac{\pi}{2}$ 且 $0\leqslant y<\dfrac{\pi}{2}$ 时，有

$$F(x,y)=\int_0^x\int_0^y0.5\sin(u+v)\mathrm{d}v\mathrm{d}u$$
$$=0.5\left[\int_0^x\int_0^y\sin u\cos v\mathrm{d}v\mathrm{d}u+\int_0^x\int_0^y\cos u\sin v\mathrm{d}v\mathrm{d}u\right]$$
$$=0.5\left[\int_0^x\sin u\mathrm{d}u\int_0^y\cos v\mathrm{d}v+\int_0^x\cos u\mathrm{d}u\int_0^y\sin v\mathrm{d}v\right]$$
$$=0.5[(1-\cos x)\sin y+\sin x(1-\cos y)]$$
$$=0.5[\sin x+\sin y-\sin(x+y)].$$

(4)当 $0\leqslant x<\dfrac{\pi}{2}$ 且 $y\geqslant\dfrac{\pi}{2}$ 时，有

$$F(x,y)=\int_0^x\int_0^{\frac{\pi}{2}}0.5\sin(u+v)\mathrm{d}v\mathrm{d}u$$

$$= 0.5\left[\int_0^x\int_0^{\frac{\pi}{2}}\sin u\cos v\,dv\,du + \int_0^x\int_0^{\frac{\pi}{2}}\cos u\sin v\,dv\,du\right]$$

$$= 0.5\left[\int_0^x\sin u\,du\int_0^{\frac{\pi}{2}}\cos v\,dv + \int_0^x\cos u\,du\int_0^{\frac{\pi}{2}}\sin v\,dv\right]$$

$$= 0.5\left[(1-\cos x)+\sin x\right]$$

$$= 0.5(1+\sin x-\cos x).$$

(5)根据对称性,当 $0\leqslant y<\dfrac{\pi}{2}$ 且 $x\geqslant\dfrac{\pi}{2}$ 时,有

$$F(x,y)=0.5(1+\sin y-\cos y).$$

综上所述,(X,Y) 的联合分布函数为

$$F(x,y)=\begin{cases}0, & x<0\text{ 或 }y<0,\\ 0.5\left[\sin x+\sin y-\sin(x+y)\right], & 0\leqslant x<\dfrac{\pi}{2},0\leqslant y<\dfrac{\pi}{2},\\ 0.5(1+\sin x-\cos x), & 0\leqslant x<\dfrac{\pi}{2},y\geqslant\dfrac{\pi}{2},\\ 0.5(1+\sin y-\cos y), & x\geqslant\dfrac{\pi}{2},0\leqslant y<\dfrac{\pi}{2},\\ 1, & x\geqslant\dfrac{\pi}{2},y\geqslant\dfrac{\pi}{2}.\end{cases}$$

80 设二维随机变量 (X,Y) 的联合概率密度为

$$f(x,y)=\begin{cases}4xy, & 0<x<1,0<y<1,\\ 0, & \text{其他},\end{cases}$$

求

$(1)P\{X\leqslant Y\}$; $\quad(2)P\{X+Y\geqslant 1\}$; $\quad(3)P\left\{|Y-X|\geqslant\dfrac{1}{2}\right\}$;

$(4)P\left\{X\text{ 与 }Y\text{ 中至少有一个小于}\dfrac{1}{2}\right\}$.

知识点睛 0304 二维连续型随机变量的概率密度

解 (1)根据概率密度函数的对称性,可得 $P\{X\leqslant Y\}=P\{Y\leqslant X\}=P\{Y<X\}$,且

$$P\{X\leqslant Y\}+P\{Y<X\}=1,$$

因此 $P\{X\leqslant Y\}=\dfrac{1}{2}$.

$(2)P\{X+Y\geqslant 1\}=\iint\limits_{x+y\geqslant 1}f(x,y)\,dx\,dy=\int_0^1dx\int_{1-x}^1 4xy\,dy$

$$=\int_0^1 2x\left[y^2\,\Big|_{1-x}^1\right]dx=\int_0^1 2x\left[1-(1-x)^2\right]dx$$

$$=\dfrac{5}{6}.$$

$(3)P\left\{|Y-X|\geqslant\dfrac{1}{2}\right\}=P\left\{Y-X\geqslant\dfrac{1}{2}\right\}+P\left\{X-Y\geqslant\dfrac{1}{2}\right\}$,根据对称性,有

$$P\left\{\mid Y - X\mid \geqslant \frac{1}{2}\right\} = 2P\left\{X - Y\geqslant \frac{1}{2}\right\} = 2\int_{0.5}^{1}\int_{0}^{x-0.5}4xy\mathrm{d}x\mathrm{d}y$$

$$= 2\int_{0.5}^{1}\left(2x\int_{0}^{x-0.5}2y\mathrm{d}y\right)\mathrm{d}x$$

$$= 2\int_{0.5}^{1}2x\left(y^{2}\Big|_{0}^{x-0.5}\right)\mathrm{d}x$$

$$= \frac{7}{48}.$$

(4) $P\left\{X 与 Y 中至少有一个小于\frac{1}{2}\right\} = 1 - P\{X\geqslant 0.5, Y\geqslant 0.5\}$

$$= 1 - \int_{0.5}^{1}\int_{0.5}^{1}4xy\mathrm{d}x\mathrm{d}y$$

$$= 1 - \int_{0.5}^{1}2x\mathrm{d}x\int_{0.5}^{1}2y\mathrm{d}y$$

$$= 1 - \frac{9}{16} = \frac{7}{16}.$$

81 设二维随机变量在边长为 a 的正方形内服从均匀分布,该正方形的对角线为坐标轴,求边缘概率密度.

知识点睛 0304 二维连续型随机变量的概率密度、边缘密度

解 设正方形围成的区域为 G,如 81 题图所示.因正方形的边长为 a,则线段 OA、OB、OC、OD 的长度均为 $\frac{a}{\sqrt{2}}$.

根据题意,二维均匀分布的联合概率密度为

$$f(x,y) = \begin{cases} \dfrac{1}{a^2}, & (x,y)\in G, \\ 0, & 其他. \end{cases}$$

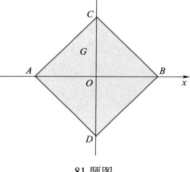

81 题图

当 $|x| > \dfrac{a}{\sqrt{2}}$ 时,$f_X(x) = 0$;

当 $0\leqslant x\leqslant\dfrac{a}{\sqrt{2}}$ 时,$f_X(x) = \displaystyle\int_{-\infty}^{+\infty}f(x,y)\mathrm{d}y = \int_{x-\frac{a}{\sqrt{2}}}^{\frac{a}{\sqrt{2}}-x}\frac{1}{a^2}\mathrm{d}y = \frac{2}{a^2}\left(\frac{a}{\sqrt{2}} - x\right)$;

当 $-\dfrac{a}{\sqrt{2}}\leqslant x < 0$ 时,$f_X(x) = \displaystyle\int_{-\infty}^{+\infty}f(x,y)\mathrm{d}y = \int_{-x-\frac{a}{\sqrt{2}}}^{x+\frac{a}{\sqrt{2}}}\frac{1}{a^2}\mathrm{d}y = \frac{2}{a^2}\left(\frac{a}{\sqrt{2}} + x\right)$.

因此,X 的边缘概率密度为

$$f_X(x) = \begin{cases} \dfrac{\sqrt{2}a - 2\mid x\mid}{a^2}, & \mid x\mid\leqslant\dfrac{a}{\sqrt{2}}, \\ 0, & 其他. \end{cases}$$

同理可得,Y 的边缘概率密度为

$$f_Y(y) = \begin{cases} \dfrac{\sqrt{2}\,a - 2\,|\,y\,|}{a^2}, & |\,y\,| \leqslant \dfrac{a}{\sqrt{2}}, \\ 0, & \text{其他}. \end{cases}$$

82 问以下两个不同的联合概率密度.

$$f(x,y) = \begin{cases} x + y, & 0 \leqslant x \leqslant 1, 0 \leqslant y \leqslant 1, \\ 0, & \text{其他}, \end{cases}$$

$$g(x,y) = \begin{cases} (0.5 + x)(0.5 + y), & 0 \leqslant x \leqslant 1, 0 \leqslant y \leqslant 1, \\ 0, & \text{其他} \end{cases}$$

是否有相同的边缘概率密度. 能否再列举出其他的例子.

知识点睛 0304 二维连续型随机变量的概率密度、边缘密度

解 这两个联合概率密度的取值范围相同,只需要讨论其非零区间即可.

当 $0 \leqslant x \leqslant 1$ 时,有

$$f_X(x) = \int_0^1 f(x,y)\,\mathrm{d}y = \int_0^1 (x + y)\,\mathrm{d}y = x + 0.5,$$

$$g_X(x) = \int_0^1 g(x,y)\,\mathrm{d}y = \int_0^1 (0.5 + x)(0.5 + y)\,\mathrm{d}y = x + 0.5.$$

当 $0 \leqslant y \leqslant 1$ 时,有

$$f_Y(y) = \int_0^1 f(x,y)\,\mathrm{d}x = \int_0^1 (x + y)\,\mathrm{d}x = y + 0.5,$$

$$g_Y(y) = \int_0^1 g(x,y)\,\mathrm{d}x = \int_0^1 (0.5 + x)(0.5 + y)\,\mathrm{d}x = y + 0.5,$$

因此,这两个不同的联合概率密度有相同的边缘概率密度.

举例:当 $\rho_1 \neq \rho_2$ 时,$N(\mu_1, \mu_2; \sigma_1^2, \sigma_2^2; \rho_1)$ 与 $N(\mu_1, \mu_2; \sigma_1^2, \sigma_2^2; \rho_2)$ 的分布不同,其联合概率密度不相同,但是边缘分布相同,即边缘概率密度相同.

83 设二维随机变量 (X,Y) 的联合概率密度为

$$f(x,y) = \begin{cases} \dfrac{1}{2x^2 y}, & 1 \leqslant x < +\infty, \dfrac{1}{x} < y < x, \\ 0, & \text{其他}, \end{cases}$$

求条件概率密度 $f_{X|Y}(x|y)$ 和 $f_{Y|X}(y|x)$.

知识点睛 0304 二维连续型随机变量的概率密度、边缘密度和条件分布

解 先求边缘概率密度. 当 $1 \leqslant x < +\infty$ 时,

$$f_X(x) = \int_{\frac{1}{x}}^{x} \frac{1}{2x^2 y}\,\mathrm{d}y = \frac{\ln x}{x^2},$$

因此,X 的边缘概率密度为 $f_X(x) = \begin{cases} \dfrac{\ln x}{x^2}, & 1 \leqslant x < +\infty, \\ 0, & \text{其他}. \end{cases}$

当 $0 < y \leqslant 1$ 时,$f_Y(y) = \displaystyle\int_{\frac{1}{y}}^{+\infty} \frac{1}{2x^2 y}\,\mathrm{d}x = \frac{1}{2}$;当 $1 < y < +\infty$ 时,$f_Y(y) = \displaystyle\int_{y}^{+\infty} \frac{1}{2x^2 y}\,\mathrm{d}x = \frac{1}{2y^2}$.

因此,Y 的边缘概率密度为

$$f_Y(y) = \begin{cases} \dfrac{1}{2}, & 0 < y \leqslant 1, \\[2mm] \dfrac{1}{2y^2}, & 1 < y < +\infty, \\[2mm] 0, & \text{其他}, \end{cases}$$

故可以得到条件概率密度：当 $0 < y \leqslant 1$ 时，

$$f_{X|Y}(x \mid y) = \begin{cases} \dfrac{1}{x^2 y}, & \dfrac{1}{y} < x < +\infty, \\[2mm] 0, & \text{其他}, \end{cases}$$

当 $1 < y < +\infty$ 时，

$$f_{X|Y}(x \mid y) = \begin{cases} \dfrac{y}{x^2}, & y < x < +\infty, \\[2mm] 0, & \text{其他}, \end{cases}$$

当 $1 \leqslant x < +\infty$ 时，

$$f_{Y|X}(y \mid x) = \begin{cases} \dfrac{1}{2y \ln x}, & \dfrac{1}{x} < y < x, \\[2mm] 0, & \text{其他}. \end{cases}$$

第 4 章
随机变量的数字特征

知识要点

一、数学期望

1.离散型随机变量的数学期望

设随机变量 X 的分布律为 $P\{X=x_k\}=p_k(k=1,2,\cdots)$,若级数 $\sum\limits_k x_k p_k$ 绝对收敛,则称其和为 X 的数学期望,记作 EX,即 $EX=\sum\limits_k x_k p_k$.

2.连续型随机变量的数学期望

设随机变量 X 的概率密度为 $f(x)$,若积分 $\int_{-\infty}^{+\infty} xf(x)\mathrm{d}x$ 绝对收敛,则称其值为 X 的数学期望,记作 EX,即 $EX=\int_{-\infty}^{+\infty} xf(x)\mathrm{d}x$.

3.离散型随机变量函数的数学期望

(1)一维随机变量函数的期望 设 X 的分布律为 $P\{X=x_k\}=p_k$,又 $Y=g(X)$,则 $EY=\sum\limits_k g(x_k)p_k$.

(2)二维随机变量函数的期望 设 (X,Y) 的联合分布律为 $P\{X=x_i,Y=y_j\}=p_{ij}$,又 $Z=g(X,Y)$,则 $EZ=\sum\limits_i\sum\limits_j g(x_i,y_j)p_{ij}$.

4.连续型随机变量函数的数学期望

(1)一维随机变量函数的数学期望 设连续型随机变量 X 的概率密度为 $f(x)$,又 $Y=g(X)$,则

$$EY=\int_{-\infty}^{+\infty} g(x)f(x)\mathrm{d}x.$$

(2)二维随机变量函数的数学期望 设二维连续型随机变量 (X,Y) 的联合概率密度为 $f(x,y)$,又 $Z=g(X,Y)$,则

$$EZ=\int_{-\infty}^{+\infty}\int_{-\infty}^{+\infty} g(x,y)f(x,y)\mathrm{d}x\mathrm{d}y.$$

5.数学期望的性质

(1)$E(C)=C$(C 为任意常数).

(2)$E(CX)=CEX$(C 为任意常数).

(3)$E(X+Y)=EX+EY$.

(4) 若 X 与 Y 相互独立,则有 $E(XY) = EX \cdot EY$.

(5) $[E(XY)]^2 \leqslant E(X^2) \cdot E(Y^2)$.

二、方差

1.方差的统一定义和计算公式

若随机变量 X 的数学期望 EX 存在,则 X 的方差可用下式统一定义:

$$DX = E(X-EX)^2.$$

其计算公式为

$$DX = EX^2 - (EX)^2.$$

2.方差的性质

(1) $D(C) = 0$ (C 为任意常数).

(2) $D(CX) = C^2 DX$ (C 为任意常数).

(3) 若 X 与 Y 相互独立,则有 $D(X \pm Y) = DX + DY$.

3.常见离散型分布的数字特征

(1) 若 $X \sim B(n,p)$,则 $EX = np$,$DX = npq$ $(0<p<1,p+q=1)$.

(2) 若 X 服从参数为 λ 的泊松分布,则 $EX = \lambda$,$DX = \lambda(\lambda>0)$.

(3) 若 X 服从参数为 p 的几何分布,则 $EX = \dfrac{1}{p}$,$DX = \dfrac{1-p}{p^2}$.

4.常见连续型分布的数字特征

(1) 若 $X \sim N(\mu,\sigma^2)$,则 $EX = \mu$,$DX = \sigma^2$.

(2) 若 X 服从参数为 λ 的指数分布,则 $EX = \dfrac{1}{\lambda}$,$DX = \dfrac{1}{\lambda^2}(\lambda>0)$.

(3) 若 X 服从 $[a,b]$ 上的均匀分布,则 $EX = \dfrac{a+b}{2}$,$DX = \dfrac{(b-a)^2}{12}$.

三、协方差与相关系数

1.协方差

对于二维随机变量 (X,Y),$\mathrm{Cov}(X,Y) = E[X-E(X)][Y-E(Y)]$ 是其协方差,或用 $\mathrm{Cov}(X,Y) = E(XY) - EX \cdot EY$ 表示.

协方差的性质

(1) $\mathrm{Cov}(X,X) = DX$.   (2) $\mathrm{Cov}(X,Y) = \mathrm{Cov}(Y,X)$.

(3) $\mathrm{Cov}(aX,bY) = ab\mathrm{Cov}(X,Y)$.   (4) $\mathrm{Cov}(X_1+X_2,Y) = \mathrm{Cov}(X_1,Y) + \mathrm{Cov}(X_2,Y)$.

(5) $D(X \pm Y) = D(X) + D(Y) \pm 2\mathrm{Cov}(X,Y)$.

2.相关系数

$$\rho_{XY} = \frac{\mathrm{Cov}(X,Y)}{\sqrt{D(X)}\sqrt{D(Y)}} \quad (D(X)>0,D(Y)>0),$$

当 $\rho_{XY} = 0$ 时,称 X 与 Y 不相关.

相关系数反映了两个随机变量的线性相关程度,当其绝对值越接近 1 时,X 与 Y 的线性相关程度就越强,反之,越接近 0 时,X 与 Y 线性相关程度就越弱.

相关系数的性质

(1) $-1 \leqslant \rho_{XY} \leqslant 1$.

（2）若 X 与 Y 相互独立,则 $\rho_{XY}=0$,即 X,Y 不相关.反之不一定成立.

（3）若 X,Y 之间有线性关系,即 $Y=aX+b$（a,b 为常数,$a\neq0$）,则 $|\rho_{XY}|=1$,且当 $a>0$ 时,$\rho_{XY}=1$;当 $a<0$ 时,$\rho_{XY}=-1$.

3.二维正态分布的参数意义

当 $(X,Y)\sim N(\mu_1,\mu_2;\sigma_1^2,\sigma_2^2;\rho)$ 时,

$$EX=\mu_1, \quad EY=\mu_2, \quad DX=\sigma_1^2, \quad DY=\sigma_2^2, \quad \rho_{XY}=\rho.$$

且 X,Y 相互独立$\Leftrightarrow X,Y$ 不相关.

4.矩

（1）原点矩　设 X 与 Y 是随机变量,如果 $E(X^kY^l)$ $(k,l=0,1,2,\cdots)$ 存在,则称它为 X 与 Y 的 $k+l$ 阶混合原点矩.

特别地,当 $l=0$ 时,称 EX^k 为 X 的 k 阶原点矩.

显然,随机变量 X 的一阶原点矩就是它的数学期望 EX.

（2）中心矩　设随机变量 X、Y 的数学期望 EX、EY 存在,且 $E(X-EX)^k(Y-EY)^l$ 存在,则称它为 X 与 Y 的 $k+l$ 阶混合中心矩.

特别地,当 $k=l=1$ 时,就是 X、Y 的协方差 $E(X-EX)(Y-EY)$,当 $l=0$ 时,称 $E(X-EX)^k$ 为 X 的 k 阶中心矩.

显然,随机变量 X 的二阶中心矩就是它的方差 $DX=E(X-EX)^2$.

5.协方差矩阵

设 $(X_1,X_2,\cdots,X_n)$ 为 n 维随机变量,记

$$C_{ij}=\text{Cov}(X_i,X_j), \ i,j=1,2,\cdots,n,$$

称

$$\begin{pmatrix} C_{11} & C_{12} & \cdots & C_{1n} \\ C_{21} & C_{22} & \cdots & C_{2n} \\ \vdots & \vdots & & \vdots \\ C_{n1} & C_{n2} & \cdots & C_{nn} \end{pmatrix}$$

为 $(X_1,X_2,\cdots,X_n)$ 的协方差矩阵.

§4.1　数学期望的概念及性质

1　设离散型随机变量 X 的分布律为:$P\{X=2^k\}=\dfrac{2}{3^k}$,$k=1,2,\cdots$,则期望 $E(X)=$ _____.

知识点睛　0401 数学期望的概念及性质

解　$E(X)=\displaystyle\sum_{k=1}^{\infty}x_kp_k=\sum_{k=1}^{\infty}2^k\cdot\dfrac{2}{3^k}=2\sum_{k=1}^{\infty}\left(\dfrac{2}{3}\right)^k=\dfrac{2\times\dfrac{2}{3}}{1-\dfrac{2}{3}}=4.$应填 4.

2　设随机变量 X 的分布律为 $P\{X=(-1)^kk\}=\dfrac{1}{k(k+1)}$（$k=1,2,\cdots$）,求 X 的数学期望.

知识点睛　0401 数学期望的概念及性质

分析　离散型随机变量期望存在的条件是级数绝对收敛.

解　因为 $\sum\limits_{k=1}^{\infty}\left|x_kp_k\right|=\sum\limits_{k=1}^{\infty}\left|(-1)^kk\cdot\dfrac{1}{k(k+1)}\right|=\sum\limits_{k=1}^{\infty}\dfrac{1}{k+1}.$

考察级数 $\sum\limits_{k=1}^{\infty}\dfrac{1}{k+1}$,由高等数学级数敛散性知识可知此级数是发散的.

所以级数 $\sum\limits_{k=1}^{\infty}x_kp_k$ 不绝对收敛,故 X 的数学期望不存在.

2020 数学三, 4 分

3 设随机变量 X 的概率分布为 $P\{X=k\}=\dfrac{1}{2^k}$,$k=1,2,\cdots$,Y 表示 X 被 3 除的余数,则 $EY=$ _____.

知识点睛　0401 数学期望的概念

解　由题意有

X	1	2	3	4	5	$\cdots$
P	$\dfrac{1}{2}$	$\dfrac{1}{2^2}$	$\dfrac{1}{2^3}$	$\dfrac{1}{2^4}$	$\dfrac{1}{2^5}$	$\cdots$
Y	1	2	0	1	2	0

则

$$P\{Y=1\}=\sum_{n=0}^{\infty}\frac{1}{2}\times\frac{1}{8^n}=\frac{4}{7},$$

$$P\{Y=2\}=\frac{1}{2}\times\frac{4}{7}=\frac{2}{7},$$

$$P\{Y=0\}=\frac{1}{4}\times\frac{4}{7}=\frac{1}{7},$$

则有

Y	0	1	2
P	$\dfrac{1}{7}$	$\dfrac{4}{7}$	$\dfrac{2}{7}$

从而 $EY=1\times\dfrac{4}{7}+2\times\dfrac{2}{7}=\dfrac{8}{7}$.应填 $\dfrac{8}{7}$.

4 设随机变量 X 的分布函数为

$$F(x)=\begin{cases}1-\dfrac{4}{x^2},&x\geq2,\\0,&x<2,\end{cases}$$

求 X 的期望.

知识点睛　0401 数学期望的概念及性质

解　因为 X 的概率密度为

$$f(x) = F'(x) = \begin{cases} \dfrac{8}{x^3}, & x \geqslant 2, \\ 0, & x < 2, \end{cases}$$

所以 $E(X) = \displaystyle\int_{-\infty}^{+\infty} xf(x)\,dx = \int_2^{+\infty} \dfrac{8}{x^2}\,dx = 4.$

⑤ 设 $f(x)$ 为随机变量 X 的密度函数,若对于常数 c,有
$$f(c+x) = f(c-x), \quad x > 0,$$
且 EX 存在,证明 $EX = c.$

知识点睛 0401 数学期望的概念和性质

证 由数学期望的定义,知
$$EX = \int_{-\infty}^{+\infty} xf(x)\,dx \xlongequal{x=c+t} \int_{-\infty}^{+\infty} (c+t)f(c+t)\,dt$$
$$= \int_{-\infty}^{+\infty} cf(c+t)\,dt + \int_{-\infty}^{+\infty} tf(c+t)\,dt,$$

而
$$\int_{-\infty}^{+\infty} cf(c+t) = c\int_{-\infty}^{+\infty} f(c+t)\,dt \xlongequal{x=c+t} c\int_{-\infty}^{+\infty} f(x)\,dx = c.$$

由题意知:
$$\int_{-\infty}^0 tf(c+t)\,dt = \int_{-\infty}^0 tf(c-t)\,dt \xlongequal{u=-t} -\int_0^{+\infty} uf(c+u)\,du = -\int_0^{+\infty} tf(c+t)\,dt,$$

即
$$\int_{-\infty}^0 tf(c+t)\,dt + \int_0^{+\infty} tf(c+t)\,dt = 0,$$

亦即
$$\int_{-\infty}^{+\infty} tf(c+t)\,dt = 0.$$

从而 $EX = c.$

⑥ 设随机变量 X 的概率密度为
$$f(x) = \begin{cases} e^{-x}, & x > 0, \\ 0, & x \leqslant 0, \end{cases}$$

求

(1) $Y = 2X$ 的数学期望; (2) $Y = e^{-2X}$ 的数学期望.

知识点睛 0403 随机变量函数的期望

解 (1) $E(Y) = E(2X) = \displaystyle\int_{-\infty}^{+\infty} 2xf(x)\,dx = \int_0^{+\infty} 2xe^{-x}\,dx = 2.$

(2) $E(Y) = E(e^{-2X}) = \displaystyle\int_{-\infty}^{+\infty} e^{-2x}f(x)\,dx = \int_0^{+\infty} e^{-2x}e^{-x}\,dx = \dfrac{1}{3}.$

⑦ 设二维随机变量 (X,Y) 的联合分布密度为
$$f(x,y) = \begin{cases} x+y, & 0 \leqslant x \leqslant 1, 0 \leqslant y \leqslant 1, \\ 0, & \text{其他}, \end{cases}$$

求 $E(XY), E(X), E(Y).$

知识点睛　0403 随机变量函数的期望

分析　由公式 $E[g(X,Y)]=\int_{-\infty}^{+\infty}\int_{-\infty}^{+\infty}g(x,y)f(x,y)\mathrm{d}x\mathrm{d}y$，有

$$E(XY)=\int_{-\infty}^{+\infty}\int_{-\infty}^{+\infty}xyf(x,y)\mathrm{d}x\mathrm{d}y=\int_0^1\int_0^1 xy(x+y)\mathrm{d}x\mathrm{d}y=\frac{1}{3},$$

求 $E(X)$ 与 $E(Y)$ 有以下两种方法.

解法 1　先求出 $f_X(x),f_Y(y)$，利用公式

$$E(X)=\int_{-\infty}^{+\infty}xf_X(x)\mathrm{d}x$$

求出结论. 先求

$$f_X(x)=\int_{-\infty}^{+\infty}f(x,y)\mathrm{d}y=\begin{cases}x+\dfrac{1}{2},&0\leqslant x\leqslant 1,\\0,&\text{其他},\end{cases}$$

从而

$$E(X)=\int_{-\infty}^{+\infty}xf_X(x)\mathrm{d}x=\int_0^1 x\left(x+\frac{1}{2}\right)\mathrm{d}x=\frac{7}{12}.$$

同理可求得 $E(Y)=\dfrac{7}{12}$.

解法 2　直接使用 $E[g(X,Y)]$ 公式，有

$$E(X)=\int_{-\infty}^{+\infty}\int_{-\infty}^{+\infty}xf(x,y)\mathrm{d}x\mathrm{d}y=\frac{7}{12},$$

$$E(Y)=\int_{-\infty}^{+\infty}\int_{-\infty}^{+\infty}yf(x,y)\mathrm{d}x\mathrm{d}y=\frac{7}{12}.$$

【评注】当已知 (X,Y) 的概率密度 $f(x,y)$，求 $E(X)$、$E(Y)$ 时解法 2 简便.

⑧　从甲地到乙地的旅游车上载 20 位旅客自甲地开出，沿途有 10 个车站，如到达一个车站没有旅客下车就不停车. 以 X 表示停车次数，求 $E(X)$（设每位旅客在各个车站下车是等可能的）.

知识点睛　0401 数学期望的概念及性质

解　引进随机变量 $X_i=\begin{cases}0,&\text{第 }i\text{ 站没有人下车},\\1,&\text{第 }i\text{ 站有人下车},\end{cases}$ 则

$$X=X_1+X_2+\cdots+X_{10}.$$

根据题意，任一旅客在第 i 站不下车的概率为 $\dfrac{9}{10}$，因此 20 位旅客在第 i 站不下车的概率为 $\left(\dfrac{9}{10}\right)^{20}$，在第 i 站有人下车的概率为 $1-\left(\dfrac{9}{10}\right)^{20}$. 即

$$P\{X_i=0\}=\left(\frac{9}{10}\right)^{20},\quad P\{X_i=1\}=1-\left(\frac{9}{10}\right)^{20}\quad(i=1,2,\cdots,10),$$

由此

$$E(X_i)=0\times\left(\frac{9}{10}\right)^{20}+1\times\left[1-\left(\frac{9}{10}\right)^{20}\right]=1-\left(\frac{9}{10}\right)^{20},$$

$$EX = \sum_{i=1}^{10}\left[1-\left(\frac{9}{10}\right)^{20}\right] \approx 8.8.$$

【评注】将 X 分解成数个随机变量之和，然后利用数学期望的性质求 EX，这种方法对于不易求分布律的随机变量计算数学期望有很大作用.

9 游客乘电梯从底层到电视塔顶层观光.电梯于每个整点的第 5 分钟、25 分钟和 55 分钟从底层起行，假设一游客在早八点的第 X 分钟到达底层候梯处，且 X 在 $[0,60]$ 上服从均匀分布，求该游客等候时间的数学期望. [K] 1997 数学三，6 分

知识点睛 0403 随机变量函数的期望

解 已知 X 在 $[0,60]$ 上服从均匀分布，其密度为

$$f(x)=\begin{cases}\dfrac{1}{60}, & 0\leqslant x\leqslant 60,\\ 0, & 其他.\end{cases}$$

设 Y 为游客等候电梯的时间（单位：分），则

$$Y=g(X)=\begin{cases}5-X, & 0<X\leqslant 5,\\ 25-X, & 5<X\leqslant 25,\\ 55-X, & 25<X\leqslant 55,\\ 60-X+5, & 55<X\leqslant 60,\end{cases}$$

因此

$$E(Y)=E[g(X)]=\int_{-\infty}^{+\infty}g(x)f(x)\,dx=\frac{1}{60}\int_0^{60}g(x)\,dx$$
$$=\frac{1}{60}\left[\int_0^5(5-x)\,dx+\int_5^{25}(25-x)\,dx+\int_{25}^{55}(55-x)\,dx+\int_{55}^{60}(65-x)\,dx\right]$$
$$=\frac{1}{60}[12.5+200+450+37.5]=11.67.$$

10 假设一部机器在一天内发生故障的概率为 0.2，机器发生故障时全天停止工作，若一周 5 个工作日里无故障，可获利润 10 万元；发生一次故障可获利润 5 万元；发生二次故障获利润 0 元；发生三次或三次以上故障要亏损 2 万元.求一周内期望利润是多少？ [K] 1996 数学三，7 分

知识点睛 0401 数学期望的概念及性质

解 设一周 5 个工作日内发生故障的天数为 X，由题意知 X 服从二项分布，有
$$P\{X=0\}=0.8^5=0.327\,68,$$
$$P\{X=1\}=C_5^1\times0.2\times0.8^4=0.4096,$$
$$P\{X=2\}=C_5^2\times0.8^3\times0.2^2=0.2048,$$
$$P\{X\geqslant3\}=1-P\{X=0\}-P\{X=1\}-P\{X=2\}=0.057\,92.$$

假设一周内获利为 Y 万元，可得知以下关系

$$Y=f(X)=\begin{cases}10, & X=0,\\ 5, & X=1,\\ 0, & X=2,\\ -2, & X\geqslant3,\end{cases}$$

则 Y 的分布律为:

Y	10	5	0	-2
P	0.327 68	0.4096	0.2048	0.057 92

则

$$EY = 10 \times 0.327\ 68 + 5 \times 0.4096 - 2 \times 0.057\ 92 = 5.208\ 96.$$

§4.2 方差的概念及性质

11 设随机变量 X 服从几何分布,其分布律为

$$P\{X=k\} = p(1-p)^{k-1}, \quad k=1,2,\cdots,$$

其中 $0<p<1$ 是常数,求 $E(X), D(X)$.

知识点睛 0402 几种常用分布的期望,0405 几种常用分布的方差

解 $P\{X=k\} = pq^{k-1}(k=1,2,\cdots)$,其中 $q=1-p$,由此得

$$EX = \sum_{k=1}^{\infty} kpq^{k-1} = p \sum_{k=1}^{\infty} kq^{k-1}.$$

为了求这无穷级数的和,我们可以用已知的幂级数展开式:

$$\frac{1}{1-x} = 1+x+x^2+\cdots+x^k+\cdots \quad (|x|<1),$$

按幂级数的微分法,得

$$\frac{1}{(1-x)^2} = 1+2x+3x^2+\cdots+kx^{k-1}+\cdots \quad (|x|<1).$$

因为 $q=1-p$,且 $0<q<1$,所以有

$$EX = \frac{p}{(1-q)^2} = \frac{p}{p^2} = \frac{1}{p},$$

为了求方差 DX,先来求 $E(X^2)$,有

$$E(X^2) = \sum_{k=1}^{\infty} k^2 pq^{k-1} = p\sum_{k=1}^{\infty} k^2 q^{k-1} = p\left[\sum_{k=1}^{\infty}(q^{k+1})'' - \sum_{k=1}^{\infty} kq^{k-1}\right] = \frac{2-p}{p^2},$$

故 $DX = E(X^2) - (EX)^2 = \frac{1-p}{p^2}.$

1990 数学一,
6 分

12 设二维随机变量 (X,Y) 在 $0<x<1, |y|<x$ 上服从均匀分布,求关于 X 的边缘概率密度及随机变量 $Z=2X+1$ 的方差.

知识点睛 0404 方差的定义及性质

解 由 (X,Y) 的联合分布密度

$$\varphi(x,y) = \begin{cases} 1, & 0<x<1, |y|<x, \\ 0, & \text{其他} \end{cases}$$

可得到

$$\varphi_X(x) = \int_{-\infty}^{+\infty} \varphi(x,y)\,\mathrm{d}y = \int_{-x}^{x} 1\mathrm{d}y = 2x \quad (0<x<1).$$

所以

$$D(Z) = D(2X+1) = 2^2 D(X) = 4D(X) = 4\left[E(X^2) - (EX)^2\right]$$

$$= 4\left[\int_{-\infty}^{+\infty} x^2 \varphi_X(x)\,\mathrm{d}x - \left(\int_{-\infty}^{+\infty} x\varphi_X(x)\,\mathrm{d}x\right)^2\right]$$

$$= 4\left[\int_0^1 x^2 \cdot 2x\,\mathrm{d}x - \left(\int_0^1 x \cdot 2x\,\mathrm{d}x\right)^2\right]$$

$$= 4\left(\frac{1}{2} - \frac{4}{9}\right) = \frac{2}{9}.$$

【评注】$E(X)$ 及 $E(X^2)$ 也可利用 $E[g(X,Y)]$ 公式计算:

$$E(X) = \int_{-\infty}^{+\infty} \int_{-\infty}^{+\infty} x\varphi(x,y)\,\mathrm{d}x\mathrm{d}y,$$

$$E(X^2) = \int_{-\infty}^{+\infty} \int_{-\infty}^{+\infty} x^2\varphi(x,y)\,\mathrm{d}x\mathrm{d}y.$$

这种解法无需求边缘密度 $\varphi_X(x)$.

13 设随机变量 (X,Y) 服从二维正态分布 $N\left(0,0;1,4;-\dfrac{1}{2}\right)$,则下列随机变量中 　🄚 2020 数学三, 4 分

服从标准正态分布且与 X 独立的是(　　).

(A) $\dfrac{\sqrt{5}}{5}(X+Y)$ 　　　(B) $\dfrac{\sqrt{5}}{5}(X-Y)$ 　　　(C) $\dfrac{\sqrt{3}}{3}(X+Y)$ 　　　(D) $\dfrac{\sqrt{3}}{3}(X-Y)$

知识点睛 0404 方差的定义及性质,0405 常用分布的方差

解 $(X,Y) \sim N\left(0,0;1,4;-\dfrac{1}{2}\right)$,则 $X \sim N(0,1)$,$Y \sim N(0,4)$.

13 题精解视频

$\dfrac{\mathrm{Cov}(X,Y)}{\sqrt{DX}\sqrt{DY}} = \rho = -\dfrac{1}{2}$,$\sqrt{DX}=1$,$\sqrt{DY}=2$,所以 $\mathrm{Cov}(X,Y)=-1$.另

$$D(X+Y) = DX + DY + 2\mathrm{Cov}(X,Y) = 1+4-2 = 3,$$

$$D(X-Y) = DX + DY - 2\mathrm{Cov}(X,Y) = 1+4+2 = 7,$$

所以(A) $D\left[\dfrac{\sqrt{5}}{5}(X+Y)\right] = \dfrac{3}{5}$, 　 (B) $D\left[\dfrac{\sqrt{5}}{5}(X-Y)\right] = \dfrac{7}{5}$,

(C) $D\left[\dfrac{\sqrt{3}}{3}(X+Y)\right] = 1$, 　 (D) $D\left[\dfrac{\sqrt{3}}{3}(X-Y)\right] = \dfrac{7}{3}$.

故应选(C).

14 设 X 为随机变量,C 是常数,证明

$$D(X) < E(X-C)^2, \quad 对于 E(X) \neq C.$$

(由于 $D(X) = E[X-E(X)]^2$,上式表明 $E(X-C)^2$ 当 $C = E(X)$ 时取最小值.)

知识点睛 0404 方差的定义及性质

证法 1 $E(X-C)^2 = E(X^2 - 2CX + C^2) = E(X^2) - 2CE(X) + C^2$

$$= E(X^2) - [E(X)]^2 + [E(X)]^2 - 2CE(X) + C^2$$

$$= D(X) + [E(X)-C]^2 > D(X), \quad 当 E(X) \neq C 时,$$

故当 $C = E(X)$ 时,$E(X-C)^2$ 取最小值 DX.

证法 2 $DX = E(X-EX)^2 = E[(X-C)+(C-EX)]^2$

$$= E(X-C)^2 + E(C-EX)^2 + 2E[(X-C)(C-EX)]$$
$$= E(X-C)^2 - (C-EX)^2 < E(X-C)^2.$$

1992 数学三,
5 分

15 一台设备由三大部件构成,在设备运转中各部件需要调整的概率相应为 0.10,0.20 和 0.30,假设各部件的状态相互独立,以 X 表示同时需要调整的部件数,试求 X 的数学期望 EX 和方差 DX.

知识点睛 0401 数学期望的概念及性质,0404 方差的定义及性质

解法 1 先求 X 的分布律,根据分布律再求期望.

根据 X 的意义,显然有 $X=0,1,2,3$,事件 A_i 表示第 i 件需要调整,$i=1,2,3$,并注意到事件之间的独立性.

$$P\{X=0\} = P(\bar{A}_1 \bar{A}_2 \bar{A}_3) = 0.9 \times 0.8 \times 0.7 = 0.504,$$
$$P\{X=1\} = P(A_1 \bar{A}_2 \bar{A}_3) + P(\bar{A}_1 A_2 \bar{A}_3) + P(\bar{A}_1 \bar{A}_2 A_3)$$
$$= P(A_1)P(\bar{A}_2)P(\bar{A}_3) + P(\bar{A}_1)P(A_2)P(\bar{A}_3) + P(\bar{A}_1)P(\bar{A}_2)P(A_3)$$
$$= 0.1 \times 0.8 \times 0.7 + 0.9 \times 0.2 \times 0.7 + 0.9 \times 0.8 \times 0.3 = 0.398,$$
$$P\{X=2\} = P(A_1 A_2 \bar{A}_3) + P(A_1 \bar{A}_2 A_3) + P(\bar{A}_1 A_2 A_3)$$
$$= P(A_1)P(A_2)P(\bar{A}_3) + P(A_1)P(\bar{A}_2)P(A_3) + P(\bar{A}_1)P(A_2)P(A_3)$$
$$= 0.1 \times 0.2 \times 0.7 + 0.1 \times 0.8 \times 0.3 + 0.9 \times 0.2 \times 0.3 = 0.092,$$
$$P\{X=3\} = P(A_1 A_2 A_3) = P(A_1)P(A_2)P(A_3) = 0.1 \times 0.2 \times 0.3 = 0.006,$$

所以

X	0	1	2	3
P	0.504	0.398	0.092	0.006

从而

$$E(X) = 0 \times 0.504 + 1 \times 0.398 + 2 \times 0.092 + 3 \times 0.006 = 0.6,$$
$$D(X) = E(X^2) - [E(X)]^2 = 1^2 \times 0.398 + 2^2 \times 0.092 + 3^2 \times 0.006 - (0.6)^2 = 0.46.$$

解法 2 不求 X 的分布律,引进新的随机变量,利用期望、方差的运算性质求出 X 的期望 $E(X)$,方差 $D(X)$.

现引进随机变量 X_i,定义如下:

$$X_i = \begin{cases} 1, & \text{第 } i \text{ 个部件要调整,即事件 } A_i \text{ 发生,} \\ 0, & \text{第 } i \text{ 个部件不要调整,} \end{cases}$$

由此就有

$$X = \sum_{i=1}^{3} X_i, \quad E(X) = \sum_{i=1}^{3} E(X_i),$$

而

$$X_i \sim (0-1) \text{分布}, \quad E(X_i) = P\{X_i = 1\} = P(A_i),$$

所以

$$E(X) = \sum_{i=1}^{3} P(A_i) = P(A_1) + P(A_2) + P(A_3) = 0.1 + 0.2 + 0.3 = 0.6,$$
$$D(X_i) = P\{X_i = 1\} P\{X_i = 0\} = P(A_i)P(\bar{A}_i), \quad X_i \text{ 之间相互独立.}$$

于是

$$D(X) = \sum_{i=1}^{3} D(X_i) = \sum_{i=1}^{3} P(A_i)P(\bar{A}_i) = 0.1 \times 0.9 + 0.2 \times 0.8 + 0.3 \times 0.7 = 0.46.$$

【评注】本题中解法 2 比解法 1 简单得多,这就是利用性质求 EX 和 DX 的好处,但如何引进新的随机变量是解决问题的一个难点.一般地,总是引入 $X_i \sim (0\text{-}1)$ 分布,用 $\sum X_i$ 来解决问题.

16 设 X 服从参数为 $\lambda > 0$ 的泊松分布,且已知 $E[(X-1)(X-2)] = 1$,则 $\lambda = \underline{\qquad}$.

知识点睛 0402 常用分布的期望,0405 常用分布的方差

解 由 $X \sim P(\lambda)$ 有 $EX = DX = \lambda$ 且

$$EX^2 = (EX)^2 + DX = \lambda^2 + \lambda,$$

而

$$E[(X-1)(X-2)] = E(X^2 - 3X + 2) = EX^2 - 3EX + 2 = 1,$$

得

$$\lambda^2 + \lambda - 3\lambda + 2 = 1, \quad 即 \quad \lambda^2 - 2\lambda + 1 = 0.$$

有 $\lambda = 1$.应填 1.

17 已知连续型随机变量 X 的概率密度函数为 $f(x) = \dfrac{1}{\sqrt{\pi}} e^{-x^2 + 2x - 1}$,则 X 的数学期望为 $\underline{\qquad}$;X 的方差为 $\underline{\qquad}$. 1987 数学一,2 分

知识点睛 0402 常用分布的期望,0405 常用分布的方差

解 最简便的方法是利用均值为 μ,方差为 σ^2 的正态分布的密度函数 $\dfrac{1}{\sqrt{2\pi}\sigma} e^{-\frac{(x-\mu)^2}{2\sigma^2}}$,由于

$$f(x) = \frac{1}{\sqrt{\pi}} e^{-x^2 + 2x - 1} = \frac{1}{\sqrt{2\pi} \cdot \frac{1}{\sqrt{2}}} e^{-\frac{(x-1)^2}{2 \cdot \frac{1}{2}}},$$

所以 X 的数学期望是 1,方差是 $\dfrac{1}{2}$.应填 $1, \dfrac{1}{2}$.

18 设随机变量 X_1, X_2, X_3 相互独立,且都服从参数为 λ 的泊松分布.令 $Y = \dfrac{1}{3}(X_1 + X_2 + X_3)$,则 Y^2 的数学期望等于 $\underline{\qquad}$.

知识点睛 0403 随机变量函数的期望,0404 方差的定义及性质

解 根据独立随机变量和的性质,以及服从参数为 λ 的泊松分布的随机变量数学期望和方差均为 λ,知

$$EY = \frac{1}{3}(EX_1 + EX_2 + EX_3) = \lambda,$$

$$DY = \frac{1}{9}(DX_1 + DX_2 + DX_3) = \frac{1}{3}\lambda.$$

故 $EY^2 = (EY)^2 + DY = \lambda^2 + \dfrac{1}{3}\lambda$.应填 $\lambda^2 + \dfrac{1}{3}\lambda$.

§4.3　协方差与相关系数

19 已知 $X \sim \begin{pmatrix} -1 & 1 \\ \dfrac{1}{2} & \dfrac{1}{2} \end{pmatrix}, Y \sim \begin{pmatrix} 0 & 1 \\ \dfrac{1}{4} & \dfrac{3}{4} \end{pmatrix}, P\{X=Y\} = \dfrac{1}{4}$, 则 $\rho_{XY} = $ _____.

知识点睛　0406 协方差与相关系数的概念

解　由 $P\{X=Y\} = P\{X=1, Y=1\} = \dfrac{1}{4}$, 可求得 (X,Y) 的联合分布律

X \ Y	0	1
-1	0	$\dfrac{1}{2}$
1	$\dfrac{1}{4}$	$\dfrac{1}{4}$

故 $E(XY) = -\dfrac{1}{4}$, 又

$$EX=0, \quad DX=1, \quad EY=\dfrac{3}{4}, \quad DY=\dfrac{3}{16},$$

则

$$\rho_{XY} = \frac{\mathrm{Cov}(X,Y)}{\sqrt{DX} \cdot \sqrt{DY}} = \frac{E(XY) - EX \cdot EY}{\sqrt{DX} \cdot \sqrt{DY}} = -\frac{\sqrt{3}}{3},$$

应填 $-\dfrac{\sqrt{3}}{3}$.

2020 数学一，4 分

20 设 X 服从区间 $\left(-\dfrac{\pi}{2}, \dfrac{\pi}{2}\right)$ 上的均匀分布, $Y = \sin X$, 则 $\mathrm{Cov}(X,Y) = $ _____.

知识点睛　0406 协方差

解　$X \sim U\left(-\dfrac{\pi}{2}, \dfrac{\pi}{2}\right), Y = \sin X, EX = 0$. 则

$$\mathrm{Cov}(X,Y) = E(XY) - EX \cdot EY = E(XY) = E(X\sin X)$$

$$= \int_{-\frac{\pi}{2}}^{\frac{\pi}{2}} x\sin x \cdot \frac{1}{\pi}\mathrm{d}x = \frac{2}{\pi}\int_0^{\frac{\pi}{2}} x\sin x \, \mathrm{d}x$$

$$= \frac{2}{\pi}(\sin x - x\cos x) \Big|_0^{\frac{\pi}{2}} = \frac{2}{\pi},$$

应填 $\dfrac{2}{\pi}$.

2022 数学一，5 分

21 设随机变量 $X \sim N(0,1)$, 在 $X = x$ 条件下, 随机变量 $Y \sim N(x,1)$, 则 X 与 Y 的相关系数为(　　).

(A) $\dfrac{1}{4}$　　　　(B) $\dfrac{1}{2}$　　　　(C) $\dfrac{\sqrt{3}}{3}$　　　　(D) $\dfrac{\sqrt{2}}{2}$

知识点睛 0304 条件分布,0406 相关系数

解 $X \sim N(0,1)$,$f_X(x) = \dfrac{1}{\sqrt{2\pi}} e^{-\frac{x^2}{2}}$,$-\infty < x < +\infty$.

当 $X = x$ 时,$f_{Y|X}(y|x) \sim N(x,1)$,即当 $-\infty < x < +\infty$ 时,

$$f_{Y|X}(y|x) = \frac{1}{\sqrt{2\pi}} e^{-\frac{(y-x)^2}{2}},\quad -\infty < y < +\infty,$$

21题精解视频

所以,(X,Y) 的概率密度为

$$f(x,y) = f_X(x) f_{Y|X}(y|x) = \frac{1}{\sqrt{2\pi}} e^{-\frac{x^2}{2}} \cdot \frac{1}{\sqrt{2\pi}} e^{-\frac{(y-x)^2}{2}}$$

$$= \frac{1}{2\pi} e^{-\frac{1}{2}(2x^2 - 2xy + y^2)},\quad -\infty < x < +\infty,\ -\infty < y < +\infty,$$

由二维正态分布的概率密度

$$f(x,y) = \frac{1}{2\pi\sigma_1\sigma_2\sqrt{1-\rho^2}} e^{\left\{ -\frac{1}{2(1-\rho^2)}\left[\frac{(x-\mu_1)^2}{\sigma_1^2} - \frac{2\rho(x-\mu_1)(y-\mu_2)}{\sigma_1\sigma_2} + \frac{(y-\mu_2)^2}{\sigma_2^2} \right] \right\}},\quad -\infty < x < +\infty,\ -\infty < y < +\infty,$$

可知 $(X,Y) \sim N\left(0,0;1,2;\dfrac{\sqrt{2}}{2}\right)$,故 $\rho_{XY} = \rho = \dfrac{\sqrt{2}}{2}$,应选(D).

【评注】二维正态分布的重要结论常考,绝大部分考生都很重视,但其中的概率密度因为公式复杂,许多考生没有掌握好,导致本题得分不理想.

22 设随机变量 (X,Y) 具有概率密度函数

$$f(x,y) = \begin{cases} \dfrac{1}{8}(x+y), & 0 \leq x \leq 2,\ 0 \leq y \leq 2, \\ 0 & \text{其他}, \end{cases}$$

求 $E(X)$,$E(Y)$,$\mathrm{Cov}(X,Y)$,ρ_{XY},$D(X+Y)$.

知识点睛 0401 数学期望的概念及性质,0404 方差的定义及性质,0406 协方差与相关系数的概念

解 由于

$$E(X) = \int_{-\infty}^{+\infty}\int_{-\infty}^{+\infty} x f(x,y)\,\mathrm{d}x\mathrm{d}y = \int_0^2 \mathrm{d}x \int_0^2 \frac{1}{8} x(x+y)\,\mathrm{d}y = \frac{7}{6},$$

$$E(Y) = \int_{-\infty}^{+\infty}\int_{-\infty}^{+\infty} y f(x,y)\,\mathrm{d}x\mathrm{d}y = \int_0^2 \mathrm{d}x \int_0^2 \frac{1}{8} y(x+y)\,\mathrm{d}y = \frac{7}{6},$$

$$E(X^2) = \int_{-\infty}^{+\infty}\int_{-\infty}^{+\infty} x^2 f(x,y)\,\mathrm{d}x\mathrm{d}y = \int_0^2 \mathrm{d}x \int_0^2 \frac{1}{8} x^2(x+y)\,\mathrm{d}y = \frac{5}{3},$$

同理 $E(Y^2) = \dfrac{5}{3}$,故

$$D(X) = E(X^2) - (EX)^2 = \frac{5}{3} - \frac{49}{36} = \frac{11}{36}.$$

同理 $DY = \dfrac{11}{36}$.又

$$E(XY) = \int_{-\infty}^{+\infty}\int_{-\infty}^{+\infty} xyf(x,y)\,\mathrm{d}x\mathrm{d}y = \int_0^2 \mathrm{d}x \int_0^2 \frac{1}{8}xy(x+y)\,\mathrm{d}y = \frac{4}{3},$$

故

$$\text{Cov}(X,Y) = E(XY) - EX \cdot EY = \frac{4}{3} - \frac{49}{36} = -\frac{1}{36},$$

$$\rho_{XY} = \frac{\text{Cov}(X,Y)}{\sqrt{DX} \cdot \sqrt{DY}} = -\frac{\dfrac{1}{36}}{\sqrt{\dfrac{11}{36} \cdot \dfrac{11}{36}}} = -\frac{1}{11},$$

$$D(X+Y) = DX + DY + 2\text{Cov}(X,Y) = \frac{11}{36} + \frac{11}{36} - \frac{2}{36} = \frac{5}{9}.$$

23 设随机变量 X 和 Y 的相关系数为 0.5,且 $EX = EY = 0$,$EX^2 = EY^2 = 2$,则 $E(X+Y)^2 = $ _____.

知识点睛 0406 协方差与相关系数的概念

解法 1 由已知条件 $EX = EY = 0$,$EX^2 = EY^2 = 2$,得到

$$DX = EX^2 - (EX)^2 = 2,$$

同理 $DY = 2$.所以

$$\text{Cov}(X,Y) = \rho_{XY}\sqrt{DX}\sqrt{DY} = 0.5 \times 2 = 1,$$

因此

$$E(X+Y)^2 = D(X+Y) + [E(X+Y)]^2 = D(X+Y) + (EX+EY)^2.$$

由 $EX = EY = 0$,得

$$E(X+Y)^2 = D(X+Y) = DX + DY + 2\text{Cov}(X,Y)$$
$$= 2 + 2 + 2 \times 1 = 6.$$

解法 2 $E(X+Y)^2 = EX^2 + 2E(XY) + EY^2 = 4 + 2[\text{Cov}(X,Y) + EX \cdot EY]$
$$= 4 + 2\rho_{XY}\sqrt{DX}\sqrt{DY} = 4 + 2 \times 0.5 \times 2 = 6,$$

应填 6.

🔲2001 数学一、数学三,3分 **24** 将一枚硬币重复掷 n 次,以 X 和 Y 分别表示正面向上和反面向上的次数,则 X 和 Y 的相关系数等于(　　).

(A) -1　　　　　(B) 0　　　　　(C) $\dfrac{1}{2}$　　　　　(D) 1

知识点睛 0406 协方差与相关系数的概念

分析 根据本题的特点可通过相关系数的性质"$Y = aX + b \Rightarrow |\rho_{XY}| = 1$"求相关系数,亦可利用公式来求.

解法 1 由题意可知 X 和 Y 的函数关系,即

$$X + Y = n,$$

又可表示为

$$Y = -X + n.$$

易知 Y 与 X 之间存在线性关系为负相关,故 $\rho_{XY} = -1$.

解法 2 利用相关系数公式,有

$$\mathrm{Cov}(X,Y)=\mathrm{Cov}(X,n-X)=\mathrm{Cov}(X,n)-\mathrm{Cov}(X,X),$$

由 $\mathrm{Cov}(X,n)=0$,得

$$\mathrm{Cov}(X,Y)=-\mathrm{Cov}(X,X)=-D(X).$$

又由方差性质知 $D(Y)=D(-X+n)=D(X)$,所以

$$\rho_{XY}=\frac{\mathrm{Cov}(X,Y)}{\sqrt{D(X)}\sqrt{D(Y)}}=\frac{-D(X)}{D(X)}=-1,$$

应选(A).

25 设二维随机变量 (X,Y) 的概率分布为

2022,数学三,
5分

X \ Y	0	1	2
−1	0.1	0.1	b
1	a	0.1	0.1

若事件 $\{\max\{X,Y\}=2\}$ 与事件 $\{\min\{X,Y\}=1\}$ 相互独立,则 $\mathrm{Cov}(X,Y)=($).

(A)0.6 　　　　(B)−0.36　　　　(C)0　　　　(D)0.48

知识点睛 0305 与二维随机变量相关事件的概率,0406 协方差

解 $P\{\max\{X,Y\}=2\}=P\{Y=2\}=b+0.1,$

$P\{\min\{X,Y\}=1\}=P\{X=1,Y=1\}+P\{X=1,Y=2\}=0.1+0.1=0.2,$

$P\{\max\{X,Y\}=2,\min\{X,Y\}=1\}=P\{X=1,Y=2\}=0.1,$

由题意,

$P\{\max\{X,Y\}=2,\min\{X,Y\}=1\}=P\{\max\{X,Y\}=2\}P\{\min\{X,Y\}=1\},$

即 $0.1=(b+0.1)\times0.2$,解得 $b=0.4,a=0.2$.从而有

X \ Y	0	1	2	
−1	0.1	0.1	0.4	0.6
1	0.2	0.1	0.1	0.4
	0.3	0.2	0.5	

于是

$$EX=-1\times0.6+0.4=-0.2,EY=0.2+2\times0.5=1.2,$$
$$EXY=-1\times0.1+1\times0.1-2\times0.4+2\times0.1=-0.6,$$
$$\mathrm{Cov}(X,Y)=E(XY)-EXEY=-0.6+0.24=-0.36.$$

故应选(B).

26 随机变量 $(X,Y)\sim N(0,0;1,4;\rho),D(2X-Y)=1$,则 $\rho=\underline{\qquad}$.

知识点睛 0406 协方差与相关系数的概念

解 因为 $(X,Y)\sim N(0,0;1,4;\rho)$.故

$$EX=0,\quad DX=1,\quad EY=0,\quad DY=4.$$

而 $D(2X-Y)=4DX+DY-4\mathrm{Cov}(X,Y)=1$,因此

$$\mathrm{Cov}(X,Y)=\frac{7}{4},$$

则

$$\rho_{XY} = \frac{\mathrm{Cov}(X,Y)}{\sqrt{D(X)} \cdot \sqrt{D(Y)}} = \frac{\dfrac{7}{4}}{2} = \frac{7}{8}.$$

故应填 $\dfrac{7}{8}$.

27 设 X,Y 是随机变量,且有 $E(X)=3, E(Y)=1, D(X)=4, D(Y)=9$,令 $Z=5X-Y+15$,分别在下列三种情况下求 $E(Z)$ 和 $D(Z)$.

(1) X,Y 相互独立;

(2) X,Y 不相关;

(3) X 与 Y 的相关系数为 0.25.

知识点睛 0406 协方差与相关系数的概念

解 对于 $E(Z)$:在(1),(2),(3)三种情形下,都有
$$E(Z) = E(5X-Y+15) = 5E(X) - E(Y) + 15 = 15 - 1 + 15 = 29.$$

对于 $D(Z)$:

(1) X,Y 独立,则
$$D(Z) = D(5X-Y+15) = D(5X) + D(Y) = 25D(X) + D(Y)$$
$$= 25 \times 4 + 9 = 109.$$

(2) X,Y 不相关,即 $\mathrm{Cov}(X,Y) = 0$,有
$$D(Z) = D(5X) + D(Y) = 109.$$

(3) $\rho_{XY} = 0.25$,则 $\mathrm{Cov}(X,Y) = \rho_{XY}\sqrt{D(X)}\sqrt{D(Y)} = 1.5$,有
$$D(Z) = D(5X-Y+15) = 25D(X) + D(Y) - 10\mathrm{Cov}(X,Y)$$
$$= 100 + 9 - 10 \times 1.5 = 94.$$

Ⓚ 1993,数学一,
6 分

28 设随机变量 X 的概率分布密度为 $f(x) = \dfrac{1}{2}e^{-|x|}, -\infty < x < +\infty$.

(1) 求 X 的数学期望 $E(X)$ 和方差 $D(X)$;

(2) 求 X 与 $|X|$ 的协方差,并问 X 与 $|X|$ 是否不相关?

(3) 问 X 与 $|X|$ 是否相互独立? 为什么?

知识点睛 0307 随机变量相互独立的条件,0406 协方差与相关系数的概念

解 (1) $EX = \displaystyle\int_{-\infty}^{+\infty} xf(x)\,\mathrm{d}x = 0$,

$$DX = \int_{-\infty}^{+\infty} x^2 f(x)\,\mathrm{d}x = \int_0^{+\infty} x^2 e^{-x}\,\mathrm{d}x = 2.$$

(2) $\mathrm{Cov}(X,|X|) = E(X|X|) - EX \cdot E|X| = E(X|X|)$
$$= \int_{-\infty}^{+\infty} x|x|f(x)\,\mathrm{d}x = 0,$$

故 X 与 $|X|$ 不相关.

(3) 对于给定 $0 < a < +\infty$,显然事件 $\{|X| < a\}$ 包含在事件 $\{X < a\}$ 内,且 $P\{X < a\} < 1$, $0 < P\{|X| < a\}$,故 $P\{X < a, |X| < a\} = P\{|X| < a\}$,但
$$P\{X < a\} \cdot P\{|X| < a\} < P\{|X| < a\},$$

所以

$$P\{X<a,|X|<a\}\neq P\{X<a\}\cdot P\{|X|<a\},$$

因此, X 与 $|X|$ 不相互独立.

29 设二维随机变量 (X,Y) 的联合概率密度为

$$f(x,y)=\begin{cases}y\mathrm{e}^{-(x+y)}, & x,y>0,\\0, & \text{其他},\end{cases}$$

讨论 X,Y 是否相关,是否独立.

知识点睛 0307 随机变量相互独立的条件,0406 相关系数的概念

解 已知 (X,Y) 联合密度为 $f(x,y)=\begin{cases}y\mathrm{e}^{-(x+y)}, & x,y>0,\\0, & \text{其他},\end{cases}$ 所以

$$EX=\int_{-\infty}^{+\infty}\int_{-\infty}^{+\infty}xf(x,y)\mathrm{d}x\mathrm{d}y=\int_0^{+\infty}\mathrm{d}y\int_0^{+\infty}xy\mathrm{e}^{-(x+y)}\mathrm{d}x=1,$$

$$EY=\int_{-\infty}^{+\infty}\int_{-\infty}^{+\infty}yf(x,y)\mathrm{d}x\mathrm{d}y=\int_0^{+\infty}\mathrm{d}x\int_0^{+\infty}y^2\mathrm{e}^{-(x+y)}\mathrm{d}y=2,$$

$$EX^2=\int_{-\infty}^{+\infty}\int_{-\infty}^{+\infty}x^2f(x,y)\mathrm{d}x\mathrm{d}y=\int_0^{+\infty}\mathrm{d}y\int_0^{+\infty}x^2y\mathrm{e}^{-(x+y)}\mathrm{d}x=2,$$

$$EY^2=\int_{-\infty}^{+\infty}\int_{-\infty}^{+\infty}y^2f(x,y)\mathrm{d}x\mathrm{d}y=\int_0^{+\infty}\mathrm{d}x\int_0^{+\infty}y^3\mathrm{e}^{-(x+y)}\mathrm{d}y=6,$$

故

$$DX=EX^2-(EX)^2=2-1=1,$$
$$DY=EY^2-(EY)^2=6-2^2=2.$$

因为

$$E(XY)=\int_{-\infty}^{+\infty}\int_{-\infty}^{+\infty}xyf(x,y)\mathrm{d}x\mathrm{d}y=\int_0^{+\infty}\int_0^{+\infty}xy\cdot y\mathrm{e}^{-(x+y)}\mathrm{d}x\mathrm{d}y$$

$$=\int_0^{+\infty}x\mathrm{e}^{-x}\mathrm{d}x\int_0^{+\infty}y^2\mathrm{e}^{-y}\mathrm{d}y=2,$$

所以 $\mathrm{Cov}(X,Y)=E(XY)-(EX)(EY)=0$,即得

$$\rho_{XY}=\frac{\mathrm{Cov}(X,Y)}{\sqrt{DX}\sqrt{DY}}=0,$$

故 X 与 Y 不相关.

下面判断独立性,应用边缘密度和联合密度的关系.由已知

$$f(x,y)=\begin{cases}y\mathrm{e}^{-(x+y)}, & x,y>0,\\0, & \text{其他},\end{cases}$$

所以

$$f_X(x)=\int_{-\infty}^{+\infty}f(x,y)\mathrm{d}y=\begin{cases}\mathrm{e}^{-x}, & x>0,\\0, & x\leq0.\end{cases}$$

$$f_Y(y)=\int_{-\infty}^{+\infty}f(x,y)\mathrm{d}x=\begin{cases}y\mathrm{e}^{-y}, & y>0,\\0, & y\leq0.\end{cases}$$

所以 $f_X(x)f_Y(y)=f(x,y)=\begin{cases}y\mathrm{e}^{-(x+y)}, & x,y>0,\\0, & \text{其他}.\end{cases}$ 因此, X 与 Y 是相互独立的.

【评注】本题也可以先判断出 X, Y 相互独立, 既然 X, Y 相互独立, 则 X, Y 一定不相关. 这样可以减少计算量.

2020 数学三,
11 分

30 设二维随机变量 (X, Y) 在区域 $D = \{(x, y) \mid 0 < y < \sqrt{1 - x^2}\}$ 上服从均匀分布, 令

$$Z_1 = \begin{cases} 1, & X - Y > 0, \\ 0, & X - Y \leq 0, \end{cases} \qquad Z_2 = \begin{cases} 1, & X + Y > 0, \\ 0, & X + Y \leq 0, \end{cases}$$

(1) 求二维随机变量 (Z_1, Z_2) 的概率分布;

(2) 求 Z_1 与 Z_2 的相关系数.

知识点睛 0303 二维离散型随机变量的概率分布, 0406 相关系数

解 (1) 由题意, (X, Y) 在 D 上服从均匀分布 (见 30 题图), 由图可知

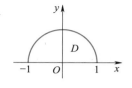 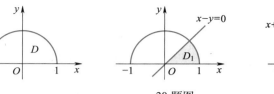 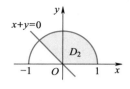

30 题图

$$Z_1 = \begin{cases} 1, & X - Y > 0, \\ 0, & X - Y \leq 0, \end{cases} \qquad Z_2 = \begin{cases} 1, & X + Y > 0, \\ 0, & X + Y \leq 0, \end{cases}$$

则

$$P\{Z_1 = 1\} = P\{X - Y > 0\} = P\{(X, Y) \in D_1\} = \frac{1}{4},$$

故

Z_1	0	1
P	$\frac{3}{4}$	$\frac{1}{4}$

$$P\{Z_2 = 1\} = P\{X + Y > 0\} = P\{(X, Y) \in D_2\} = \frac{3}{4},$$

从而

Z_2	0	1
P	$\frac{1}{4}$	$\frac{3}{4}$

综上, (Z_1, Z_2) 的分布

Z_1 \ Z_2	0	1	
0			$\frac{3}{4}$
1			$\frac{1}{4}$
	$\frac{1}{4}$	$\frac{3}{4}$	

则 $P\{Z_1=1,Z_2=1\}=P\{(X,Y)\in D_1\cap D_2\}=\dfrac{1}{4}$.所以

Z_1 \ Z_2	0	1	
0			$\dfrac{3}{4}$
1		$\dfrac{1}{4}$	$\dfrac{1}{4}$
	$\dfrac{1}{4}$	$\dfrac{3}{4}$	

进一步有

Z_1 \ Z_2	0	1	
0	$\dfrac{1}{4}$	$\dfrac{1}{2}$	$\dfrac{3}{4}$
1	0	$\dfrac{1}{4}$	$\dfrac{1}{4}$
	$\dfrac{1}{4}$	$\dfrac{3}{4}$	

（2）Z_1 与 Z_2 的相关系数 $\rho_{Z_1Z_2}=\dfrac{\mathrm{Cov}(Z_1,Z_2)}{\sqrt{DZ_1}\sqrt{DZ_2}}$,且

$$DZ_1=pq=\frac{3}{4}\times\frac{1}{4}=\frac{3}{16},DZ_2=\frac{1}{4}\times\frac{3}{4}=\frac{3}{16},EZ_1=\frac{1}{4},EZ_2=\frac{3}{4},$$

$$\mathrm{Cov}(Z_1,Z_2)=E(Z_1Z_2)-EZ_1EZ_2=1\times\frac{1}{4}-\frac{1}{4}\times\frac{3}{4}=\frac{1}{4}-\frac{3}{16}=\frac{1}{16},$$

从而 $\rho_{Z_1Z_2}=\dfrac{1/16}{\sqrt{3/16}\sqrt{3/16}}=\dfrac{1}{3}$.

31 甲、乙两个盒子中各有 2 个红球和 2 个白球,先从甲盒中任取一球,观察颜色后放入乙盒,再从乙盒中任取一球,令 X,Y 分别表示从甲盒和乙盒中取到的红球的个数,则 X 与 Y 的相关系数为_____. 2021 数学一、数学三,5 分

知识点睛 0406 相关系数

解法 1 由题意有

X	0	1
P	$\dfrac{1}{2}$	$\dfrac{1}{2}$

且

$$P\{Y=0\}=P\{X=0\}P\{Y=0|X=0\}+P\{X=1\}P\{Y=0|X=1\}$$
$$=\frac{1}{2}\times\frac{3}{5}+\frac{1}{2}\times\frac{2}{5}=\frac{1}{2},$$

$$P\{Y=1\}=1-P\{Y=0\}=\frac{1}{2},$$

所以

Y	0	1
P	$\dfrac{1}{2}$	$\dfrac{1}{2}$

进一步有

X \ Y	0	1	
0			0.5
1			0.5
	0.5	0.5	

$$P\{X=0,Y=0\}=P\{X=0\}P\{Y=0\mid X=0\}=\frac{1}{2}\times\frac{3}{5}=0.3.$$

故

X \ Y	0	1	
0	0.3		0.5
1			0.5
	0.5	0.5	

进一步有

X \ Y	0	1	
0	0.3	0.2	0.5
1	0.2	0.3	0.5
	0.5	0.5	

从而 $\rho=\dfrac{\mathrm{Cov}(X,Y)}{\sqrt{D(X)}\,\sqrt{D(Y)}}=\dfrac{E(XY)-E(X)E(Y)}{\sqrt{D(X)}\,\sqrt{D(Y)}}$，且

$$E(X)=E(Y)=0.5,E(XY)=0.3,$$
$$D(X)=D(Y)=0.5\times0.5=0.25.$$

综上，$\rho=\dfrac{0.3-0.25}{0.5\times0.5}=\dfrac{1}{5}$.

解法 2 $\rho=\dfrac{\mathrm{Cov}(X,Y)}{\sqrt{D(X)}\,\sqrt{D(Y)}}=\dfrac{E(XY)-E(X)E(Y)}{\sqrt{D(X)}\,\sqrt{D(Y)}}$，显然，$X,Y,XY$ 取值均为 0 和 1.

这就有 $E(X)=P\{X=1\}=\dfrac{1}{2}$，且

$$E(Y)=P\{Y=1\}=P\{X=0\}P\{Y=1\mid X=0\}+P\{X=1\}P\{Y=1\mid X=1\}$$
$$=\frac{1}{2}\times\frac{2}{5}+\frac{1}{2}\times\frac{3}{5}=\frac{1}{2},$$

$$E(XY)=P\{XY=1\}=P\{X=1,Y=1\}$$
$$=P\{X=1\}P\{Y=1\mid X=1\}=\frac{1}{2}\times\frac{3}{5}=\frac{3}{10},$$

$$D(X) = D(Y) = \frac{1}{2} \times \frac{1}{2} = \frac{1}{4},$$

从而

$$\rho = \frac{E(XY) - E(X)E(Y)}{\sqrt{D(X)}\sqrt{D(Y)}} = \frac{0.3 - 0.25}{0.25} = \frac{1}{5}.$$

32 设 $X \sim N(0,1)$,求 X 的 k 阶原点矩及中心矩.

知识点睛 0407 矩、协方差矩阵

解 因为 $EX = 0$,所以 X 的 k 阶原点矩及中心矩相同,即

$$E(X - EX)^k = E(X^k) = \int_{-\infty}^{+\infty} x^k \cdot \frac{1}{\sqrt{2\pi}} e^{-\frac{x^2}{2}} dx = \frac{1}{\sqrt{2\pi}} \int_{-\infty}^{+\infty} x^k e^{-\frac{x^2}{2}} dx.$$

当 k 为奇数时,上式积分中被积函数为奇函数,故 $E(X^k) = 0$.

当 k 为偶数时,被积函数为偶函数,此时

$$E(X^k) = \sqrt{\frac{2}{\pi}} \int_0^{+\infty} x^k e^{-\frac{x^2}{2}} dx,$$

令 $y = \frac{x^2}{2}$,得

$$E(X^k) = \frac{1}{\sqrt{\pi}} 2^{\frac{k}{2}} \int_0^{+\infty} y^{\frac{k-1}{2}} e^{-y} dy = \frac{1}{\sqrt{\pi}} 2^{\frac{k}{2}} \Gamma\left(\frac{k+1}{2}\right)$$

$$= (k-1)(k-3) \cdots 3 \cdot 1.$$

§4.4 综合提高题

33 设随机变量 X 和 Y 独立同分布,记 $U = X - Y$,$V = X + Y$,则随机变量 U 与 V 必然 ( ). $\boxed{\text{K}}$ 1995 数学三,3 分

(A)不独立 (B)独立 (C)相关系数不为零 (D)相关系数为零

知识点睛 0406 协方差与相关系数的概念

解 $\text{Cov}(U,V) = E(UV) - E(U)E(V)$

$\qquad = E(X^2 - Y^2) - [E(X)]^2 + [E(Y)]^2$

$\qquad = E(X^2) - E(Y^2) - [E(X)]^2 + [E(Y)]^2$

$\qquad = [E(X^2) - (EX)^2] - [E(Y^2) - (EY)^2] = D(X) - D(Y) = 0,$

所以

$$\rho_{UV} = \frac{\text{Cov}(U,V)}{\sqrt{D(U)} \cdot \sqrt{D(V)}} = 0.$$

故应选(D).

【评注】当随机变量是线性函数时,求协方差用性质较为方便:

$\text{Cov}(U,V) = \text{Cov}(X-Y, X+Y) = \text{Cov}(X,X) + \text{Cov}(X,Y) - \text{Cov}(X,Y) - \text{Cov}(Y,Y)$

$\qquad = DX - DY = 0.$

34 设 X 是一随机变量，$EX = \mu, DX = \sigma^2 (\mu, \sigma > 0$ 常数)，则对任意常数 c，必有
(   ).

(A) $E(X-c)^2 = EX^2 - c^2$ (B) $E(X-c)^2 = E(X-\mu)^2$

(C) $E(X-c)^2 < E(X-\mu)^2$ (D) $E(X-c)^2 \geq E(X-\mu)^2$

知识点睛 0401 数学期望的概念及性质

解 由于
$$E(X-c)^2 = E(X-\mu+\mu-c)^2 = E(X-\mu)^2 + E(\mu-c)^2 + 2(\mu-c)E(X-\mu)$$
$$= E(X-\mu)^2 + (\mu-c)^2,$$

即有 $E(X-c)^2 \geq E(X-\mu)^2$.

故应选(D).

【评注】 因为 $DX = E(X-EX)^2 = E(X-\mu)^2$，所以如果考生对于常见不等式 $DX \leq E(X-c)^2$ 比较熟悉的话可以直接选择(D).

35 设随机变量 X 的分布律为
$$P\{X=k\} = \frac{1}{1+a}\left(\frac{a}{1+a}\right)^k, k = 0,1,2,\cdots,$$

其中 $a > 0$ 为常数，求 $E(X), D(X)$.

知识点睛 0401 数学期望的概念及性质，0404 方差的定义及性质

解法1 将 X 的分布律改写为
$$P\{X=k\} = pq^k, \quad k = 0,1,2,\cdots,$$

其中 $p = \frac{1}{1+a}, q = \frac{a}{1+a}$.

仿照几何分布的期望与方差计算方法，可得
$$E(X) = \sum_{k=0}^{\infty} kpq^k = pq\sum_{k=0}^{\infty} kq^{k-1} = pq\sum_{k=0}^{\infty}(q^k)' = pq\left(\frac{1}{1-q}\right)' = \frac{q}{p} = a.$$

同理可求
$$D(X) = E(X^2) - [E(X)]^2 = (1+a)a.$$

解法2 直接利用几何分布的期望与方差计算结果. 设 Y 服从参数为 p 的几何分布，则 $P\{Y=k\} = pq^{k-1}, k = 1,2,\cdots$，且
$$E(Y) = \frac{1}{p}, \quad D(Y) = \frac{q}{p^2},$$

而 $X = Y-1$，于是
$$E(X) = E(Y-1) = E(Y) - 1 = \frac{1}{p} - 1 = a,$$

$$D(X) = D(Y-1) = D(Y) = \frac{q}{p^2} = a(a+1).$$

36 设 (X,Y) 的分布律为

Y \ X	1	2	3
-1	0.2	0.1	0
0	0.1	0	0.3
1	0.1	0.1	0.1

(1)求 $E(X)$,$E(Y)$;(2)设 $Z=\dfrac{Y}{X}$,求 $E(Z)$.

知识点睛 0401 数学期望的概念及性质,0403 随机变量函数的期望

解 (1)由分布律得 X 和 Y 的边缘分布分别为

X	1	2	3
p	0.4	0.2	0.4

Y	-1	0	1
p	0.3	0.4	0.3

从而

$$E(X)=1\times0.4+2\times0.2+3\times0.4=2,$$
$$E(Y)=-1\times0.3+0\times0.4+1\times0.3=0.$$

(2) $Z=\dfrac{Y}{X}$ 的分布律为

Z	-1	$-\dfrac{1}{2}$	$-\dfrac{1}{3}$	0	1	$\dfrac{1}{2}$	$\dfrac{1}{3}$
p_k	0.2	0.1	0	0.4	0.1	0.1	0.1

则

$$E(Z)=(-1)\times0.2-\frac{1}{2}\times0.1-\frac{1}{3}\times0+0\times0.4+1\times0.1+\frac{1}{2}\times0.1+\frac{1}{3}\times0.1=-\frac{1}{15}.$$

【评注】第(2)问可以直接利用公式

$$E(Z)=E[g(X,Y)]=\sum_i\sum_j g(x_i,y_j)p_{ij},$$

计算过程更加简便.

37 设随机变量 $X\sim U(0,3)$,随机变量 Y 服从参数为 2 的泊松分布,且 X 与 Y 的协方差为 -1,则 $D(2X-Y+1)=(\qquad)$.   **2022 数学一,5 分**

(A)1   (B)5   (C)9   (D)12

知识点睛 0404 方差的定义及性质,0405 几种常用分布的方差

解 由 $X\sim U(0,3)$,$Y\sim P(2)$ 知,$D(X)=\dfrac{(3-0)^2}{12}=\dfrac{3}{4}$,$D(Y)=2$,故

$$D(2X-Y+1)=D(2X-Y)=4D(X)+D(Y)-4\mathrm{Cov}(X,Y)$$
$$=4\times\frac{3}{4}+2+4=9.$$

37 题精解视频

应选(C).

【评注】利用性质及重要分布的结论求数字特征,经常作为客观题来考查,考生一定要重点关注.

38 设随机变量 X 的概率密度为

$$f(x) = \begin{cases} a+bx^2, & 0<x<1, \\ 0, & 其他, \end{cases}$$

已知 $EX = \dfrac{3}{5}$,则 $DX =$ _____.

知识点睛 0404 方差的定义及性质

解 由 $1 = \displaystyle\int_{-\infty}^{+\infty} f(x)\,dx = \int_0^1 (a+bx^2)\,dx = a+\dfrac{1}{3}b$,得

$$3a+b=3. \qquad\qquad ①$$

再由 $\dfrac{3}{5} = EX = \displaystyle\int_{-\infty}^{+\infty} xf(x)\,dx = \int_0^1 (ax+bx^3)\,dx = \dfrac{1}{2}a+\dfrac{1}{4}b$,得

$$2a+b=\dfrac{12}{5}. \qquad\qquad ②$$

联立①、②两式,解得 $a = \dfrac{3}{5}, b = \dfrac{6}{5}$,代入 $f(x)$ 表达式中,即得

$$DX = EX^2 - (EX)^2 = \int_{-\infty}^{+\infty} x^2 f(x)\,dx - \left(\dfrac{3}{5}\right)^2$$

$$= \dfrac{3}{5}\int_0^1 x^2(1+2x^2)\,dx - \dfrac{9}{25} = \dfrac{11}{25} - \dfrac{9}{25} = \dfrac{2}{25},$$

应填 $\dfrac{2}{25}$.

39 题精解视频

39 设随机变量 X 和 Y 的联合分布在以点 $(0,1),(1,0),(1,1)$ 为顶点的三角形区域上服从均匀分布.试求随机变量 $Z = X+Y$ 的方差.

知识点睛 0404 方差的定义与性质

解法 1 (X,Y) 的联合密度为

$$f(x,y) = \begin{cases} 2, & 0 \leqslant x \leqslant 1, 1-x \leqslant y \leqslant 1, \\ 0, & 其他. \end{cases}$$

由随机变量函数期望公式

$$E[g(X,Y)] = \int_{-\infty}^{+\infty}\int_{-\infty}^{+\infty} g(x,y)f(x,y)\,dxdy$$

可知,

$$EZ = E(X+Y) = \int_{-\infty}^{+\infty}\int_{-\infty}^{+\infty} (x+y)f(x,y)\,dxdy$$

$$= \int_0^1 dy \int_{1-y}^1 2(x+y)\,dx$$

$$= \int_0^1 (y^2 + 2y)\,dy = \dfrac{4}{3},$$

而

$$EZ^2 = E(X + Y)^2 = \int_{-\infty}^{+\infty} \int_{-\infty}^{+\infty} (x + y)^2 f(x,y) \,\mathrm{d}x\mathrm{d}y$$

$$= \int_0^1 \mathrm{d}y \int_{1-y}^1 2(x^2 + 2xy + y^2) \,\mathrm{d}x$$

$$= \int_0^1 \left(2y + 2y^2 + \frac{3}{2}y^3\right) \mathrm{d}y = \frac{11}{6},$$

从而 $DZ = EZ^2 - (EZ)^2 = \dfrac{11}{6} - \dfrac{16}{9} = \dfrac{1}{18}$.

解法 2　利用 $D(X+Y) = DX + DY + 2\mathrm{Cov}(X,Y)$.

以 $f_X(x)$ 表示 X 的概率密度,则当 $x \le 0$ 或 $x \ge 1$ 时,$f_X(x) = 0$;当 $0 < x < 1$ 时,有

$$f_X(x) = \int_{-\infty}^{+\infty} f(x,y) \,\mathrm{d}y = \int_{1-x}^1 2\mathrm{d}y = 2x,$$

因此

$$EX = \int_0^1 2x^2 \,\mathrm{d}x = \frac{2}{3}, \quad EX^2 = \int_0^1 2x^3 \,\mathrm{d}x = \frac{1}{2},$$

从而

$$DX = EX^2 - (EX)^2 = \frac{1}{2} - \frac{4}{9} = \frac{1}{18}.$$

同理可得 $EY = \dfrac{2}{3}, DY = \dfrac{1}{18}$.

现在求 X 和 Y 的协方差:

$$E(XY) = \iint_G 2xy\mathrm{d}x\mathrm{d}y = 2\int_0^1 x\mathrm{d}x \int_{1-x}^1 y\mathrm{d}y = \frac{5}{12},$$

有

$$\mathrm{Cov}(X,Y) = E(XY) - EX \cdot EY = \frac{5}{12} - \frac{4}{9} = -\frac{1}{36},$$

于是

$$DZ = D(X+Y) = DX + DY + 2\mathrm{Cov}(X,Y) = \frac{1}{18} + \frac{1}{18} - \frac{2}{36} = \frac{1}{18}.$$

解法 3　由于 X, Y 服从均匀分布,所以

当 $z < 1$ 时,$F(z) = 0$;

当 $z > 2$ 时,$F(z) = 1$;

当 $1 \le z \le 2$ 时,$F(z) = P\{X + Y \le z\} = \dfrac{S'_D}{S_D}$.

因为 $S'_D = \dfrac{1}{2} - S_\Delta = \dfrac{1}{2} - \dfrac{1}{2}(2-z)^2, S_D = \dfrac{1}{2}$,所以

$$F(z) = 1 - (2-z)^2,$$

故

$$f(z) = F'(z) = \begin{cases} 2(2 - z), & 1 \le z \le 2, \\ 0, & \text{其他}, \end{cases}$$

则有

$$E(Z) = \frac{4}{3}, \quad E(Z^2) = \frac{11}{6},$$

于是

$$D(Z) = D(X+Y) = E(Z^2) - [E(Z)]^2 = \frac{1}{18}.$$

🔲 1998 数学一,
6分

40 设两个随机变量 X、Y 相互独立,且都服从均值为 0,方差为 $\frac{1}{2}$ 的正态分布,求随机变量 $|X-Y|$ 的期望与方差.

知识点睛 0403 随机变量函数的期望,0404 方差的定义及性质

解法1 按照一维随机变量的函数进行处理.令 $Z = X-Y$,由于

$$X \sim N\left(0, \frac{1}{2}\right), Y \sim N\left(0, \frac{1}{2}\right),$$

且 X 和 Y 相互独立,故 $Z \sim N(0,1)$.

$$E(|X-Y|) = E(|Z|) = \int_{-\infty}^{+\infty} |z| \frac{1}{\sqrt{2\pi}} e^{-\frac{z^2}{2}} dz$$

$$= \frac{2}{\sqrt{2\pi}} \int_0^{+\infty} z e^{-\frac{z^2}{2}} dz = \sqrt{\frac{2}{\pi}}.$$

因为

$$D(|X-Y|) = D(|Z|) = E(|Z|^2) - [E(|Z|)]^2$$
$$= E(Z^2) - [E(|Z|)]^2,$$

而 $E(Z^2) = D(Z) = 1$,所以

$$D(|X-Y|) = 1 - \frac{2}{\pi}.$$

解法2 按照二维随机变量的函数进行处理.利用公式

$$E[g(X,Y)] = \int_{-\infty}^{+\infty} \int_{-\infty}^{+\infty} g(x,y) f(x,y) dxdy,$$

$$E(|X-Y|) = \int_{-\infty}^{+\infty} \int_{-\infty}^{+\infty} |x-y| f(x,y) dxdy$$

$$= \int_{-\infty}^{+\infty} \int_{-\infty}^{+\infty} |x-y| \cdot \frac{1}{\pi} e^{-(x^2+y^2)} dxdy$$

$$= \sqrt{\frac{2}{\pi}} \text{（利用极坐标计算）},$$

$$E(|X-Y|^2) = E[(X-Y)^2] = D(X-Y) + [E(X-Y)]^2 = 1,$$

故 $D(|X-Y|) = 1 - \frac{2}{\pi}$.

41 设二维随机变量 (X,Y) 的概率密度为

$$f(x,y) = \begin{cases} k\sin(x+y), & 0 \leq x, y \leq \frac{\pi}{2}, \\ 0, & \text{其他}, \end{cases}$$

求常数 k,$\text{Cov}(X,Y)$ 和 ρ_{XY}.

知识点睛 0406 协方差与相关系数的概念

解 由 $\int_{-\infty}^{+\infty}\int_{-\infty}^{+\infty}f(x,y)\mathrm{d}x\mathrm{d}y=1$，可知 $\int_0^{\frac{\pi}{2}}\int_0^{\frac{\pi}{2}}k\sin(x+y)\mathrm{d}x\mathrm{d}y=1$，得 $k=\dfrac{1}{2}$.

因此，(X,Y) 的概率密度为

$$f(x,y)=\begin{cases}\dfrac{1}{2}\sin(x+y), & 0\leqslant x,y\leqslant\dfrac{\pi}{2},\\[2mm]0, & \text{其他},\end{cases}$$

从而

$$E(X)=\int_{-\infty}^{+\infty}\int_{-\infty}^{+\infty}xf(x,y)\mathrm{d}x\mathrm{d}y=\int_0^{\frac{\pi}{2}}\int_0^{\frac{\pi}{2}}x\cdot\frac{1}{2}\sin(x+y)\mathrm{d}x\mathrm{d}y=\frac{\pi}{4},$$

$$E(X^2)=\int_0^{\frac{\pi}{2}}\int_0^{\frac{\pi}{2}}x^2\cdot\frac{1}{2}\sin(x+y)\mathrm{d}x\mathrm{d}y=\frac{\pi^2}{8}+\frac{\pi}{2}-2,$$

$$D(X)=E(X^2)-[E(X)]^2=\frac{\pi^2}{16}+\frac{\pi}{2}-2.$$

同理可得

$$E(Y)=\frac{\pi}{4},\quad D(Y)=\frac{\pi^2}{16}+\frac{\pi}{2}-2,$$

$$E(XY)=\int_{-\infty}^{+\infty}\int_{-\infty}^{+\infty}xyf(x,y)\mathrm{d}x\mathrm{d}y=\int_0^{\frac{\pi}{2}}\int_0^{\frac{\pi}{2}}xy\cdot\frac{1}{2}\sin(x+y)\mathrm{d}x\mathrm{d}y=\frac{\pi}{2}-1,$$

所以

$$\mathrm{Cov}(X,Y)=E(XY)-E(X)E(Y)=\frac{\pi}{2}-1-\frac{\pi}{4}\times\frac{\pi}{4}=\frac{\pi}{2}-\frac{\pi^2}{16}-1,$$

于是

$$\rho_{XY}=\frac{\mathrm{Cov}(X,Y)}{\sqrt{D(X)}\sqrt{D(Y)}}=\frac{\dfrac{\pi}{2}-\dfrac{\pi^2}{16}-1}{\dfrac{\pi^2}{16}+\dfrac{\pi}{2}-2}=\frac{8\pi-\pi^2-16}{\pi^2+8\pi-32}.$$

42 设随机变量 X_1,X_2,X_3,X_4 相互独立，且有 $E(X_i)=i,D(X_i)=5-i,i=1,2,3,$ 4.设 $Y=2X_1-X_2+3X_3-\dfrac{1}{2}X_4$.求 $E(Y),D(Y)$.

知识点睛 0403 随机变量函数的期望，0404 方差的定义及性质

解 $E(Y)=E\left(2X_1-X_2+3X_3-\dfrac{1}{2}X_4\right)=2E(X_1)-E(X_2)+3E(X_3)-\dfrac{1}{2}E(X_4)$

$$=2\times1-2+3\times3-\frac{1}{2}\times4=7.$$

由于 X_1,X_2,X_3,X_4 相互独立，所以 $2X_1,X_2,3X_3,\dfrac{1}{2}X_4$ 也相互独立，则

$$D(Y)=D\left(2X_1-X_2+3X_3-\frac{1}{2}X_4\right)=4D(X_1)+D(X_2)+9D(X_3)+\frac{1}{4}D(X_4).$$

$$=4\times(5-1)+(5-2)+9\times(5-3)+\frac{1}{4}\times(5-4)=37.25.$$

43 将 n 只球(1~n 号)随机地放进 n 只盒子(1~n 号)中去,一只盒子装一只球. 若一只球装入与球同号的盒子中,称为一个配对,记 X 为总的配对数,求 $E(X)$.

知识点睛 0402 几种常用分布的期望

解 引进随机变量

$$X_i = \begin{cases} 1, & \text{第 } i \text{ 号球恰装入第 } i \text{ 号盒子}, \\ 0, & \text{第 } i \text{ 号球不是装入第 } i \text{ 号盒子}, \end{cases} \quad i = 1, 2, \cdots, n,$$

则 $X = \sum\limits_{i=1}^{n} X_i, E(X) = \sum\limits_{i=1}^{n} E(X_i)$,而 X_i 显然服从(0-1)分布,有

$$P(X_i = 1) = \frac{1}{n}, \quad P\{X_i = 0\} = \frac{n-1}{n}, \quad E(X_i) = 1 \times \frac{1}{n} = \frac{1}{n},$$

从而 $E(X) = \sum\limits_{i=1}^{n} \frac{1}{n} = 1$.

44 若有 n 把看上去样子相同的钥匙,其中只有一把能打开门上的锁,用它们去试开门上的锁,设取到每只钥匙是等可能的,若每把钥匙试开一次后除去,试用下面两种方法求试开次数 X 的期望:

(1)写出 X 的分布律;

(2)不写出 X 的分布律.

知识点睛 0401 数学期望的概念及性质

解 (1)因为是不重复抽样,而取到每只钥匙是等可能的,故试开次数 X 的分布律为

X	1	2	$\cdots$	i	$\cdots$	n
p	$\frac{1}{n}$	$\frac{1}{n}$	$\cdots$	$\frac{1}{n}$	$\cdots$	$\frac{1}{n}$

从而

$$EX = \frac{1}{n} + \frac{2}{n} + \cdots + \frac{i}{n} + \cdots + \frac{n}{n} = \frac{1}{n}(1 + 2 + \cdots + n) = \frac{1}{2}(n+1).$$

(2)引进随机变量

$$X_i = \begin{cases} i, & \text{第 } i \text{ 把钥匙把门打开}, \\ 0, & \text{第 } i \text{ 把钥匙未把门打开}, \end{cases} \quad i = 1, 2, \cdots, n,$$

则试开次数

$$X = \sum\limits_{i=1}^{n} X_i, \quad EX = \sum\limits_{i=1}^{n} EX_i,$$

而

X_i	i	0
P	$\frac{1}{n}$	$1 - \frac{1}{n}$

故 $EX_i = \frac{i}{n}$,则 $EX = \sum\limits_{i=1}^{n} \frac{i}{n} = \frac{n+1}{2}$.

45 设随机变量 X_1, X_2 的概率密度分别为

$$f_1(x)=\begin{cases}2e^{-2x}, & x>0,\\ 0, & x\leq0,\end{cases} \quad f_2(x)=\begin{cases}4e^{-4x}, & x>0,\\ 0, & x\leq0,\end{cases}$$

（1）求 $E(X_1+X_2)$，$E(2X_1-3X_2^2)$；

（2）又设 X_1,X_2 相互独立，求 $E(X_1X_2)$。

知识点睛　0403 随机变量函数的期望

解　（1）$EX_1=\int_{-\infty}^{+\infty}x\cdot f_1(x)\mathrm{d}x=\int_0^{+\infty}2xe^{-2x}\mathrm{d}x=-xe^{-2x}\Big|_0^{+\infty}+\int_0^{+\infty}e^{-2x}\mathrm{d}x=\frac{1}{2}$，

$EX_2=\int_{-\infty}^{+\infty}x\cdot f_2(x)\mathrm{d}x=\int_0^{+\infty}4xe^{-4x}\mathrm{d}x=-xe^{-4x}\Big|_0^{+\infty}+\int_0^{+\infty}e^{-4x}\mathrm{d}x=\frac{1}{4}$，

$EX_2^2=\int_{-\infty}^{+\infty}x^2\cdot f_2(x)\mathrm{d}x=\int_0^{+\infty}4x^2e^{-4x}\mathrm{d}x=-x^2e^{-4x}\Big|_0^{+\infty}+\int_0^{+\infty}2xe^{-4x}\mathrm{d}x$

$=-\frac{1}{2}xe^{-4x}\Big|_0^{+\infty}+\int_0^{+\infty}\frac{1}{2}e^{-4x}\mathrm{d}x=\frac{1}{8}$，

所以

$$E(X_1+X_2)=EX_1+EX_2=\frac{1}{2}+\frac{1}{4}=\frac{3}{4},$$

$$E(2X_1-3X_2^2)=2EX_1-3EX_2^2=2\times\frac{1}{2}-3\times\frac{1}{8}=\frac{5}{8}.$$

（2）由 X_1,X_2 相互独立，有

$$E(X_1X_2)=EX_1\cdot EX_2=\frac{1}{2}\times\frac{1}{4}=\frac{1}{8}.$$

46　设 $W=(aX+3Y)^2$，$E(X)=E(Y)=0$，$D(X)=4$，$D(Y)=16$，$\rho_{XY}=-0.5$，求常数 a，使 $E(W)$ 为最小，并求 $E(W)$ 的最小值。

知识点睛　0401 数学期望的概念及性质

解　根据

$$D(X)=E(X^2)-[E(X)]^2,\quad D(Y)=E(Y^2)-[E(Y)]^2,$$

$$\mathrm{Cov}(X,Y)=E(XY)-E(X)\cdot E(Y),\quad \rho_{XY}=\frac{\mathrm{Cov}(X,Y)}{\sqrt{D(X)}\sqrt{D(Y)}},$$

有

$$E(W)=E(aX+3Y)^2=D(aX+3Y)+[E(aX+3Y)]^2$$

$$=a^2D(X)+9D(Y)+2\mathrm{Cov}(aX,3Y)+[aE(X)+3E(Y)]^2$$

$$=a^2D(X)+9D(Y)+6a\rho_{XY}\sqrt{D(X)\cdot D(Y)}$$

$$=4a^2+9\times16+6a(-0.5)\sqrt{4\times16}=4a^2-24a+144$$

$$=(2a-6)^2+108\geq108.$$

因此当 $a=3$ 时，$E(W)$ 最小值为 108。

47　设随机变量 $X\sim N(\mu,\sigma^2)$，$Y\sim N(\mu,\sigma^2)$，且设 X,Y 相互独立，试求 $Z_1=\alpha X+\beta Y$ 和 $Z_2=\alpha X-\beta Y$ 的相关系数（其中 α,β 是不为零的常数）。

知识点睛　0406 协方差与相关系数的概念

解　由于 $X\sim N(\mu,\sigma^2)$，$Y\sim N(\mu,\sigma^2)$，可得

$$EX = EY = \mu, \quad DX = DY = \sigma^2.$$

Z_1 和 Z_2 的相关系数：

$$\rho_{Z_1 Z_2} = \frac{\mathrm{Cov}(Z_1, Z_2)}{\sqrt{DZ_1} \cdot \sqrt{DZ_2}} = \frac{E(Z_1 Z_2) - EZ_1 \cdot EZ_2}{\sqrt{DZ_1} \cdot \sqrt{DZ_2}}.$$

由

$$EZ_1 = E(\alpha X + \beta Y) = \alpha EX + \beta EY = (\alpha + \beta)\mu,$$
$$EZ_2 = E(\alpha X - \beta Y) = \alpha EX - \beta EY = (\alpha - \beta)\mu,$$

且

$$\begin{aligned} E(Z_1 Z_2) &= E(\alpha X + \beta Y)(\alpha X - \beta Y) = E(\alpha^2 X^2 - \beta^2 Y^2) = \alpha^2 EX^2 - \beta^2 EY^2 \\ &= (\alpha^2 - \beta^2)(\sigma^2 + \mu^2), \end{aligned}$$
$$D(Z_1) = D(\alpha X + \beta Y) = \alpha^2 DX + \beta^2 DY = (\alpha^2 + \beta^2)\sigma^2,$$
$$D(Z_2) = D(\alpha X - \beta Y) = (\alpha^2 + \beta^2)\sigma^2,$$

有

$$\rho_{Z_1 Z_2} = \frac{(\alpha^2 - \beta^2)(\sigma^2 + \mu^2) - (\alpha + \beta)\mu(\alpha - \beta)\mu}{\sqrt{(\alpha^2 + \beta^2)\sigma^2} \cdot \sqrt{(\alpha^2 + \beta^2)\sigma^2}} = \frac{(\alpha^2 - \beta^2)\sigma^2}{(\alpha^2 + \beta^2)\sigma^2} = \frac{\alpha^2 - \beta^2}{\alpha^2 + \beta^2}.$$

【评注】因为 X 与 Y 相互独立，所以利用性质求 $\mathrm{Cov}(Z_1, Z_2)$ 则更加简便：

$$\begin{aligned} \mathrm{Cov}(Z_1, Z_2) &= \mathrm{Cov}(\alpha X + \beta Y, \alpha X - \beta Y) = \alpha^2 \mathrm{Cov}(X, X) - \beta^2 \mathrm{Cov}(Y, Y) \\ &= \alpha^2 D(X) - \beta^2 D(Y) = (\alpha^2 - \beta^2)\sigma^2. \end{aligned}$$

48 设 $X \sim P(16), Y \sim E(2), \rho_{XY} = -0.5$，则 $\mathrm{Cov}(X, Y+1) = \underline{\qquad}$，$E(Y^2 + XY) = \underline{\qquad}$，$D(X - 2Y) = \underline{\qquad}$.

知识点睛 0403 随机变量函数的期望，0404 方差的定义及性质

解 由已知，$EX = DX = 16, EY = \dfrac{1}{2}, DY = \dfrac{1}{4}$，则

$$\mathrm{Cov}(X, Y+1) = \mathrm{Cov}(X, Y) = \rho_{XY} \cdot \sqrt{DX} \cdot \sqrt{DY} = -1,$$

$$E(Y^2 + XY) = E(Y^2) + E(XY) = [DY + (EY)^2] + [\mathrm{Cov}(X, Y) + EX \cdot EY] = \frac{15}{2},$$

$$D(X - 2Y) = DX + 4DY - 4\mathrm{Cov}(X, Y) = 21.$$

应分别填 $-1, \dfrac{15}{2}, 21$.

49 一本 500 页的书共有 100 个错误，设每页上错误的个数为随机变量 X，已知它服从泊松分布，现随机地取 1 页，求下列事件的概率：

(1) 该页上没有错误；

(2) 这页上错误不少于 2 个.

知识点睛 0402 几种常用分布的期望

解 因为 $X \sim P(\lambda)$，故 $EX = \lambda$. 由题意可知每页上平均有 $\dfrac{1}{5}$ 个错误，即 $EX = \dfrac{1}{5}$，则 $\lambda = \dfrac{1}{5}$.

$(1) P\{X=0\} = \dfrac{\left(\dfrac{1}{5}\right)^0 \mathrm{e}^{-\frac{1}{5}}}{0!} = \mathrm{e}^{-\frac{1}{5}}.$

$(2) P\{X \geqslant 2\} = 1 - P\{X=0\} - P\{X=1\} = 1 - \dfrac{6}{5}\mathrm{e}^{-\frac{1}{5}}.$

50 假设由自动线加工的某种零件的内径 X(单位:mm)服从正态分布 $N(\mu,1)$,内径小于 10 或大于 12 的为不合格品,其余为合格品,销售每件合格品获利,销售每件不合格品亏损.已知销售利润 T(单位:元)与销售零件的内径 X 有如下关系: 1994 数学三, 8 分

$$T = \begin{cases} -1, & X < 10, \\ 20, & 10 \leqslant X \leqslant 12, \\ -5, & X > 12, \end{cases}$$

问平均内径 μ 取何值时,销售一个零件的平均利润最大?

知识点睛 0401 数学期望的概念及性质

解 由条件知,平均利润为

$$E(T) = 20 P\{10 \leqslant X \leqslant 12\} - P\{X < 10\} - 5P\{X > 12\}$$
$$= 20[\Phi(12-\mu) - \Phi(10-\mu)] - \Phi(10-\mu) - 5[1 - \Phi(12-\mu)]$$
$$= 25\Phi(12-\mu) - 21\Phi(10-\mu) - 5,$$

其中 $\Phi(x)$ 是标准正态分布函数,设 $\varphi(x)$ 为标准正态分布的概率密度,则有

$$\frac{\mathrm{d}E(T)}{\mathrm{d}\mu} = -25\varphi(12-\mu) + 21\varphi(10-\mu).$$

令其等于 0,得

$$\frac{-25}{\sqrt{2\pi}}\mathrm{e}^{-\frac{(12-\mu)^2}{2}} + \frac{21}{\sqrt{2\pi}}\mathrm{e}^{-\frac{(10-\mu)^2}{2}} = 0,$$

即 $25\mathrm{e}^{-\frac{(12-\mu)^2}{2}} = 21\mathrm{e}^{-\frac{(10-\mu)^2}{2}}$,由此得

$$\mu = \mu_0 = 11 - \frac{1}{2}\ln\frac{25}{21} \approx 10.9.$$

由题意知,当 $\mu = \mu_0 \approx 10.9(\mathrm{mm})$ 时,平均利润最大.

51 两台同样的自动记录仪,每台无故障工作的时间服从参数为 5 的指数分布;首先开动其中一台,当其发生故障时停用而另一台自动开始,试求两台记录仪无故障工作的总时间 T 的概率密度 $f(t)$,并求其数学期望和方差. 1997 数学三, 6 分

知识点睛 0401 数学期望的概念及性质,0402 几种常用分布的期望,0404 方差的定义及性质

解 以 X_1 和 X_2 表示先后开动的记录仪无故障工作的时间,则 $T = X_1 + X_2$,由条件知 $X_i(i=1,2)$ 的概率密度为

$$p_i(x) = \begin{cases} 5\mathrm{e}^{-5x}, & x > 0, \\ 0, & x \leqslant 0, \end{cases}$$

两台仪器无故障工作时间 X_1 和 X_2 显然相互独立.

利用两个独立随机变量和的密度公式求 T 的概率密度.

当 $t > 0$ 时,有

$$f(t) = \int_{-\infty}^{+\infty} p_1(x) p_2(t-x) \, \mathrm{d}x = 25 \int_0^t \mathrm{e}^{-5x} \mathrm{e}^{-5(t-x)} \, \mathrm{d}x$$

$$= 25\mathrm{e}^{-5t} \int_0^t \mathrm{d}x = 25t\mathrm{e}^{-5t},$$

当 $t \leqslant 0$ 时,显然 $f(t) = 0$,于是,得

$$f(t) = \begin{cases} 25t\mathrm{e}^{-5t}, & t > 0, \\ 0, & t \leqslant 0. \end{cases}$$

由于 X_i 服从参数为 $\lambda = 5$ 的指数分布,知

$$EX_i = \frac{1}{5}; \quad DX_i = \frac{1}{25}(i = 1, 2),$$

因此,有

$$ET = E(X_1 + X_2) = EX_1 + EX_2 = \frac{2}{5},$$

由于 X_1 和 X_2 独立,可知

$$DT = D(X_1 + X_2) = DX_1 + DX_2 = \frac{2}{25}.$$

【评注】ET 和 DT 也可由 T 的概率密度 $f(t)$ 求得:

$$ET = \int_{-\infty}^{+\infty} tf(t) \, \mathrm{d}t, \quad E(T^2) = \int_{-\infty}^{+\infty} t^2 f(t) \, \mathrm{d}t, \quad DT = E(T^2) - (ET)^2.$$

52 若 $X \sim U(0,1)$,$Y = X^2$,问 X 与 Y 是否不相关? 是否独立?

知识点睛 0406 协方差与相关系数的概念

解 因为 $X \sim U(0,1)$,故

$$E(X) = \frac{1}{2},$$

$$E(Y) = E(X^2) = \int_0^1 x^2 \, \mathrm{d}x = \frac{1}{3},$$

$$E(XY) = E(X^3) = \int_0^1 x^3 \, \mathrm{d}x = \frac{1}{4},$$

则

$$\mathrm{Cov}(X, Y) = E(XY) - E(X) \cdot E(Y) = \frac{1}{12} \neq 0,$$

故 X, Y 不是不相关,从而 X, Y 不独立.

53 设二维随机变量 (X, Y) 的概率密度为

$$f(x, y) = \begin{cases} \dfrac{1}{\pi}, & x^2 + y^2 \leqslant 1, \\ 0, & \text{其他}, \end{cases}$$

试验证 X 和 Y 是不相关的,但 X 和 Y 不是相互独立的.

知识点睛 0406 协方差与相关系数的概念

解 由于

$$f_X(x) = \int_{-\infty}^{+\infty} f(x,y)\,\mathrm{d}y = \begin{cases} \dfrac{1}{\pi}\displaystyle\int_{-\sqrt{1-x^2}}^{\sqrt{1-x^2}}\mathrm{d}y = \dfrac{2}{\pi}\sqrt{1-x^2}, & -1 \leqslant x \leqslant 1, \\ 0, & \text{其他}, \end{cases}$$

由 X 和 Y 的对称性,可得

$$f_Y(y) = \begin{cases} \dfrac{2}{\pi}\sqrt{1-y^2}, & -1 \leqslant y \leqslant 1, \\ 0, & \text{其他}. \end{cases}$$

显然, $f(x,y) \neq f_X(x)f_Y(y)$,故 X 和 Y 不是相互独立的.

又 $E(X) = \displaystyle\int_{-\infty}^{+\infty} xf_X(x)\,\mathrm{d}x = \int_{-1}^{1} x \cdot \dfrac{2}{\pi}\sqrt{1-x^2}\,\mathrm{d}x = 0$,同理 $E(Y) = 0$.有

$$E(XY) = \int_{-\infty}^{+\infty}\int_{-\infty}^{+\infty} xyf(x,y)\,\mathrm{d}x\mathrm{d}y = \frac{1}{\pi}\int_{-1}^{1}\mathrm{d}x\int_{-\sqrt{1-x^2}}^{\sqrt{1-x^2}} xy\,\mathrm{d}y = 0,$$

从而

$$\rho_{XY} = \frac{\mathrm{Cov}(X,Y)}{\sqrt{D(X)}\sqrt{D(Y)}} = \frac{E(XY)-E(X)E(Y)}{\sqrt{D(X)}\sqrt{D(Y)}} = 0.$$

故 X 和 Y 不相关.

54 设二维随机变量 (X,Y) 的密度函数为

$$f(x,y) = \frac{1}{2}[\varphi_1(x,y)+\varphi_2(x,y)],$$

其中 $\varphi_1(x,y)$ 和 $\varphi_2(x,y)$ 都是二维正态密度函数,且它们对应的二维随机变量的相关系数分别为 $\dfrac{1}{3}$ 和 $-\dfrac{1}{3}$,它们的边缘密度函数所对应的随机变量的数学期望都是 0,方差都是 1.

(1)求随机变量 X 和 Y 的密度函数 $f_1(x)$ 和 $f_2(y)$,及 X 和 Y 的相关系数 ρ(可以直接利用二维正态密度的性质).

(2)问 X 和 Y 是否独立? 为什么?

知识点睛 0306 随机变量的独立性与不相关性

解 (1)由于二维正态密度函数的两个边缘密度都是正态密度函数,因此 $\varphi_1(x,y)$ 和 $\varphi_2(x,y)$ 的两个边缘密度为标准正态密度函数,故

$$f_1(x) = \int_{-\infty}^{+\infty} f(x,y)\,\mathrm{d}y = \frac{1}{2}\Big[\int_{-\infty}^{+\infty}\varphi_1(x,y)\,\mathrm{d}y + \int_{-\infty}^{+\infty}\varphi_2(x,y)\,\mathrm{d}y\Big]$$

$$= \frac{1}{2}\Big[\frac{1}{\sqrt{2\pi}}\mathrm{e}^{-\frac{x^2}{2}} + \frac{1}{\sqrt{2\pi}}\mathrm{e}^{-\frac{x^2}{2}}\Big] = \frac{1}{\sqrt{2\pi}}\mathrm{e}^{-\frac{x^2}{2}},$$

同理, $f_2(y) = \dfrac{1}{\sqrt{2\pi}}\mathrm{e}^{-\frac{y^2}{2}}$.

由于 $X \sim N(0,1)$, $Y \sim N(0,1)$,可见 $EX = EY = 0$, $DX = DY = 1$.随机变量 X 和 Y 的相关系数

$$\rho = \int_{-\infty}^{+\infty}\int_{-\infty}^{+\infty} xyf(x,y)\,\mathrm{d}x\mathrm{d}y$$

$$= \frac{1}{2}\left[\int_{-\infty}^{+\infty} \int_{-\infty}^{+\infty} xy\varphi_1(x,y)\mathrm{d}x\mathrm{d}y + \int_{-\infty}^{+\infty} \int_{-\infty}^{+\infty} xy\varphi_2(x,y)\mathrm{d}x\mathrm{d}y \right]$$

$$= \frac{1}{2}\left(\frac{1}{3} - \frac{1}{3} \right) = 0.$$

（2）由题设

$$f(x,y) = \frac{3}{8\pi\sqrt{2}}\left[\mathrm{e}^{-\frac{9}{16}\left(x^2 - \frac{2}{3}xy + y^2\right)} + \mathrm{e}^{-\frac{9}{16}\left(x^2 + \frac{2}{3}xy + y^2\right)} \right],$$

$$f_1(x) \cdot f_2(y) = \frac{1}{\sqrt{2\pi}}\mathrm{e}^{-\frac{x^2}{2}} \cdot \mathrm{e}^{-\frac{y^2}{2}} = \frac{1}{2\pi}\mathrm{e}^{-\frac{x^2+y^2}{2}},$$

有 $f(x,y) \neq f_1(x) \cdot f_2(y)$，所以 X 与 Y 不独立.

 2008 数学一、数学三，4 分

55 设随机变量 X 服从参数为 1 的泊松分布，则 $P\{X=EX^2\} = \underline{\qquad}$.

知识点睛　0205 泊松分布及应用，0402 几种常用分布的期望

分析　$X \sim P(\lambda)$，则有 $P\{X=k\} = \frac{\lambda^k}{k!}\mathrm{e}^{-\lambda}$，$k=0,1,2,\cdots$，且 $EX=\lambda$，$DX=\lambda$，现 $\lambda=1$，直接代入即可.

解　$EX^2 = DX + (EX)^2 = 1 + 1^2 = 2$，所以

$$P\{X=EX^2\} = P\{X=2\} = \frac{1^2}{2!}\mathrm{e}^{-1} = \frac{1}{2\mathrm{e}},$$

应填 $\frac{1}{2\mathrm{e}}$.

56 题精解视频

56 设随机变量 X 的分布函数为 $F(x) = 0.3\Phi(x) + 0.7\Phi\left(\frac{x-1}{2}\right)$，其中 $\Phi(x)$ 为标准正态分布的分布函数，则 $EX = ($ 　　　 $)$.

（A）0　　　　　（B）0.3　　　　　（C）0.7　　　　　（D）1

知识点睛　0401 数学期望的概念及性质

分析　本题考查正态分布随机变量及其标准化的性质. 题中给出了分布函数 $F(x)$，要求 $EX = \int_{-\infty}^{+\infty} xf(x)\mathrm{d}x$，可以通过 $F'(x) = f(x)$ 来求得.

解　$F(x) = 0.3\Phi(x) + 0.7\Phi\left(\frac{x-1}{2}\right)$，故

$$f(x) = F'(x) = 0.3\varphi(x) + 0.7\varphi\left(\frac{x-1}{2}\right) \cdot \frac{1}{2},$$

其中 $\varphi(x)$ 为标准正态分布的概率密度.

$$EX = \int_{-\infty}^{+\infty} xf(x)\mathrm{d}x = \int_{-\infty}^{+\infty} 0.3x\varphi(x)\mathrm{d}x + \int_{-\infty}^{+\infty} \frac{0.7}{2}x\varphi\left(\frac{x-1}{2}\right)\mathrm{d}x$$

$$= 0.3\int_{-\infty}^{+\infty} x\varphi(x)\mathrm{d}x + 0.7\int_{-\infty}^{+\infty} (2t+1)\varphi(t)\mathrm{d}t$$

$$= 0.3 \times 0 + 0.7 \times 1 = 0.7.$$

应选（C）.

【评注】当随机变量 $X \sim N(\mu, \sigma^2)$ $(\sigma > 0)$ 时,其分布函数

$$F(x) = P\{X \leqslant x\} = P\left\{\frac{X-\mu}{\sigma} \leqslant \frac{x-\mu}{\sigma}\right\} = \Phi\left(\frac{x-\mu}{\sigma}\right),$$

也就是说,如有分布函数 $\Phi\left(\dfrac{x-\mu}{\sigma}\right)$,则相应的随机变量 X 有 $EX = \mu$,又

$$F(x) = C_1 \Phi\left(\frac{x-\mu_1}{\sigma_1}\right) + C_2 \Phi\left(\frac{x-\mu_2}{\sigma_2}\right), \quad C_1 + C_2 = 1,$$

则必有 $E(X) = C_1\mu_1 + C_2\mu_2$.

57 设随机变量 X 的概率分布为 $P\{X=k\} = \dfrac{C}{k!}, k=0,1,2,\cdots$,则 $E(X^2) = $ _____. 2010 数学一, 4 分

知识点睛 0205 泊松分布及应用,0403 随机变量函数的期望

分析 X 的分布 $P\{X=k\} = \dfrac{C}{k!}, k=0,1,2,\cdots$,其中 C 是待定常数,不难发现 X 是一个泊松分布的随机变量,而 $E(X^2) = DX + (EX)^2$.

57 题精解视频

解 泊松分布为 $P\{X=k\} = \dfrac{\lambda^k}{k!}e^{-\lambda}, k=0,1,2,\cdots$.对比 $P\{X=k\} = \dfrac{C}{k!}, k=0,1,2,\cdots$, 可以看出 $C = e^{-1}, X \sim P(1)$,所以 $EX = DX = 1$,而

$$E(X^2) = DX + (EX)^2 = 1 + 1^2 = 2,$$

应填 2.

58 设两个随机变量 X 与 Y 相互独立,且 EX 和 EY 存在,记 $U = \max\{X,Y\}$, $V = \min\{X,Y\}$,则 $E(UV) = ($). 2011 数学一, 4 分

(A)$EU \cdot EV$ (B)$EX \cdot EY$ (C)$EU \cdot EY$ (D)$EX \cdot EV$

知识点睛 0403 随机变量函数的期望

分析 本题考查相互独立的两个随机变量简单函数的数字特征,显然当 X 与 Y 相互独立时 $E(XY) = EX \cdot EY$.公式

$$U = \max\{X,Y\} = \frac{X+Y+|X-Y|}{2}, \quad V = \min\{X,Y\} = \frac{X+Y-|X-Y|}{2},$$

对解题也是有用的.

解法 1 $UV = \dfrac{X+Y+|X-Y|}{2} \cdot \dfrac{X+Y-|X-Y|}{2}$

$$= \frac{(X+Y)^2 - |X-Y|^2}{4} = \frac{4XY}{4} = XY.$$

故 $E(UV) = E(XY) = EX \cdot EY$,应选(B).

解法 2 $UV = \max\{X,Y\} \cdot \min\{X,Y\} = XY$,因为两个量中大者乘小者就等于这两个量相乘,所以

$$E(UV) = E(XY) = EX \cdot EY,$$

应选(B).

2011 数学一、数学三,4分

59 设二维随机变量 (X,Y) 服从正态分布 $N(\mu,\mu;\sigma^2,\sigma^2;0)$,则 $E(XY^2)$ = _____.

知识点睛 0403 随机变量函数的期望

分析 本题考查二维正态随机变量各参数的意义和两分量独立和不相关的关系, $(X,Y)\sim N(\mu,\mu;\sigma^2,\sigma^2;0)$,即 X 与 Y 的相关系数 $\rho_{XY}=0$,二维正态时 $\rho_{XY}=0$ 等价于 X 与 Y 相互独立.

解 $(X,Y)\sim N(\mu,\mu;\sigma^2,\sigma^2;0)$,所以 X 与 Y 相互独立,且
$$EX=EY=\mu,\quad DX=DY=\sigma^2,$$
$$E(XY^2)=EX\cdot E(Y^2)=\mu[DY+(EY)^2]=\mu(\sigma^2+\mu^2)=\mu\sigma^2+\mu^3.$$
应填 $\mu\sigma^2+\mu^3$.

2014 数学一,4分

60 设连续型随机变量 X_1 与 X_2 相互独立且方差均存在, X_1 与 X_2 的概率密度分别为 $f_1(x)$ 与 $f_2(x)$,随机变量 Y_1 的概率密度为 $f_{Y_1}(y)=\frac{1}{2}[f_1(y)+f_2(y)]$,随机变量 $Y_2=\frac{1}{2}(X_1+X_2)$,则(   ).

(A) $EY_1>EY_2,DY_1>DY_2$　　　　　　(B) $EY_1=EY_2,DY_1=DY_2$

(C) $EY_1=EY_2,DY_1<DY_2$　　　　　　(D) $EY_1=EY_2,DY_1>DY_2$

知识点睛 0401 数学期望的概念及性质,0404 方差的定义及性质

解 $EY_1=\int_{-\infty}^{+\infty}yf_{Y_1}(y)\mathrm{d}y=\frac{1}{2}\int_{-\infty}^{+\infty}y[f_1(y)+f_2(y)]\mathrm{d}y=\frac{1}{2}(EX_1+EX_2),$

$$EY_2=E\left[\frac{1}{2}(X_1+X_2)\right]=\frac{1}{2}(EX_1+EX_2),$$

所以 $EY_1=EY_2$.

$$DY_1-DY_2=E(Y_1^2)-(EY_1)^2-E(Y_2^2)+(EY_2)^2=E(Y_1^2)-E(Y_2^2)$$
$$=\int_{-\infty}^{+\infty}y^2\cdot\frac{1}{2}[f_1(y)+f_2(y)]\mathrm{d}y-E\left[\frac{1}{4}(X_1^2+2X_1X_2+X_2^2)\right]$$
$$=\frac{1}{2}E(X_1^2)+\frac{1}{2}E(X_2^2)-\frac{1}{4}[E(X_1^2)+2E(X_1X_2)+E(X_2^2)]$$
$$=\frac{1}{4}[E(X_1^2)-2E(X_1X_2)+E(X_2^2)]=\frac{1}{4}E[(X_1-X_2)^2].$$

一般地, $E[(X_1-X_2)^2]\geq0$,但 X_1 与 X_2 相互独立,则必有 $E[(X_1-X_2)^2]>0$.

因为,如果 $E[(X_1-X_2)^2]=0$,则 $D(X_1-X_2)=E[(X_1-X_2)^2]-[E(X_1-X_2)]^2=0$,就有 $X_1-X_2=C$(常数)以概率1成立,当然 X_1 与 X_2 不可能相互独立.

总之, $DY_1-DY_2=\frac{1}{4}E[(X_1-X_2)^2]>0,DY_1>DY_2.$ 故应选(D).

【评注】有的考生在得到 $DY_1-DY_2=\frac{1}{4}E[(X_1-X_2)^2]\geq0$ 后,为了排除 $\frac{1}{4}E[(X_1-X_2)^2]=0$ 的情况.设 X_1 与 X_2 不相互独立, $X_1=X_2$,这时 $DY_1=DY_2$.这样做只说明,不加 X_1 与 X_2 相互独立条件时,有可能 $DY_1=DY_2$,至于独立时为什么 $DY_1>DY_2$ 就没有交代了.

K 2014 数学一、
数学三,11 分

61 设随机变量 X 的概率分布为 $P\{X=1\}=P\{X=2\}=\dfrac{1}{2}$,在给定 $X=i$ 的条件下,随机变量 Y 服从均匀分布 $U(0,i)(i=1,2)$.

(1)求 Y 的分布函数 $F_Y(y)$;

(2)求 EY.

知识点睛 0401 数学期望的概念及性质

分析 当 $X=i$ 的条件下,Y 服从均匀分布 $U(0,i)(i=1,2)$,$X=i$ 就两个取值 1 和 2.求 $F_Y(y)=P\{Y\leqslant y\}$ 就可用 $\{X=1\}$ 和 $\{X=2\}$ 为完备事件组的全概率公式展开.

$$F_Y(y)=P\{Y\leqslant y\}=P\{X=1\}P\{Y\leqslant y\mid X=1\}+P\{X=2\}P\{Y\leqslant y\mid X=2\},$$

求出 $F_Y(y)$ 就不难得到 $f_Y(y)=F'_Y(y)$,再通过 $EY=\displaystyle\int_{-\infty}^{+\infty}yf_Y(y)\,\mathrm{d}y$ 求出 EY.

解 (1)记 $U(0,i)$ 的分布函数为 $F_i(x)(i=1,2)$,则

$$F_i(x)=\begin{cases}0, & x<0,\\[2mm]\dfrac{x}{i}, & 0\leqslant x<i,\quad i=1,2,\\[2mm]1, & x\geqslant i,\end{cases}$$

于是

$$\begin{aligned}F_Y(y)&=P\{Y\leqslant y\}=P\{X=1\}P\{Y\leqslant y\mid X=1\}+P\{X=2\}P\{Y\leqslant y\mid X=2\}\\[2mm]&=\frac{1}{2}P\{Y\leqslant y\mid X=1\}+\frac{1}{2}P\{Y\leqslant y\mid X=2\}\\[2mm]&=\frac{1}{2}\left[F_1(y)+F_2(y)\right]=\begin{cases}0, & y<0,\\[2mm]\dfrac{3}{4}y, & 0\leqslant y<1,\\[2mm]\dfrac{1}{2}+\dfrac{y}{4}, & 1\leqslant y<2,\\[2mm]1, & y\geqslant 2.\end{cases}\end{aligned}$$

(2)随机变量 Y 的概率密度 $f_Y(y)$ 为

$$f_Y(y)=\begin{cases}\dfrac{3}{4}, & 0<y<1,\\[2mm]\dfrac{1}{4}, & 1\leqslant y<2,\\[2mm]0, & 其他,\end{cases}$$

所以 $EY=\displaystyle\int_{-\infty}^{+\infty}yf_Y(y)\,\mathrm{d}y=\int_0^1\frac{3}{4}y\,\mathrm{d}y+\int_1^2\frac{1}{4}y\,\mathrm{d}y=\frac{3}{4}.$

K 2015 数学一,
4 分

62 设随机变量 X,Y 不相关,且 $EX=2,EY=1,DX=3$,则 $E[X(X+Y-2)]=(\quad)$.

(A)-3 (B)3 (C)-5 (D)5

知识点睛 0401 数学期望的概念及性质

解 $E[X(X+Y-2)]=E(X^2+XY-2X)=E(X^2)+E(XY)-E(2X)$

$=DX+(EX)^2+EX\cdot EY-2EX$

62 题精解视频

61 题精解视频

$$= 3+4+2-4 = 5.$$

应选(D).

2015 数学一、数学三,11 分

63 题精解视频

63 设随机变量 X 的概率密度为

$$f(x) = \begin{cases} 2^{-x}\ln 2, & x > 0, \\ 0, & x \le 0, \end{cases}$$

对 X 进行独立重复观测,直到第 2 个大于 3 的观测值出现时停止,记 Y 为观测次数.

(1)求 Y 的概率分布;

(2)求 EY.

知识点晴 0401 数学期望的概念及性质

解 (1)令 A 为"对 X 进行一次观测得到的值大于 3".显然

$$P(A) = P\{X > 3\} = \int_3^{+\infty} f(x)\,\mathrm{d}x = \int_3^{+\infty} 2^{-x}\ln 2\,\mathrm{d}x = \frac{1}{8}.$$

记事件 A 发生的概率 $P(A) = \frac{1}{8} = p$,Y 的可能取值应为 $k = 2, 3, \cdots$,如 63 题图所示.

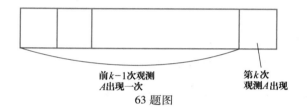

前 $k-1$ 次观测　　　第 k 次
A 出现一次　　　观测 A 出现

63 题图

$$P\{Y = k\} = C_{k-1}^1 p(1-p)^{k-2} \cdot p = (k-1)p^2(1-p)^{k-2} \quad (k = 2, 3, \cdots).$$

所以 Y 的概率分布为

$$P\{Y = k\} = (k-1)p^2(1-p)^{k-2},$$
$$p = \frac{1}{8} \quad (k = 2, 3, \cdots).$$

(2)$EY = \sum\limits_{k=2}^{\infty} k(k-1)p^2(1-p)^{k-2}$,记 $1-p = q$,

$$EY = p^2 \sum_{k=2}^{\infty} k(k-1)q^{k-2} = p^2 \frac{\mathrm{d}}{\mathrm{d}q}\left(\sum_{k=2}^{\infty} kq^{k-1}\right) = p^2 \frac{\mathrm{d}}{\mathrm{d}q}\left(\sum_{k=1}^{\infty} kq^{k-1} - 1\right)$$

$$= p^2 \frac{\mathrm{d}}{\mathrm{d}q}\left(\sum_{k=1}^{\infty} kq^{k-1}\right) = p^2 \frac{\mathrm{d}^2}{\mathrm{d}q^2}\left(\sum_{k=1}^{\infty} q^k\right) = p^2 \frac{\mathrm{d}^2}{\mathrm{d}q^2}\left(\sum_{k=0}^{\infty} q^k - 1\right)$$

$$= p^2 \frac{\mathrm{d}^2}{\mathrm{d}q^2}\left(\sum_{k=0}^{\infty} q^k\right) = p^2 \frac{\mathrm{d}^2}{\mathrm{d}q^2}\left(\frac{1}{1-q}\right) = p^2 \frac{\mathrm{d}}{\mathrm{d}q}\left[\frac{1}{(1-q)^2}\right] = p^2 \cdot \frac{2}{(1-q)^3}$$

$$= p^2 \cdot \frac{2}{p^3} = \frac{2}{p} = 16.$$

2017 数学一,4 分

64 设随机变量 X 的分布函数为 $F(x) = 0.5\Phi(x) + 0.5\Phi\left(\dfrac{x-4}{2}\right)$,其中 $\Phi(x)$ 为标准正态分布函数,则 $EX = $ _____.

知识点睛 0401 数学期望的概念及性质

解 $F(x) = \frac{1}{2}\Phi(x) + \frac{1}{2}\Phi\left(\frac{x-4}{2}\right)$，$X$ 的概率密度

$$f(x) = F'(x) = \frac{1}{2}\varphi(x) + \frac{1}{4}\varphi\left(\frac{x-4}{2}\right),$$

其中 $\varphi(x)$ 为标准正态概率密度.从而

$$EX = \int_{-\infty}^{+\infty} xf(x)\,\mathrm{d}x = \int_{-\infty}^{+\infty} \frac{x}{2}\varphi(x)\,\mathrm{d}x + \int_{-\infty}^{+\infty} \frac{x}{4}\varphi\left(\frac{x-4}{2}\right)\mathrm{d}x$$

$$= \frac{1}{2}\int_{-\infty}^{+\infty} x\varphi(x)\,\mathrm{d}x + \int_{-\infty}^{+\infty} \frac{x-4}{2}\varphi\left(\frac{x-4}{2}\right)\mathrm{d}\left(\frac{x-4}{2}\right) + \int_{-\infty}^{+\infty} 2\varphi\left(\frac{x-4}{2}\right)\mathrm{d}\left(\frac{x-4}{2}\right)$$

$$= 0 + \int_{-\infty}^{+\infty} t\varphi(t)\,\mathrm{d}t + 2\int_{-\infty}^{+\infty} \varphi(t)\,\mathrm{d}t = 2,$$

应填 2.

65 设随机变量 X,Y 相互独立,且 X 的概率分布为 $P\{X=0\} = P\{X=2\} = \frac{1}{2}$，$Y$ Ⓚ 2017 数学一、数学三,11 分

的概率密度为 $f(y) = \begin{cases} 2y, & 0<y<1, \\ 0, & \text{其他}. \end{cases}$

(1) 求 $P\{Y \leqslant EY\}$；

(2) 求 $Z = X+Y$ 的概率密度.

知识点睛 0106 全概率公式,0309 两个随机变量简单函数的分布,0401 数学期望的概念及性质

分析 (1) 求 $P\{Y \leqslant EY\}$ 可先求出 $EY = \int_{-\infty}^{+\infty} yf(y)\,\mathrm{d}y$，再计算

$$P\{Y \leqslant EY\} = \int_{-\infty}^{EY} f(y)\,\mathrm{d}y.$$

(2) 对于 $Z = X+Y$.先求出 $F_Z(z) = P\{Z \leqslant z\}$，然后再利用 $f_Z(z) = F_Z'(z)$ 求出 $f_Z(z)$.求

$$F_Z(z) = P\{Z \leqslant z\} = P\{X+Y \leqslant z\}$$

有两种途径:

① $P\{X+Y \leqslant z\} = P\{X=0\}P\{X+Y \leqslant z \mid X=0\} + P\{X=2\}P\{X+Y \leqslant z \mid X=2\}$

$$= \frac{1}{2}P\{Y \leqslant z \mid X=0\} + \frac{1}{2}P\{Y \leqslant z-2 \mid X=2\}$$

$$= \frac{1}{2}P\{Y \leqslant z\} + \frac{1}{2}P\{Y \leqslant z-2\}.$$

② $P\{X+Y \leqslant z\} = P\{X+Y \leqslant z, X=0\} + P\{X+Y \leqslant z, X=2\}$

$$= P\{Y \leqslant z, X=0\} + P\{Y \leqslant z-2, X=2\}$$

$$= P\{Y \leqslant z\}P\{X=0\} + P\{Y \leqslant z-2\}P\{X=2\}$$

$$= \frac{1}{2}P\{Y \leqslant z\} + \frac{1}{2}P\{Y \leqslant z-2\}.$$

然后再分段讨论.

解 (1) $EY = \int_{-\infty}^{+\infty} yf(y)\,\mathrm{d}y = \int_0^1 2y^2\,\mathrm{d}y = \frac{2}{3}y^3 \Big|_0^1 = \frac{2}{3}$，

$$P\{Y \leqslant EY\} = P\left\{Y \leqslant \frac{2}{3}\right\} = \int_0^{\frac{2}{3}} 2y\mathrm{d}y = y^2 \Big|_0^{\frac{2}{3}} = \frac{4}{9}.$$

（2）$Z = X+Y$ 的分布函数 $F_Z(z) = P\{Z \leqslant z\} = P\{X+Y \leqslant z\}$，根据全概率公式，有

$$P\{X+Y \leqslant z\} = P\{X=0\}P\{X+Y \leqslant z \mid X=0\} + P\{X=2\}P\{X+Y \leqslant z \mid X=2\}$$

$$= \frac{1}{2}P\{Y \leqslant z \mid X=0\} + \frac{1}{2}P\{Y \leqslant z-2 \mid X=2\}$$

$$= \frac{1}{2}P\{Y \leqslant z\} + \frac{1}{2}P\{Y \leqslant z-2\},$$

当 $z<0$ 时，$F_Z(z) = 0$；

当 $0 \leqslant z<1$ 时，$F_Z(z) = \frac{1}{2}P\{Y \leqslant z\} + 0 = \frac{1}{2}\int_0^z 2y\mathrm{d}y = \frac{1}{2}z^2$；

当 $1 \leqslant z<2$ 时，$F_Z(z) = \frac{1}{2}P\{Y \leqslant 1\} + 0 = \frac{1}{2}$；

当 $2 \leqslant z<3$ 时，$F_Z(z) = \frac{1}{2} + \frac{1}{2}P\{Y \leqslant z-2\} = \frac{1}{2} + \frac{1}{2}\int_0^{z-2} 2y\mathrm{d}y$

$$= \frac{1}{2} + \frac{1}{2}(z-2)^2 = \frac{1}{2}(z^2-4z+5)；$$

当 $z \geqslant 3$ 时，$F_Z(z) = 1$。

所以，Z 的概率密度为

$$f_Z(z) = F_Z'(z) = \begin{cases} z, & 0 \leqslant z<1, \\ z-2, & 2 \leqslant z<3, \\ 0, & \text{其他}. \end{cases}$$

2019 数学一、
数学三，4 分

66 题精解视频

66 设随机变量 X 的概率密度为 $f(x) = \begin{cases} \dfrac{x}{2}, & 0<x<2, \\ 0, & \text{其他}, \end{cases}$ $F(x)$ 为 X 的分布函数，EX

为 X 的数学期望，则 $P\{F(X)>EX-1\} = \underline{\qquad}$。

知识点睛 0401 数学期望的概念及性质

分析 根据公式有

$$EX = \int_{-\infty}^{+\infty} xf(x)\mathrm{d}x = \int_0^2 x \cdot \frac{x}{2}\mathrm{d}x,$$

$$F(x) = \int_{-\infty}^x f(t)\mathrm{d}t = \begin{cases} 0, & x \leqslant 0, \\ \int_0^x \dfrac{t}{2}\mathrm{d}t, & 0<x<2, \\ 1, & x \geqslant 2. \end{cases}$$

求出 EX 和 $F(x)$，再写出 $F(X)$，就可以计算 $P\{F(X)>EX-1\}$。

解 $EX = \int_0^2 x \cdot \frac{x}{2}\mathrm{d}x = \frac{x^3}{6}\Big|_0^2 = \frac{4}{3}$，

$$F(x) = \begin{cases} 0, & x \leqslant 0, \\ \dfrac{x^2}{4}, & 0<x<2, \\ 1, & x \geqslant 2. \end{cases}$$

则 $F(X)=\dfrac{X^2}{4}$,故

$$P\{F(X)>EX-1\}=P\left\{\dfrac{X^2}{4}>\dfrac{4}{3}-1\right\}=P\left\{X^2>\dfrac{4}{3}\right\}$$

$$=P\left\{X>\dfrac{2}{\sqrt{3}}\right\}+P\left\{X<-\dfrac{2}{\sqrt{3}}\right\}$$

$$=\int_{\frac{2}{\sqrt{3}}}^{2}\dfrac{x}{2}\mathrm{d}x+0=\dfrac{x^2}{4}\Big|_{\frac{2}{\sqrt{3}}}^{2}=1-\dfrac{1}{3}=\dfrac{2}{3}.$$

【评注】记住结论:对任一连续型随机变量 X,其分布函数为 $F(x)$,则 $Y=F(X)$ 必定服从 $U(0,1)$ 分布.我们可以直接得到 $P\{F(X)>EX-1\}=P\left\{F(X)>\dfrac{1}{3}\right\}=1-\dfrac{1}{3}=\dfrac{2}{3}$.

67 某流水生产线上每个产品不合格的概率为 $p(0<p<1)$,各产品合格与否相互独立,当出现一个不合格产品时即停机检修.设开机后第一次停机时已生产了的产品个数为 X,求 X 的数学期望 $E(X)$ 和方差 $D(X)$.

K 2000 数学一, 8 分

知识点睛 0401 数学期望的概念及性质,0404 方差的定义及性质

解 显然 X 是一个离散型随机变量,取值范围为 $1,2,3,\cdots$.关键在于建立 X 的分布律.生产线上每个产品的生产可以理解成一次试验,而且是独立重复试验,生产了 X 个产品停机,就是说第 X 个产品是不合格,而前 $X-1$ 个产品全合格,故 $P\{X=k\}=q^{k-1}p$, $k=1,2,\cdots,q=1-p$.从而

$$EX=\sum_{k=1}^{\infty}kq^{k-1}p=p\left(\sum_{k=1}^{\infty}q^k\right)'=p\cdot\dfrac{1}{(1-q)^2}=\dfrac{1}{p},$$

$$E(X^2)=\sum_{k=1}^{\infty}k^2q^{k-1}p=p\left[q\left(\sum_{k=1}^{\infty}q^k\right)'\right]'=\dfrac{2-p}{p^2},$$

从而 $DX=\dfrac{1-p}{p^2}$.

68 设随机变量 X 的概率密度为

K 2002 数学一, 7 分

$$f(x)=\begin{cases}\dfrac{1}{2}\cos\dfrac{x}{2},&0\leq x\leq\pi,\\0,&\text{其他},\end{cases}$$

对 X 独立地重复观察 4 次,用 Y 表示观察值大于 $\dfrac{\pi}{3}$ 的次数,求 Y^2 的数学期望.

知识点睛 0403 随机变量函数的期望

解 如果将观察 X 理解为试验,观察值大于 $\dfrac{\pi}{3}$ 理解为试验成功,则 Y 表示独立地重复试验 4 次成功的次数,即 $Y\sim B(4,p)$,其中

$$p=P\left\{X>\dfrac{\pi}{3}\right\}=\int_{\frac{\pi}{3}}^{+\infty}f(x)\mathrm{d}x=\int_{\frac{\pi}{3}}^{\pi}\dfrac{1}{2}\cos\dfrac{x}{2}\mathrm{d}x=\dfrac{1}{2},$$

则 $E(Y^2)=DY+(EY)^2=np(1-p)+(np)^2=5$.

69 已知甲、乙两箱中装有同种产品,其中甲箱中装有 3 件合格品和 3 件次品,

K 2003 数学一, 10 分

69 题精解视频

乙箱中仅装有 3 件合格品.从甲箱中任取 3 件产品放入乙箱后,求:

(1)乙箱中次品件数 X 的数学期望;

(2)从乙箱中任取一件产品是次品的概率.

知识点睛 0401 数学期望的概念及性质,0106 全概率公式

分析 问题(1)和(2)的求解在于乙箱中次品件数 X,而 X 又取决于从甲箱中任取 3 件产品中所含的次品数.

解 (1) $P\{X=k\}=\dfrac{C_3^k C_3^{3-k}}{C_6^3}$, $k=0,1,2,3$.因此

$$E(X)=\sum_{k=0}^{3}kP\{X=k\}=\frac{3}{2}.$$

(2)从乙箱中任取一件产品是次品的概率为

$$P(A)=\sum_{k=0}^{3}P\{X=k\}P\{A\mid X=k\}$$

$$=\frac{1}{20}\times 0+\frac{9}{20}\times\frac{1}{6}+\frac{9}{20}\times\frac{2}{6}+\frac{1}{20}\times\frac{3}{6}=\frac{1}{4}.$$

2004 数学一,4 分

70 设随机变量 X 服从参数为 λ 的指数分布,则 $P\{X>\sqrt{D(X)}\}=$ _____.

知识点睛 0404 方差的定义及性质

解 $P\{X>\sqrt{D(X)}\}=P\left\{X>\dfrac{1}{\lambda}\right\}=\displaystyle\int_{\frac{1}{\lambda}}^{+\infty}\lambda e^{-\lambda x}\mathrm{d}x=e^{-1}$.应填 e^{-1}.

1998 数学四,9 分

71 设某种商品的每周的需求量 X 是服从区间 $[10,30]$ 上均匀分布的随机变量,而经销商店进货数量为区间 $[10,30]$ 中的某一整数,商店每销售一单位商品可获利 500 元,若供大于求则削价处理,每处理 1 单位商品亏损 100 元,若供不应求,则可从外部调剂供应,此时每个单位商品仅获利 300 元.为使商店所获利润期望值不少于 9280 元,试确定最少进货量.

知识点睛 0403 随机变量函数的期望

解 本题是一个利用均匀分布求随机变量的数学期望的应用题.关键是求出利润的函数 $g(X;a)$,其中 a 是进货量.

当 $X>a$ 时,进货全售出,得利润 $500a$,外部调剂获利 $300(X-a)$,

当 $X\leqslant a$ 时,销售得利 $500X$,多余的削价处理亏损 $100(a-X)$.所以

$$g(X;a)=\begin{cases}300X+200a, & a<X\leqslant 30,\\600X-100a, & 10\leqslant X\leqslant a.\end{cases}$$

而

$$E[g(X;a)]=\int_{-\infty}^{+\infty}g(x;a)f_X(x)\mathrm{d}x\geqslant 9280,$$

其中 $f_X(x)=\begin{cases}\dfrac{1}{20}, & 10\leqslant x\leqslant 30,\\0, & \text{其他},\end{cases}$ 解得 $20\dfrac{2}{3}\leqslant a\leqslant 26$,故最小进货量为 21 单位.

72 一商店经销某种商品,每周进货的数量 X 与顾客对该种商品的需求量 Y 是 相互独立的随机变量,且都服从区间 $[10,20]$ 上的均匀分布. 商店每售出一单位商品可 得利润 1000 元;若需求量超过了进货量,商店可从其他商店调剂供应,这时每单位商品 获利润为 500 元,试计算此商店经销该种商品每周所得利润的期望值.

🅚 1998 数学三, 10 分

知识点睛 0403 随机变量函数的期望

解 利润函数应为 $g(X,Y)=\begin{cases}1000Y, & Y\le X, \\ 500(X+Y), & Y>X.\end{cases}$ 而

$$f(x,y)=\begin{cases}\dfrac{1}{100}, & 10\le x\le 20,10\le y\le 20, \\ 0, & 其他.\end{cases}$$

每周利润的期望值

$$E[g(X,Y)]=\int_{-\infty}^{+\infty}\int_{-\infty}^{+\infty}g(x,y)f(x,y)\,\mathrm{d}x\mathrm{d}y=14\ 166.67(元).$$

73 设随机变量 X 服从标准正态分布 $N(0,1)$,则 $E(X\mathrm{e}^{2X})=$ _____.

🅚 2013 数学三, 4 分

知识点睛 0403 随机变量函数的期望

解 $E(X\mathrm{e}^{2X})=\int_{-\infty}^{+\infty}x\mathrm{e}^{2x}\varphi(x)\,\mathrm{d}x=\int_{-\infty}^{+\infty}x\mathrm{e}^{2x}\cdot\dfrac{1}{\sqrt{2\pi}}\mathrm{e}^{-\frac{x^2}{2}}\,\mathrm{d}x$

$$=\mathrm{e}^2\int_{-\infty}^{+\infty}x\cdot\dfrac{1}{\sqrt{2\pi}}\mathrm{e}^{-\frac{x^2-4x+4}{2}}\,\mathrm{d}x$$

$$=\mathrm{e}^2\int_{-\infty}^{+\infty}x\cdot\dfrac{1}{\sqrt{2\pi}}\mathrm{e}^{-\frac{(x-2)^2}{2}}\,\mathrm{d}x=2\mathrm{e}^2,$$

其中 $\int_{-\infty}^{+\infty}x\cdot\dfrac{1}{\sqrt{2\pi}}\mathrm{e}^{-\frac{(x-2)^2}{2}}\,\mathrm{d}x$ 可以看成是正态分布 $N(2,1)$ 的数学期望. 应填 $2\mathrm{e}^2$.

74 设随机变量 X 与 Y 相互独立,且都服从参数为 1 的指数分布,记 $U=\max\{X,Y\}$,$V=\min\{X,Y\}$.

🅚 2012 数学三, 11 分

(1)求 V 的概率密度 $f_V(v)$; (2)求 $E(U+V)$.

知识点睛 0306 随机变量的独立性,0403 随机变量函数的期望

分析 $X\sim E(1)$,$f_X(x)=\begin{cases}\mathrm{e}^{-x}, & x>0, \\ 0, & x\le 0.\end{cases}$ $P\{X>t\}=\mathrm{e}^{-t}$,$t>0$. $EX=EY=1$.

74 题精解视频

解 (1) $F_V(v)=P\{V\le v\}=P\{\min(X,Y)\le v\}=1-P\{\min(X,Y)>v\}$

$$=1-P\{X\ge v,Y\ge v\}=1-P\{X\ge v\}P\{Y\ge v\}$$

$$=1-\mathrm{e}^{-v}\mathrm{e}^{-v}=1-\mathrm{e}^{-2v},v>0.$$

当 $v\le 0$ 时,$F_V(v)=0$,所以

$$f_V(v)=\begin{cases}2\mathrm{e}^{-2v}, & v>0, \\ 0, & v\le 0.\end{cases}$$

(2) $E(U+V)=E(X+Y)=EX+EY=1+1=2.$

75 设随机变量 X 与 Y 相互独立,且 $X\sim N(1,2)$,$Y\sim N(1,4)$,则 $D(XY)=($).

🅚 2016 数学三, 4 分

(A)6 (B)8 (C)14 (D)15

知识点睛　0405 方差的定义及性质

解　$D(XY)=E(XY)^2-[E(XY)]^2=E(X^2)E(Y^2)-(EXEY)^2$
$$=[DX+(EX)^2][DY+(EY)^2]-1^2=(2+1^2)(4+1^2)-1=14,$$

应选(C).

76　设随机变量 X 的概率分布为 $P\{X=-2\}=\dfrac{1}{2}, P\{X=1\}=a, P\{X=3\}=b$, 若 $EX=0$, 则 $DX=$_____.

知识点睛　0405 方差的定义及性质

解　随机变量 X 的概率分布为

X	-2	1	3
p	$\dfrac{1}{2}$	a	b

因为 $EX=0$, 所以

$$-2\times\frac{1}{2}+1\times a+3\times b=a+3b-1=0 \quad 且 \quad \frac{1}{2}+a+b=1,$$

于是 $\begin{cases}a+b=\dfrac{1}{2},\\a+3b=1,\end{cases}$ 解得 $\begin{cases}a=\dfrac{1}{4},\\b=\dfrac{1}{4}.\end{cases}$ 从而

$$DX=E(X^2)-(EX)^2=E(X^2)=(-2)^2\times\frac{1}{2}+1^2\times a+3^2\times b=2+\frac{10}{4}=\frac{9}{2},$$

应填 $\dfrac{9}{2}$.

77　设随机变量 $X\sim N(0,4)$, 随机变量 $Y\sim B\left(3,\dfrac{1}{3}\right)$, 且 X,Y 不相关, 则 $D(X-3Y+1)=(\quad)$.

(A) 2　　　　(B) 4　　　　(C) 6　　　　(D) 10

知识点睛　0404 方差的定义及性质, 0405 几种常用分布的方差

解　$D(X-3Y+1)=D(X-3Y)=DX+9DY=4+9\times3\times\dfrac{1}{3}\times\dfrac{2}{3}=10.$

应选(D).

【评注】利用性质及重要分布的结论求数字特征, 属于常考题型, 考生一定要重点关注.

78　设随机变量 $X_{ij}(i,j=1,2,3,\cdots,n;n\geq2)$ 独立同分布, $EX_{ij}=2$, 则行列式

$$Y=\begin{vmatrix}X_{11}&X_{12}&\cdots&X_{1n}\\X_{21}&X_{22}&\cdots&X_{2n}\\\vdots&\vdots& &\vdots\\X_{n1}&X_{n2}&\cdots&X_{nn}\end{vmatrix}$$

的数学期望 $EY=$_____.

知识点睛　0403 随机变量函数的期望

解　行列式 Y 是由 n^2 个元素 X_{ij} 的乘积组成的 $n!$ 项和式, 每一项的形式为 X_{1j_1}

$X_{2j_2}\cdots X_{nj_n}$,这 n 个元素取自行列式中不同的行与不同的列,每一项都带有正号或负号.但无论正号或负号,和式的期望等于各项期望之和.因为 X_{ij} 是相互独立的.所以

$$E(X_{1j_1}X_{2j_2}\cdots X_{nj_n})=E(X_{1j_1})E(X_{2j_2})\cdots E(X_{nj_n}),$$

从而

$$E(Y)=\begin{vmatrix} E(X_{11}) & E(X_{12}) & \cdots & E(X_{1n}) \\ E(X_{21}) & E(X_{22}) & \cdots & E(X_{2n}) \\ \vdots & \vdots & & \vdots \\ E(X_{n1}) & E(X_{n2}) & \cdots & E(X_{nn}) \end{vmatrix}$$

$$=\begin{vmatrix} 2 & 2 & \cdots & 2 \\ 2 & 2 & \cdots & 2 \\ \vdots & \vdots & & \vdots \\ 2 & 2 & \cdots & 2 \end{vmatrix}=0.$$

应填 0.

79 设随机变量 X 在区间 $[-1,2]$ 上服从均匀分布;随机变量

$$Y=\begin{cases} 1, & X>0, \\ 0, & X=0, \\ -1, & X<0, \end{cases}$$

则方差 $DY=$ _____.

Ⓚ 2000 数学三,3 分

知识点睛 0404 方差的定义及性质

解 Y 是离散型随机变量,其所取值的概率分别为 $P\{X>0\}$,$P\{X=0\}$ 和 $P\{X<0\}$.由于 X 是均匀分布,可以通过直接计算得出相关概率

$$P\{Y=-1\}=P\{X<0\}=\frac{0-(-1)}{3}=\frac{1}{3},$$

$$P\{Y=0\}=P\{X=0\}=0,$$

$$P\{Y=1\}=P\{X>0\}=\frac{2-0}{3}=\frac{2}{3}.$$

因此

$$E(Y)=-1\times\frac{1}{3}+1\times\frac{2}{3}=\frac{1}{3},$$

$$E(Y^2)=(-1)^2\times\frac{1}{3}+1^2\times\frac{2}{3}=\frac{1}{3}+\frac{2}{3}=1,$$

故 $D(Y)=E(Y^2)-[E(Y)]^2=1-\frac{1}{9}=\frac{8}{9}$.应填 $\frac{8}{9}$.

80 假设随机变量 U 在区间 $[-2,2]$ 上服从均匀分布,随机变量

$$X=\begin{cases} -1, & U\leqslant-1, \\ 1, & U>-1, \end{cases}\qquad Y=\begin{cases} -1, & U\leqslant1, \\ 1, & U>1, \end{cases}$$

求:(1) X 和 Y 的联合概率分布; (2) $D(X+Y)$.

Ⓚ 2002 数学三,8 分

知识点睛 0303 二维离散型随机变量的概率分布,0404 方差的定义及性质

解 (X,Y) 有四个可能值,可以逐个求出,在计算过程中只要注意到取值与 U 的值有关.且 U 的分布为均匀分布,可直接观察所占区间的长度比例计算概率.

(1) (X,Y) 只有四个可能值 $(-1,-1),(-1,1),(1,-1)$ 和 $(1,1)$,则

$$P\{X=-1,Y=-1\}=P\{U\leqslant-1,U\leqslant1\}=P\{U\leqslant-1\}=\frac{-1-(-2)}{2-(-2)}=\frac{1}{4},$$

$$P\{X=-1,Y=1\}=P\{U\leqslant-1,U>1\}=P\{\varnothing\}=0,$$

$$P\{X=1,Y=-1\}=P\{U>-1,U\leqslant1\}=P\{-1<U\leqslant1\}=\frac{1}{2},$$

$$P\{X=1,Y=1\}=P\{U>-1,U>1\}=P\{U>1\}=\frac{1}{4},$$

于是,(X,Y) 的分布为

X \ Y	-1	1
-1	$\frac{1}{4}$	0
1	$\frac{1}{2}$	$\frac{1}{4}$

(2) $X+Y$ 和 $(X+Y)^2$ 的分布分别为

$X+Y$	-2	0	2
P	$\frac{1}{4}$	$\frac{1}{2}$	$\frac{1}{4}$

和

$(X+Y)^2$	0	4
P	$\frac{1}{2}$	$\frac{1}{2}$

所以

$$E(X+Y)=-\frac{2}{4}+\frac{2}{4}=0,\quad E[(X+Y)^2]=\frac{4}{2}=2,$$

从而

$$D(X+Y)=E[(X+Y)^2]-[E(X+Y)]^2=2.$$

2002 数学三,8 分

81 假设一设备开机后无故障工作的时间 X 服从指数分布,平均无故障工作的时间 (EX) 为 5 小时.设备定时开机,出现故障时自动关机,而在无故障的情况下工作 2 小时便关机.试求该设备每次开机无故障工作的时间 Y 的分布函数 $F(y)$.

知识点睛 0401 数学期望的概念及性质

解 首先要找出随机变量 Y 的表达式.Y 由 X 和 2 中的小者确定,所以 $Y=\min\{X,2\}$.其次,确定当 $0\leqslant y<2$ 时,Y 的变化就相当于 X 的变化.

指数分布 X 的分布参数为 $\frac{1}{E(X)}=\frac{1}{5}$,显然,$Y=\min\{X,2\}$.

当 $y<0$ 时,$F(y)=0$;当 $y\geqslant2$ 时,$F(y)=1$;当 $0\leqslant y<2$ 时,

$$F(y) = P\{Y \leqslant y\} = P\{\min(X,2) \leqslant y\}$$
$$= P\{X \leqslant y\} = 1 - e^{-\frac{y}{5}}.$$

所以,Y 的分布函数为

$$F(y) = \begin{cases} 0, & y < 0, \\ 1 - e^{-\frac{y}{5}}, & 0 \leqslant y < 2, \\ 1, & y \geqslant 2. \end{cases}$$

82 设二维离散型随机变量 (X,Y) 的概率分布为

K 2012 数学一、数学三,11 分

X\Y	0	1	2
0	$\frac{1}{4}$	0	$\frac{1}{4}$
1	0	$\frac{1}{3}$	0
2	$\frac{1}{12}$	0	$\frac{1}{12}$

(1)求 $P\{X=2Y\}$; (2)求 $\mathrm{Cov}(X-Y,Y)$.

知识点睛 0406 协方差与相关系数的概念

分析 (1)$X=2Y$ 就有两种可能:$X=0,Y=0$ 和 $X=2,Y=1$,可直接计算.
(2)$\mathrm{Cov}(X-Y,Y) = \mathrm{Cov}(X,Y) - \mathrm{Cov}(Y,Y) = E(XY) - EX \cdot EY - DY$.
只要设法找出 XY 的分布就可以计算了.

解 (1)$P\{X=2Y\} = P\{X=0,Y=0\} + P\{X=2,Y=1\} = \frac{1}{4} + 0 = \frac{1}{4}$.

(2)由 (X,Y) 的概率分布可得 X,Y 的概率分布为

X\Y	0	1	2	
0	$\frac{1}{4}$	0	$\frac{1}{4}$	$\frac{1}{2}$
1	0	$\frac{1}{3}$	0	$\frac{1}{3}$
2	$\frac{1}{12}$	0	$\frac{1}{12}$	$\frac{1}{6}$
	$\frac{1}{3}$	$\frac{1}{3}$	$\frac{1}{3}$	

故

$$EX = 0 \times \frac{1}{2} + 1 \times \frac{1}{3} + 2 \times \frac{1}{6} = \frac{2}{3},$$

$$EY = \frac{1}{3}(0 + 1 + 2) = 1,$$

$$DY = \frac{1}{3}(0-1)^2 + \frac{1}{3}(1-1)^2 + \frac{1}{3}(2-1)^2 = \frac{2}{3}.$$

$$P\{XY=0\} = P\{X=0\} + P\{X \neq 0, Y=0\} = \frac{1}{2} + \frac{1}{12} = \frac{7}{12},$$

$$P\{XY=1\}=P\{X=1,Y=1\}=\frac{1}{3},$$

XY 的概率分布为

XY	0	1	4
P	$\frac{7}{12}$	$\frac{1}{3}$	$\frac{1}{12}$

故

$$E(XY)=1\times\frac{1}{3}+4\times\frac{1}{12}=\frac{2}{3},$$

所以

$$\mathrm{Cov}(X-Y,Y)=E(XY)-EX\cdot EY-DY=\frac{2}{3}-\frac{2}{3}-\frac{2}{3}=-\frac{2}{3}.$$

2018 数学一、数学三,11 分

83 设随机变量 X 与 Y 相互独立,X 的概率分布为 $P\{X=1\}=P\{X=-1\}=\frac{1}{2}$,$Y$ 服从参数为 λ 的泊松分布.令 $Z=XY$.

(1)求 $\mathrm{Cov}(X,Z)$; (2)求 Z 的概率分布.

知识点睛 0209 随机变量函数的分布,0406 协方差与相关系数的概念

分析 X 的分布

X	-1	1
P	$\frac{1}{2}$	$\frac{1}{2}$

$Y\sim P(\lambda),P\{Y=k\}=\dfrac{\lambda^k}{k!}\mathrm{e}^{-\lambda},k=0,1,2,\cdots.$

(1) $\mathrm{Cov}(X,Z)=\mathrm{Cov}(X,XY)=E(X^2Y)-E(X)E(XY)$.由 X,Y 相互独立,有 $E(X^2Y)=E(X^2)E(Y)$ 和 $E(XY)=E(X)E(Y)$,不难求出 $\mathrm{Cov}(X,Z)$.

(2)求 $Z=XY$ 的分布,首先确定 Z 的取值范围,Z 取值为 $0,\pm1,\pm2,\pm3,\cdots$,再利用 X,Y 的独立性,就可以求出 Z 的分布.

解 (1)$\mathrm{Cov}(X,Z)=\mathrm{Cov}(X,XY)=E(X^2Y)-E(X)E(XY)$,其中

$$E(X^2Y)=E(X^2)E(Y)=\left[(-1)^2\times\frac{1}{2}+1^2\times\frac{1}{2}\right]\lambda=\lambda,$$

$$E(X)E(XY)=0\cdot E(XY)=0,$$

所以 $\mathrm{Cov}(X,Z)=\lambda.$

(2)X 取值 $-1,1,Y$ 取值 $0,1,2,\cdots$.因此 $Z=XY$ 取值为 $0,\pm1,\pm2,\cdots,Z$ 的分布为

$$P\{Z=0\}=P\{Y=0\}=\mathrm{e}^{-\lambda},$$

$$P\{Z=k\}=P\{X=1,Y=k\}=P\{X=1\}P\{Y=k\}=\frac{1}{2}\cdot\frac{\lambda^k}{k!}\mathrm{e}^{-\lambda},k=1,2,3,\cdots,$$

$$P\{Z=-k\}=P\{X=-1,Y=k\}=P\{X=-1\}P\{Y=k\}=\frac{1}{2}\cdot\frac{\lambda^k}{k!}\mathrm{e}^{-\lambda},k=1,2,3,\cdots.$$

2004 数学一,4 分

84 设随机变量 $X_1,X_2,\cdots,X_n(n>1)$ 独立同分布,且其方差为 $\sigma^2>0$,令 $Y=\dfrac{1}{n}\sum_{n=1}^{n}X_i$,则( ).

（A）$\mathrm{Cov}(X_1, Y) = \dfrac{\sigma^2}{n}.$　　　　（B）$\mathrm{Cov}(X_1, Y) = \sigma^2$

（C）$D(X_1 + Y) = \dfrac{n+2}{n}\sigma^2$　　　　（D）$D(X_1 - Y) = \dfrac{n+1}{n}\sigma^2$

知识点睛　0406 协方差与相关系数的概念

解　本题要求计算 $\mathrm{Cov}(X_1, Y)$ 和 $D(X_1 + Y)$，其中 $Y = \dfrac{1}{n}\sum_{n=1}^{n} X_i$，由于 X_1 与 Y 不相互独立，如果按定义来直接计算会比较复杂.

可以将 Y 中的 X_1 分离出来，再用独立性来计算，计算量则大大减少.

$$\begin{aligned}
\mathrm{Cov}(X_1, Y) &= \mathrm{Cov}\left(X_1, \frac{1}{n}\sum_{n=1}^{n} X_i\right) \\
&= \mathrm{Cov}\left(X_1, \frac{1}{n}X_1\right) + \mathrm{Cov}\left(X_1, \frac{1}{n}\sum_{n=2}^{n} X_i\right) \\
&= \frac{1}{n}\sigma^2 + 0 = \frac{\sigma^2}{n},
\end{aligned}$$

应选（A）.

85　设随机变量 X 的概率密度为 K 2006 数学一 (1)(3),9 分; 数学三,13 分

$$f_X(x) = \begin{cases} \dfrac{1}{2}, & -1 < x < 0, \\[2mm] \dfrac{1}{4}, & 0 \leqslant x < 2, \\[2mm] 0, & \text{其他}, \end{cases}$$

令 $Y = X^2$，$F(x, y)$ 为二维随机变量 (X, Y) 的分布函数. 求

（1）Y 的概率密度 $f_Y(y)$；　（2）$\mathrm{Cov}(X, Y)$；　（3）$F\left(-\dfrac{1}{2}, 4\right)$.

知识点睛　0209 随机变量函数的分布，0406 协方差与相关系数的概念

分析　$f_Y(y) = F'_Y(y)$，而 $F_Y(y) = P\{Y \leqslant y\} = P\{X^2 \leqslant y\}$，因为 $f_X(x)$ 是分段函数，在计算 $P\{X^2 \leqslant y\}$ 时，要相应地分段讨论. 而

$$\mathrm{Cov}(X, Y) = \mathrm{Cov}(X, X^2) = E(X^3) - E(X)E(X^2),$$

$$F\left(-\frac{1}{2}, 4\right) = P\left\{X \leqslant -\frac{1}{2}, Y \leqslant 4\right\} = P\left\{X \leqslant -\frac{1}{2}, X^2 \leqslant 4\right\},$$

两者均只与 X 有关，不必先求出 $F(x, y)$.

解　（1）设 Y 的分布函数为 $F_Y(y)$，则 $F_Y(y) = P\{Y \leqslant y\} = P\{X^2 \leqslant y\}$.

当 $y \leqslant 0$ 时，$F_Y(y) = 0$，$f_Y(y) = 0$；

当 $0 < y < 1$ 时，

$$\begin{aligned}
F_Y(y) &= P\{-\sqrt{y} \leqslant X \leqslant \sqrt{y}\} = P\{-\sqrt{y} \leqslant X < 0\} + P\{0 \leqslant X \leqslant \sqrt{y}\} \\
&= \frac{1}{2}\sqrt{y} + \frac{1}{4}\sqrt{y} = \frac{3}{4}\sqrt{y},
\end{aligned}$$

$$f_Y(y) = F'_Y(y) = \frac{3}{8\sqrt{y}}.$$

当 $1 \leqslant y < 4$ 时,

$$F_Y(y) = P\{-1 \leqslant X < 0\} + P\{0 \leqslant X \leqslant \sqrt{y}\} = \frac{1}{2} + \frac{1}{4}\sqrt{y},$$

$$f_Y(y) = F_Y'(y) = \frac{1}{8\sqrt{y}}.$$

当 $y \geqslant 4$ 时,

$$F_Y(y) = 1, \quad f_Y(y) = 0.$$

故 Y 的概率密度为

$$f_Y(y) = \begin{cases} \dfrac{3}{8\sqrt{y}}, & 0 < y < 1, \\ \dfrac{1}{8\sqrt{y}}, & 1 \leqslant y < 4, \\ 0, & \text{其他.} \end{cases}$$

$(2)\, E(X) = \int_{-\infty}^{+\infty} x f_X(x)\,\mathrm{d}x = \int_{-1}^{0} \frac{x}{2}\,\mathrm{d}x + \int_{0}^{2} \frac{x}{4}\,\mathrm{d}x = \frac{1}{4},$

$E(X^2) = \int_{-\infty}^{+\infty} x^2 f_X(x)\,\mathrm{d}x = \int_{-1}^{0} \frac{x^2}{2}\,\mathrm{d}x + \int_{0}^{2} \frac{x^2}{4}\,\mathrm{d}x = \frac{5}{6},$

$E(X^3) = \int_{-\infty}^{+\infty} x^3 f_X(x)\,\mathrm{d}x = \int_{-1}^{0} \frac{x^3}{2}\,\mathrm{d}x + \int_{0}^{2} \frac{x^3}{4}\,\mathrm{d}x = \frac{7}{8},$

故

$$\mathrm{Cov}(X,Y) = \mathrm{Cov}(X,X^2) = E(X^3) - E(X)E(X^2) = \frac{7}{8} - \frac{1}{4} \times \frac{5}{6} = \frac{2}{3}.$$

$(3)\, F\left(-\frac{1}{2}, 4\right) = P\left\{X \leqslant -\frac{1}{2}, Y \leqslant 4\right\} = P\left\{X \leqslant -\frac{1}{2}, X^2 \leqslant 4\right\}$

$$= P\left\{X \leqslant -\frac{1}{2}, -2 \leqslant X \leqslant 2\right\} = P\left\{-2 \leqslant X \leqslant -\frac{1}{2}\right\}$$

$$= P\left\{-1 < X \leqslant -\frac{1}{2}\right\} = \frac{1}{4}.$$

Ⓚ 2010 数学三,11 分

86 箱中装有 6 个球,其中红、白、黑球的个数分别为 1,2,3 个.现从箱中随机地取出 2 个球,记 X 为取出的红球个数,Y 为取出的白球个数.

(1)求随机变量 (X,Y) 的概率分布;

(2)求 $\mathrm{Cov}(X,Y)$.

知识点睛 0303 二维离散型随机变量的概率分布,0406 协方差与相关系数的概念

分析 随机地一次取出 2 个,总共有 C_6^2 种不同取法.X 表示取出的红球数,可能取值为 0,1;Y 表示取出的白球数,可能取值为 0,1,2.各种情况下不难求出 (X,Y) 的分布.而 $\mathrm{Cov}(X,Y) = E(XY) - EX \cdot EY$ 就可从 (X,Y) 的分布逐次求出.

解 (1)由题意有

X \ Y	0	1	2
0	$\dfrac{C_3^2}{C_6^2}$	$\dfrac{C_2^1 C_3^1}{C_6^2}$	$\dfrac{C_2^2}{C_6^2}$
1	$\dfrac{C_1^1 C_3^1}{C_6^2}$	$\dfrac{C_1^1 C_2^1}{C_6^2}$	0

即

X \ Y	0	1	2
0	$\dfrac{1}{5}$	$\dfrac{2}{5}$	$\dfrac{1}{15}$
1	$\dfrac{1}{5}$	$\dfrac{2}{15}$	0

（2）X,Y 的概率分布及边缘分布为

X \ Y	0	1	2	
0	$\dfrac{1}{5}$	$\dfrac{2}{5}$	$\dfrac{1}{15}$	$\dfrac{2}{3}$
1	$\dfrac{1}{5}$	$\dfrac{2}{15}$	0	$\dfrac{1}{3}$
	$\dfrac{2}{5}$	$\dfrac{8}{15}$	$\dfrac{1}{15}$	

故

$$EX = 0\times\frac{2}{3}+1\times\frac{1}{3}=\frac{1}{3}, \quad EY=0\times\frac{2}{5}+1\times\frac{8}{15}+2\times\frac{1}{15}=\frac{2}{3},$$

$$E(XY)=1\times1\times\frac{2}{15}+0\times\left(\frac{1}{5}+\frac{2}{5}+\frac{1}{15}+\frac{1}{5}\right)+1\times2\times0=\frac{2}{15},$$

所以

$$\mathrm{Cov}(X,Y)=E(XY)-EX\cdot EY=\frac{2}{15}-\frac{1}{3}\times\frac{2}{3}=-\frac{4}{45}.$$

87 设随机变量 X 和 Y 的联合概率分布为

K 2002 数学三，4 分

X \ Y	−1	0	1
0	0.07	0.18	0.15
1	0.08	0.32	0.20

则 X^2 和 Y^2 的协方差 $\mathrm{Cov}(X^2,Y^2)=$ _____.

知识点晴 0406 协方差与相关系数的概念

解 X^2,Y^2 和 X^2Y^2 都是 0-1 分布，而 0-1 分布的期望值恰为取 1 时的概率 p.

(X^2,Y^2) 的分布及其边缘分布为

X^2 \ Y^2	0	1	
0	0.18	0.22	0.40
1	0.32	0.28	0.60
	0.50	0.50	

而 X^2Y^2 的分布为

X^2Y^2	0	1
p	0.72	0.28

所以

$$E(X^2)=0.6,\ E(Y^2)=0.5,\ E(X^2Y^2)=0.28,$$

从而

$$\text{Cov}(X^2,Y^2)=E(X^2Y^2)-E(X^2)E(Y^2)=0.28-0.6\times0.5=-0.02.$$

应填 -0.02.

Ⓚ 2008 数学一、
数学三,4 分

88 题精解视频

88 设随机变量 $X\sim N(0,1)$,$Y\sim N(1,4)$ 且相关系数 $\rho_{XY}=1$,则(　　).

(A)$P\{Y=-2X-1\}=1$　　　　(B)$P\{Y=2X-1\}=1$

(C)$P\{Y=-2X+1\}=1$　　　　(D)$P\{Y=2X+1\}=1$

知识点睛 0406 协方差与相关系数的概念

分析 由相关系数的性质可知:如果 $|\rho_{XY}|=1$,则必有 $P\{Y=aX+b\}=1$（$a\neq0$）,现在题设条件 $\rho_{XY}=1$,只要在 $P\{Y=\pm2X\pm1\}=1$ 四个选项中选一就可以了,实际上只要确定它们的正负号即可.

本题可以从 $X\sim N(0,1)$ 和 $Y\sim N(1,4)$ 及 $\rho_{XY}=1$ 直接推出 $P\{Y=aX+b\}=1$ 中的 a,b 值.但更方便的,不如直接定出 a,b 的正负号更简单.

解 先确定常数 b,由 $P\{Y=aX+b\}=1$,可得 $E(Y)=aE(X)+b$,再因为 $X\sim N(0,1)$, $Y\sim N(1,4)$,所以,$1=a\cdot0+b$,即得 $b=1$.

再求常数 a,实际上只要判定 a 的正负号就可以了.

$$1=\rho_{XY}=\frac{\text{Cov}(X,Y)}{\sqrt{D(X)}\cdot\sqrt{D(Y)}},$$

而

$$\text{Cov}(X,Y)=\text{Cov}(X,aX+b)=a\text{Cov}(X,X)=a,$$

故 $a>0$.应选(D).

【评注】从 $1=\rho_{XY}=\dfrac{\text{Cov}(X,Y)}{\sqrt{D(X)}\sqrt{D(Y)}}=\dfrac{a\text{Cov}(X,X)}{\sqrt{1}\sqrt{4}}=\dfrac{a}{2}$,也可得到 $a=2$.

Ⓚ 2011 数学一、
数学三,11 分

89 题精解视频

89 设随机变量 X 与 Y 的概率分布分别为

X	0	1
P	$\dfrac{1}{3}$	$\dfrac{2}{3}$

Y	-1	0	1
P	$\dfrac{1}{3}$	$\dfrac{1}{3}$	$\dfrac{1}{3}$

且 $P\{X^2=Y^2\}=1$.

(1)求二维随机变量 (X,Y) 的概率分布;

(2)求 $Z=XY$ 的概率分布;

(3)求 X 与 Y 的相关系数 ρ_{XY}.

知识点睛 0309 两个随机变量简单函数的分布,0406 协方差与相关系数的概念

分析 由 $P\{X^2=Y^2\}=1$ 得 $P\{X^2\neq Y^2\}=0$,而

$$P\{X^2\neq Y^2\}=P\{X=0,Y=-1\}+P\{X=0,Y=1\}+P\{X=1,Y=0\}=0,$$

即 $P\{X=0,Y=-1\}=P\{X=0,Y=1\}=P\{X=1,Y=0\}=0.$

解 (1)(X,Y) 的概率分布的边缘分布为

X \ Y	-1	0	1	$P_{i.}$
0				$\frac{1}{3}$
1				$\frac{2}{3}$
$P_{.j}$	$\frac{1}{3}$	$\frac{1}{3}$	$\frac{1}{3}$	

再填入 $P\{X=0,Y=-1\}=P\{X=0,Y=1\}=P\{X=1,Y=0\}=0.$得

X \ Y	-1	0	1	
0	0		0	$\frac{1}{3}$
1		0		$\frac{2}{3}$
	$\frac{1}{3}$	$\frac{1}{3}$	$\frac{1}{3}$	

最后得到

X \ Y	-1	0	1
0	0	$\frac{1}{3}$	0
1	$\frac{1}{3}$	0	$\frac{1}{3}$

(2)$Z=XY$ 的可能取值 $-1,0,1$.由 (X,Y) 的概率分布可得 Z 的概率分布

Z	-1	0	1
P	$\frac{1}{3}$	$\frac{1}{3}$	$\frac{1}{3}$

(3)由 X,Y 及 Z 的概率分布,得

$$EX=\frac{2}{3},DX=\frac{2}{9},EY=0,DY=\frac{2}{3},E(XY)=E(Z)=0,$$

$$\mathrm{Cov}(X,Y)=E(XY)-EXEY=0.$$

所以 $\rho_{XY}=0.$

☒2012 数学一,
4 分

90 将长度为 1 m 的木棒随机地截成两段,则两段长度的相关系数为( ).

(A)1   (B)$\dfrac{1}{2}$ (C)$-\dfrac{1}{2}$ (D)-1

知识点睛 0406 协方差与相关系数的概念

分析 设木棒截成两段的长度分别为 X 和 Y.显然 $X+Y=1$,即 $Y=1-X$,然后用公式 $\rho_{XY}=\dfrac{\mathrm{Cov}(X,Y)}{\sqrt{DX}\sqrt{DY}}$ 进行计算.

解 $Y=1-X$,则 $DY=D(1-X)=DX$.
$$\mathrm{Cov}(X,Y)=\mathrm{Cov}(X,1-X)=\mathrm{Cov}(X,1)-\mathrm{Cov}(X,X)=0-DX=-DX,$$
则
$$\rho_{XY}=\frac{\mathrm{Cov}(X,Y)}{\sqrt{DX}\sqrt{DY}}=\frac{-DX}{\sqrt{DX}\sqrt{DX}}=-1,$$

应选(D).

☒2016 数学一,
4 分

91 随机试验 E 有三种两两不相容的结果 A_1,A_2,A_3,且三种结果发生的概率均为 $\dfrac{1}{3}$,将试验 E 独立重复做 2 次,X 表示 2 次试验中结果 A_1 发生的次数,Y 表示 2 次试验中结果 A_2 发生的次数,则 X 与 Y 的相关系数为( ).

(A)$-\dfrac{1}{2}$ (B)$-\dfrac{1}{3}$ (C)$\dfrac{1}{2}$ (D)$\dfrac{1}{3}$

知识点睛 0406 协方差与相关系数的概念

解 由 $P(A_1)=P(A_2)=P(A_3)=\dfrac{1}{3}$,所以 $X\sim B\left(2,\dfrac{1}{3}\right)$,$Y\sim B\left(2,\dfrac{1}{3}\right)$.$X$ 与 Y 的相关系数为 $\rho=\dfrac{\mathrm{Cov}(X,Y)}{\sqrt{DX}\sqrt{DY}}$,显然

$$EX=EY=\frac{2}{3}, \qquad DX=DY=2\times\frac{1}{3}\times\frac{2}{3}=\frac{4}{9},$$

又 $\mathrm{Cov}(X,Y)=E(XY)-EXEY$,为求 $E(XY)$,要先求出 XY 的分布.

X 和 Y 的取值均为 0,1,2,所以 XY 的取值应为 0,1,2,4.

$P\{XY=4\}=P\{X=2,Y=2\}=0$,这是因为在 2 次试验中不可能发生 2 次 A_1 和 2 次 A_2.同理

$$P\{XY=2\}=P\{X=1,Y=2\}+P\{X=2,Y=1\}=0,$$

$$P\{XY=1\}=P\{X=1,Y=1\}=2\times\frac{1}{3}\times\frac{1}{3}=\frac{2}{9},$$

$$P\{XY=0\}=1-\frac{2}{9}=\frac{7}{9},$$

故 XY 的分布为

XY	0	1	2	4
P	$\dfrac{7}{9}$	$\dfrac{2}{9}$	0	0

于是

$$E(XY)=\frac{2}{9},$$

$$\mathrm{Cov}(X,Y)=E(XY)-EX\cdot EY=\frac{2}{9}-\frac{2}{3}\times\frac{2}{3}=-\frac{2}{9},$$

从而

$$\rho=\frac{\mathrm{Cov}(X,Y)}{\sqrt{DX}\sqrt{DY}}=\frac{-\dfrac{2}{9}}{\dfrac{2}{3}\times\dfrac{2}{3}}=-\frac{1}{2},$$

应选(A).

【评注】本题也可用对称性来求解.设 Z 表示 2 次试验中结果 A_3 发生的次数,显然 $X+Y+Z=2$,X,Y,Z 均服从分布 $B\left(2,\dfrac{1}{3}\right)$.根据对称性

$$DX=DY=DZ=\frac{4}{9},$$

有 $\mathrm{Cov}(X,Y)=\mathrm{Cov}(X,Z)$,而

$$\mathrm{Cov}(X,Y)=\mathrm{Cov}(X,2-X-Z)=\mathrm{Cov}(X,2)-\mathrm{Cov}(X,X)-\mathrm{Cov}(X,Z)$$
$$=0-DX-\mathrm{Cov}(X,Y),$$

即 $2\mathrm{Cov}(X,Y)=-DX$,所以

$$\rho=\frac{\mathrm{Cov}(X,Y)}{\sqrt{DX}\sqrt{DY}}=\frac{-\dfrac{1}{2}DX}{\sqrt{DX}\sqrt{DX}}=-\frac{1}{2}.$$

92 设二维随机变量 (X,Y) 服从二维正态分布,则随机变量 $\xi=X+Y$ 与 $\eta=X-Y$ 不相关的充分必要条件为(   ). 〔K 2000 数学一,3 分〕

(A) $E(X)=E(Y)$　　　　　　(B) $E(X^2)-[E(X)]^2=E(Y^2)-[E(Y)]^2$
(C) $E(X^2)=E(Y^2)$　　　　　　(D) $E(X^2)+[E(X)]^2=E(Y^2)+[E(Y)]^2$

知识点睛　0406 协方差与相关系数的概念

解　ξ 与 η 不相关的充分必要条件是它们的相关系数 $\rho_{\xi\eta}=0$,而

$$\rho_{\xi\eta}=\frac{\mathrm{Cov}(\xi,\eta)}{\sqrt{D(\xi)}\sqrt{D(\eta)}},$$

所以只要考查 $\mathrm{Cov}(\xi,\eta)$ 是否为 0 即可.

$$\mathrm{Cov}(\xi,\eta)=\mathrm{Cov}(X+Y,X-Y)=\mathrm{Cov}(X,X)+\mathrm{Cov}(Y,X)-\mathrm{Cov}(X,Y)-\mathrm{Cov}(Y,Y)$$
$$=\mathrm{Cov}(X,X)-\mathrm{Cov}(Y,Y)=DX-DY=0,$$

故应选(B).

93 设随机变量 X,Y 的概率分布相同,X 的概率分布为 $P\{X=0\}=\dfrac{1}{3}$,$P\{X=1\}=$ 〔K 2014 数学三,11 分〕

$\dfrac{2}{3}$,且 X 与 Y 的相关系数 $\rho_{XY}=\dfrac{1}{2}$.

（1）求 (X,Y) 的概率分布；

（2）求 $P\{X+Y\leqslant 1\}$.

知识点睛 0406 协方差与相关系数的概念

分析 X 与 Y 同分布,都取 0 或 1,所以 (X,Y) 的分布必有形式:

X \ Y	0	1	
0	a	b	$\dfrac{1}{3}$
1	c	d	$\dfrac{2}{3}$
	$\dfrac{1}{3}$	$\dfrac{2}{3}$	

要求 (X,Y) 的分布,就是要求出 a,b,c,d,实际上只要求出 a,b,c,d 中任一个数,其余的数可由边缘分布推出.题设条件 $\rho_{XY}=\dfrac{1}{2}$,而 $\rho_{XY}=\dfrac{\mathrm{Cov}(X,Y)}{\sqrt{DX}\sqrt{DY}}$.

又由题设条件知
$$DX=DY=pq,$$
$$\mathrm{Cov}(X,Y)=E(XY)-EX\cdot EY, EX=EY=p, E(XY)=d,$$
这就不难求出 d,然后解出 a,b,c.有了 (X,Y) 分布.计算 $P\{X+Y\leqslant 1\}$ 就容易了.

解 （1）$\rho_{XY}=\dfrac{\mathrm{Cov}(X,Y)}{\sqrt{DX}\sqrt{DY}}, EX=EY=\dfrac{2}{3}, DX=DY=\dfrac{2}{3}\times\dfrac{1}{3}=\dfrac{2}{9}$.

$$\mathrm{Cov}(X,Y)=E(XY)-EX\cdot EY=d-\dfrac{2}{3}\times\dfrac{2}{3}=d-\dfrac{4}{9},$$

$$\rho_{XY}=\dfrac{\mathrm{Cov}(X,Y)}{\sqrt{DX}\sqrt{DY}}=\dfrac{d-\dfrac{4}{9}}{\dfrac{2}{9}}=\dfrac{1}{2},\quad 解得 \quad d=\dfrac{1}{9}+\dfrac{4}{9}=\dfrac{5}{9}.$$

由此可得 $b=c=\dfrac{2}{3}-d=\dfrac{1}{9}, a=\dfrac{1}{3}-b=\dfrac{2}{9}$.所以

X \ Y	0	1	
0	$\dfrac{2}{9}$	$\dfrac{1}{9}$	$\dfrac{1}{3}$
1	$\dfrac{1}{9}$	$\dfrac{5}{9}$	$\dfrac{2}{3}$
	$\dfrac{1}{3}$	$\dfrac{2}{3}$	

（2）$P\{X+Y\leqslant 1\}=1-P\{X+Y>1\}=1-d=1-\dfrac{5}{9}=\dfrac{4}{9}$.

【评注】因为 X,Y 均服从 $(0-1)$ 分布,所以,可由以下分布

X \ Y	0	1	
0			
1		d	p_1
		p_2	

得 $\rho_{XY}=\dfrac{\mathrm{Cov}(X,Y)}{\sqrt{DX}\sqrt{DY}}=\dfrac{d-p_1p_2}{\sqrt{p_1(1-p_1)}\sqrt{p_2(1-p_2)}}.$

如果 (X,Y) 的分布改成

X \ Y	Y_1	Y_2	
X_1			
X_2		d	p_1
		p_2	

只要 $X_2>X_1,Y_2>Y_1$ 不难证明仍有 $\rho_{XY}=\dfrac{d-p_1p_2}{\sqrt{p_1(1-p_1)}\sqrt{p_2(1-p_2)}}.$

94 假设二维随机变量 (X,Y) 在矩形 $G=\{(x,y)\mid 0\leqslant x\leqslant 2,0\leqslant y\leqslant 1\}$ 上服从均匀 分布,记

1999 数学三, 9 分

$$U=\begin{cases}0, & X\leqslant Y,\\ 1, & X>Y,\end{cases} \quad V=\begin{cases}0, & X\leqslant 2Y,\\ 1, & X>2Y.\end{cases}$$

(1)求 U 和 V 的联合分布;

(2)求 U 和 V 的相关系数.

94 题精解视频

知识点晴 0304 二维离散型随机变量的概率分布,0406 协方差与相关系数的概念

解 U 和 V 均为 $(0-1)$ 分布,它们取 1 的概率 分别为 $P\{X>Y\}$ 和 $P\{X>2Y\}$.(U,V) 分布也是离散 的.因为 (X,Y) 是均匀分布,可以通过求相应的面积 比计算此类概率.

如 94 题图所示,因 (X,Y) 在矩形区域 G 上服从 均匀分布,所以

$$P\{X\leqslant Y\}=\frac{1}{4}, \quad P\{X>2Y\}=\frac{1}{2},$$

$$P\{Y<X\leqslant 2Y\}=\frac{1}{4}.$$

94 题图

(1)(U,V) 有四个可能值:$(0,0),(0,1),(1,0),(1,1)$,则

$$P\{U=0,V=0\}=P\{X\leqslant Y,X\leqslant 2Y\}=P\{X\leqslant Y\}=\frac{1}{4},$$

$$P\{U=0,V=1\}=P\{X\leqslant Y,X>2Y\}=P\{\varnothing\}=0,$$

$$P\{U=1,V=0\}=P\{X>Y,X\leqslant 2Y\}=P\{Y<X\leqslant 2Y\}=\frac{1}{4},$$

$$P\{U=1,V=1\}=P\{X>Y,X>2Y\}=P\{X>2Y\}=\frac{1}{2}.$$

$$\left(\text{或 } P\{U=1,V=1\}=1-\left(\frac{1}{4}+\frac{1}{4}\right)=\frac{1}{2}.\right)$$

（2）由以上可见，UV 以及 U 和 V 的分布分别为

UV	0	1
P	$\frac{1}{2}$	$\frac{1}{2}$

U	0	1
P	$\frac{1}{4}$	$\frac{3}{4}$

V	0	1
P	$\frac{1}{2}$	$\frac{1}{2}$

于是

$$E(U)=\frac{3}{4},D(U)=\frac{3}{16},E(V)=\frac{1}{2},D(V)=\frac{1}{4},E(UV)=\frac{1}{2},$$

故

$$\text{Cov}(U,V)=E(UV)-E(U)E(V)=\frac{1}{2}-\frac{3}{8}=\frac{1}{8},$$

$$\rho_{UV}=\frac{\text{Cov}(U,V)}{\sqrt{D(U)\cdot D(V)}}=\frac{\frac{1}{8}}{\sqrt{\frac{3}{16}\times\frac{1}{4}}}=\frac{1}{\sqrt{3}}.$$

【评注】均匀分布的概率常可以从几何图形求得，不一定用积分来计算.(0-1)分布的期望,方差也应直接写出,可以节省时间,避免错误.

2000 数学三,8 分

95 设 A,B 是二随机事件，随机变量

$$X=\begin{cases}1,& A\text{ 出现},\\-1,& A\text{ 不出现},\end{cases}\qquad Y=\begin{cases}1,& B\text{ 出现},\\-1,& B\text{ 不出现},\end{cases}$$

证明随机变量 X 和 Y 不相关的充分必要条件是 A 与 B 相互独立.

知识点睛　0306 随机变量的独立性及不相关性

解　随机变量 X 和 Y 不相关,即 $\text{Cov}(X,Y)=0$.

事件 A 与 B 相互独立,就是 $P(AB)=P(A)P(B)$.要找出这两者之间的联系就应从

$$\text{Cov}(X,Y)=E(XY)-E(X)E(Y)$$

入手.而

$$E(X)=1\cdot P(A)+(-1)\cdot P(\bar A)=P(A)-P(\bar A)=2P(A)-1,$$

同理,$E(Y)=2P(B)-1.$

现在求 $E(XY)$,由于 XY 只有两个可能值 1 和 -1,所以

$$E(XY)=1\cdot P\{XY=1\}+(-1)P\{XY=-1\},$$

其中

$$P\{XY=1\}=P\{X=1,Y=1\}+P\{X=-1,Y=-1\}$$

$$= P(AB) + P(\bar{A}\bar{B})$$
$$= P(AB) + 1 - P(A \cup B)$$
$$= 2P(AB) - P(A) - P(B) + 1,$$
$$P\{XY = -1\} = P\{X = 1, Y = -1\} + P\{X = -1, Y = 1\}$$
$$= P(A\bar{B}) + P(\bar{A}B) = P(A) + P(B) - 2P(AB),$$
(或者 $P\{XY=-1\} = 1 - P\{XY=1\} = P(A) + P(B) - 2P(AB),$)

所以
$$E(XY) = P\{XY = 1\} - P\{XY = -1\}$$
$$= 4P(AB) - 2P(A) - 2P(B) + 1,$$

从而
$$Cov(X,Y) = E(XY) - E(X)E(Y)$$
$$= 4P(AB) - 2P(A) - 2P(B) + 1 - [2P(A) - 1][2P(B) - 1]$$
$$= 4[P(AB) - P(A)P(B)].$$

因此，$\text{Cov}(X,Y) = 0$ 当且仅当 $P(AB) = P(A)P(B)$，即 X 与 Y 不相关的充分必要条件是 A 与 B 相互独立.

96 设随机变量 X 和 Y 的相关系数为 0.9，若 $Z = X - 0.4$，则 Y 与 Z 的相关系数为_____. 〔K〕2003 数学三，4 分

知识点睛 0406 协方差与相关系数的概念

解 Z 仅是 X 减去一个常数，故方差不会变，同时 Y 的协方差也不会变，因此相关系数也不会变.
$$D(Z) = D(X - 0.4) = D(X),$$
$$Cov(Y,Z) = Cov(Y, X - 0.4)$$
$$= Cov(Y,X) - Cov(Y,0.4) = Cov(Y,X).$$

所以
$$\rho_{YZ} = \frac{Cov(Y,Z)}{\sqrt{D(Y)}\sqrt{D(Z)}} = \frac{Cov(Y,X)}{\sqrt{D(Y)}\sqrt{D(X)}} = \rho_{XY} = 0.9,$$

应填 0.9.

97 设 A,B 为两个随机事件，且 $P(A) = \frac{1}{4}$，$P(B \mid A) = \frac{1}{3}$，$P(A \mid B) = \frac{1}{2}$. 令 〔K〕2004 数学一 (1)(2)，9 分；数学三，13 分
$$X = \begin{cases} 1, A \text{ 发生}, \\ 0, A \text{ 不发生}, \end{cases} \quad Y = \begin{cases} 1, B \text{ 发生}, \\ 0, B \text{ 不发生}. \end{cases} \text{ 求：}$$

(1) 二维随机变量 (X,Y) 的概率分布；
(2) X 与 Y 的相关系数 ρ_{XY}；
(3) $Z = X^2 + Y^2$ 的概率分布.

知识点睛 0309 两个随机变量简单函数的分布，0406 协方差与相关系数的概念

解 本题考查二维离散型随机变量的概率分布、边缘分布和条件分布，协方差和相关系数.

(1) 首先要求 (X,Y) 的概率分布，可将题设条件 $P(A) = \frac{1}{4}$ 反映在下列分布中：

X \ Y	$\bar{B}$ 0	B 1	
$\bar{A}$ 0			
A 1		$\dfrac{1}{4}$	

根据 $P(B|A)=\dfrac{P(AB)}{P(A)}=\dfrac{1}{3}$ 得 $P(AB)=\dfrac{1}{12}$，由 $P(A|B)=\dfrac{P(AB)}{P(B)}=\dfrac{1}{2}$ 得 $P(B)=\dfrac{1}{6}$．则

X \ Y	$\bar{B}$ 0	B 1	
$\bar{A}$ 0			
A 1	$\dfrac{1}{12}$	$\dfrac{1}{4}$	
	$\dfrac{1}{6}$		

得

X \ Y	0	1	
0	$\dfrac{2}{3}$	$\dfrac{1}{12}$	$\dfrac{3}{4}$
1	$\dfrac{1}{6}$	$\dfrac{1}{12}$	$\dfrac{1}{4}$
	$\dfrac{5}{6}$	$\dfrac{1}{6}$	

(2) 考虑到 X,Y 和 XY 均服从 $(0\text{-}1)$ 分布，所以

$$E(X)=\frac{1}{4},E(Y)=\frac{1}{6},D(X)=\frac{1}{4}\times\frac{3}{4}=\frac{3}{16},D(Y)=\frac{1}{6}\times\frac{5}{6}=\frac{5}{36},$$

$$E(XY)=0\cdot P\{XY=0\}+1\cdot P\{XY=1\}=P\{X=1,Y=1\}=\frac{1}{12},$$

$$\mathrm{Cov}(X,Y)=E(XY)-E(X)E(Y)=\frac{1}{12}-\frac{1}{4}\times\frac{1}{6}=\frac{1}{24},$$

则

$$\rho_{XY}=\frac{\mathrm{Cov}(X,Y)}{\sqrt{D(X)}\sqrt{D(Y)}}=\frac{E(XY)-E(X)E(Y)}{\sqrt{\dfrac{3}{16}}\times\sqrt{\dfrac{5}{36}}}$$

$$=\frac{\dfrac{1}{24}}{\sqrt{\dfrac{3}{16}}\times\sqrt{\dfrac{5}{36}}}=\frac{1}{\sqrt{15}}=\frac{\sqrt{15}}{15},$$

所以 X,Y 的相关系数为 $\rho_{XY} = \dfrac{\sqrt{15}}{15}.$

（3）Z 的可能取值为 $0,1,2.$ 有

$$P\{Z=0\} = P\{X=0,Y=0\} = \frac{2}{3},$$

$$P\{Z=1\} = P\{X=0,Y=1\} + P\{X=1,Y=0\} = \frac{1}{4},$$

$$P\{Z=2\} = P\{X=1,Y=1\} = \frac{1}{12},$$

即 Z 的概率分布为

Z	0	1	2
P	$\dfrac{2}{3}$	$\dfrac{1}{4}$	$\dfrac{1}{12}$

98 设随机变量 (X,Y) 满足 $D(X+Y) = D(X-Y)$，则必有（　　）.

（A）X 与 Y 独立　　　　　　（B）X 与 Y 不相关

（C）X 与 Y 不独立　　　　　　（D）$D(X)=0$ 或 $D(Y)=0$

知识点睛　0406 协方差与相关系数的概念

解　因为 $D(X\pm Y) = D(X)+D(Y)\pm 2\mathrm{Cov}(X,Y)$，既然 $D(X+Y) = D(X-Y)$，则

$$\mathrm{Cov}(X,Y) = 0,$$

从而 $\rho_{XY}=0$，即 X 与 Y 不相关，应选（B）.

99 设 X_1,X_2,Y 均为随机变量，已知 $\mathrm{Cov}(X_1,Y) = -1,\mathrm{Cov}(X_2,Y) = 3$，则有 $\mathrm{Cov}(X_1+2X_2,Y) = $（　　）.

（A）2　　　　　　（B）1　　　　　　（C）4　　　　　　（D）5

知识点睛　0406 协方差与相关系数的概念

解　$\mathrm{Cov}(X_1+2X_2,Y) = \mathrm{Cov}(X_1,Y)+2\mathrm{Cov}(X_2,Y) = -1+6 = 5.$ 应选（D）.

100 已知随机变量 $X \sim N(0,1)$，则随机变量 $Y=2X-1$ 的方差为 _____.

知识点睛　0404 方差的定义及性质

解　$D(Y) = D(2X-1) = 4D(X) = 4.$ 应填 4.

第5章
大数定律与中心极限定理

知识要点

1.切比雪夫不等式

假设随机变量 X 具有数学期望 EX 及方差 DX,则对任意的 $\varepsilon>0$,有

$$P\{|X-EX| \geqslant \varepsilon\} \leqslant \frac{DX}{\varepsilon^2}.$$

也可以写成

$$P\{|X-EX| < \varepsilon\} \geqslant 1-\frac{DX}{\varepsilon^2}.$$

2.大数定律

(1)切比雪夫大数定律

如果随机变量序列 $\{X_n\}$ 相互独立,各随机变量的期望和方差都有限,而且方差有公共上界,即 $DX_i \leqslant l, i=1,2,\cdots$,其中 l 是与 i 无关的常数,则对任意的 $\varepsilon>0$,有

$$\lim_{n\to\infty} P\left\{\left|\frac{1}{n}\sum_{i=1}^{n}X_i - \frac{1}{n}\sum_{i=1}^{n}EX_i\right| < \varepsilon\right\} = 1.$$

切比雪夫大数定律的特例:设随机变量 $X_1, X_2, \cdots, X_n, \cdots$ 相互独立, 且 $E(X_i)=\mu$, $D(X_i)=\sigma^2(i=1,2,\cdots)$, 则对任意的 $\varepsilon>0$, 总有

$$\lim_{n\to\infty} P\left\{\left|\frac{1}{n}\sum_{i=1}^{n}X_i - \mu\right| < \varepsilon\right\} = 1.$$

该定律说明:在定律的条件下,当 n 充分大时,n 个独立随机变量的平均数的离散程度很小.

(2)伯努利大数定律

如果 u_n 是 n 次重复独立试验中事件 A 发生的次数,p 是事件 A 在每次试验中发生的概率,则对任意的 $\varepsilon>0$,有

$$\lim_{n\to\infty} P\left\{\left|\frac{u_n}{n} - p\right| < \varepsilon\right\} = 1.$$

该定律说明:在试验条件不改变的情况下,将试验重复进行多次,则随机事件的频率在它发生的概率附近摆动.

(3)辛钦大数定律

如果 $\{X_n\}$ 是相互独立同分布的随机变量序列,其数学期望 $EX_i=\mu, i=1,2,\cdots$,则对任意的 $\varepsilon>0$,有

$$\lim_{n\to\infty} P\left\{\left|\frac{1}{n}\sum_{i=1}^{n}X_i - \mu\right| < \varepsilon\right\} = 1.$$

该定律说明:对独立同分布的随机变量序列,只要验证数学期望是否存在,就可判定其是否服从大数定律.

3.中心极限定理

（1）列维-林德伯格定理(独立同分布的中心极限定理)

设随机变量 $X_1,X_2,\cdots,X_n,\cdots$ 独立同分布,且 $E(X_i)=\mu,D(X_i)=\sigma^2<+\infty$ $(i=1,2,\cdots)$,则对任意实数 x,有

$$\lim_{n\to\infty}P\left\{\frac{\sum_{i=1}^{n}X_i-n\mu}{\sqrt{n}\,\sigma}\leqslant x\right\}=\int_{-\infty}^{x}\frac{1}{\sqrt{2\pi}}e^{-\frac{t^2}{2}}dt=\Phi(x).$$

（2）棣莫弗-拉普拉斯定理

设随机变量 $Y_1,Y_2,\cdots,Y_n,\cdots$ 服从参数为 n,p 的二项分布,则对于任何实数 x,有

$$\lim_{n\to\infty}P\left\{\frac{Y_n-np}{\sqrt{npq}}\leqslant x\right\}=\int_{-\infty}^{x}\frac{1}{\sqrt{2\pi}}e^{-\frac{t^2}{2}}dt=\Phi(x),$$

其中 $q=1-p$.

§5.1 切比雪夫不等式

1 设随机变量 X 的数学期望 $EX=\mu$,方差 $DX=\sigma^2$,则由切比雪夫不等式,有 $P\{|X-\mu|\geqslant3\sigma\}\leqslant$ _____.

知识点睛 0501 切比雪夫不等式

解 由切比雪夫不等式,有

$$P\{|X-\mu|\geqslant3\sigma\}\leqslant\frac{DX}{(3\sigma)^2}=\frac{\sigma^2}{9\sigma^2}=\frac{1}{9},$$

应填 $\frac{1}{9}$.

【评注】此类题型的求解方法比较单一,在随机变量 X 的期望 EX 和方差 DX 已知的情况下,直接应用切比雪夫不等式即可;若 EX 和 DX 未知,当根据题意并结合数学期望和方差的性质计算出 EX 和 DX,然后再套用切比雪夫不等式.

2 设随机变量 X 和 Y 的数学期望分别为 -2 和 2,方差分别为 1 和 4,而相关系数为 -0.5,则根据切比雪夫不等式 $P\{|X+Y|\geqslant6\}\leqslant$ _____. K 2001 数学三,3分

知识点睛 0406 协方差与相关系数的概念,0501 切比雪夫不等式

解 如果随机变量 X 的数学期望 $E(X)$ 和方差 $D(X)$ 存在,则对任意的 $\varepsilon>0$,有切比雪夫不等式

$$P\{|X-E(X)|\geqslant\varepsilon\}\leqslant\frac{D(X)}{\varepsilon^2}.$$

现在要估计的是 $P\{|X+Y|\geqslant6\}$,因此可以把 $X+Y$ 看成一个随机变量,它的数学期望

$$E(X+Y)=E(X)+E(Y)=-2+2=0,$$

所以

$$P\{|X+Y|\geqslant 6\}=P\{|(X+Y)-E(X+Y)|\geqslant 6\},$$
$$D(X+Y)=D(X)+D(Y)+2\rho_{XY}\sqrt{D(X)}\sqrt{D(Y)}$$
$$=1+4+2\times(-0.5)\times\sqrt{1}\times\sqrt{4}=3,$$

所以

$$P\{|X+Y|\geqslant 6\}=P\{|(X+Y)-E(X+Y)|\geqslant 6\}$$
$$\leqslant\frac{D(X+Y)}{6^2}=\frac{1}{12}.$$

应填$\dfrac{1}{12}$.

2022 数学一,
5 分

3 题精解视频

3 设随机变量 $X_1, X_2, \cdots, X_n$ 独立同分布,且 X_i 的 4 阶矩存在.设 $\mu_k=E(X_i^k)(k=1,2,3,4)$,则由切比雪夫不等式,对 $\forall\varepsilon>0$,有 $P\left\{\left|\dfrac{1}{n}\sum\limits_{i=1}^{n}X_i^2-\mu_2\right|\geqslant\varepsilon\right\}\leqslant($).

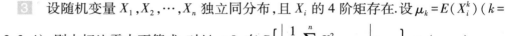

(A) $\dfrac{\mu_4-\mu_2^2}{n\varepsilon^2}$ (B) $\dfrac{\mu_4-\mu_2^2}{\sqrt{n}\varepsilon^2}$ (C) $\dfrac{\mu_2-\mu_1^2}{n\varepsilon^2}$ (D) $\dfrac{\mu_2-\mu_1^2}{\sqrt{n}\varepsilon^2}$

知识点睛 0501 切比雪夫不等式

解 记 $X=\dfrac{1}{n}\sum\limits_{i=1}^{n}X_i^2$,则

$$E(X)=\frac{1}{n}\sum_{i=1}^{n}EX_i^2=\frac{1}{n}\sum_{i=1}^{n}\mu_2=\mu_2,$$
$$D(X)=\frac{1}{n^2}\sum_{i=1}^{n}DX_i^2=\frac{1}{n^2}\sum_{i=1}^{n}\left[EX_i^4-(EX_i^2)^2\right]=\frac{\mu_4-\mu_2^2}{n},$$

从而

$$P\left\{\left|\frac{1}{n}\sum_{i=1}^{n}X_i^2-\mu_2\right|\geqslant\varepsilon\right\}=P\{|X-EX|\geqslant\varepsilon\}\leqslant\frac{DX}{\varepsilon^2}=\frac{\mu_4-\mu_2^2}{n\varepsilon^2},$$

应选(A).

【评注】本题的切比雪夫不等式容易忽视.提醒考生,此类问题还是要适当关注.

4 已知正常男性成人血液中,每毫升白细胞数平均是 7300,均方差是 700,利用切比雪夫不等式估计每毫升含白细胞数在 5200~9400 的概率 p.

知识点睛 0501 切比雪夫不等式

解 假设正常男性成人血液中每毫升白细胞数为 X,依题设 $E(X)=7300$,$D(X)=700^2$,于是

$$P\{5200<X<9400\}=P\{|X-7300|<2100\}\geqslant 1-\frac{700^2}{2100^2}=\frac{8}{9},$$

即每毫升含白细胞数在 5200~9400 的概率不低于$\dfrac{8}{9}$.

§5.2 大数定律与中心极限定理

5 设随机变量 $X_1,X_2,\cdots,X_n$ 相互独立，$S_n=X_1+X_2+\cdots+X_n$，则根据列维-林德伯格中心极限定理，当 n 充分大时，S_n 近似服从正态分布，只要 $X_1,X_2,\cdots,X_n$（　　）.

（A）有相同的数学期望　　　　（B）有相同的方差

（C）服从同一指数分布　　　　（D）服从同一离散型分布

知识点睛　0506 列维-林德伯格定理

分析　列维-林德伯格定理成立的条件有三条：（1）随机变量序列 $\{X_n\}$ 相互独立；（2）各随机变量服从同一分布；（3）各随机变量的数学期望和方差存在.

要判定当 n 充分大时，$S_n=\sum_{i=1}^n X_i$ 是否近似服从正态分布，只需验证随机变量序列 $\{X_n\}$ 是否满足上述三个条件即可.

解　根据题意知，选项（A）、（B）不能保证 $X_1,X_2,\cdots,X_n,\cdots$ 同分布；选项（D）不能保证数学期望存在.故应选（C）.

6 设随机变量 $X_1,X_2,\cdots,X_n,\cdots$ 是独立同分布的随机变量，其分布函数为 $F(x)=A+\dfrac{1}{\pi}\arctan\dfrac{x}{B}$，其中 $B\neq 0$，则辛钦大数定律对此序列（　　）.

（A）适用　　　　　　　　　　（B）当常数 A、B 取适当数值时适用

（C）无法判断　　　　　　　　（D）不适用

知识点睛　辛钦大数定律

分析　辛钦大数定律成立的条件有两条：（1）随机变量序列 $\{X_n\}$ 独立同分布；（2）数学期望 EX_n，$n=1,2,\cdots$ 存在.

判断随机变量序列是否服从辛钦大数定律，只要验证上述两个条件即可.

解　根据题意，只需判断 $E(X_n)$ 是否存在，即广义积分 $\int_{-\infty}^{+\infty}|xf(x)|\mathrm{d}x$ 是否收敛即可.

因为 $f(x)=\dfrac{\mathrm{d}F(x)}{\mathrm{d}x}=\dfrac{B}{\pi(B^2+x^2)}$，那么

$$\int_{-\infty}^{+\infty}|xf(x)|\mathrm{d}x=\int_{-\infty}^{+\infty}\frac{|B||x|}{\pi(B^2+x^2)}\mathrm{d}x=\frac{2|B|}{\pi}\int_0^{+\infty}\frac{x}{B^2+x^2}\mathrm{d}x$$

$$=\frac{|B|}{\pi}\int_0^{+\infty}\frac{\mathrm{d}(B^2+x^2)}{B^2+x^2}=\frac{|B|}{\pi}\lim_{a\to+\infty}\int_0^a\frac{\mathrm{d}(B^2+x^2)}{B^2+x^2}$$

$$=\frac{|B|}{\pi}\lim_{a\to+\infty}\ln\left(1+\frac{a^2}{B^2}\right)=+\infty.$$

即辛钦大数定律不满足.应选（D）.

7 假设 $X_1,X_2,\cdots,X_n$ 是来自总体 X 的简单随机样本；已知 $EX^k=a_k(k=1,2,3,4)$，并且 $a_4-a_2^2>0$. 证明：当 n 充分大时，随机变量 $Z_n=\dfrac{1}{n}\sum_{i=1}^n X_i^2$ 近似服从正态分布，并

指出其分布参数.

知识点睛 0506 列维-林德伯格定理

证 根据简单随机样本的特性,$X_1,X_2,\cdots,X_n$ 独立同分布,那么 $X_1^2,X_2^2,\cdots,X_n^2$ 也独立同分布.由 $EX^k=a_k,k=1,2,3,4$,有

$$EZ_n = \frac{1}{n}\sum_{i=1}^{n} EX_i^2 = a_2,$$

并且也有

$$DZ_n = \frac{1}{n^2}\sum_{i=1}^{n} DX_i^2 = \frac{1}{n^2}\sum_{i=1}^{n}\left[EX_i^4-(EX_i^2)^2\right] = \frac{1}{n}(a_4-a_2^2) > 0.$$

所以,根据中心极限定理,$\dfrac{Z_n-a_2}{\sqrt{\dfrac{a_4-a_2^2}{n}}}$ 的极限分布为标准正态分布,即 $Z_n=\dfrac{1}{n}\sum_{i=1}^{n} X_i^2$

近似服从正态分布(n 充分大时),其分布参数为 $\left(a_2,\dfrac{a_4-a_2^2}{n}\right)$.

2020 数学一,4 分

8 题精解视频

8 设 $X_1,X_2,\cdots,X_n$ 为来自总体 X 的简单随机样本,其中 $P\{X=0\}=P\{X=1\}=\dfrac{1}{2}$,$\Phi(x)$ 表示标准正态分布函数,则利用中心极限定理可得 $P\left\{\sum_{i=1}^{100} X_i\leqslant 55\right\}$ 的近似值为( ).

(A)$1-\Phi(1)$ (B)$\Phi(1)$ (C)$1-\Phi(0.2)$ (D)$\Phi(0.2)$

知识点睛 0506 列维-林德伯格定理

解 由题意有

X	0	1
P	$\dfrac{1}{2}$	$\dfrac{1}{2}$

$EX=\dfrac{1}{2},DX=\dfrac{1}{4}$,$X_i$ 独立同分布,方差存在,根据中心极限定理,$\sum_{i=1}^{100} X_i$ 近似服从正态分布 $N\left(100\times\dfrac{1}{2},100\times\dfrac{1}{4}\right)$,即 $N(50,25)$.从而

$$P\left\{\sum_{i=1}^{100} X_i\leqslant 55\right\} = P\left\{\frac{\sum_{i=1}^{100} X_i-50}{\sqrt{25}}\leqslant\frac{55-50}{\sqrt{25}}\right\}$$

$$\approx \Phi\left(\frac{55-50}{\sqrt{25}}\right) = \Phi(1),$$

应选(B).

2001 数学三,8 分

9 一生产线生产的产品成箱包装,每箱的重量是随机的,假设每箱平均重 50 千克,标准差为 5 千克,若用最大载重量为 5 吨的汽车承运,试利用中心极限定理说明每辆车最多可以装多少箱,才能保障不超载的概率大于 0.977.($\Phi(2)=0.977$,其中的

$\Phi(x)$是标准正态分布函数.)

知识点睛 0506 列维-林德伯格定理

9 题精解视频

解 设 $X_i =$ "装运的第i箱的重量(单位:千克)"，$i=1,2,\cdots,n$. n 为箱数. 根据题意，$X_1,X_2,\cdots,X_n$ 独立同分布，而 n 箱的总重量可记为 $U_n = \sum_{i=1}^{n} X_i$. 因为 $EX_i = 50$，$\sqrt{DX_i} = 5$，所以

$$EU_n = \sum_{i=1}^{n} EX_i = 50n, \qquad \sqrt{DU_n} = \sqrt{\sum_{i=1}^{n} DX_i} = 5\sqrt{n},$$

那么，由列维-林德伯格中心极限定理知，U_n 近似服从 $N(50n,25n)$. 而所求的箱数 n 取决于条件

$$P\{U_n \leqslant 5000\} = P\left\{\frac{U_n - 50n}{5\sqrt{n}} \leqslant \frac{5000-50n}{5\sqrt{n}}\right\} \approx \Phi\left(\frac{1000-10n}{\sqrt{n}}\right) > 0.977 = \Phi(2).$$

所以$\dfrac{1000-10n}{\sqrt{n}}>2$，即 $n<98.0199$. 亦即每辆车最多可以装 98 箱.

10 测量某物体的长度时，由于存在测量误差，每次测得的长度只能是近似值. 现进行多次测量，然后取这些测量值的平均值作为实际长度的估计值，假定 n 个测量值 $X_1,X_2,\cdots,X_n$ 是独立同分布的随机变量，具有共同的期望 μ（即实际长度）及方差 $\sigma=1$，试问要以 95% 的把握可以确信其估计值精确到 ±0.2 以内，必须测量多少次？

知识点睛 0506 列维-林德伯格定理

解 考虑用中心极限定理来估计，则有

$$P\left\{\left|\frac{1}{n}\sum_{i=1}^{n} X_i - \mu\right| \leqslant 0.2\right\} = P\left\{\left|\frac{\frac{1}{n}\sum_{i=1}^{n} X_i - \mu}{\frac{\sigma}{\sqrt{n}}}\right| \leqslant \frac{0.2\sqrt{n}}{\sigma}\right\}$$

$$\approx 2\Phi\left(\frac{0.2\sqrt{n}}{\sigma}\right) - 1 = 2\Phi(0.2\sqrt{n}) - 1 \;(\text{由 } \sigma = 1),$$

要求 $2\Phi(0.2\sqrt{n})-1=0.95$，即 $\Phi(0.2\sqrt{n})=0.975$，所以 $0.2\sqrt{n}=1.96$，解得 $n\geqslant96.04$.

所以，需要测量 97 次以上，以 95% 的把握确信估计值与真值之差的绝对值不超过 0.2.

11 设随机变量 $X_1,X_2,\cdots,X_n,\cdots$ 相互独立，且 X_i 都服从参数为 $\dfrac{1}{2}$ 的指数分布，则当 n 充分大时，随机变量 $Z_n = \dfrac{1}{n}\sum_{i=1}^{n} X_i$ 近似服从（   ）.

(A)$N(2,4)$　　　　(B)$N\left(2,\dfrac{4}{n}\right)$　　　　(C)$N\left(\dfrac{1}{2},\dfrac{1}{4n}\right)$　　　　(D)$N(2n,4n)$

知识点睛 0506 列维-林德伯格定理

解 因为 $X_i \sim E\left(\dfrac{1}{2}\right)$，所以 $EX_i = 2, DX_i = 4$. 由中心极限定理，$\sum_{i=1}^{n} X_i$ 近似服从

$N(2n,4n)$，或者 $\frac{1}{n}\sum_{i=1}^{n}X_i$ 近似服从 $N\left(2,\dfrac{4}{n}\right)$（当 n 充分大时）.应选(B).

2022 数学三，5 分

12 题精解视频

12 设随机变量序列 $X_1,X_2,\cdots,X_n,\cdots$ 独立同分布且 X_i 的概率密度为

$$f(x)=\begin{cases}1-|x|, & |x|<1,\\ 0, & \text{其他},\end{cases}\quad \text{则当 } n\to\infty \text{ 时，} \frac{1}{n}\sum_{i=1}^{n}X_i^2 \text{ 依概率收敛于(\quad).}$$

(A) $\dfrac{1}{8}$ (B) $\dfrac{1}{6}$ (C) $\dfrac{1}{3}$ (D) $\dfrac{1}{2}$

知识点睛 0504 辛钦大数定律

解 随机变量序列 $X_1^2,X_2^2,\cdots,X_n^2,\cdots$ 也独立同分布.

$$EX_i^2=\int_{-\infty}^{+\infty}x^2f(x)\mathrm{d}x=2\int_0^1 x^2(1-x)\mathrm{d}x$$

$$=2\left(\frac{1}{3}x^3-\frac{1}{4}x^4\right)\Bigg|_0^1=\frac{1}{6},$$

根据辛钦大数定律，$\dfrac{1}{n}\sum_{i=1}^{n}X_i^2$ 依概率收敛于 $E(X_i^2)=\dfrac{1}{6}$，应选(B).

【评注】 大数定律在考研大纲中要求不高且极少考到，考生容易忽视，对此类问题备考时还是要适当关注.

13 设 $\Phi(x)$ 为标准正态分布函数，

$$X_i=\begin{cases}0, & A \text{ 不发生},\\ 1, & A \text{ 发生}\end{cases}\quad (i=1,2,\cdots,100),$$

且 $P(A)=0.8$，$X_1,X_2,\cdots,X_{100}$ 相互独立.令 $Y=\sum_{i=1}^{100}X_i$，则由中心极限定理知 Y 的分布函数 $F(y)$ 近似于(\quad).

(A) $\Phi(y)$ (B) $\Phi\left(\dfrac{y-80}{4}\right)$ (C) $\Phi(16y+8)$ (D) $\Phi(4y+80)$

知识点睛 0505 棣莫弗-拉普拉斯定理

解 由题意 Y 服从二项分布 $B(100,0.8)$，$EY=80$，$DY=16$，故由中心极限定理可知，当 n 充分大时，Y 近似服从正态分布 $N(80,16)$，则 Y 的分布函数

$$F(y)\approx\Phi\left(\frac{y-80}{4}\right)\quad (\text{当 } n \text{ 充分大时}),$$

应选(B).

§5.3 综合提高题

14 设随机变量 X 的概率密度为 $f(x)=\begin{cases}\dfrac{1}{2}x^2\mathrm{e}^{-x}, & x>0,\\ 0, & x\leqslant 0,\end{cases}$ 试用切比雪夫不等式估计概率 $P\{1<X<5\}>$_____.

知识点睛 0501 切比雪夫不等式

解 $EX = \int_{-\infty}^{+\infty} xf(x)\mathrm{d}x = 3, DX = E(X^2) - (EX)^2 = \int_{-\infty}^{+\infty} x^2 f(x)\mathrm{d}x - 9 = 3$,则

$$P\{1 < X < 5\} = P\{|X-3| < 2\} > 1 - \frac{DX}{2^2} = 1 - \frac{3}{4} = \frac{1}{4},$$

应填 $\frac{1}{4}$.

15 在每次试验中事件 A 发生的概率等于 0.5,利用切比雪夫不等式,则在 1000 次独立试验中事件 A 发生的次数在 450 至 550 之间的概率为_____.

知识点睛 0501 切比雪夫不等式

解 设随机变量 X 表示事件 A 在 1000 次试验中发生的次数,则 X 服从二项分布 $B(1000, 0.5)$,易知

$$E(X) = np = 1000 \times 0.5 = 500,$$
$$D(X) = np(1-p) = 1000 \times 0.5 \times 0.5 = 250.$$

因为 $P\{450 \leqslant X \leqslant 550\} = P\{|X-500| \leqslant 50\}$,由切比雪夫不等式

$$P\{|X-E(X)| < \varepsilon\} \geqslant 1 - \frac{D(X)}{\varepsilon^2},$$

所以 $P\{|X-500| \leqslant 50\} \geqslant 1 - \frac{250}{50^2} = 0.9$,即 $P\{450 \leqslant X \leqslant 550\} \geqslant 0.9$.应填 0.9.

16 某市有 50 个无线寻呼台,每个寻呼台在每分钟内收到的电话呼叫次数服从参数 $\lambda = 0.05$ 的泊松分布,则该市在某时刻一分钟内的呼叫次数的总和大于 3 次的概率是_____.

知识点睛 0506 列维-林德伯格定理

解 设第 i 个寻呼台在给定时刻一分钟内收到的呼叫次数为 $X_i (i = 1, 2, \cdots, 50)$,则该市在此时刻一分钟内收到的呼叫总数为 $S = \sum_{i=1}^{50} X_i$,且

$$E(X_i) = \lambda = 0.05, \quad D(X_i) = \lambda = 0.05, \quad i = 1, 2, \cdots, 50.$$

所以,根据独立同分布中心极限定理,有

$$S \overset{\text{近似}}{\sim} N(50 \times 0.05, 50 \times 0.05) = N(2.5, 2.5),$$

于是,所求概率为

$$P\{S > 3\} = 1 - P\{S \leqslant 3\} \approx 1 - \Phi\left(\frac{3-2.5}{\sqrt{2.5}}\right) = 1 - \Phi(0.3162) = 0.3745.$$

应填 0.3745.

17 在一家保险公司里有 10 000 人参加保险,每人每年付 12 元保险费.在一年内一个人死亡的概率为 0.006,死亡后家属可向保险公司领取 1000 元.试求:

(1)保险公司亏本的概率;

(2)保险公司一年的利润不少于 60 000 元的概率.

知识点睛 0505 棣莫弗-拉普拉斯定理

解 (1)设参加保险的 10 000 人中一年死亡的人数为 X,则有 $X \sim B(10\,000,$

0.006），$EX = 60, DX \approx 7.72^2$.

公司一年收保险费 120 000 元，支付给死者家属 1000X 元. 当 1000X - 120 000 > 0 时，即 X > 120 时公司就亏本了. 所以亏本的概率为：

$$P\{X > 120\} = 1 - P\{X \leqslant 120\}.$$

由中心极限定理，$X \xrightarrow{\text{近似}} N(60, 7.72^2)$. 于是

$$P\{X > 120\} = 1 - P\left\{\frac{X - 60}{7.72} \leqslant \frac{120 - 60}{7.72}\right\} = 1 - P\left\{\frac{X - 60}{7.72} \leqslant 7.77\right\}$$

$$\approx 1 - \Phi(7.77) \approx 1 - 1 = 0.$$

（2）公司年利润不少于 60 000 元就是 120 000 - 1000X ≥ 60 000，即 0 ≤ X ≤ 60，其概率为

$$P\{0 \leqslant X \leqslant 60\} = P\left\{\frac{0 - 60}{7.72} \leqslant \frac{X - 60}{7.72} \leqslant \frac{60 - 60}{7.72}\right\} = P\left\{-7.77 \leqslant \frac{X - 60}{7.72} \leqslant 0\right\}$$

$$\approx \Phi(0) - \Phi(-7.77) \approx 0.5 - 0 = 0.5.$$

18 据以往经验，某种电气元件的寿命服从均值为 100 小时的指数分布，现随机地取 16 只，设它们的寿命是相互独立的，求这 16 只元件的寿命的总和大于 1920 小时的概率.

知识点睛　0506 列维-林德伯格定理

解　记 16 只电气元件的寿命分别为 $X_1, X_2, \cdots, X_{16}$，则这 16 只元件的寿命之和为 $X = \sum\limits_{i=1}^{16} X_i$，依题意，$E(X_i) = 100, D(X_i) = 100^2$，根据独立同分布的中心极限定理，

$$Z = \frac{\sum\limits_{i=1}^{16} X_i - 16 \times 100}{4 \times 100} = \frac{X - 1600}{400}$$

近似地服从 $N(0,1)$，于是

$$P\{X > 1920\} = 1 - P\{X \leqslant 1920\} = 1 - P\left\{\frac{X - 1600}{400} \leqslant \frac{1920 - 1600}{400}\right\}$$

$$\approx 1 - \Phi(0.8) = 0.2119.$$

19 现有一大批种子，其中良种占 $\dfrac{1}{6}$，现从中任取 6000 粒. 试分别（1）用切比雪夫不等式估计；（2）用中心极限定理计算：这 6000 粒中良种所占的比例与 $\dfrac{1}{6}$ 之差的绝对值不超过 0.01 的概率.

19 题精解视频

知识点睛　0501 切比雪夫不等式，0505 棣莫弗-拉普拉斯定理

解　设 6000 粒中的良种数量为 X，则 $X \sim B\left(6000, \dfrac{1}{6}\right)$.

（1）要估计的概率为

$$P\left\{\left|\frac{X}{6000} - \frac{1}{6}\right| < \frac{1}{100}\right\} = P\{|X - 1000| < 60\},$$

相当于在切比雪夫不等式中取 $\varepsilon = 60$，于是，由切比雪夫不等式可得

$$P\left\{\left|\frac{X}{6000}-\frac{1}{6}\right|<\frac{1}{100}\right\}=P\{|X-1000|<60\}$$

$$\geqslant 1-\frac{D(X)}{60^2}$$

$$=1-\frac{5}{6}\times 1000\times\frac{1}{3600}$$

$$=1-0.2315=0.7685,$$

即用切比雪夫不等式估计此概率值不小于 0.7685.

（2）由拉普拉斯中心极限定理可知，二项分布 $B\left(6000,\frac{1}{6}\right)$ 可用正态分布

$N\left(1000,\frac{5}{6}\times 1000\right)$ 近似，于是所求概率为

$$P\left\{\left|\frac{X}{6000}-\frac{1}{6}\right|<\frac{1}{100}\right\}=P\{|X-1000|<60\}$$

$$=P\left\{\left|\frac{X-1000}{\sqrt{\frac{5}{6}\times 1000}}\right|<\frac{60}{\sqrt{\frac{5}{6}\times 1000}}\right\}$$

$$\approx 2\Phi(2.0784)-1=2\times 0.981\,24-1\approx 0.9625.$$

比较两个结果，用切比雪夫不等式估计是比较粗略的.

20 一部件包括 10 部分，每部分的长度（单位：mm）是一个随机变量，它们相互独立，且服从同一分布，其数学期望为 2，均方差为 0.05，规定总长度上、下限为 20±0.1 时产品合格，试求产品合格的概率.

知识点睛 0506 列维-林德伯格定理

解 设 X_i 表示该部件第 i 部分的长度 $(i=1,2,\cdots,10)$，由题意知 $EX_i=2$，$DX_i=0.05^2$，$X_1,X_2,\cdots,X_{10}$ 独立同分布，由中心极限定理知，$\sum_{i=1}^{10}X_i\overset{近似}{\sim}N(10\times 2,10\times 0.05^2)$ 分布.于是

$$P\left\{19.9<\sum_{i=1}^{10}X_i<20.1\right\}=P\left\{\frac{19.9-10\times 2}{\sqrt{10}\times 0.05}<\frac{\sum_{i=1}^{10}X_i-10\times 2}{\sqrt{10}\times 0.05}<\frac{20.1-10\times 2}{\sqrt{10}\times 0.05}\right\}$$

$$=P\left\{-0.6325<\frac{\sum_{i=1}^{10}X_i-20}{\sqrt{10}\times 0.05}<0.6325\right\}$$

$$\approx\Phi(0.6325)-\Phi(-0.6325)=2\Phi(0.6325)-1$$

$$\approx 2\times 0.7357-1=0.4714.$$

21 计算器在进行加法时，将每个加数舍入最靠近它的整数.设所有舍入误差是独立的且在 $(-0.5,0.5)$ 上服从均匀分布.

（1）若将 1500 个数相加，问误差总和的绝对值超过 15 的概率是多少？

（2）最多可有几个数相加使得误差总和的绝对值小于 10 的概率不小于 0.90？

知识点睛 0506 列维-林德伯格定理

解 设每个加数的舍入误差为 $X_i(i=1,2,\cdots,1500)$，由题设知 X_i 独立同分布，且在 $(-0.5,0.5)$ 上服从均匀分布，从而

$$E(X_i)=\frac{-0.5+0.5}{2}=0, \qquad D(X_i)=\frac{(0.5+0.5)^2}{12}=\frac{1}{12}.$$

（1）设 $X=\sum\limits_{i=1}^{1500} X_i$，由独立同分布的中心极限定理，随机变量 $\dfrac{X-1500\times 0}{\sqrt{1500}\times\sqrt{\dfrac{1}{12}}}$ 近似服从

$N(0,1)$，从而

$$
\begin{aligned}
P\{|X|>15\} &= 1-P\{|X|\leqslant 15\} \\
&= 1-P\left\{-\frac{15}{\sqrt{125}}\leqslant\frac{X}{\sqrt{125}}\leqslant\frac{15}{\sqrt{125}}\right\} \\
&\approx 2-2\Phi(1.34)=0.1802,
\end{aligned}
$$

即误差总和的绝对值超过 15 的概率约为 0.1802.

（2）记 $Y=\sum\limits_{i=1}^{n} X_i$，要使 $P\{|Y|<10\}\geqslant 0.90$. 由独立同分布的中心极限定理，近似地有

$$
\begin{aligned}
P\{|Y|<10\} &= P\{-10<Y<10\} \\
&= P\left\{\frac{-10}{\sqrt{n/12}}<\frac{Y}{\sqrt{n/12}}<\frac{10}{\sqrt{n/12}}\right\} \\
&\approx 2\Phi\left(\frac{10}{\sqrt{n/12}}\right)-1\geqslant 0.90,
\end{aligned}
$$

即 $\Phi\left(\dfrac{10}{\sqrt{n/12}}\right)\geqslant 0.95$，查表得 $\dfrac{10}{\sqrt{n/12}}\geqslant 1.645$，故 $n\leqslant 443$. 即最多有 443 个数相加使得误差总和的绝对值小于 10 的概率不小于 0.90.

22 一公寓有 200 户住户，一户住户拥有汽车辆数 X 的分布律为

X	0	1	2
p_k	0.1	0.6	0.3

问需要多少车位，才能使每辆汽车都具有一个车位的概率至少为 0.95.

知识点睛 0506 列维-林德伯格定理

解 设需要车位数为 n，且设第 $i(i=1,2,\cdots,200)$ 户有车辆数为 X_i，则由 X_i 的分布律知

$$E(X_i)=0\times 0.1+1\times 0.6+2\times 0.3=1.2,$$

$$E(X_i^2)=0^2\times 0.1+1^2\times 0.6+2^2\times 0.3=1.8,$$

故

$$D(X_i)=E(X_i^2)-[E(X_i)]^2=1.8-1.2^2=0.36.$$

因共有 200 户, 各户占有车位数相互独立. 从而近似地有

$$\sum_{i=1}^{200} X_i \sim N(200 \times 1.2,\ 200 \times 0.36).$$

今要求车位数 n 满足 $0.95 \leqslant P\left\{\sum_{i=1}^{200} X_i \leqslant n\right\}$, 由正态近似知, 上式中 n 应满足

$$0.95 \leqslant \Phi\left(\frac{n - 200 \times 1.2}{\sqrt{200 \times 0.36}}\right) = \Phi\left(\frac{n - 240}{\sqrt{72}}\right),$$

因 $0.95 = \Phi(1.645)$, 从而由 $\Phi(x)$ 的单调性知 $\dfrac{n - 240}{\sqrt{72}} \geqslant 1.645$, 故

$$n \geqslant 240 + 1.645 \times \sqrt{72} = 253.96.$$

由此知至少需 254 个车位.

23 随机地选取两组学生, 每组 80 人, 分别在两个实验室里测量某种化合物的 pH 值. 各人测量的结果是随机变量, 它们相互独立, 且服从同一分布, 其数学期望为 5, 方差为 0.3, 以 $\overline{X}, \overline{Y}$ 分别表示第一组和第二组所得结果的算术平均, 求

（1）$P\{4.9 < \overline{X} < 5.1\}$;

（2）$P\{-0.1 < \overline{X} - \overline{Y} < 0.1\}$.

知识点睛 0506 列维-林德伯格定理

解 （1）令 X_i 表示第一组第 i 人测量结果, 则 $EX_i = 5, DX_i = 0.3 (i = 1, 2, \cdots, 80)$. 由中心极限定理,

$$P\{4.9 < \overline{X} < 5.1\} = \left\{\frac{4.9 - 5}{\sqrt{0.3/80}} < \frac{\overline{X} - 5}{\sqrt{0.3/80}} < \frac{5.1 - 5}{\sqrt{0.3/80}}\right\} \approx \Phi\left(\frac{4}{\sqrt{6}}\right) - \Phi\left(-\frac{4}{\sqrt{6}}\right)$$
$$= 2\Phi(1.63) - 1 = 0.8968.$$

（2）令 Y_j 表示第二组第 j 人测量结果, 则 $EY_j = 5, DY_j = 0.3\ (j = 1, 2, \cdots, 80)$, 有

$$E\overline{X} = E\overline{Y} = 5, \quad D\overline{X} = D\overline{Y} = \frac{0.3}{80} = \frac{3}{800},$$

$$E(\overline{X} - \overline{Y}) = 0, \quad D(\overline{X} - \overline{Y}) = D\overline{X} + D\overline{Y} = \frac{3}{400},$$

从而

$$P\{-0.1 < \overline{X} - \overline{Y} < 0.1\} = P\left\{\frac{-0.1}{\sqrt{3/400}} < \frac{\overline{X} - \overline{Y}}{\sqrt{3/400}} < \frac{0.1}{\sqrt{3/400}}\right\}$$
$$\approx \Phi\left(\frac{2}{\sqrt{3}}\right) - \Phi\left(-\frac{2}{\sqrt{3}}\right) = 2\Phi(1.16) - 1 = 0.754.$$

24 某种电子器件的寿命（小时）具有数学期望 μ（未知）, 方差 $\sigma^2 = 400$. 为了估计 μ, 随机地取 n 只这种器件, 在时刻 $t = 0$ 投入测试（设测试是相互独立的）直至失效, 测得其寿命为 $X_1, X_2, \cdots, X_n$, 以 $\overline{X} = \dfrac{1}{n}\sum_{k=1}^{n} X_k$ 作为 μ 的估计, 为了使 $P\{|\overline{X} - \mu| < 1\} \geqslant 0.95$, 问 n 至少为多少?

知识点睛 0506 列维-林德伯格定理

解 X_k 表示第 k 个器件的寿命, $k = 1, 2, \cdots, n$, 有

$$EX_k = \mu, \quad DX_k = 400, \quad E\overline{X} = \mu, \quad D\overline{X} = \frac{DX_k}{n} = \frac{400}{n},$$

从而

$$P\{\,|\,\overline{X} - \mu\,| < 1\} = P\left\{\left|\frac{\overline{X} - \mu}{\sqrt{\dfrac{400}{n}}}\right| < \frac{1}{\sqrt{\dfrac{400}{n}}}\right\}$$

$$\approx \Phi\left(\frac{\sqrt{n}}{20}\right) - \Phi\left(-\frac{\sqrt{n}}{20}\right)$$

$$= 2\Phi\left(\frac{\sqrt{n}}{20}\right) - 1 \geqslant 0.95,$$

故 $\Phi\left(\dfrac{\sqrt{n}}{20}\right) \geqslant 0.975 = \Phi(1.96)$, 有 $\dfrac{\sqrt{n}}{20} \geqslant 1.96$, 得 $n \geqslant 1536.64$. 因此 n 至少为 1537.

25 一工人修理一台机器需两个阶段, 第一阶段所需时间 (单位: 小时) 服从均值为 0.2 的指数分布, 第二阶段服从均值为 0.3 的指数分布, 且与第一阶段独立. 现有 20 台机器需要修理. 求他在 8 小时内完成的概率.

知识点睛 0506 列维-林德伯格定理

解 设修理第 i 台机器 $(i = 1, 2, \cdots, 20)$ 第一阶段耗时 X_i, 第二阶段耗时 Y_i, 则共耗时 $Z_i = X_i + Y_i$, 由已知 $E(X_i) = 0.2, E(Y_i) = 0.3$, 故

$$E(Z_i) = E(X_i) + E(Y_i) = 0.5,$$

$$D(Z_i) = D(X_i) + D(Y_i) = 0.2^2 + 0.3^2 = 0.13.$$

由中心极限定理, 20 台机器需要修理的时间近似服从正态分布, 即

$$\sum_{i=1}^{20} Z_i \xrightarrow{\text{近似}} N(20 \times 0.5, 20 \times 0.13) = N(10, 2.6),$$

所以, 他在 8 小时内完成的概率

$$P\left\{\sum_{i=1}^{20} Z_i \leqslant 8\right\} \approx \Phi\left(\frac{8 - 10}{\sqrt{2.6}}\right) = \Phi(-1.24) = 0.1075.$$

26 某药厂断言, 该厂生产的某种药品对于医治一种血液病的治愈率为 0.8, 医院任意抽查 100 个服用此药品的病人, 若其中多于 75 人治愈, 就接受此断言, 否则就拒绝此断言.

(1) 若实际上此药品对该病治愈率是 0.8, 求接受此断言的概率;

(2) 若实际上此药品对该病治愈率是 0.7, 求接受此断言的概率.

知识点睛 0505 棣莫弗-拉普拉斯定理

解 设 100 人中的治愈人数为 X, 则 $X \sim B(100, p)$.

(1) $p = 0.8$, 即 $X \sim B(100, 0.8)$. 由中心极限定理, $X \xrightarrow{\text{近似}} N(80, 4^2)$, 则接受药厂断言的概率为

$$P\{X > 75\} = 1 - P\{X \leqslant 75\} \approx 1 - \Phi\left(\frac{75 - 80}{4}\right)$$

$$= 1 - \varPhi\left(-\frac{5}{4}\right) = \varPhi(1.25) = 0.8944.$$

（2）$p = 0.7$，即 $X \sim B(100, 0.7)$. 由中心极限定理，$X \overset{\text{近似}}{\sim} N(70, 21)$，则接受药厂断言的概率为

$$P\{X > 75\} = 1 - P\{X \leqslant 75\} \approx 1 - \varPhi\left(\frac{75 - 70}{\sqrt{21}}\right)$$
$$= 1 - \varPhi(1.09) = 1 - 0.8621 = 0.1379.$$

27 某一复杂的系统由 100 个相互独立起作用的部件所组成，在整个系统运行期间每个部件损坏的概率均为 0.1. 为了使整个系统起作用，必须至少有 85 个部件正常工作，求使得整个系统起作用的概率.

知识点晴 　0505 棣莫弗-拉普拉斯定理

解 设 X 为正常工作的部件数，则 $X \sim B(100, 0.9)$. 由中心极限定理，

$$X \overset{\text{近似}}{\sim} N(90, 9),$$

则

$$P\{X > 85\} = 1 - P\{X \leqslant 85\} \approx 1 - \varPhi\left(\frac{85 - np}{\sqrt{npq}}\right)$$
$$= 1 - \varPhi\left(-\frac{5}{3}\right) = \varPhi\left(\frac{5}{3}\right) = 0.9525.$$

第 6 章
数理统计的基本概念

知识要点

1.总体　是指研究对象的某个性能指标的全体,通常用一随机变量 X 代表总体.

2.个体　是指每一个研究对象.

3.样本　从总体中取 n 个个体,称为来自总体的容量为 n 的样本.

简单随机样本　是指 n 个相互独立,而且与总体 X 同分布的随机变量 $X_1, X_2, \cdots,$ X_n,简称随机样本,也常以随机向量 $(X_1, X_2, \cdots, X_n)$ 表示.它们的一组观察值 $x_1, x_2, \cdots,$ x_n 称为样本值.

4.统计量　称不含未知参数的样本函数 $g(X_1, X_2, \cdots, X_n)$ 为统计量.常见统计量

$$\overline{X} = \frac{1}{n} \sum_{i=1}^{n} X_i \ \text{为样本均值},$$

$$S^2 = \frac{1}{n-1} \sum_{i=1}^{n} (X_i - \overline{X})^2 \ \text{为样本方差},$$

$$S = \sqrt{S^2} \ \text{称为样本标准差},$$

$$A_k = \frac{1}{n} \sum_{i=1}^{n} X_i^k \ \text{为} \ k \ \text{阶样本原点矩},$$

$$B_k = \frac{1}{n} \sum_{i=1}^{n} (X_i - \overline{X})^k \ \text{为} \ k \ \text{阶样本中心矩},$$

其中

$$B_2 = S_n^2 = \frac{1}{n} \sum_{i=1}^{n} (X_i - \overline{X})^2 = \frac{n-1}{n} S^2.$$

5.经验分布函数

从总体 X 中抽取一个容量为 n 的样本,将其观察值 $(x_1, x_2, \cdots, x_n)$ 按大小顺序,重新排列如下

$$x_1^* \leqslant x_2^* \leqslant \cdots \leqslant x_n^*,$$

对于任意的实数 x,定义函数

$$F_n(x) = \begin{cases} 0, & x < x_1^*, \\ \dfrac{k}{n}, & x_k^* \leqslant x < x_{k+1}^*, \ k = 1, 2, \cdots, n-1, \\ 1, & x \geqslant x_n^*, \end{cases}$$

称 $F_n(x)$ 为总体 X 由 $x_1, x_2, \cdots, x_n$ 所决定的经验分布函数或样本分布函数.

6. χ^2 分布

（1）定义：设随机变量 $X_1, X_2, \cdots, X_n$ 相互独立同分布 $N(0,1)$，若有 $\chi^2 = \sum_{i=1}^{n} X_i^2$，则随机变量 χ^2 的分布称为自由度为 n 的 χ^2 分布，即 $\chi^2 \sim \chi^2(n)$。其概率密度函数为

$$\varphi(x) = \begin{cases} \dfrac{1}{2^{\frac{n}{2}} \Gamma\left(\dfrac{n}{2}\right)} x^{\frac{n}{2}-1} e^{-\frac{x}{2}}, & x > 0, \\ 0, & x \leqslant 0. \end{cases}$$

密度函数如图 6-1 所示.

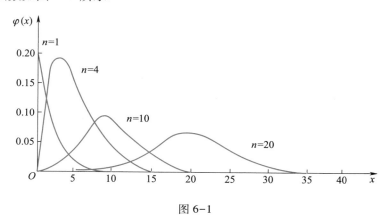

图 6-1

（2）性质：

① $E(\chi^2(n)) = n, D(\chi^2(n)) = 2n$.

② 设 $X \sim \chi^2(m), Y \sim \chi^2(n)$，且 X 与 Y 相互独立.则

$$X + Y \sim \chi^2(m+n).$$

（3）上 α 分位点：对于给定的正数 $\alpha(0 < \alpha < 1)$，称满足条件

$$P\{\chi^2 > \chi_\alpha^2(n)\} = \alpha$$

的点 $\chi_\alpha^2(n)$ 为 χ^2 分布的上 α 分位点.

7. t 分布

（1）定义：设随机变量 X 与 Y 相互独立.若 $X \sim N(0,1), Y \sim \chi^2(n)$，则称随机变量 $T = \dfrac{X}{\sqrt{\dfrac{Y}{n}}}$ 服从自由度为 n 的 t 分布，即 $T \sim t(n)$，其概率密度函数为

$$\varphi(x) = \frac{\Gamma\left(\dfrac{n+1}{2}\right)}{\sqrt{n\pi}\, \Gamma\left(\dfrac{n}{2}\right)} \left(1 + \frac{x^2}{n}\right)^{-\frac{n+1}{2}} \quad (-\infty < x < +\infty).$$

其图形如图 6-2 所示.

（2）性质：

① $E(t(n)) = 0, D(t(n)) = \dfrac{n}{n-2} \quad (n > 2)$；

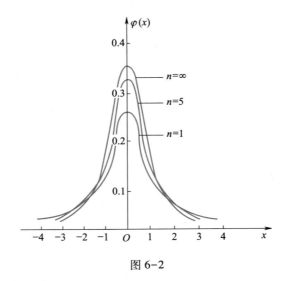

图 6-2

② $\lim\limits_{n\to\infty}\varphi(x)=\dfrac{1}{\sqrt{2\pi}}\mathrm{e}^{-\frac{x^2}{2}}$,故 n 足够大时,t 分布近似于 $N(0,1)$;

③若 $T\sim t(n)$,则 $T^2\sim F(1,n)$.

(3)上 α 分位点:$t(n)$ 分布的上 α 分位点 $t_\alpha(n)$ 是指满足
$$P\{T>t_\alpha(n)\}=\alpha\ (0<\alpha<1)$$
的点 $t_\alpha(n)$,其中 $t_{1-\alpha}(n)=-t_\alpha(n)$.

8. F 分布

(1)定义:设随机变量 X 与 Y 相互独立,且分别服从 $\chi^2(m)$ 和 $\chi^2(n)$ 分布,若 $F=\dfrac{X/m}{Y/n}$,则称 F 服从自由度为 m,n 的 F 分布,即 $F\sim F(m,n)$. 其概率密度函数为

$$\varphi(x)=\begin{cases}\dfrac{\Gamma\left(\dfrac{m+n}{2}\right)}{\Gamma\left(\dfrac{m}{2}\right)\Gamma\left(\dfrac{n}{2}\right)}m^{\frac{m}{2}}n^{\frac{n}{2}}\dfrac{x^{\frac{m}{2}-1}}{(mx+n)^{\frac{m+n}{2}}},&x>0,\\0,&x\leqslant0.\end{cases}$$

其图形如图 6-3 所示.

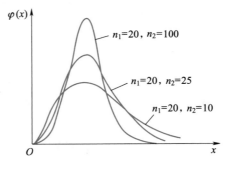

图 6-3

（2）性质：

① 若 $X \sim F(m, n)$，则

$$E(X) = \frac{n}{n-2} \quad (n > 2),$$

$$D(X) = \frac{n^2(2m+2n-4)}{m(n-2)^2(n-4)} \quad (n > 4).$$

② 若 $X \sim F(m, n)$，则 $\dfrac{1}{X} \sim F(n, m)$.

（3）上 α 分位点：满足 $P\{F > F_\alpha(m, n)\} = \alpha (0 < \alpha < 1)$ 的点 $F_\alpha(m, n)$ 称为上 α 分位点，且 $F_{1-\alpha}(m, n) = \dfrac{1}{F_\alpha(n, m)}$.

9. 正态总体的常用结论

（1）若总体 X 服从正态分布 $N(\mu, \sigma^2)$，$X_1, X_2, \cdots, X_n$ 是其样本，$\overline{X}$ 和 S^2 分别为样本均值和样本方差，则

① $\overline{X} \sim N\left(\mu, \dfrac{\sigma^2}{n}\right)$ 或 $\dfrac{\overline{X} - \mu}{\sigma} \sqrt{n} \sim N(0, 1)$；

② $\dfrac{(n-1)S^2}{\sigma^2} \sim \chi^2(n-1)$；

③ $\dfrac{\overline{X} - \mu}{S} \sqrt{n} \sim t(n-1)$；

④ $\overline{X}$ 与 S^2 相互独立.

（2）若 $X_1, X_2, \cdots, X_n$ 和 $Y_1, Y_2, \cdots, Y_m$ 分别表示取自两个正态总体 $N(\mu_1, \sigma_1^2)$ 和 $N(\mu_2, \sigma_2^2)$ 的简单随机样本，$\overline{X}, \overline{Y}$ 和 S_1^2, S_2^2 分别表示其样本均值和样本方差，则有

① $\dfrac{S_1^2 / \sigma_1^2}{S_2^2 / \sigma_2^2} \sim F(n-1, m-1)$；

② $\sqrt{\dfrac{mn(n+m-2)}{n+m}} \cdot \dfrac{(\overline{X} - \overline{Y}) - (\mu_1 - \mu_2)}{\sqrt{(n-1)S_1^2 + (m-1)S_2^2}} \sim t(n+m-2)$ （当 $\sigma_1^2 = \sigma_2^2$ 时）.

§6.1 基本概念

1 为了解数学专业本科毕业生的就业情况，我们调查了 100 名 2018 年毕业的数学专业本科毕业生实习期满后的月薪情况，研究的总体是什么？样本是什么？样本容量是多少？

知识点睛 0601 总体、个体及简单随机样本

解 研究的总体为数学专业本科毕业生实习期满后的月薪；样本是 100 名 2018 年毕业的数学专业本科毕业生实习期满后的月薪；样本容量是 100.

2 设 $X_1, X_2, \cdots, X_n$ 是取自正态总体 $N(\mu, \sigma^2)$ 的样本，其中 μ 已知，σ^2 未知，判断下列量哪些是统计量.

$$\overline{X} = \frac{1}{n} \sum_{i=1}^{n} X_i, \quad \frac{1}{n-1} \sum_{i=1}^{n} (X_i - \overline{X})^2, \quad \frac{1}{\sigma^2} \sum_{i=1}^{n} X_i^2,$$

$$\frac{1}{n} \sum_{i=1}^{n} (X_i - \mu)^2, \quad \frac{1}{\sigma^2} \sum_{i=1}^{n} (X_i - \mu)^2.$$

知识点睛 0603 常用统计量

解 $\overline{X} = \frac{1}{n} \sum_{i=1}^{n} X_i, \frac{1}{n-1} \sum_{i=1}^{n} (X_i - \overline{X})^2, \frac{1}{n} \sum_{i=1}^{n} (X_i - \mu)^2$ 是统计量.

▣ 3 设总体 X 服从参数为 λ 的指数分布，$X_1, X_2, \cdots, X_n$ 为取自 X 的样本，求该样本的联合概率密度.

知识点睛 0602 样本的联合分布

解 由题意，$f(x) = \begin{cases} \lambda e^{-\lambda x}, & x > 0, \\ 0, & \text{其他}, \end{cases}$ 则联合概率密度

$$f^*(x_1, x_2, \cdots, x_n) = f(x_1)f(x_2) \cdots f(x_n) = \begin{cases} \lambda^n e^{-\lambda \sum_{i=1}^{n} x_i}, & x_i > 0, \\ 0, & \text{其他}. \end{cases}$$

⊠2009 数学三，4 分

▣ 4 设 $X_1, X_2, \cdots, X_n$ 为来自总体 $B(n,p)$ 的简单随机样本，$\overline{X}$ 和 S^2 分别是样本均值与样本方差，记统计量 $T = \overline{X} - S^2$，求 $E(T)$.

知识点睛 0604 常用统计量的数字特征

解 由题意知，$E(X) = np, D(X) = np(1-p)$，则
$$\begin{aligned} E(T) &= E(\overline{X} - S^2) = E(\overline{X}) - E(S^2) \\ &= E(X) - D(X) = np - np(1-p) = np^2. \end{aligned}$$

§6.2 常用统计分布

▣ 5 设 $X \sim N(0,1), (X_1, X_2, X_3, X_4, X_5)$ 为其样本，求 $\dfrac{2X_5}{\sqrt{\sum_{i=1}^{4} X_i^2}}$ 的分布.

知识点睛 0605 χ^2 分布、t 分布

解 $X \sim N(0,1)$，所以 $\sum_{i=1}^{4} X_i^2 \sim \chi^2(4)$，因此

$$\frac{2X_5}{\sqrt{\sum_{i=1}^{4} X_i^2}} = \frac{X_5}{\sqrt{\sum_{i=1}^{4} X_i^2 / 4}} \sim t(4).$$

⊠2012 数学三，4 分

▣ 6 设 X_1, X_2, X_3, X_4 为来自总体 $X \sim N(1, \sigma^2)$ 的简单随机样本，则统计量 $\dfrac{X_1 - X_2}{|X_3 + X_4 - 2|}$ 的分布为( ).

$(A) N(0,1)$ $(B) t(1)$ $(C) \chi^2(1)$ $(D) F(1,1)$

知识点睛 0605 χ^2 分布、t 分布

解 由题意有

6 题精解视频

$$\frac{X_1 - X_2}{|X_3 + X_4 - 2|} = \frac{\dfrac{X_1 - X_2}{\sqrt{2}\,\sigma}}{\sqrt{\left(\dfrac{X_3 + X_4 - 2}{\sqrt{2}\,\sigma}\right)^2}},$$

因为

$$\frac{X_1 - X_2}{\sqrt{2}\,\sigma} \sim N(0,1), \quad \frac{X_3 + X_4 - 2}{\sqrt{2}\,\sigma} \sim N(0,1), \quad \left(\frac{X_3 + X_4 - 2}{\sqrt{2}\,\sigma}\right)^2 \sim \chi^2(1),$$

所以

$$\frac{X_1 - X_2}{|X_3 + X_4 - 2|} = \frac{\dfrac{X_1 - X_2}{\sqrt{2}\,\sigma}}{\sqrt{\left(\dfrac{X_3 + X_4 - 2}{\sqrt{2}\,\sigma}\right)^2}} \sim t(1).$$

应选(B).

7 设 $X_1, X_2, \cdots, X_n$ 是来自总体 $X \sim N(\mu, \sigma^2)$ 的一个样本,样本均值和样本方差分别为 $\overline{X}$ 和 S^2,X_{n+1} 为对 X 的又一独立观测值,求统计量 $Y = \dfrac{X_{n+1} - \overline{X}}{S}\sqrt{\dfrac{n}{n+1}}$ 的分布.

知识点睛 0605 χ^2 分布、t 分布

解 因为 $\overline{X} \sim N\left(\mu, \dfrac{\sigma^2}{n}\right)$,$X_{n+1} \sim N(\mu, \sigma^2)$ 且两者独立,所以

$$X_{n+1} - \overline{X} \sim N\left(0, \frac{n+1}{n}\sigma^2\right),$$

$$U = \frac{X_{n+1} - \overline{X}}{\sqrt{\dfrac{n+1}{n}}\,\sigma} \sim N(0,1),$$

而 $\chi^2 = \dfrac{(n-1)S^2}{\sigma} \sim \chi^2(n-1)$ 且与 U 独立,则由 t 分布定义,可知

$$Y = \frac{U}{\sqrt{\dfrac{\chi^2}{n-1}}} = \sqrt{\frac{n}{n+1}} \cdot \frac{X_{n+1} - \overline{X}}{S} \sim t(n-1).$$

8 设 X_1, X_2, X_3, X_4, X_5 是取自正态总体 $N(0, \sigma^2)$ 的一个简单随机样本,若 $\dfrac{a(X_1+X_2)}{\sqrt{X_3^2 + X_4^2 + X_5^2}}$ 服从 t 分布,则 $a =$ _____.

知识点睛 0605 χ^2 分布、t 分布

解 因为

$$\frac{X_1 + X_2}{\sqrt{2}\,\sigma} \sim N(0,1), \quad \frac{1}{\sigma^2}(X_3^2 + X_4^2 + X_5^2) \sim \chi^2(3),$$

且 $\dfrac{X_1+X_2}{\sqrt{2}\,\sigma}$ 与 $\dfrac{1}{\sigma^2}(X_3^2+X_4^2+X_5^2)$ 独立，于是

$$\frac{\dfrac{X_1+X_2}{\sqrt{2}\,\sigma}}{\sqrt{\dfrac{\dfrac{1}{\sigma^2}(X_3^2+X_4^2+X_5^2)}{3}}}=\frac{\sqrt{\dfrac{3}{2}}\,(X_1+X_2)}{\sqrt{X_3^2+X_4^2+X_5^2}}\sim t(3),$$

经比较得 $a=\sqrt{\dfrac{3}{2}}$，应填 $\sqrt{\dfrac{3}{2}}$.

9 在总体 $N(12,4)$ 中随机抽一容量为 5 的样本 X_1,X_2,X_3,X_4,X_5.

(1) 求样本均值与总体均值之差的绝对值大于 1 的概率;

(2) 求概率 $P\{\max\{X_1,X_2,X_3,X_4,X_5\}>15\}$;

(3) 求概率 $P\{\min\{X_1,X_2,X_3,X_4,X_5\}<10\}$.

知识点睛 0605 统计量的分布

解 (1) 因 $\overline{X}\sim N\left(12,\dfrac{4}{5}\right)$，所以

$$P\{\,|\,\overline{X}-12\,|>1\}=P\left\{\left|\frac{\overline{X}-12}{\sqrt{\dfrac{4}{5}}}\right|>\frac{\sqrt{5}}{2}\right\}$$

$$=2-2\Phi\left(\frac{\sqrt{5}}{2}\right)=2\times[\,1-\Phi(1.12)\,]$$

$$=2\times(1-0.8686)=0.2628.$$

(2) $P\{\max\{X_1,X_2,X_3,X_4,X_5\}>15\}$

$=1-P\{X_1\leqslant15,X_2\leqslant15,X_3\leqslant15,X_4\leqslant15,X_5\leqslant15\}$

$=1-\displaystyle\prod_{i=1}^{5}P\{X_i\leqslant15\}=1-\prod_{i=1}^{5}P\left\{\frac{X_i-12}{2}\leqslant\frac{15-12}{2}\right\}$

$=1-[\,\Phi(1.5)\,]^5=1-(0.9332)^5=0.2923.$

(3) $P\{\min\{X_1,X_2,X_3,X_4,X_5\}<10\}$

$=1-P\{X_1\geqslant10,X_2\geqslant10,X_3\geqslant10,X_4\geqslant10,X_5\geqslant10\}$

$=1-\displaystyle\prod_{i=1}^{5}P\{X_i\geqslant10\}=1-\prod_{i=1}^{5}P\left\{\frac{X_i-12}{2}\geqslant\frac{10-12}{2}\right\}$

$=1-[\,1-\Phi(-1)\,]^5=1-[\,\Phi(1)\,]^5$

$=1-(0.8413)^5=0.5785.$

【评注】本题(2)(3)也可利用第 3 章的公式:

   $M=\max\{X_1,X_2,X_3,X_4,X_5\}$ 的分布函数为 $F_M(z)=[\,F(z)\,]^5$,

   $N=\min\{X_1,X_2,X_3,X_4,X_5\}$ 的分布函数为 $F_N(z)=1-[\,1-F(z)\,]^5$,

则(2) $P\{M>15\}=1-F_M(15)$,(3) $P\{N<10\}=F_N(10)$.

10 从正态总体 $N(3.4,6^2)$ 中抽取容量为 n 的样本,如果要求其样本均值位于区间 $(1.4,5.4)$ 内的概率不小于 0.95,问样本容量 n 至少应取多大?

1998 数学一,4 分

附表　标准正态分布表

$$\Phi(z) = \int_{-\infty}^{z} \frac{1}{\sqrt{2\pi}} e^{-\frac{t^2}{2}} dt$$

z	1.28	1.645	1.96	2.33
$\Phi(z)$	0.900	0.950	0.975	0.990

知识点睛　0607 正态总体的常用抽样分布

解　以 $\overline{X}$ 表示样本均值,则 $\overline{X} \sim N\left(3.4, \frac{6^2}{n}\right)$,从而有

$$P\{1.4 < \overline{X} < 5.4\} = P\{-2 < \overline{X} - 3.4 < 2\} = P\{|\overline{X} - 3.4| < 2\}$$
$$= P\left\{\frac{|\overline{X} - 3.4|}{6}\sqrt{n} < \frac{2\sqrt{n}}{6}\right\} = 2\Phi\left(\frac{\sqrt{n}}{3}\right) - 1 \geq 0.95.$$

故 $\Phi\left(\frac{\sqrt{n}}{3}\right) \geq 0.975.$ 由此得 $\frac{\sqrt{n}}{3} \geq 1.96.$ 即

$$n \geq (1.96 \times 3)^2 \approx 34.57,$$

所以 n 至少应取 35.

11 在总体 $N(\mu, \sigma^2)$ 中抽取一个容量为 16 的样本,求 $P\left\{\frac{S^2}{\sigma^2} \leq 1.664\right\}$.

知识点睛　0605 χ^2 分布,0607 正态总体的常用抽样分布

解　因为 $\frac{(n-1)S^2}{\sigma^2} \sim \chi^2(n-1)$,所以

$$P\left\{\frac{S^2}{\sigma^2} \leq 1.664\right\} = P\left\{\frac{(n-1)S^2}{\sigma^2} \leq (n-1) \times 1.664\right\}$$
$$= P\left\{\frac{(n-1)S^2}{\sigma^2} \leq 15 \times 1.664\right\}$$
$$= P\{\chi^2(n-1) \leq 24.96\} = 1 - P\{\chi^2(15) > 24.96\}$$
$$= 1 - 0.05 = 0.95,$$

其中 $\chi^2_{0.05}(15) = 24.996$.

12 设 $X \sim F(n,n)$,$p_1 = P\{X \geq 1\}$,$p_2 = P\{X \leq 1\}$,则(　　).

(A)$p_1 < p_2$　　　(B)$p_1 = p_2$　　　(C)$p_1 > p_2$　　　(D)p_1、p_2 无法比较

知识点睛　0605 F 分布

解　因为 $X \sim F(n,n)$,所以 $\frac{1}{X} \sim F(n,n)$,从而

$$p_1 = P\{X \geq 1\} = P\left\{\frac{1}{X} \leq 1\right\} = P\{X \leq 1\} = p_2,$$

应选(B).

13 设 $X_1, X_2, \cdots, X_n$ 是来自总体 $N(\mu, 16)$ 的样本,问 n 为多大时才能使得 $P\{|X-\mu|<1\} \geqslant 0.95$ 成立.

知识点睛 0603 样本均值,0607 正态总体的常用抽样分布

解 由题意知 $X \sim N(\mu, 16), \dfrac{\overline{X}-\mu}{4/\sqrt{n}} \sim N(0,1)$,因此

$$P\{|X-\mu|<1\} = P\left\{\frac{|X-\mu|}{4/\sqrt{n}} < \frac{1}{4/\sqrt{n}}\right\} = \varPhi\left(\frac{1}{4/\sqrt{n}}\right) - \varPhi\left(-\frac{1}{4/\sqrt{n}}\right)$$

$$= 2\varPhi\left(\frac{1}{4/\sqrt{n}}\right) - 1 \geqslant 0.95,$$

即 $\varPhi\left(\dfrac{1}{4/\sqrt{n}}\right) \geqslant 0.975$,进而 $\dfrac{1}{4/\sqrt{n}} \geqslant 1.96$,所以 $n \geqslant 61.5$,即 n 最小取 62.

14 某厂生产的灯泡使用寿命 $X \sim N(2250, 250^2)$ 分布,现进行质量检查,方法如下:任意挑选若干个灯泡,如果这些灯泡的平均寿命超过 2200 h,就认为该厂生产的灯泡质量合格,若要使检查能通过的概率超过 0.997,问至少应检查多少个灯泡?

知识点睛 0603 样本均值,0607 正态总体的常用抽样分布

解 设至少应检查 n 个灯泡,依题意有 $X_1, X_2, \cdots, X_n$ 均服从 $N(2250, 250^2)$,且相互独立,即

$$\overline{X} \sim N\left(2250, \frac{250^2}{n}\right), \quad \frac{\overline{X}-2250}{250/\sqrt{n}} \sim N(0,1),$$

则

$$P\{\overline{X} > 2200\} = P\left\{\frac{\overline{X}-2250}{250/\sqrt{n}} > \frac{2200-2250}{250/\sqrt{n}}\right\}$$

$$= 1 - P\left\{\frac{\overline{X}-2250}{250/\sqrt{n}} \leqslant \frac{2200-2250}{250/\sqrt{n}}\right\}$$

$$= 1 - \varPhi\left(-\frac{\sqrt{n}}{5}\right) = \varPhi\left(\frac{\sqrt{n}}{5}\right) \geqslant 0.997,$$

查表得: $\dfrac{\sqrt{n}}{5} \geqslant 2.75, n \geqslant 189.1$,取 $n=190$.即至少应检查 190 个灯泡.

2014 数学三,4 分 **15** 设 X_1, X_2, X_3 为来自总体 $X \sim N(0, \sigma^2)$ 的简单随机样本,求统计量 $S = \dfrac{X_1-X_2}{\sqrt{2}|X_3|}$ 的分布.

知识点睛 0605 χ^2 分布、t 分布

解 由题意 $X \sim N(0, \sigma^2)$,所以 $X_1-X_2 \sim N(0, 2\sigma^2)$,因此

$$\frac{X_1-X_2}{\sqrt{2}\sigma} \sim N(0,1),$$

又因为 $\left(\dfrac{X_3}{\sigma}\right)^2 \sim \chi^2(1)$,所以

$$S = \frac{X_1 - X_2}{\sqrt{2}|X_3|} = \frac{\frac{X_1 - X_2}{\sqrt{2}\,\sigma}}{\sqrt{(X_3/\sigma)^2}} \sim t(1).$$

16 设 $X_1, X_2, \cdots, X_n$ 为来自总体 $N(\mu, \sigma^2)$ 的简单随机样本,记统计量 $T =$ 【K】2010 数学三, 4 分
$\frac{1}{n}\sum_{i=1}^{n} X_i^2$,则 $E(T) = \underline{\hspace{3cm}}$.

知识点睛 0604 常用统计量的数字特征

解 因为 $X_i \sim N(\mu, \sigma^2)$,所以 $EX_i = \mu$,$DX_i = \sigma^2$,则

$$E(T) = E\left(\frac{1}{n}\sum_{i=1}^{n} X_i^2\right) = \frac{1}{n}\sum_{i=1}^{n} E(X_i^2)$$

$$= \frac{1}{n}\sum_{i=1}^{n} \left[DX_i + (EX_i)^2 \right] = \frac{1}{n}\sum_{i=1}^{n} (\sigma^2 + \mu^2)$$

$$= \sigma^2 + \mu^2.$$

应填 $\sigma^2 + \mu^2$.

17 设总体 X 服从正态分布 $N(\mu, \sigma^2)$,$X_1, X_2, \cdots, X_n$ 为其样本,$\overline{X}$ 为样本均值,S^2 为样本方差.试求:

(1) $\overline{X}$ 的数学期望与方差;

(2) S^2 的数学期望.

知识点睛 0604 常用统计量的数字特征,0607 正态总体的常用抽样分布

分析 本题既可以利用公式 $E(\overline{X}) = E(X)$、$D(\overline{X}) = \dfrac{D(X)}{n}$、$E(S^2) = D(X)$ 直接计算,也可利用期望与方差的性质推导,其中在求 S^2 的期望时,采用 S^2 的另一种表达式,即

$$S^2 = \frac{1}{n-1}\left(\sum_{i=1}^{n} X_i^2 - n\overline{X}^2 \right),$$

问题就易得到解决了.

解 (1) $X_1, X_2, \cdots, X_n$ 相互独立且与 X 有相同的分布,所以

$$E(X_i) = E(X),$$

$$E(\overline{X}) = E\left(\frac{1}{n}\sum_{i=1}^{n} X_i\right) = \frac{1}{n}\sum_{i=1}^{n} E(X_i) = E(X),$$

故 $E(\overline{X}) = E(X) = \mu$. 又因为 $X_1, X_2, \cdots, X_n$ 相互独立,而且与 X 分布相同,所以

$$D(X_i) = D(X) \quad (i = 1, 2, \cdots, n),$$

$$D(\overline{X}) = D\left(\frac{1}{n}\sum_{i=1}^{n} X_i\right) = \frac{1}{n^2}\sum_{i=1}^{n} D(X_i) = \frac{1}{n}D(X),$$

故 $D(\overline{X}) = \dfrac{\sigma^2}{n}$.

(2) 由题意知,

$$E(S^2) = E\left[\frac{1}{n-1}\left(\sum_{i=1}^{n} X_i^2 - n\overline{X}^2 \right) \right] = \frac{1}{n-1}\left[\sum_{i=1}^{n} E(X_i^2) - nE(\overline{X}^2) \right].$$

因为
$$E(X_i^2) = D(X_i) + [E(X_i)]^2 \quad (i=1,2,\cdots,n),$$
$$E(\overline{X}^2) = D(\overline{X}) + [E(\overline{X})]^2,$$
所以
$$E(X_i^2) = D(X) + [E(X)]^2 \quad (i=1,2,\cdots,n),$$
$$E(\overline{X}^2) = \frac{1}{n}D(X) + [E(X)]^2,$$
故
$$E(S^2) = \frac{1}{n-1}\{nD(X) + n[E(X)]^2 - D(X) - n[E(X)]^2\} = D(X),$$
从而 $E(S^2) = \sigma^2$.

18 设 $X_1, X_2, \cdots, X_n$ 是取自总体 $N(0,\sigma^2)$ 的简单样本，$\overline{X}_k = \frac{1}{k}\sum_{i=1}^{k} X_i, 1 \leqslant k \leqslant n$，则 $\mathrm{Cov}(\overline{X}_k, \overline{X}_{k+1}) = (\quad)$.

(A) σ^2 (B) $\dfrac{\sigma^2}{k}$ (C) $\dfrac{\sigma^2}{k+1}$ (D) $\dfrac{\sigma^2}{k(k+1)}$

知识点睛 0604 常用统计量的数字特征

解
$$\mathrm{Cov}(\overline{X}_k, \overline{X}_{k+1}) = \frac{1}{k(k+1)}\mathrm{Cov}\left(\sum_{i=1}^{k} X_i, \sum_{i=1}^{k} X_i + X_{k+1}\right)$$
$$= \frac{1}{k(k+1)}\mathrm{Cov}\left(\sum_{i=1}^{k} X_i, \sum_{i=1}^{k} X_i\right) = \frac{1}{k(k+1)}D\left(\sum_{i=1}^{k} X_i\right)$$
$$= \frac{1}{k(k+1)} \cdot k\sigma^2 = \frac{\sigma^2}{k+1}.$$

故应选(C).

19 设 $X_1, X_2, \cdots, X_n$ 是来自总体 $N(\mu,\sigma^2)$ 的样本，记 $Y = \frac{1}{n}\sum_{i=1}^{n} |X_i - \mu|$，试证：
$$E(Y) = \sqrt{\frac{2}{\pi}}\sigma, \quad D(Y) = \left(1 - \frac{2}{\pi}\right)\frac{\sigma^2}{n}.$$

知识点睛 0604 常用统计量的数字特征

分析 $Y_i = X_i - \mu \sim N(0,\sigma^2), E(|Y_i|) = \frac{2}{\sqrt{2\pi}\sigma}\int_0^{+\infty} ye^{-\frac{y^2}{2\sigma^2}}dy$.

证 记 $Y_i = X_i - \mu$，得 $Y_i \sim N(0,\sigma^2), i=1,2,\cdots,n$. 有
$$E(|X_i-\mu|) = E(|Y_i|) = \frac{1}{\sqrt{2\pi}\sigma}\int_{-\infty}^{+\infty} |y| e^{-\frac{y^2}{2\sigma^2}}dy = \frac{2}{\sqrt{2\pi}\sigma}\int_0^{+\infty} ye^{-\frac{y^2}{2\sigma^2}}dy$$
$$= -\frac{2\sigma}{\sqrt{2\pi}}e^{-\frac{y^2}{2\sigma^2}}\Big|_0^{+\infty} = \sqrt{\frac{2}{\pi}}\sigma,$$
$$D(|X_i-\mu|) = D(|Y_i|) = E(Y_i^2) - [E(|Y_i|)]^2$$
$$= D(Y_i) + (EY_i)^2 - \left(\sqrt{\frac{2}{\pi}}\sigma\right)^2$$

$$= \sigma^2 + 0 - \frac{2}{\pi}\sigma^2 = \left(1 - \frac{2}{\pi}\right)\sigma^2,$$

所以

$$E(Y) = E\left(\frac{1}{n}\sum_{i=1}^{n}|X_i - \mu|\right) = \frac{1}{n}\sum_{i=1}^{n}E(|X_i - \mu|)$$

$$= \frac{1}{n}\cdot n\sqrt{\frac{2}{\pi}}\sigma = \sqrt{\frac{2}{\pi}}\sigma,$$

$$D(Y) = D\left(\frac{1}{n}\sum_{i=1}^{n}|X_i - \mu|\right) = \frac{1}{n^2}\sum_{i=1}^{n}D(|X_i - \mu|)$$

$$= \left(1 - \frac{2}{\pi}\right)\frac{\sigma^2}{n}.$$

20 设 $F \sim F(m,n)$，证明：$F_{1-\alpha}(m,n) = \dfrac{1}{F_\alpha(n,m)}$.

知识点睛 0606 分位数

证 由分位点定义：

$$1 - \alpha = P\{F > F_{1-\alpha}(m,n)\} = P\left\{\frac{1}{F} < \frac{1}{F_{1-\alpha}(m,n)}\right\}$$

$$= 1 - P\left\{\frac{1}{F} > \frac{1}{F_{1-\alpha}(m,n)}\right\},$$

则

$$P\left\{\frac{1}{F} > \frac{1}{F_{1-\alpha}(m,n)}\right\} = \alpha.$$

由 F 分布性质可知 $\dfrac{1}{F} \sim F(n,m)$，故 $\dfrac{1}{F_{1-\alpha}(m,n)} = F_\alpha(n,m)$，即

$$F_{1-\alpha}(m,n) = \frac{1}{F_\alpha(n,m)}.$$

21 设 $X_1,X_2,\cdots,X_n$ 和 $Y_1,Y_2,\cdots,Y_n$ 是两个样本，且有如下关系：$Y_i = \dfrac{1}{b}(X_i - a)$ $(i = 1,2,\cdots,n,a,b$ 不等于零都为常数)，试求样本均值 $\overline{X}$ 和 $\overline{Y}$，样本方差 S_X^2 与 S_Y^2 之间的关系.

知识点睛 0603 样本均值、样本方差

解 由题意有

$$\overline{Y} = \frac{1}{n}\sum_{i=1}^{n}Y_i = \frac{1}{n}\sum_{i=1}^{n}\frac{1}{b}(X_i - a) = \frac{1}{b}(\overline{X} - a),$$

则得 $\overline{X} = b\overline{Y} + a$. 从而

$$S_Y^2 = \frac{1}{n-1}\sum_{i=1}^{n}(Y_i - \overline{Y})^2 = \frac{1}{n-1}\sum_{i=1}^{n}\left(\frac{X_i - a}{b} - \frac{\overline{X} - a}{b}\right)^2$$

$$= \frac{1}{b^2}\frac{1}{n-1}\sum_{i=1}^{n}(X_i - \overline{X})^2 = \frac{1}{b^2}S_X^2.$$

即得 $S_X^2 = b^2 S_Y^2$.

【评注】当样本值 $x_1, x_2, \cdots, x_n$ 中的每一个分量过大或过小时,为了计算简便,提高精度,可适当选择常数 $a, b \neq 0$,作线性变换 $y_i = \frac{1}{b}(x_i - a)$ $(i = 1, 2, \cdots, n)$,使变换后的数据 $y_1, y_2, \cdots, y_n$ 大小适中,首先计算 $\bar{Y}, S_Y^2$,只需做上述线性变换即得 $\bar{X}$ 和 S_X^2 的值.

22 设对总体 X 得到一个容量为 10 的样本,样本值分别为

$$4.5, \quad 2, \quad 1, \quad 1.5, \quad 3.5, \quad 4.5, \quad 6.5, \quad 5, \quad 3.5, \quad 4$$

分别计算样本均值,样本方差和经验分布函数.

知识点睛 0603 样本均值、样本方差

解 因为 $\bar{X} = \frac{1}{n}\sum_{i=1}^{n} X_i$,所以 $\bar{x} = \frac{1}{10}\sum_{i=1}^{10} x_i = 3.6$. 又因为 $S^2 = \frac{1}{n-1}\sum_{i=1}^{n}(X_i - \bar{X})^2$,所以

$$s^2 = \frac{1}{9}\sum_{i=1}^{10}(x_i - \bar{x})^2 \quad \left(\text{或} \frac{1}{9}\Big(\sum_{i=1}^{10} x_i^2 - 10\bar{x}^2\Big)\right)$$
$$= 2.88.$$

将 10 个样本值由小到大排序为

$$1 < 1.5 < 2 < 3.5 = 3.5 < 4 < 4.5 = 4.5 < 5 < 6.5,$$

其经验分布函数为

$$F_n(x) = \begin{cases} 0, & x < 1, \\ \dfrac{1}{10}, & 1 \leqslant x < 1.5, \\ \dfrac{2}{10}, & 1.5 \leqslant x < 2, \\ \dfrac{3}{10}, & 2 \leqslant x < 3.5, \\ \dfrac{5}{10}, & 3.5 \leqslant x < 4, \\ \dfrac{6}{10}, & 4 \leqslant x < 4.5, \\ \dfrac{8}{10}, & 4.5 \leqslant x < 5, \\ \dfrac{9}{10}, & 5 \leqslant x < 6.5, \\ 1, & x \geqslant 6.5. \end{cases}$$

§6.3 综合提高题

1995 数学三,
3 分

23 设 $X_1, X_2, \cdots, X_n$ 是来自正态总体 $N(\mu, \sigma^2)$ 的简单随机样本,$\bar{X}$ 是样本均值,记

$$S_1^2 = \frac{1}{n-1}\sum_{i=1}^{n}(X_i - \bar{X})^2, \quad S_2^2 = \frac{1}{n}\sum_{i=1}^{n}(X_i - \bar{X})^2,$$

$$S_3^2 = \frac{1}{n-1}\sum_{i=1}^{n}(X_i-\mu)^2, \qquad S_4^2 = \frac{1}{n}\sum_{i=1}^{n}(X_i-\mu)^2,$$

则服从自由度为 $n-1$ 的 t 分布的随机变量是(　　).

$$(A)\, t=\frac{\overline{X}-\mu}{\dfrac{S_1}{\sqrt{n-1}}} \qquad (B)\, t=\frac{\overline{X}-\mu}{\dfrac{S_2}{\sqrt{n-1}}} \qquad (C)\, t=\frac{\overline{X}-\mu}{\dfrac{S_3}{\sqrt{n}}} \qquad (D)\, t=\frac{\overline{X}-\mu}{\dfrac{S_4}{\sqrt{n}}}$$

知识点睛 0605 t 分布,0607 正态总体的常用抽样分布

分析 根据 t 分布的表达形式及推导可判断出正确选项.

解 因为 $X_1,X_2,\cdots,X_n$ 服从 $N(\mu,\sigma^2)$ 分布,所以有

$$\frac{\overline{X}-\mu}{\sigma}\sqrt{n} \sim N(0,1), \qquad \sum_{i=1}^{n}\frac{(X_i-\overline{X})^2}{\sigma^2} \sim \chi^2(n-1),$$

$$\frac{\overline{X}-\mu}{\sqrt{\dfrac{1}{n-1}\sum_{i=1}^{n}(X_i-\overline{X})^2}}\sqrt{n} \sim t(n-1),$$

从而

$$\frac{(\overline{X}-\mu)\sqrt{n}}{\sqrt{\dfrac{1}{n-1}\sum_{i=1}^{n}(X_i-\overline{X})^2}} = \frac{\overline{X}-\mu}{\sqrt{\dfrac{1}{n}\cdot\dfrac{1}{n-1}\sum_{i=1}^{n}(X_i-\overline{X})^2}}$$

$$= \frac{\overline{X}-\mu}{\dfrac{S_2}{\sqrt{n-1}}} \sim t(n-1).$$

应选(B).

【评注】如果牢记正态总体抽样分布的有关结论,则此题可直接选(B).

24 设随机变量 $X\sim t(n)$，$Y\sim F(1,n)$，给定 $\alpha(0<\alpha<0.5)$，常数 c 满足 $P\{X>c\}=\alpha$，则 $P\{Y>c^2\}=$(　　).   2013 数学一, 4 分

$$(A)\,\alpha \qquad\qquad (B)\,1-\alpha \qquad\qquad (C)\,2\alpha \qquad\qquad (D)\,1-2\alpha$$

知识点睛 0605 t 分布、F 分布

解 $X\sim t(n)$，根据 t 分布的典型模式,可将 X 表示为:

$$X=\frac{X_1}{\sqrt{Y_1/n}},\ 其中\ X_1\sim N(0,1);Y_1\sim\chi^2(n);X_1,Y_1\ 相互独立.$$

24 题精解视频

因为 t 分布的密度函数是偶函数,所以给定 $\alpha(0<\alpha<0.5)$，$P\{X>c\}=\alpha$，则必有 $c>0$，且

$$P\{X<-c\}=P\{X>c\}=\alpha,$$

又 $X^2=\dfrac{X_1^2}{Y_1/n}$，其中 $X_1^2\sim\chi^2(1);Y_1\sim\chi^2(n);X_1^2,Y_1$ 相互独立.

根据 F 分布的典型模式,$X^2\sim F(1,n)$，则

$$P\{Y>c^2\}=P\{X^2>c^2\}=P\{X>c\}+P\{X<-c\}=2\alpha.$$

应选(C).

【评注】不同分布之间的关系也是考研中的常考题型.本题考查的便是 t 分布和 F 分布之间的关系.若 $X \sim t(n)$,则 $X^2 \sim F(1,n)$.

☒2017数学一、数学三,4分

25题精解视频

25 设 $X_1, X_2, \cdots, X_n(n \geq 2)$ 为来自总体 $N(\mu,1)$ 的简单随机样本,记 $\overline{X} = \frac{1}{n}\sum_{i=1}^{n} X_i$,则下列结论中不正确的是(   ).

(A) $\sum_{i=1}^{n} (X_i - \mu)^2$ 服从 χ^2 分布   (B) $2(X_n - X_1)^2$ 服从 χ^2 分布

(C) $\sum_{i=1}^{n} (X_i - \overline{X})^2$ 服从 χ^2 分布   (D) $n(\overline{X} - \mu)^2$ 服从 χ^2 分布

知识点睛 0605 χ^2 分布

解 $X_i - \mu \sim N(0,1)$,则 $\sum_{i=1}^{n} (X_i - \mu)^2 \sim \chi^2(n)$,故(A)正确.

$\sum_{i=1}^{n} (X_i - \overline{X})^2 = (n-1)S^2 \sim \chi^2(n-1)$,故(C)正确.

$\overline{X} \sim N\left(\mu, \frac{1}{n}\right)$,则 $\frac{\overline{X}-\mu}{1/\sqrt{n}} \sim N(0,1)$,故 $n(\overline{X}-\mu)^2 \sim \chi^2(1)$,从而(D)正确.

因为 $X_n - X_1 \sim N(0,2)$,故 $\frac{X_n - X_1}{\sqrt{2}} \sim N(0,1)$,则 $\frac{(X_n - X_1)^2}{2} \sim \chi^2(1)$,从而(B)不正确,应选(B).

☒2001数学一,7分

26 设总体 X 服从正态分布 $N(\mu, \sigma^2)(\sigma > 0)$,从该总体中抽取简单随机样本 $X_1, X_2, \cdots, X_{2n}(n \geq 2)$,其样本均值 $\overline{X} = \frac{1}{2n}\sum_{i=1}^{2n} X_i$,求统计量 $Y = \sum_{i=1}^{n} (X_i + X_{n+i} - 2\overline{X})^2$ 的数学期望 EY.

知识点睛 0604 常用统计量的数字特征,0607 正态总体的常用抽样分布

解 显然,$E(S^2) = E\left[\frac{1}{n-1}\sum_{i=1}^{n}(X_i - \overline{X})^2\right] = DX = \sigma^2$.

法1 $Y = \sum_{i=1}^{n} (X_i + X_{n+i} - 2\overline{X})^2 = \sum_{i=1}^{n} (X_i^2 + X_{n+i}^2 + 4\overline{X}^2 + 2X_i X_{n+i} - 4X_i \overline{X} - 4X_{n+i}\overline{X})$

$= \sum_{i=1}^{2n} X_i^2 + 2\sum_{i=1}^{n} X_i X_{n+i} - 4n\overline{X}^2$,

则

$$EY = \sum_{i=1}^{2n} E(X_i^2) + 2\sum_{i=1}^{n} E(X_i)E(X_{n+i}) - 4nE(\overline{X}^2)$$

$$= 2n(\sigma^2 + \mu^2) + 2n\mu^2 - 4n\left(\frac{\sigma^2}{2n} + \mu^2\right) = 2(n-1)\sigma^2.$$

法2 $\overline{X}' = \frac{1}{n}\sum_{i=1}^{n} X_i, \overline{X}'' = \frac{1}{n}\sum_{i=1}^{n} X_{n+i}$,显然有

$$\overline{X}' + \overline{X}'' = \frac{1}{n} \sum_{i=1}^{n} (X_i + X_{n+i}) = 2\overline{X},$$

因此

$$EY = E\Big[\sum_{i=1}^{n} (X_i + X_{n+i} - 2\overline{X})^2\Big] = E\Big\{\sum_{i=1}^{n} \big[(X_i - \overline{X}') + (X_{n+i} - \overline{X}'')\big]^2\Big\}$$

$$= E\Big[\sum_{i=1}^{n} (X_i - \overline{X}')^2\Big] + 0 + E\Big[\sum_{i=1}^{n} (X_{n+i} - \overline{X}'')^2\Big] = 2(n-1)\sigma^2.$$

法3 可以把 $(X_1+X_{n+1}), (X_2+X_{n+2}), \cdots, (X_n+X_{2n})$ 看成取自总体 $N(2\mu, 2\sigma^2)$ 的简单随机样本,其样本均值

$$\frac{1}{n} \sum_{i=1}^{n} (X_i + X_{n+i}) = 2\overline{X},$$

样本方差

$$\frac{1}{n-1} \sum_{i=1}^{n} (X_i + X_{n+i} - 2\overline{X})^2 = \frac{Y}{n-1},$$

所以

$$EY = (n-1)E\Big(\frac{Y}{n-1}\Big) = (n-1) \cdot 2\sigma^2 = 2(n-1)\sigma^2.$$

【评注】显然解法3计算量较小,是推荐解法.

27 设随机变量 $X \sim t(n)(n>1)$, $Y = \dfrac{1}{X^2}$, 则(　　). 〖K〗 2003 数学一,
4 分

(A) $Y \sim \chi^2(n)$　　　(B) $Y \sim \chi^2(n-1)$　　　(C) $Y \sim F(n,1)$　　　(D) $Y \sim F(1,n)$

知识点晴　0605 χ^2 分布、F 分布

解法1　利用 t 分布和 F 分布的性质求解.

因为 $X \sim t(n)$,由 t 分布性质可得 $X^2 \sim F(1,n)$.又根据 F 分布的性质

$$\frac{1}{X^2} \sim F(n,1),$$

故 $Y = \dfrac{1}{X^2} \sim F(n,1)$ 分布.

解法2　利用 t 分布和 F 分布的定义求解.

因 $X \sim t(n)$,所以 X 具有如下结构:

$$X = \frac{U}{\sqrt{\dfrac{V}{n}}},$$

其中 $U \sim N(0,1)$, $V \sim \chi^2(n)$,且 U 与 V 相互独立.从而

$$X^2 = \frac{U^2}{\dfrac{V}{n}} \quad 即 \quad \frac{1}{X^2} = \frac{\dfrac{V}{n}}{U^2},$$

$U^2 \sim \chi^2(1)$,且 U^2 与 V 也相互独立,由定义

$$\frac{1}{X^2} = \frac{\dfrac{V}{n}}{\dfrac{U^2}{1}} \sim F(n, 1).$$

应选(C).

1999 数学三,
7 分

28 设 $X_1, X_2, \cdots, X_9$ 是来自正态总体 X 的简单随机样本,

$$Y_1 = \frac{1}{6}(X_1 + X_2 + \cdots + X_6), \quad Y_2 = \frac{1}{3}(X_7 + X_8 + X_9),$$

$$S^2 = \frac{1}{2}\sum_{i=7}^{9}(X_i - Y_2)^2, \quad Z = \frac{\sqrt{2}(Y_1 - Y_2)}{S},$$

证明统计量 Z 服从自由度为 2 的 t 分布.

知识点睛 0605 t 分布, 0607 正态总体的常用抽样分布

证 因为 $X \sim N(\mu, \sigma^2), X_i \sim N(\mu, \sigma^2)$, 所以 $Y_1 \sim N\left(\mu, \dfrac{\sigma^2}{6}\right), Y_2 \sim N\left(\mu, \dfrac{\sigma^2}{3}\right)$, 故

$$Y_1 - Y_2 \sim N\left(0, \frac{\sigma^2}{2}\right),$$

因此有

$$\frac{Y_1 - Y_2}{\dfrac{\sigma}{\sqrt{2}}} = \frac{\sqrt{2}(Y_1 - Y_2)}{\sigma} \sim N(0, 1).$$

又由于

$$S^2 = \frac{1}{2}\sum_{i=7}^{9}(X_i - Y_2)^2 = \frac{1}{3-1}\sum_{i=7}^{9}(X_i - Y_2)^2,$$

而 $\dfrac{(n-1)S^2}{\sigma^2} \sim \chi^2(n-1)$, 所以 $\dfrac{2S^2}{\sigma^2} \sim \chi^2(2)$.

因为 Y_2 和 S^2 相互独立, 而且 Y_1 与 Y_2, Y_1 与 S^2 也相互独立, 所以 $Y_1 - Y_2$ 与 S^2 相互独立, 则有 $\dfrac{\sqrt{2}(Y_1 - Y_2)}{\sigma}$ 与 $\dfrac{2S^2}{\sigma^2}$ 相互独立. 那么

$$Z = \frac{\sqrt{2}(Y_1 - Y_2)}{S} = \frac{\dfrac{\sqrt{2}(Y_1 - Y_2)}{\sigma}}{\sqrt{\dfrac{2S^2}{2\sigma^2}}} \sim t(2),$$

故 Z 服从自由度为 2 的 t 分布.

2001 数学三,
3 分

29 设总体 X 服从分布 $N(0, 2^2)$, 而 $X_1, X_2, \cdots, X_{15}$ 是来自总体 X 的简单随机样本, 则随机变量

$$Y = \frac{X_1^2 + \cdots + X_{10}^2}{2(X_{11}^2 + \cdots + X_{15}^2)}$$

服从_____分布, 参数为_____.

知识点睛 0605 F 分布、χ^2 分布

分析 利用 χ^2 分布与 F 分布的定义可判断分布并解得参数.

解 由于 $X_1, X_2, \cdots, X_{15}$ 是简单随机样本,所以 $X_i (i=1,2,\cdots,15)$ 相互独立且服从 $N(0,2^2)$ 分布,因此 $X_1^2+\cdots+X_{10}^2$ 与 $X_{11}^2+\cdots+X_{15}^2$ 也相互独立,且

$$\frac{X_i}{2} \sim N(0,1) \quad (i=1,2,\cdots,15),$$

故

$$\left(\frac{X_1}{2}\right)^2+\cdots+\left(\frac{X_{10}}{2}\right)^2=\frac{1}{4}(X_1^2+\cdots+X_{10}^2) \sim \chi^2(10),$$

$$\left(\frac{X_{11}}{2}\right)^2+\cdots+\left(\frac{X_{15}}{2}\right)^2=\frac{1}{4}(X_{11}^2+\cdots+X_{15}^2) \sim \chi^2(5),$$

所以有

$$\frac{\dfrac{1}{4}(X_1^2+\cdots+X_{10}^2)\dfrac{1}{10}}{\dfrac{1}{4}(X_{11}^2+\cdots+X_{15}^2)\dfrac{1}{5}}=\frac{X_1^2+\cdots+X_{10}^2}{2(X_{11}^2+\cdots+X_{15}^2)} \sim F(10,5),$$

故 Y 服从 F 分布,参数为 $(10,5)$.应填 $F,(10,5)$.

30 设随机变量 X 和 Y 都服从标准正态分布,则( ). ⓚ 2002 数学三,
3 分

(A)$X+Y$ 服从正态分布   (B)X^2+Y^2 服从 χ^2 分布

(C)X^2 和 Y^2 都服从 χ^2 分布   (D)X^2/Y^2 服从 F 分布

知识点睛 0605 χ^2 分布、F 分布

解法 1 X 和 Y 均服从 $N(0,1)$,故 X^2 和 Y^2 都服从 $\chi^2(1)$ 分布.应选(C).

解法 2 (A)不成立,因题中条件既没有 X 与 Y 相互独立,也没有假定 (X,Y) 正态,故就保证不了 $X+Y$ 正态.

(B)和(D)均不成立,因为没有 X 与 Y 相互独立,所以也没有 X^2 与 Y^2 相互独立.应选(C).

【评注】一维和二维正态分布间的关系如下:

(1)当 (X,Y) 正态时,X 与 Y 均正态,且任何 $aX+bY$ 也正态.

反之,X 与 Y 均正态,不能保证 (X,Y) 二维正态,也不能保证 $aX+bY$ 正态.如果对任何 $aX+bY$ 均正态,则 (X,Y) 二维正态.

(2)当 X 与 Y 均正态且相互独立是指 (X,Y) 二维正态,且相关系数 $\rho_{XY}=0$.

31 设随机变量 X 和 Y 相互独立且都服从正态分布 $N(0,3^2)$,而 $X_1,X_2,\cdots,X_9$ ⓚ 1997 数学三,
3 分

和 $Y_1,Y_2,\cdots,Y_9$ 分别是来自总体 X 和 Y 的简单随机样本,则统计量 $U=\dfrac{X_1+X_2+\cdots+X_9}{\sqrt{Y_1^2+Y_2^2+\cdots+Y_9^2}}$

服从_____分布,参数为_____.

知识点睛 0605 χ^2 分布、t 分布

分析 $X_1,X_2,\cdots,X_9$ 相互独立且与 X 同分布,所以 $\dfrac{1}{9}(X_1+X_2+\cdots+X_9) \sim N(0,1)$,同

理 $\frac{1}{9}(Y_1^2+Y_2^2+\cdots+Y_9^2)\sim\chi^2(9)$.

解 因为 $X_i\sim N(0,3^2)(i=1,2,\cdots,9)$,所以 $X_1+X_2+\cdots+X_9\sim N(0,9^2)$,则

$$\frac{X_1+X_2+\cdots+X_9}{9}\sim N(0,1).$$

因为 $Y_i\sim N(0,3^2)$,所以 $\frac{Y_i}{3}\sim N(0,1)$,则

$$\frac{1}{9}(Y_1^2+Y_2^2+\cdots+Y_9^2)\sim\chi^2(9),$$

由 t 分布的定义可知

$$\frac{X_1+X_2+\cdots+X_9}{\sqrt{Y_1^2+Y_2^2+\cdots+Y_9^2}}=\frac{\frac{1}{9}(X_1+X_2+\cdots+X_9)}{\frac{1}{9}\sqrt{Y_1^2+Y_2^2+\cdots+Y_9^2}}\sim t(9),$$

因此 U 服从 t 分布,参数为 9.应填 t,9.

32 设 X_1,X_2,X_3,X_4 是来自总体 $N(0,2^2)$ 的样本.

(1)求常数 C,使 $Y=C[(X_1-X_2)^2+(X_3+X_4)^2]$ 服从 χ^2 分布,并指出自由度是多少?

(2)证明 $Z=\dfrac{(X_1-X_2)^2}{(X_3+X_4)^2}$ 服从 $F(1,1)$.

知识点睛 0605 χ^2 分布、F 分布

(1)**解** 因为 $X_i\sim N(0,2^2)$,$i=1,2,3,4$.故

$$X_1-X_2\sim N(0,8),\qquad X_3+X_4\sim N(0,8),$$

则

$$\frac{X_1-X_2}{\sqrt{8}}\sim N(0,1),\qquad \frac{X_3+X_4}{\sqrt{8}}\sim N(0,1),$$

所以

$$\frac{(X_1-X_2)^2}{8}+\frac{(X_3+X_4)^2}{8}\sim\chi^2(2).$$

于是 $C=\dfrac{1}{8}$,$n=2$.

(2)**证** 因为 $\dfrac{(X_1-X_2)^2}{8}\sim\chi^2(1)$,$\dfrac{(X_3+X_4)^2}{8}\sim\chi^2(1)$.且由 F 分布的定义可知:$Z=\dfrac{(X_1-X_2)^2}{(X_3+X_4)^2}$ 服从 $F(1,1)$.

33 设总体 X 服从正态分布 $N(0,\sigma^2)$(其中 σ^2 已知),$X_1,X_2,\cdots,X_n$ 是取自总体 X 的简单随机样本,S^2 为样本方差,则( ).

(A) $\sum_{i=1}^{n}X_i^2\sim\chi^2(n)$

（B）$\left(\dfrac{X_i}{\sigma}\right)^2 + \dfrac{(n-1)S^2}{\sigma^2} \sim \chi^2(n)$

（C）$\dfrac{1}{n}\sum\limits_{i=1}^{n}\left(\dfrac{X_i}{\sigma}\right)^2 + \dfrac{(n-1)S^2}{\sigma^2} \sim \chi^2(n)$

（D）$\dfrac{1}{n}\left(\sum\limits_{i=1}^{n}\dfrac{X_i}{\sigma}\right)^2 + \dfrac{(n-1)S^2}{\sigma^2} \sim \chi^2(n)$

知识点睛 0605 χ^2 分布

解 由题意有

$$X_i \sim N(0,\sigma^2), \quad \frac{X_i}{\sigma} \sim N(0,1), \quad \overline{X} \sim N\left(0,\frac{\sigma^2}{n}\right),$$

则

$$\frac{(n-1)}{\sigma^2}S^2 = \sum_{i=1}^{n}\left(\frac{X_i - \overline{X}}{\sigma}\right)^2 \sim \chi^2(n-1),$$

$$\frac{\sqrt{n}\,\overline{X}}{\sigma} = \frac{1}{\sqrt{n}}\sum_{i=1}^{n}\frac{X_i}{\sigma} \sim N(0,1),$$

故有 $\dfrac{1}{n}\left(\sum\limits_{i=1}^{n}\dfrac{X_i}{\sigma}\right)^2 \sim \chi^2(1)$. 由 $\overline{X}$ 与 S^2 独立, 从而

$$n\left(\frac{\overline{X}}{\sigma}\right)^2 + \frac{(n-1)S^2}{\sigma^2} = \frac{1}{n}\left(\sum_{i=1}^{n}\frac{X_i}{\sigma}\right)^2 + \frac{(n-1)S^2}{\sigma^2} \sim \chi^2(n).$$

应选（D）.

34 设在总体 $N(\mu,\sigma^2)$ 中抽取一容量为 16 的样本. 这里 μ,σ^2 均为未知.

（1）求 $P\left\{\dfrac{S^2}{\sigma^2} \leqslant 2.041\right\}$, 其中 S^2 为样本方差;

（2）求 $D(S^2)$.

知识点睛 0604 常用统计量的数字特征

解 （1）由样本来自总体 $N(\mu,\sigma^2)$ 知, $\dfrac{(16-1)S^2}{\sigma^2} \sim \chi^2(16-1)$. 从而

$$P\left\{\frac{S^2}{\sigma^2} \leqslant 2.041\right\} = P\left\{\frac{15S^2}{\sigma^2} \leqslant 15 \times 2.041\right\}$$

$$= 1 - P\left\{\frac{15S^2}{\sigma^2} > 30.615\right\}$$

$$= 1 - P\left\{\chi^2(15) > 30.615\right\}$$

$$= 1 - 0.01 = 0.99.$$

（2）由 $(n-1)\dfrac{S^2}{\sigma^2} \sim \chi^2(n-1)$, 有 $D\left[(n-1)\dfrac{S^2}{\sigma^2}\right] = 2(n-1)$, 即

$$\frac{(n-1)^2}{\sigma^4}D(S^2) = 2(n-1),$$

从而 $D(S^2) = \dfrac{2\sigma^4}{n-1}$, 当 $n=16$ 时, $D(S^2) = \dfrac{2}{15}\sigma^4$.

<u>35</u> 求总体 $N(20,3)$ 的容量分别为 10, 15 的两独立样本均值差的绝对值大于0.3 的概率.

知识点睛 0607 正态总体的常用抽样分布

解 记 $\overline{X} = \dfrac{1}{10}\sum_{i=1}^{10} X_i,\ \overline{Y} = \dfrac{1}{15}\sum_{i=1}^{15} Y_i,\ \overline{X}$ 与 $\overline{Y}$ 独立,且 $\overline{X} \sim N\left(20, \dfrac{3}{10}\right),\ \overline{Y} \sim N\left(20, \dfrac{3}{15}\right)$,则

$\overline{X} - \overline{Y} \sim N\left(0, \dfrac{1}{2}\right)$,于是

$$
\begin{aligned}
P\{\,|\overline{X}-\overline{Y}|>0.3\,\} &= \left\{\left|\dfrac{\overline{X}-\overline{Y}}{1/\sqrt{2}}\right|>0.3\times\sqrt{2}\right\} \\
&= 2\times\left[1-\Phi(0.3\times\sqrt{2})\right] \\
&\approx 2\times\left[1-\Phi(0.4243)\right] \\
&= 2\times(1-0.6628) = 0.6744.
\end{aligned}
$$

<u>36</u> 设 $X_1, X_2, \cdots, X_m$ 和 $Y_1, Y_2, \cdots Y_n$ 分别是从正态总体 $X \sim N(\mu_1, \sigma^2)$ 和总体 $Y \sim N(\mu_2, \sigma^2)$ 中抽取的两个独立样本.$\overline{X}$ 和 $\overline{Y}$ 分别表示 X 和 Y 的样本均值,S_1^2 和 S_2^2 分别表示 X 和 Y 的样本方差,a 和 b 是两个非零实数.试求

$$
Z = \dfrac{a(\overline{X}-\mu_1)+b(\overline{Y}-\mu_2)}{\sqrt{\dfrac{(m-1)S_1^2+(n-1)S_2^2}{m+n-2}}\sqrt{\dfrac{a^2}{m}+\dfrac{b^2}{n}}}
$$

的概率分布.

知识点睛 0607 正态总体的常用抽样分布

证 因为总体 $X \sim N(\mu_1, \sigma^2),\ Y \sim N(\mu_2, \sigma^2)$,所以

$$
\overline{X} \sim N\left(\mu_1, \dfrac{\sigma^2}{m}\right), \quad \overline{Y} \sim N\left(\mu_2, \dfrac{\sigma^2}{n}\right),
$$

且知 $\overline{X}$ 与 $\overline{Y}$ 相互独立.

又

$$
E\left[a(\overline{X}-\mu_1)+b(\overline{Y}-\mu_2)\right] = 0;
$$
$$
\begin{aligned}
D\left[a(\overline{X}-\mu_1)+b(\overline{Y}-\mu_2)\right] &= a^2 D(\overline{X}-\mu_1)+b^2 D(\overline{Y}-\mu_2) \\
&= a^2\dfrac{\sigma^2}{m}+b^2\dfrac{\sigma^2}{n} = \left(\dfrac{a^2}{m}+\dfrac{b^2}{n}\right)\sigma^2.
\end{aligned}
$$

因为相互独立的正态随机变量的线性组合仍是正态随机变量,所以

$$
a(\overline{X}-\mu_1)+b(\overline{Y}-\mu_2) \sim N\left[0, \left(\dfrac{a^2}{m}+\dfrac{b^2}{n}\right)\sigma^2\right],
$$

于是

$$
\dfrac{a(\overline{X}-\mu_1)+b(\overline{Y}-\mu_2)}{\sqrt{\dfrac{a^2}{m}+\dfrac{b^2}{n}}\,\sigma} \xlongequal{\text{记}} U \sim N(0,1).
$$

又知 $\overline{X}$ 与 S_1^2 独立,$\overline{Y}$ 与 S_2^2 独立,且

$$\frac{(m-1)S_1^2}{\sigma^2} \sim \chi^2(m-1), \quad \frac{(n-1)S_2^2}{\sigma^2} \sim \chi^2(n-1),$$

由两个样本 $X_1, X_2, \cdots, X_m$ 与 $Y_1, Y_2, \cdots, Y_n$ 相互独立知道 S_1^2 与 S_2^2 相互独立,由 χ^2 分布性质可知

$$\frac{(m-1)S_1^2}{\sigma^2} + \frac{(n-1)S_2^2}{\sigma^2} \overset{\text{记}}{=\!=\!=} W \sim \chi^2(m+n-2).$$

又由上述证明可知 U 与 W 相互独立,由 t 分布的定义可知

$$Z = \frac{U}{\sqrt{\dfrac{W}{m+n-2}}} = \frac{a(\overline{X}-\mu_1)+b(\overline{Y}-\mu_2)}{\sqrt{\dfrac{(m-1)S_1^2+(n-1)S_2^2}{m+n-2}}\sqrt{\dfrac{a^2}{m}+\dfrac{b^2}{n}}} \sim t(m+n-2).$$

37 设总体 $X \sim N(\mu_1, \sigma_1^2), Y \sim N(\mu_2, \sigma_2^2)$,从两个总体中分别抽样得: $n_1 = 8, S_1^2 = 8.75; n_2 = 10, S_2^2 = 2.66.$ 求概率 $P\{\sigma_1^2 > \sigma_2^2\}$.

知识点睛 0605 F 分布, 0607 正态总体的常用抽样分布

解 因为

$$\frac{S_1^2/\sigma_1^2}{S_2^2/\sigma_2^2} \sim F(7,9),$$

所以

$$
\begin{aligned}
P\{\sigma_1^2 > \sigma_2^2\} &= P\left\{\frac{\sigma_2^2}{\sigma_1^2} < 1\right\} = P\left\{\frac{S_1^2/\sigma_1^2}{S_2^2/\sigma_2^2} < \frac{S_1^2}{S_2^2}\right\} \\
&= P\left\{F(7,9) < \frac{8.75}{2.66}\right\} = P\{F(7,9) < 3.829\} \\
&= 1 - P\{F(7,9) \geq 3.289\} = 1 - 0.05 = 0.95.
\end{aligned}
$$

38 设总体 X 服从正态分布 $N(\mu_1, \sigma^2)$,总体 Y 服从正态分布 $N(\mu_2, \sigma^2)$, $X_1, X_2, \cdots, X_{n_1}$ 和 $Y_1, Y_2, \cdots, Y_{n_2}$ 分别是来自总体 X 和 Y 的简单随机样本,则

2004 数学三, 4 分

38 题精解视频

$$E\left[\frac{\sum\limits_{i=1}^{n_1}(X_i - \overline{X})^2 + \sum\limits_{j=1}^{n_2}(Y_j - \overline{Y})^2}{n_1 + n_2 - 2}\right] = \underline{\hspace{3cm}}.$$

知识点睛 0604 常用统计量的数字特征

解 记 $S_X^2 = \dfrac{1}{n_1 - 1}\sum\limits_{i=1}^{n_1}(X_1 - \overline{X})^2$ 和 $S_Y^2 = \dfrac{1}{n_2 - 1}\sum\limits_{j=1}^{n_2}(Y_j - \overline{Y})^2$,则

$$
\begin{aligned}
E\left[\frac{\sum\limits_{i=1}^{n_1}(X_i - \overline{X})^2 + \sum\limits_{j=1}^{n_2}(Y_j - \overline{Y})^2}{n_1 + n_2 - 2}\right] &= E\left[\frac{(n_1 - 1)S_X^2 + (n_2 - 1)S_Y^2}{n_1 + n_2 - 2}\right] \\
&= \frac{(n_1 - 1)E(S_X^2) + (n_2 - 1)E(S_Y^2)}{n_1 + n_2 - 2} \\
&= \frac{(n_1 - 1)\sigma^2 + (n_2 - 1)\sigma^2}{n_1 + n_2 - 2} = \sigma^2.
\end{aligned}
$$

应填 σ^2.

Ⓚ2006 数学三,
4 分

39 设总体 X 的概率密度为 $f(x) = \dfrac{1}{2}e^{-|x|}$ ($-\infty < x < +\infty$), $X_1, X_2, \cdots, X_n$ 为总体 X 的简单随机样本, 其样本方差为 S^2, 则 $E(S^2) =$ _____.

知识点睛 0604 常用统计量的数字特征

解 $E(S^2) = DX = E(X^2) - (EX)^2 = E(X^2) = \displaystyle\int_{-\infty}^{+\infty} x^2 f(x)\, dx$

$= 2\displaystyle\int_0^{+\infty} x^2 \cdot \frac{1}{2}e^{-x}\, dx = 2.$

应填 2.

Ⓚ2015 数学三,
4 分

40 设总体 $X \sim B(m, \theta)$, $X_1, X_2, \cdots, X_n$ 为来自该总体的简单随机样本, $\overline{X}$ 为样本均值, 则 $E\left[\displaystyle\sum_{i=1}^{n}(X_i - \overline{X})^2\right] = ($).

(A) $(m-1)n\theta(1-\theta)$ (B) $m(n-1)\theta(1-\theta)$

(C) $(m-1)(n-1)\theta(1-\theta)$ (D) $mn\theta(1-\theta)$

知识点睛 0603 样本均值、样本方差

解 样本方差 $S^2 = \dfrac{1}{n-1}\displaystyle\sum_{i=1}^{n}(X_i - \overline{X})^2$, 且 $E(S^2) = DX = m\theta(1-\theta)$, 则

$$E\left[\sum_{i=1}^{n}(X_i - \overline{X})^2\right] = (n-1)E\left[\frac{1}{n-1}\sum_{i=1}^{n}(X_i - \overline{X})^2\right]$$
$$= (n-1)E(S^2)$$
$$= (n-1)m\theta(1-\theta).$$

应选 (B).

41 设总体 $X \sim B(1, p)$, $X_1, X_2, \cdots, X_n$ 是来自 X 的样本.

(1) 求 $(X_1, X_2, \cdots, X_n)$ 的分布律;

(2) 求 $\displaystyle\sum_{i=1}^{n} X_i$ 的分布律;

(3) 求 $E(\overline{X})$, $D(\overline{X})$, $E(S^2)$.

知识点睛 0604 常用统计量的数字特征

解 (1) $P\{X_1 = x_1, X_2 = x_2, \cdots, X_n = x_n\}$

$= P\{X_1 = x_1\}P\{X_2 = x_2\} \cdots P\{X_n = x_n\}$

$= p^{\sum\limits_{i=1}^{n} x_i}(1-p)^{n - \sum\limits_{i=1}^{n} x_i}$, $x_i = 0, 1; i = 1, 2, \cdots, n.$

(2) $X_1, X_2, \cdots, X_n$ 独立同服从 $B(1, p)$, 则 $X = \displaystyle\sum_{i=1}^{n} X_i \sim B(n, p)$, 因此

$$P\left\{\sum_{i=1}^{n} X_i = k\right\} = C_n^k p^k (1-p)^{n-k} \quad (k = 0, 1, 2, \cdots, n).$$

(3) 由于 $\displaystyle\sum_{i=1}^{n} X_i \sim B(n, p)$, 所以

$$E(\overline{X}) = E\left(\frac{1}{n}\sum_{i=1}^{n} X_i\right) = \frac{1}{n}E\left(\sum_{i=1}^{n} X_i\right) = \frac{1}{n} \cdot np = p,$$

$$D(\overline{X}) = D\Big(\frac{1}{n}\sum_{i=1}^{n}X_i\Big) = \frac{1}{n^2}D\Big(\sum_{i=1}^{n}X_i\Big) = \frac{1}{n^2}np(1-p) = \frac{p(1-p)}{n},$$

$$E(S^2) = E\Big(\frac{1}{n-1}\sum_{i=1}^{n}(X_i - \overline{X})^2\Big) = \frac{1}{n-1}E\Big(\sum_{i=1}^{n}X_i^2 - n\,\overline{X}^2\Big)$$

$$= \frac{1}{n-1}\Big(\sum_{i=1}^{n}EX_i^2 - nE\,\overline{X}^2\Big)$$

$$= \frac{1}{n-1}\Big\{\sum_{i=1}^{n}\big[DX_i + (EX_i)^2\big] - n\big[D\,\overline{X} + (E\,\overline{X})^2\big]\Big\}$$

$$= \frac{n}{n-1}\Big[p(1-p) + p^2 - \frac{p(1-p)}{n} - p^2\Big] = p(1-p).$$

42 设总体 $X \sim \chi^2(n)$，$X_1, X_2, \cdots, X_{10}$ 是来自 X 的样本，求 $E(\overline{X})$，$D(\overline{X})$，$E(S^2)$.

知识点睛 0604 常用统计量的数字特征，0605 χ^2 分布

解 由题意知 $EX_i = EX = n$，$DX_i = DX = 2n$，则

$$E(\overline{X}) = E\Big(\frac{1}{10}\sum_{i=1}^{10}X_i\Big) = \frac{1}{10}\sum_{i=1}^{10}EX_i = n,$$

$$D(\overline{X}) = D\Big(\frac{1}{10}\sum_{i=1}^{10}X_i\Big) = \frac{1}{10^2}\sum_{i=1}^{10}DX_i = \frac{1}{100} \times 10 \times 2n = \frac{n}{5},$$

$$E(S^2) = \frac{1}{10-1}E\Big(\sum_{i=1}^{10}X_i^2 - 10\,\overline{X}^2\Big) = \frac{1}{9}\Big(\sum_{i=1}^{10}EX_i^2 - 10E\,\overline{X}^2\Big)$$

$$= \frac{1}{9}\Big\{\sum_{i=1}^{10}\big[DX_i + (EX_i)^2\big] - 10\big[D\,\overline{X} + (E\,\overline{X})^2\big]\Big\}$$

$$= \frac{1}{9} \times \Big[10 \times (2n + n^2) - 10 \times \Big(\frac{n}{5} + n^2\Big)\Big] = 2n.$$

【**评注**】第 41、42 两题也可直接用公式

$$E(\overline{X}) = EX, \quad D(\overline{X}) = \frac{DX}{n}, \quad E(S^2) = DX$$

进行计算，简化推导过程.

43 设 $X_1, X_2, \cdots, X_n (n>2)$ 为来自总体 $N(0, \sigma^2)$ 的简单随机样本，其样本均值为 $\overline{X}$. 记 $Y_i = X_i - \overline{X}$，$i = 1, 2, \cdots, n$.

 (1)求 Y_i 的方差 DY_i，$i = 1, 2, \cdots, n$（数学一、数学三）；

 (2)求 Y_1 与 Y_n 的协方差 $\text{Cov}(Y_1, Y_n)$（数学一、数学三）；

 (3)若 $c(Y_1 + Y_n)^2$ 是 σ^2 的无偏估计量，求常数 c（数学三）.

2005 数学一，9 分；数学三，13 分

43 题精解视频

知识点睛 0604 常用统计量的数字特征

解 (1) $DY_i = D(X_i - \overline{X}) = D\Big[\Big(1 - \frac{1}{n}\Big)X_i - \frac{1}{n}\sum_{k \neq i}X_k\Big] = \frac{n-1}{n}\sigma^2$，$i = 1, 2, \cdots, n$.

(2) $\text{Cov}(Y_1, Y_n) = E(Y_1 - EY_1)(Y_n - EY_n) = E(X_1 - \overline{X})(X_n - \overline{X})$

$$= E(X_1 X_n) + E(\overline{X}^2) - E(X_1 \overline{X}) - E(X_n \overline{X})$$

$$= EX_1 EX_n + D\,\overline{X} - \frac{1}{n}E(X_1^2) - \frac{1}{n}\sum_{i=2}^{n}E(X_1 X_i)$$

$$- \frac{1}{n}E(X_n^2) - \frac{1}{n}\sum_{i=1}^{n-1}E(X_iX_n)$$

$$= -\frac{1}{n}\sigma^2.$$

$$(3)\, E[c(Y_1+Y_n)^2] = cD(Y_1+Y_n) = c[DY_1+DY_n+2\text{Cov}(Y_1,Y_n)]$$

$$= c\left(\frac{n-1}{n}+\frac{n-1}{n}-\frac{2}{n}\right)\sigma^2$$

$$= \frac{2(n-2)}{n}c\sigma^2 = \sigma^2,\quad \text{(无偏性定义见第 7 章参数估计)}$$

故 $c = \dfrac{n}{2(n-2)}$.

【评注】本题(1)、(2)也可利用性质计算:

$$DY_i = D(X_i - \bar{X}) = D(X_i) + D(\bar{X}) - 2\text{Cov}(X_i, \bar{X})$$

$$= D(X_i) + \frac{D(X)}{n} - \frac{2}{n}D(X_i) = \frac{n-1}{n}\sigma^2.$$

$$\text{Cov}(Y_1, Y_n) = \text{Cov}(X_1 - \bar{X}, X_n - \bar{X})$$

$$= -\text{Cov}(X_1, \bar{X}) - \text{Cov}(X_n, \bar{X}) + \text{Cov}(\bar{X}, \bar{X})$$

$$= -\frac{1}{n}D(X_1) - \frac{1}{n}D(X_n) + D(\bar{X})$$

$$= -\frac{2}{n}D(X) + \frac{1}{n}D(X) = -\frac{1}{n}\sigma^2.$$

44 设 $X_1, X_2, \cdots, X_n$ 是来自总体 X 的样本,总体 X 的分布函数为 $F(x)$,密度函数为 $f(x)$,记 $Y = \max(X_1, X_2, \cdots, X_n)$,$Z = \min(X_1, X_2, \cdots, X_n)$,试求 Y, Z 的密度函数及 (Y, Z) 的联合密度函数.

知识点睛 0602 样本的联合分布函数

解 因为 $X_1, X_2, \cdots, X_n$ 独立同分布,且 X_i 的分布函数为 $F(x)$,则由独立同分布的最大最小值分布函数公式可得:

$$F_Y(y) = [F(y)]^n,\quad F_Z(z) = 1 - [1-F(z)]^n,$$

故

$$f_Y(y) = F'_Y(y) = nF^{n-1}(y)f(y),$$

$$f_Z(z) = F'_Z(z) = n[1-F(z)]^{n-1}f(z).$$

设 (Y, Z) 的联合分布函数为 $G(y, z)$,

$$G(y, z) = P\{Y \leqslant y, Z \leqslant z\},$$

当 $y < z$ 时,

$$G(y, z) = P\{Y \leqslant y\} = F_Y(y) = [F(y)]^n,$$

当 $y \geqslant z$ 时,

$$G(y, z) = P(Y \leqslant y, Z \leqslant z) = P\{Y \leqslant y\} - P\{Y \leqslant y, Z > z\}$$

$$= P\{Y \leqslant y\} - P\{\max\{X_1, X_2, \cdots, X_n\} \leqslant y, \min\{X_1, X_2, \cdots, X_n\} > z\}$$

$$= P\{Y \leqslant y\} - P\{z < X_1 \leqslant y, z < X_2 \leqslant y, \cdots, z < X_n \leqslant y\}$$

$$= P\{Y \leqslant y\} - [P\{z < X_i \leqslant y\}]^n$$

$$= [F(y)]^n - [F(y) - F(z)]^n,$$

即

$$G(y,z) = \begin{cases} [F(y)]^n, & y < z, \\ [F(y)]^n - [F(y) - F(z)]^n, & y \geqslant z. \end{cases}$$

故 (Y, Z) 的联合密度为

$$g(y,z) = \frac{\partial^2 G}{\partial y \partial z} = \begin{cases} n(n-1)f(y)f(z)[F(y)-F(z)]^{n-2}, & y \geqslant z, \\ 0, & y < z. \end{cases}$$

45 设总体 X 服从参数为 $\lambda(\lambda > 0)$ 的泊松分布，$X_1, X_2, \cdots, X_n (n \geqslant 2)$ 为来自该总 体的简单随机样本，则对于统计量 $T_1 = \dfrac{1}{n}\sum_{i=1}^{n}X_i$ 和 $T_2 = \dfrac{1}{n-1}\sum_{i=1}^{n-1}X_i + \dfrac{1}{n}X_n$，有（　　）. **K** 2011 数学三, 4分

$(A) ET_1 > ET_2, DT_1 > DT_2$ $\qquad$ $(B) ET_1 > ET_2, DT_1 < DT_2$

$(C) ET_1 < ET_2, DT_1 > DT_2$ $\qquad$ $(D) ET_1 < ET_2, DT_1 < DT_2$

知识点睛 0604 常用统计量的数字特征

分析 $X \sim P(\lambda)$，所以，$EX = \lambda, DX = \lambda$，$X_1, X_2, \cdots, X_n$ 相互独立均服从 $P(\lambda)$，不难 直接求得 ET_i 和 $DT_i (i = 1, 2)$，再比较大小.

解 由题意有 $ET_1 = E\overline{X} = \lambda, DT_1 = D\overline{X} = \dfrac{\lambda}{n}$，而

$$ET_2 = \lambda + \frac{\lambda}{n}, \qquad DT_2 = \frac{\lambda}{n-1} + \frac{\lambda}{n^2},$$

所以 $ET_1 < ET_2, DT_1 < DT_2$. 应选（D）.

46 设总体 X 的概率密度为 **K** 2014 数学三, 4分

$$f(x;\theta) = \begin{cases} \dfrac{2x}{3\theta^2}, & \theta < x < 2\theta, \\ 0, & \text{其他}, \end{cases}$$

其中 θ 是未知参数，$X_1, X_2, \cdots, X_n$ 为来自总体 X 的简单随机样本，若 $E\left(c\sum_{i=1}^{n}X_i^2\right) = \theta^2$，则 $c = $ _____.

知识点睛 0604 常用统计量的数字特征

解 由题意有

$$E\left(c\sum_{i=1}^{n}X_i^2\right) = c\sum_{i=1}^{n}EX_i^2 = cnEX^2 = cn\int_{\theta}^{2\theta}\frac{2x^3}{3\theta^2}\mathrm{d}x = cn\frac{5}{2}\theta^2 = \theta^2,$$

故 $c = \dfrac{2}{5n}$. 应填 $\dfrac{2}{5n}$.

47 设 $X_1, X_2, \cdots, X_n (n \geqslant 2)$ 为来自总体 $N(\mu, \sigma^2)(\sigma > 0)$ 的简单随机样本，令 **K** 2018 数学三, 4分

$$\overline{X} = \frac{1}{n}\sum_{i=1}^{n}X_i, \quad S = \sqrt{\frac{1}{n-1}\sum_{i=1}^{n}(X_i - \overline{X})^2}, \quad S^* = \sqrt{\frac{1}{n}\sum_{i=1}^{n}(X_i - \mu)^2},$$

则（　　）.

$(A) \dfrac{\sqrt{n}\,(\overline{X}-\mu)}{S} \sim t(n)$ 　　　　　　　$(B) \dfrac{\sqrt{n}\,(\overline{X}-\mu)}{S} \sim t(n-1)$

$(C) \dfrac{\sqrt{n}\,(\overline{X}-\mu)}{S^*} \sim t(n)$ 　　　　　　　$(D) \dfrac{\sqrt{n}\,(\overline{X}-\mu)}{S^*} \sim t(n-1)$

知识点睛　0605 t 分布

解　$\overline{X} \sim N\left(\mu, \dfrac{\sigma^2}{n}\right)$，所以 $\dfrac{\overline{X}-\mu}{\sigma/\sqrt{n}} \sim N(0,1)$，且

$$S^2 = \frac{1}{n-1} \sum_{i=1}^{n} (X_i - \overline{X})^2.$$

已知 S^2 与 $\overline{X}$ 独立，且 $\dfrac{(n-1)S^2}{\sigma^2} \sim \chi^2(n-1)$. 根据 t 分布的典型模式：

$$\frac{\dfrac{\overline{X}-\mu}{\sigma/\sqrt{n}}}{\sqrt{\dfrac{(n-1)S^2}{\sigma^2} \Big/ n-1}} = \frac{\sqrt{n}\,(\overline{X}-\mu)}{S} \sim t(n-1).$$

应选(B).

第 7 章
参数估计

知识要点

一、点估计

1.点估计

设 θ 是总体 X 的未知参数,用统计量 $\hat{\theta}=\hat{\theta}(X_1,X_2,\cdots,X_n)$ 来估计 θ,称 $\hat{\theta}$ 为 θ 的估计量.对于样本的一组观察值 $x_1,x_2,\cdots,x_n$,代入 $\hat{\theta}$ 的表达式中所得的具体数值称为 θ 的估计值.这样的方法称为参数的点估计.

2.矩估计

用样本矩去估计相应总体矩,或者用样本矩的函数去估计总体矩的同一函数的估计方法就是矩估计.

设总体 X 的概率分布含有 m 个未知参数 $\theta_1,\theta_2,\cdots,\theta_m$,假定总体的 k 阶原点矩存在,记 $\mu_k=E(X^k)(k=1,2,\cdots,m)$,$A_k=\dfrac{1}{n}\sum\limits_{i=1}^{n}X_i^k$ 为样本 k 阶矩,令

$$\mu_k(\theta_1,\theta_2,\cdots,\theta_m)=A_k \quad (k=1,2,\cdots,m),$$

则此方程组的解 $(\hat{\theta}_1,\hat{\theta}_2,\cdots,\hat{\theta}_m)$ 称为参数 $(\theta_1,\theta_2,\cdots,\theta_m)$ 的矩估计量.矩估计量的观察值称为矩估计值.

3.最大似然估计(极大似然估计)

(1)设总体 X 的概率分布为 $p(x;\theta)$(当 X 为连续型时,其为概率密度函数,当 X 为离散型时,其为分布律),$\theta=(\theta_1,\theta_2,\cdots,\theta_m)$ 为未知参数,$x_1,x_2,\cdots,x_n$ 为样本观察值,则

$$L(x_1,x_2,\cdots,x_n,\theta)=\prod_{i=1}^{n}p(x_i;\theta)=L(\theta)$$

称为 θ 的似然函数.

(2)对给定的 $x_1,x_2,\cdots,x_n$,使似然函数达到最大值的 $\hat{\theta}(x_1,x_2,\cdots,x_n)$ 称为 θ 的最大似然估计值,相应地 $\hat{\theta}(X_1,X_2,\cdots,X_n)$ 称为 θ 的最大似然估计量.

(3)最大似然估计的常用求解方法.由于 $\ln L(\theta)$ 与 $L(\theta)$ 有相同的最大值点,若 $L(\theta)$ 可导,则可由对数似然方程组

$$\frac{\partial \ln L(\theta_1,\theta_2,\cdots,\theta_m)}{\partial \theta_i}=0 \quad (i=1,2,\cdots,m),$$

求出 θ_i 的最大似然估计量.需注意的是这一方法并不都是有效的,对于有些似然函数,其驻点或导数不存在,这时应考虑用其他方法求似然函数的最大值点.

二、估计量的评选标准

1.无偏性

设 $X_1, X_2, \cdots, X_n$ 为来自总体 X 的样本, $\hat{\theta}$ 为 θ 的一个估计量,如果 $E(\hat{\theta}) = \theta$ 成立,则称估计量 $\hat{\theta}$ 为参数 θ 的无偏估计.

2.有效性

设 $\hat{\theta}_1$、$\hat{\theta}_2$ 都为参数 θ 的无偏估计量,若 $D(\hat{\theta}_1) \leqslant D(\hat{\theta}_2)$,则称 $\hat{\theta}_1$ 比 $\hat{\theta}_2$ 有效.

特别地,若对于 θ 的任一无偏估计 $\hat{\theta}$,有 $D(\hat{\theta}_1) \leqslant D(\hat{\theta})$,则称 $\hat{\theta}_1$ 是 θ 的最小方差无偏估计(最佳无偏估计).

3.一致性

设 $\hat{\theta}$ 为未知参数 θ 的估计量,若对任意给定的 $\varepsilon > 0$,都有

$$\lim_{n \to \infty} P\{ |\hat{\theta} - \theta| < \varepsilon \} = 1,$$

即 $\hat{\theta}$ 依概率收敛于参数 θ,则称 $\hat{\theta}$ 为 θ 的一致估计或相合估计.

三、区间估计

1.区间估计

设 θ 为总体的未知参数, $\hat{\theta}_1$ 和 $\hat{\theta}_2$ 均为估计量,若对于给定的 $\alpha(0 < \alpha < 1)$,满足 $P\{\hat{\theta}_1 \leqslant \theta \leqslant \hat{\theta}_2\} = 1 - \alpha$,则称 $[\hat{\theta}_1, \hat{\theta}_2]$ 为 θ 的置信度为 $1 - \alpha$ 的置信区间.通过构造一个置信区间对未知参数进行估计的方法称为区间估计.

2.单个正态总体的区间估计

设 $X_1, X_2, \cdots, X_n$ 为来自总体 $N(\mu, \sigma^2)$ 的样本,则

(1)当 σ^2 已知时, μ 的置信度为 $1 - \alpha$ 的置信区间为

$$\left[\overline{X} - \frac{\sigma}{\sqrt{n}} u_{\frac{\alpha}{2}}, \quad \overline{X} + \frac{\sigma}{\sqrt{n}} u_{\frac{\alpha}{2}} \right].$$

(2)当 σ^2 未知时, μ 的置信度为 $1 - \alpha$ 的置信区间为

$$\left[\overline{X} - \frac{S}{\sqrt{n}} t_{\frac{\alpha}{2}}(n-1), \quad \overline{X} + \frac{S}{\sqrt{n}} t_{\frac{\alpha}{2}}(n-1) \right].$$

(3)当 μ 已知时, σ^2 的置信度为 $1 - \alpha$ 的置信区间为

$$\left[\frac{\sum\limits_{i=1}^{n} (X_i - \mu)^2}{\chi_{\frac{\alpha}{2}}^2(n)}, \quad \frac{\sum\limits_{i=1}^{n} (X_i - \mu)^2}{\chi_{1-\frac{\alpha}{2}}^2(n)} \right].$$

(4)当 μ 未知时, σ^2 的置信度为 $1 - \alpha$ 的置信区间为

$$\left[\frac{(n-1)S^2}{\chi_{\frac{\alpha}{2}}^2(n-1)}, \frac{(n-1)S^2}{\chi_{1-\frac{\alpha}{2}}^2(n-1)} \right].$$

3.双正态总体的区间估计

设 $X \sim N(\mu_1, \sigma_1^2)$, $X_1, X_2, \cdots, X_{n_1}$ 为其样本, $Y \sim N(\mu_2, \sigma_2^2)$, $Y_1, Y_2, \cdots, Y_{n_2}$ 为其样本,且 X 与 Y 独立.

（1）σ_1^2, σ_2^2 都已知：$\mu_1 - \mu_2$ 的 $1-\alpha$ 的置信区间为

$$\left[\overline{X} - \overline{Y} - u_{\frac{\alpha}{2}}\sqrt{\frac{\sigma_1^2}{n_1} + \frac{\sigma_2^2}{n_2}}, \quad \overline{X} - \overline{Y} + u_{\frac{\alpha}{2}}\sqrt{\frac{\sigma_1^2}{n_1} + \frac{\sigma_2^2}{n_2}}\right].$$

（2）σ_1^2, σ_2^2 都未知：$\mu_1 - \mu_2$ 的 $1-\alpha$ 的置信区间为

$$\left[\overline{X} - \overline{Y} - t_{\frac{\alpha}{2}}(\gamma)\sqrt{\frac{S_1^2}{n_1} + \frac{S_2^2}{n_2}}, \quad \overline{X} - \overline{Y} + t_{\frac{\alpha}{2}}(\gamma)\sqrt{\frac{S_1^2}{n_1} + \frac{S_2^2}{n_2}}\right],$$

其中 $\gamma = \left[\dfrac{\left(\dfrac{S_1^2}{n_1} + \dfrac{S_2^2}{n_2}\right)^2}{\dfrac{\left(\dfrac{S_1^2}{n_1}\right)^2}{n_1-1} + \dfrac{\left(\dfrac{S_2^2}{n_2}\right)^2}{n_2-1}}\right]$（取整）.

特殊情形：

① σ_1^2, σ_2^2 未知，但 n_1, n_2 较大时：$\mu_1 - \mu_2$ 的 $1-\alpha$ 的置信区间为

$$\left[\overline{X} - \overline{Y} - u_{\frac{\alpha}{2}}\sqrt{\frac{S_1^2}{n_1} + \frac{S_2^2}{n_2}}, \quad \overline{X} - \overline{Y} + u_{\frac{\alpha}{2}}\sqrt{\frac{S_1^2}{n_1} + \frac{S_2^2}{n_2}}\right].$$

② $\sigma_1^2 = \sigma_2^2 = \sigma^2$ 未知：$\mu_1 - \mu_2$ 的 $1-\alpha$ 的置信区间为

$$\left[\overline{X} - \overline{Y} - t_{\frac{\alpha}{2}}S_w\sqrt{\frac{1}{n_1} + \frac{1}{n_2}}, \quad \overline{X} - \overline{Y} + t_{\frac{\alpha}{2}}S_w\sqrt{\frac{1}{n_1} + \frac{1}{n_2}}\right],$$

其中 $S_w^2 = \dfrac{(n_1-1)S_1^2 + (n_2-1)S_2^2}{n_1 + n_2 - 2}$，$t$ 分布为 $t(n_1 + n_2 - 2)$.

（3）μ_1, μ_2 已知：$\dfrac{\sigma_1^2}{\sigma_2^2}$ 的 $1-\alpha$ 的置信区间为

$$\left[\frac{\dfrac{1}{n_1}\sum_{i=1}^{n_1}(X_i - \mu_1)^2}{\dfrac{1}{n_2}\sum_{j=1}^{n_2}(Y_j - \mu_2)^2}F_{1-\frac{\alpha}{2}}(n_2, n_1), \quad \frac{\dfrac{1}{n_1}\sum_{i=1}^{n_1}(X_i - \mu_1)^2}{\dfrac{1}{n_2}\sum_{j=1}^{n_2}(Y_j - \mu_2)^2}F_{\frac{\alpha}{2}}(n_2, n_1)\right].$$

（4）μ_1, μ_2 未知：$\dfrac{\sigma_1^2}{\sigma_2^2}$ 的 $1-\alpha$ 的置信区间为

$$\left[\frac{S_1^2}{S_2^2}F_{1-\frac{\alpha}{2}}(n_2-1, n_1-1), \quad \frac{S_1^2}{S_2^2}F_{\frac{\alpha}{2}}(n_2-1, n_1-1)\right].$$

4.（0-1）分布参数的区间估计

设总体 $X \sim (0-1)$ 分布，$P\{X=1\} = p$，$P\{X=0\} = 1-p$，$X_1, X_2, \cdots, X_n (n \geq 50)$ 为其样本，则 p 的 $1-\alpha$ 的置信区间为

$$\left[\overline{X} - u_{\frac{\alpha}{2}}\sqrt{\frac{\overline{X}(1-\overline{X})}{n}}, \quad \overline{X} + u_{\frac{\alpha}{2}}\sqrt{\frac{\overline{X}(1-\overline{X})}{n}}\right].$$

5.单侧置信区间

设 θ 为总体的未知参数，对于给定值 $\alpha(0 < \alpha < 1)$，若 $P\{\theta \geq \underline{\theta}\} = 1-\alpha$，则称 $[\underline{\theta}, +\infty)$

为 θ 的满足置信度 $1-\alpha$ 的单侧置信区间，$\underline{\theta}$ 称为单侧置信下限.若 $P\{\theta\leqslant\bar{\theta}\}=1-\alpha$,则称 $(-\infty,\bar{\theta}]$ 为 θ 的满足置信度 $1-\alpha$ 的单侧置信区间,$\bar{\theta}$ 称为单侧置信上限.

例如,对于正态分布 $N(\mu,\sigma^2)$,σ^2 未知,可得 μ 的置信水平为 $1-\alpha$ 的单侧置信区间为

① $\left(-\infty,\bar{X}+t_\alpha(n-1)\dfrac{S}{\sqrt{n}}\right)$,单侧置信上限为 $\bar{\mu}=\bar{X}+t_\alpha(n-1)\dfrac{S}{\sqrt{n}}$.

② $\left(\bar{X}-t_\alpha(n-1)\dfrac{S}{\sqrt{n}},+\infty\right)$,单侧置信下限为 $\underline{\mu}=\bar{X}-t_\alpha(n-1)\dfrac{S}{\sqrt{n}}$.

亦即只需将双侧置信区间的上、下限中的"$\dfrac{\alpha}{2}$"改成"α",就得到相应的单侧置信区间的上限或下限了.

§7.1 点估计

1 设总体 X 的概率密度函数为
$$f(x;\theta)=\begin{cases}\theta x^{\theta-1}, & 0<x<1,\\ 0, & \text{其他}\end{cases}(\theta>0),$$
求未知参数 θ 的矩估计量.

知识点睛 0703 矩估计法

分析 根据求矩估计量的解题步骤,先求出 X 的数学期望,得到参数 θ 与期望的关系,然后由样本均值替换总体期望,即是 θ 的矩估计.

解 由题意得
$$EX=\int_{-\infty}^{+\infty}x\cdot f(x;\theta)\mathrm{d}x=\int_0^1 x\theta x^{\theta-1}\mathrm{d}x=\frac{\theta}{\theta+1},$$
令 $EX=\bar{X}$,则 $\hat{\theta}=\dfrac{\bar{X}}{1-\bar{X}}$,其中 $\bar{X}=\dfrac{1}{n}\sum_{i=1}^n X_i$,则 $\hat{\theta}$ 即为参数 θ 的矩估计量.

2 设总体 X 在 $[a,b]$ 上服从均匀分布,$(X_1,X_2,\cdots,X_n)$ 为其样本,样本均值 $\bar{X}$,样本方差 S^2,则 a,b 的矩估计 $\hat{a}=$_____,$\hat{b}=$_____.

知识点睛 0703 矩估计法

解 由均匀分布的数字特征结论,有
$$EX=\frac{a+b}{2},\quad DX=\frac{(b-a)^2}{12}.$$
令 $EX=\bar{X},DX=S^2$,解得
$$\hat{a}=\bar{X}-\sqrt{3}S,\quad \hat{b}=\bar{X}+\sqrt{3}S,$$
即为 a,b 的矩估计.应填 $\bar{X}-\sqrt{3}S,\bar{X}+\sqrt{3}S$.

【评注】因为需要估计两个参数 a,b,所以应该构造两个方程:(1)求出期望 EX 用 $\bar{X}$ 代替;(2)求出方差 DX 用 S^2 代替,也可以求出 $E(X^2)$ 用 $A_2=\dfrac{1}{n}\sum_{i=1}^n X_i^2$ 代替,这样结果变成
$$\hat{a}=\bar{X}-\sqrt{3B_2},\quad \hat{b}=\bar{X}+\sqrt{3B_2}.$$
其中 $B_2=\dfrac{1}{n}\sum_{i=1}^n(X_i-\bar{X})^2$ 为二阶样本中心距.

3 设总体 X 的概率密度为

$$f(x;\lambda)=\begin{cases}\lambda\alpha x^{\alpha-1}\mathrm{e}^{-\lambda x^{\alpha}}, & x>0,\\ 0, & x\leq0,\end{cases}$$

K 1991 数学三,
5 分

其中 $\lambda>0$ 是未知参数,$\alpha>0$ 是已知常数,根据来自总体 X 的简单随机样本 $X_1,X_2,\cdots,$ X_n,求 λ 的最大似然估计量 $\hat{\lambda}$.

知识点睛 0704 最大似然估计法

分析 求最大似然估计关键是要确定似然函数.

解 由已知条件可得似然函数为

$$L(x_1,x_2,\cdots,x_n;\lambda)=\prod_{i=1}^{n}f(x_i;\lambda)=(\lambda\alpha)^n\mathrm{e}^{-\lambda\sum\limits_{i=1}^{n}x_i^{\alpha}}\prod_{i=1}^{n}x_i^{\alpha-1},$$

当 $x_i>0$ 时,$L>0$,且有

$$\ln L=n\ln(\lambda\alpha)+\ln\prod_{i=1}^{n}x_i^{\alpha-1}-\lambda\sum_{i=1}^{n}x_i^{\alpha},$$

根据对数似然方程

$$\frac{\mathrm{d}\ln L}{\mathrm{d}\lambda}=\frac{n}{\lambda}-\sum_{i=1}^{n}x_i^{\alpha}=0,$$

解得 λ 的最大似然估计 $\hat{\lambda}=\dfrac{n}{\sum\limits_{i=1}^{n}x_i^{\alpha}}$,则 λ 的最大似然估计量为

$$\hat{\lambda}=\frac{n}{\sum\limits_{i=1}^{n}X_i^{\alpha}}.$$

4 设总体 X 的概率分布为

K 2002 数学一,
7 分

X	0	1	2	3
P	θ^2	$2\theta(1-\theta)$	θ^2	$1-2\theta$

其中 $\theta\left(0<\theta<\dfrac{1}{2}\right)$ 是未知参数,利用总体 X 的如下样本值

$$3,1,3,0,3,1,2,3$$

求 θ 的矩估计值和最大似然估计值.

4 题精解视频

知识点睛 0703 矩估计法,0704 最大似然估计法

分析 矩估计用基本求解方法即可.对于最大似然估计,若似然函数出现多个驻点应该根据题意选择.

解 由离散型随机变量的期望公式,有

$$EX=0\times\theta^2+1\times2\theta(1-\theta)+2\times\theta^2+3\times(1-2\theta)$$
$$=2\theta-2\theta^2+2\theta^2+3-6\theta=3-4\theta,$$

令 $EX=\overline{X}$,而由样本观测值可得

$$\overline{X}=\frac{1}{8}(3+1+3+0+3+1+2+3)=\frac{1}{8}\times16=2,$$

所以 θ 的矩估计值为

$$\hat{\theta}=\frac{1}{4}(3-\overline{X})=\frac{1}{4}(3-2)=\frac{1}{4}.$$

根据题意,似然函数为

$$L(\theta)=4\theta^6(1-\theta)^2(1-2\theta)^4,$$

两边取对数,可得

$$\ln L(\theta)=\ln 4+6\ln\theta+2\ln(1-\theta)+4\ln(1-2\theta),$$

两边对 θ 求导,得

$$\frac{\mathrm{d}\ln L(\theta)}{\mathrm{d}\theta}=\frac{6}{\theta}-\frac{2}{1-\theta}-\frac{8}{1-2\theta}=\frac{24\theta^2-28\theta+6}{\theta(1-\theta)(1-2\theta)},$$

令 $\dfrac{\mathrm{d}\ln L(\theta)}{\mathrm{d}\theta}=0$,得 $12\theta^2-14\theta+3=0$,解得

$$\theta=\frac{7-\sqrt{13}}{12}\quad\text{或}\quad\frac{7+\sqrt{13}}{12}.$$

因为已知 $0<\theta<\dfrac{1}{2}$,故 $\theta=\dfrac{7-\sqrt{13}}{12}$.因此,$\theta$ 的最大似然估计值为 $\hat{\theta}=\dfrac{7-\sqrt{13}}{12}$.

2006 数学一,
9分;数学三,13分

5题精解视频

5 设总体 X 的概率密度为

$$f(x;\theta)=\begin{cases}\theta, & 0<x<1,\\1-\theta, & 1\leqslant x<2,\\0, & \text{其他},\end{cases}$$

其中 θ 是未知参数$(0<\theta<1)$.$X_1,X_2,\cdots,X_n$ 为来自总体 X 的简单随机样本,记 N 为样本值 $x_1,x_2,\cdots,x_n$ 中小于 1 的个数.求

(1)θ 的矩估计(数学三);

(2)θ 的最大似然估计(数学一、数学三).

知识点睛　0703 矩估计法,0704 最大似然估计法

分析　最大似然估计的关键是写出似然函数.样本值中 x_i 小于 1 的概率为 θ,x_i 大于等于 1 的概率为$(1-\theta)$.因此,似然函数应为 $\theta^N(1-\theta)^{n-N}$.

解　(1)由于

$$EX=\int_{-\infty}^{+\infty}xf(x;\theta)\mathrm{d}x=\int_0^1\theta x\mathrm{d}x+\int_1^2(1-\theta)x\mathrm{d}x$$

$$=\frac{1}{2}\theta+\frac{3}{2}(1-\theta)=\frac{3}{2}-\theta,$$

令 $\dfrac{3}{2}-\theta=\overline{X}$,解得 $\theta=\dfrac{3}{2}-\overline{X}$,所以参数 θ 的矩估计为 $\hat{\theta}=\dfrac{3}{2}-\overline{X}$.

(2)似然函数为

$$L(\theta)=\prod_{i=1}^n f(x_i;\theta)=\theta^N(1-\theta)^{n-N},$$

取对数,得

$$\ln L(\theta)=N\ln\theta+(n-N)\ln(1-\theta),$$

两边对 θ 求导,得

$$\frac{\mathrm{d}\ln L(\theta)}{\mathrm{d}\theta}=\frac{N}{\theta}-\frac{n-N}{1-\theta}.$$

令 $\frac{\mathrm{d}\ln L(\theta)}{\mathrm{d}\theta}=0$,得 $\theta=\frac{N}{n}$,所以 θ 的最大似然估计为 $\hat{\theta}=\frac{N}{n}$.

6 设总体 X 在 $[a,b]$ 上服从均匀分布,a,b 未知,$x_1,x_2,\cdots,x_n$ 是一个样本值.试求 a,b 的最大似然估计量.

知识点睛 0704 最大似然估计法

解 记 $x_{(1)}=\min\{x_1,x_2,\cdots,x_n\}$,$x_{(n)}=\max\{x_1,x_2,\cdots,x_n\}$.$X$ 的概率密度是

$$f(x;a,b)=\begin{cases}\dfrac{1}{b-a}, & a\leqslant x\leqslant b,\\ 0, & \text{其他}.\end{cases}$$

由于 $a\leqslant x_1,x_2,\cdots,x_n\leqslant b$,等价于 $a\leqslant x_{(1)},x_{(n)}\leqslant b$.似然函数为

$$L(a,b)=\frac{1}{(b-a)^n}, \quad a\leqslant x_{(1)},b\geqslant x_{(n)},$$

于是对于满足条件 $a\leqslant x_{(1)},b\geqslant x_{(n)}$ 的任意 a,b,有

$$L(a,b)=\frac{1}{(b-a)^n}\leqslant\frac{1}{(x_{(n)}-x_{(1)})^n},$$

即 $L(a,b)$ 在 $a=x_{(1)}$,$b=x_{(n)}$ 时取到最大值 $(x_{(n)}-x_{(1)})^{-n}$.故 a,b 的最大似然估计值为

$$\hat{a}=x_{(1)}=\min_{1\leqslant i\leqslant n}x_i, \quad \hat{b}=x_{(n)}=\max_{1\leqslant i\leqslant n}x_i.$$

从而 a,b 的最大似然估计量为

$$\hat{a}=\min_{1\leqslant i\leqslant n}X_i, \quad \hat{b}=\max_{1\leqslant i\leqslant n}X_i.$$

7 设某种元件的使用寿命 T 的分布函数为

$$F(t)=\begin{cases}1-\mathrm{e}^{-(\frac{t}{\theta})^m}, & t\geqslant 0,\\ 0, & \text{其他},\end{cases}$$

K 2020 数学一、数学三,11 分

其中 θ,m 为参数且大于零.

(1)求概率 $P\{T>t\}$ 与 $P\{T>s+t\mid T>s\}$,其中 $s>0,t>0$.

(2)任取 n 个这种元件做寿命试验,测得它们的寿命分别为 $t_1,t_2,\cdots,t_n$,若 m 已知,求 θ 的最大似然估计值 $\hat{\theta}$.

知识点睛 0704 最大似然估计

解 $F(t)=\begin{cases}1-\mathrm{e}^{-(\frac{t}{\theta})^m}, & t\geqslant 0,\\ 0, & t<0,\end{cases}$ 则

$$f(t)=F'(t)=\begin{cases}m\left(\dfrac{t}{\theta}\right)^{m-1}\cdot\dfrac{1}{\theta}\mathrm{e}^{-(\frac{t}{\theta})^m}, & t\geqslant 0,\\ 0, & t<0.\end{cases}$$

（1）$P\{T > t\} = 1 - F(t) = \mathrm{e}^{-\left(\frac{t}{\theta}\right)^m}, t > 0.$

$$P\{T > s + t \mid T > s\} = \frac{P\{T > s + t, T > s\}}{P\{T > s\}}$$

$$= \frac{P\{T > s + t\}}{P\{T > s\}} = \frac{\mathrm{e}^{-\left(\frac{s+t}{\theta}\right)^m}}{\mathrm{e}^{-\left(\frac{s}{\theta}\right)^m}}.$$

$$= \mathrm{e}^{-\left(\frac{t+s}{\theta}\right)^m + \left(\frac{s}{\theta}\right)^m}.$$

（2）给定 $t_1, t_2, \cdots, t_n$，似然函数为

$$L(\theta) = \prod_{i=1}^{n} f(t_i) = \prod_{i=1}^{n} m\left(\frac{t_i}{\theta}\right)^{m-1} \frac{1}{\theta} \mathrm{e}^{-\left(\frac{t_i}{\theta}\right)^m} = m^n \prod_{i=1}^{n} \frac{t_i^{m-1}}{\theta^m} \mathrm{e}^{-\left(\frac{t_i}{\theta}\right)^m},$$

取对数，得

$$\ln L(\theta) = n\ln m + \sum_{i=1}^{n} (m-1)\ln t_i - mn\ln \theta - \sum_{i=1}^{n} \frac{t_i^m}{\theta^m},$$

令

$$\frac{\mathrm{d}\ln L(\theta)}{\mathrm{d}\theta} = -mn\frac{1}{\theta} - \sum_{i=1}^{n} \frac{(-m)t_i^m}{\theta^{m+1}} = 0,$$

$$-\frac{n}{\theta} + \sum_{i=1}^{n} \frac{t_i^m}{\theta^{m+1}} = 0,$$

解得 $\theta^m = \frac{1}{n}\sum_{i=1}^{n} t_i^m$，不难验证其为最大值点.最大似然估计值

$$\hat{\theta} = \sqrt[m]{\frac{1}{n}\sum_{i=1}^{n} t_i^m}.$$

K 2021 数学三，
5 分

8 设总体 X 的概率分布为 $P\{X=1\} = \dfrac{1-\theta}{2}, P\{X=2\} = P\{X=3\} = \dfrac{1+\theta}{4}$，利用来自总体的样本值 $1,3,2,2,1,3,1,2$，可得 θ 的最大似然估计值为（　　）.

（A）$\dfrac{1}{4}$　　　　　　（B）$\dfrac{3}{8}$　　　　　　（C）$\dfrac{1}{2}$　　　　　　（D）$\dfrac{5}{8}$

知识点睛　0704 最大似然估计

解　由题意有

X	1	2	3
P	$\dfrac{1-\theta}{2}$	$\dfrac{1+\theta}{4}$	$\dfrac{1+\theta}{4}$

X 的样本值 $1,3,2,2,1,3,1,2$，则

$$L = \left(\frac{1-\theta}{2}\right)^3 \left(\frac{1+\theta}{4}\right)^5,$$

取对数，得

$$\ln L = 3\ln(1-\theta) + 5\ln(1+\theta) - 3\ln 2 - 5\ln 4,$$

令 $\dfrac{\mathrm{d}\ln L}{\mathrm{d}\theta}=-\dfrac{3}{1-\theta}+\dfrac{5}{1+\theta}=0$, 得 $-3(1+\theta)+5(1-\theta)=0,8\theta-2=0$, 解得 $\theta=\dfrac{1}{4}$. 应选 (A).

§7.2 估计量的评选标准

9 已知总体 X 的期望 $EX=0$, 方差 $DX=\sigma^2$, $X_1,X_2,\cdots,X_n$ 为其简单样本, 样本均值为 $\overline{X}$, 样本方差为 S^2, 则 σ^2 的无偏估计量为( ).

(A) $n\,\overline{X}^2+S^2$ 　　　　　　　　 (B) $\dfrac{1}{2}n\,\overline{X}^2+\dfrac{1}{2}S^2$

(C) $\dfrac{1}{3}n\,\overline{X}^2+S^2$ 　　　　　　 (D) $\dfrac{1}{4}n\,\overline{X}^2+\dfrac{1}{4}S^2$

知识点睛 0705 估计量的评选标准, 0706 验证估计量的无偏性
解 由于

$$E\,\overline{X}=EX=0,\quad E(\overline{X}^2)=D\,\overline{X}+(E\,\overline{X})^2,\quad D\,\overline{X}=\dfrac{\sigma^2}{n},\quad ES^2=\sigma^2,$$

所以

$$E(n\,\overline{X}^2+S^2)=n\cdot\dfrac{\sigma^2}{n}+\sigma^2=2\sigma^2,$$

则 $E\left(\dfrac{1}{2}n\,\overline{X}^2+\dfrac{1}{2}S^2\right)=\sigma^2$, 故 $\dfrac{1}{2}n\,\overline{X}^2+\dfrac{1}{2}S^2$ 为 σ^2 的无偏估计.

应选 (B).

10 设样本 $X_1,X_2,\cdots,X_n$ 来自于参数为 λ 的泊松分布. 试证明 $\overline{X}$ 与 $S^2=\dfrac{1}{n-1}\sum\limits_{i=1}^{n}(X_i-\overline{X})^2$ 都是 λ 的无偏估计, 且对任一 a 值 $(0\leqslant a\leqslant 1)$, 统计量 $a\,\overline{X}+(1-a)S^2$ 也是 λ 的无偏估计.

知识点睛 0705 估计量的评选标准, 0706 验证估计量的无偏性
证 因为总体 $X\sim P(\lambda)$, 故 $E(X)=\lambda,D(X)=\lambda$. 而
$$E(\overline{X})=E(X)=\lambda,\quad E(S^2)=D(X)=\lambda,$$
由无偏性定义, $\overline{X}$ 与 S^2 都是 λ 的无偏估计.

当 $0\leqslant a\leqslant 1$ 时,
$$E[a\,\overline{X}+(1-a)S^2]=aE(\overline{X})+(1-a)E(S^2)=a\lambda+(1-a)\lambda=\lambda,$$
故 $a\,\overline{X}+(1-a)S^2$ 也是 λ 的无偏估计.

11 设 $X_1,X_2,\cdots,X_n$ 是取自正态总体 $N(\mu,\sigma^2)$ 的样本, 证明 S^2 是 σ^2 的一致估计.

知识点睛 0705 估计量的评选标准
证法 1 由大数定律

$$\lim_{n\to\infty}P\left\{\left|\dfrac{1}{n}\sum_{i=1}^{n}X_i-\mu\right|<\varepsilon\right\}=1,$$

所以 $\overline{X}$ 是 μ 的一致估计.

同理,因 $X_1^2, X_2^2, \cdots, X_n^2$ 也独立同分布,故 $\frac{1}{n}\sum_{i=1}^{n} X_i^2$ 是 $E(X^2)$ 的一致估计.而

$$S^2 = \frac{1}{n-1}\sum_{i=1}^{n}(X_i - \overline{X})^2 = \frac{n}{n-1}\left(\frac{1}{n}\sum_{i=1}^{n} X_i^2 - \overline{X}^2\right),$$

故当 $n\to\infty$ 时,

$$\frac{n}{n-1}\to 1, \quad \frac{1}{n}\sum_{i=1}^{n} X_i^2 \xrightarrow{P} E(X^2), \quad \overline{X}^2 \xrightarrow{P} \mu^2,$$

即 $S^2 \xrightarrow{P} E(X^2) - \mu^2 = \sigma^2$.则 S^2 是 σ^2 的一致估计.

证法 2　因为 $E(S^2) = \sigma^2, D(S^2) = \frac{2\sigma^4}{n-1}$,故

$$\lim_{n\to\infty} E(S^2) = \sigma^2, \quad \lim_{n\to\infty} D(S^2) = \lim_{n\to\infty} \frac{2\sigma^4}{n-1} = 0,$$

由一致性判别定理可知,S^2 是 σ^2 的一致估计.

2021,数学一、数学三,5分

12题精解视频

12　设 $(X_1, Y_1), (X_2, Y_2), \cdots, (X_n, Y_n)$ 为来自总体 $N(\mu_1, \mu_2; \sigma_1^2, \sigma_2^2; \rho)$ 的简单随机样本,令 $\theta = \mu_1 - \mu_2, \overline{X} = \frac{1}{n}\sum_{i=1}^{n} X_i, \overline{Y} = \frac{1}{n}\sum_{i=1}^{n} Y_i, \hat{\theta} = \overline{X} - \overline{Y}$,则(　　).

(A) $\hat{\theta}$ 是 θ 的无偏估计,$D(\hat{\theta}) = \dfrac{\sigma_1^2 + \sigma_2^2}{n}$

(B) $\hat{\theta}$ 不是 θ 的无偏估计,$D(\hat{\theta}) = \dfrac{\sigma_1^2 + \sigma_2^2}{n}$

(C) $\hat{\theta}$ 是 θ 的无偏估计,$D(\hat{\theta}) = \dfrac{\sigma_1^2 + \sigma_2^2 - 2\rho\sigma_1\sigma_2}{n}$

(D) $\hat{\theta}$ 不是 θ 的无偏估计,$D(\hat{\theta}) = \dfrac{\sigma_1^2 + \sigma_2^2 - 2\rho\sigma_1\sigma_2}{n}$

知识点睛　0705 估计量的评选标准

解　$E(\hat{\theta}) = E(\overline{X} - \overline{Y}) = E(\overline{X}) - E(\overline{Y}) = \mu_1 - \mu_2 = \theta$.有

$$D(\hat{\theta}) = D(\overline{X} - \overline{Y}) = D\left[\frac{1}{n}\sum_{i=1}^{n}(X_i - Y_i)\right] = \frac{1}{n^2}\left[\sum_{i=1}^{n} D(X_i - Y_i)\right]$$

$$= \frac{1}{n^2}\sum_{i=1}^{n}\left[D(X_i) + D(Y_i) - 2\mathrm{Cov}(X_i, Y_i)\right]$$

$$= \frac{1}{n^2}\sum_{i=1}^{n}(\sigma_1^2 + \sigma_2^2 - 2\sigma_1\sigma_2\rho) = \frac{\sigma_1^2 + \sigma_2^2 - 2\sigma_1\sigma_2\rho}{n}.$$

应选(C).

13　设总体 $X \sim N(\mu, \sigma^2), X_1, X_2, \cdots, X_n$ 为来自总体 X 的样本,当用 $2\overline{X} - X_1, \overline{X}$ 及 $\frac{1}{2}X_1 + \frac{2}{3}X_2 - \frac{1}{6}X_3$ 作为 μ 的估计时,最有效的是哪个估计量?

知识点睛　0705 估计量的评选标准,0706 验证估计量的无偏性

分析　先验证估计量是否是无偏估计量,再根据定义判断其有效性.

解 由无偏性的定义
$$E(2\bar{X} - X_1) = 2E\bar{X} - EX_1 = 2\mu - \mu = \mu,$$
$$E\bar{X} = \mu,$$
$$E\left(\frac{1}{2}X_1 + \frac{2}{3}X_2 - \frac{1}{6}X_3\right) = \frac{1}{2}\mu + \frac{2}{3}\mu - \frac{1}{6}\mu = \mu,$$

可知 $2\bar{X} - X_1, \bar{X}$ 与 $\frac{1}{2}X_1 + \frac{2}{3}X_2 - \frac{1}{6}X_3$ 均是 μ 的无偏估计量.再计算

$$D(2\bar{X} - X_1) = D\left(\frac{2}{n}\sum_{i=1}^{n}X_i - X_1\right) = D\left[\left(\frac{2}{n} - 1\right)X_1 + \frac{2}{n}\sum_{i=2}^{n}X_i\right]$$
$$= \left(\frac{2-n}{n}\right)^2 DX_1 + \left(\frac{2}{n}\right)^2\sum_{i=2}^{n}DX_i$$
$$= \frac{1}{n^2}\left[(2-n)^2\sigma^2 + 4(n-1)\sigma^2\right] = \sigma^2,$$

而 $D\bar{X} = \frac{\sigma^2}{n}$,且

$$D\left(\frac{1}{2}X_1 + \frac{2}{3}X_2 - \frac{1}{6}X_3\right) = \left(\frac{1}{4}DX_1 + \frac{4}{9}DX_2 + \frac{1}{36}DX_3\right) = \frac{13}{18}\sigma^2.$$

经比较,可知 $D\bar{X}$ 最小,因此 $\bar{X}$ 是最有效的估计量.

14 设总体 X 的样本是 $X_1, X_2, \cdots, X_n$,证明:

(1) $\sum_{i=1}^{n}a_i X_i (a_i > 0, i = 1, 2, \cdots, n, \sum_{i=1}^{n}a_i = 1)$ 是 $E(X)$ 的无偏估计量;

(2)在 $E(X)$ 的所有形如 $\sum_{i=1}^{n}a_i X_i$ 的无偏估计量中,$\bar{X}$ 为最有效的估计.

知识点睛 0705 估计量的评选标准,0706 验证估计量的无偏性

分析 证明估计量的有效性时,需要证明不等式成立,因此采用柯西-施瓦茨不等式是很有效的方法

证 (1)根据无偏性估计的定义,有
$$E\left(\sum_{i=1}^{n}a_i X_i\right) = \sum_{i=1}^{n}a_i E(X_i) = E(X)\sum_{i=1}^{n}a_i = E(X),$$
故 $\sum_{i=1}^{n}a_i X_i$ 是 $E(X)$ 的无偏估计量.

(2)由柯西-施瓦茨不等式
$$\left(\sum_{i=1}^{n}x_i y_i\right)^2 \leqslant \left(\sum_{i=1}^{n}x_i^2\right)\left(\sum_{i=1}^{n}y_i^2\right),$$
在其中令 $x_i = a_i, y_i = 1$,则
$$\left(\sum_{i=1}^{n}a_i\right)^2 = 1 \leqslant n\sum_{i=1}^{n}a_i^2,$$
故
$$D(\bar{X}) = \frac{1}{n}D(X) = \frac{1}{n}D(X)\left(\sum_{i=1}^{n}a_i\right)^2$$

$$\leqslant D(X)\Big(\sum_{i=1}^{n}a_i^2\Big) = \sum_{i=1}^{n}D(a_iX_i)$$
$$= D\Big(\sum_{i=1}^{n}a_iX_i\Big).$$

证毕.

【评注】本题也可以用导数知识求 $\sum_{i=1}^{n}a_i^2$ 的最小值,从而得出结论.另外本题的结论可以记住并当作定理应用.

§7.3 区间估计的相关问题

1996 数学三,
3 分

15 设由来自正态总体 $X\sim N(\mu,0.9^2)$ 容量为 9 的简单随机样本,得样本均值 $\overline{X}=5$,则未知参数 μ 的置信度为 0.95 的置信区间是_____.

知识点睛 0706 区间估计的概念

分析 本题是一个正态总体在方差已知的情况下求期望值 μ 的置信区间的问题,可由公式

$$\left[\overline{X}-\frac{\sigma}{\sqrt{n}}u_{\frac{\alpha}{2}}, \quad \overline{X}+\frac{\sigma}{\sqrt{n}}u_{\frac{\alpha}{2}}\right]$$

求解该置信区间.

解 由置信度 $1-\alpha=0.95$ 可得 $\alpha=0.05$.查 $N(0,1)$ 分布表得到 $u_{0.025}=1.96$.
代入 $\overline{X}=5,n=9,\sigma=0.9$,得

$$\left[5-\frac{0.9}{\sqrt{9}}\times1.96, \quad 5+\frac{0.9}{\sqrt{9}}\times1.96\right],$$

因此参数 μ 的置信度为 0.95 的置信区间为 $[4.412,5.588]$.应填 $[4.412,5.588]$.

2005 数学三,
4 分

16 设一批零件的长度(单位:cm)服从正态分布 $N(\mu,\sigma^2)$,其中 μ,σ^2 均未知,现从中随机抽取 16 个零件,测得样本均值 $\bar{x}=20$,样本标准差 $s=1$,则 μ 的置信度为 0.90 的置信区间是( ).

(A) $\left(20-\dfrac{1}{4}t_{0.05}(16), \quad 20+\dfrac{1}{4}t_{0.05}(16)\right)$

(B) $\left(20-\dfrac{1}{4}t_{0.1}(16), \quad 20+\dfrac{1}{4}t_{0.1}(16)\right)$

(C) $\left(20-\dfrac{1}{4}t_{0.05}(15), \quad 20+\dfrac{1}{4}t_{0.05}(15)\right)$

(D) $\left(20-\dfrac{1}{4}t_{0.1}(15), \quad 20+\dfrac{1}{4}t_{0.1}(15)\right)$

知识点睛 0706 区间估计的概念

解 经过分析本题属于在方差未知情况下求一个正态总体期望的置信区间,其公式为

$$\left(\overline{X}-\frac{S}{\sqrt{n}}t_{\frac{\alpha}{2}}(n-1), \quad \overline{X}+\frac{S}{\sqrt{n}}t_{\frac{\alpha}{2}}(n-1)\right).$$

根据题意 $\bar{x}=20,s=1,n=16,\dfrac{\alpha}{2}=0.05$,代入公式,可知应选(C).

17 已知一批零件的长度 X(单位:cm)服从正态分布 $N(\mu,1)$,从中随机地抽取 16 个零件,得到长度的平均值为 40 cm,则 μ 的置信度为 0.95 的置信区间是_____. （注:标准正态分布函数值 $\Phi(1.96)=0.975,\Phi(1.645)=0.95$.）

2003 数学一,4 分

知识点睛 0706 区间估计的概念

解 区间估计不是经常考的一个考点,一般都考单个正态总体期望值 μ 的置信区间问题,置信区间为:$\left(\bar{x}-\bar{u}_{\alpha/2}\dfrac{\sigma}{\sqrt{n}},\bar{x}+\bar{u}_{\alpha/2}\dfrac{\sigma}{\sqrt{n}}\right)$.

已知 $1-\alpha=0.95$,则 $\alpha=0.05,\dfrac{\alpha}{2}=0.025$.故 $\Phi(u_{\alpha/2})=0.975$,查得 $u_{\alpha/2}=1.96$.将 $\sigma=1$,$n=16,\bar{x}=40$,代入 $\left(\bar{x}-\bar{u}_{\alpha/2}\dfrac{\sigma}{\sqrt{n}},\bar{x}+\bar{u}_{\alpha/2}\dfrac{\sigma}{\sqrt{n}}\right)$ 得置信区间

$$\left(40-1.96\times\dfrac{1}{4},40+1.96\times\dfrac{1}{4}\right).$$

应填 $(39.51,40.49)$.

18 设有甲、乙两种安眠药,随机变量 X,Y 分别表示患者服用甲、乙药后睡眠时间的延长数,并假设 $X\sim N(\mu_1,\sigma^2),Y\sim N(\mu_2,\sigma^2)$.为比较两种药品的疗效,随机地从服用甲药的患者中选取 10 人,从服用乙药的患者中选取 10 人,分别测得睡眠延长时间的均值与方差:$\bar{X}=2.33,S_1^2=1.9^2;\bar{Y}=0.75,S_2^2=28.9^2$.试求方差未知情况下 $\mu_1-\mu_2$ 的 95% 的置信区间.

知识点睛 0706 区间估计的概念

解 两正态总体的方差未知但相等,且均为小样本,取

$$T=\dfrac{(\bar{X}-\bar{Y})-(\mu_1-\mu_2)}{S_w\sqrt{\dfrac{1}{n_1}+\dfrac{1}{n_2}}}\sim t(n_1+n_2-2)\quad(\text{这里}\ n_1=n_2=10),$$

$$P\{|T|<t_{\frac{\alpha}{2}}(18)\}=1-\alpha(a=0.05).$$

查表得 $t_{0.025}(18)=2.101$.于是算得置信下限、上限分别为

$$(\bar{x}-\bar{y})-t_{0.025}(18)\cdot S_w\sqrt{\dfrac{1}{n_1}+\dfrac{1}{n_2}}$$

$$=(2.33-0.75)-2.101\times\sqrt{\dfrac{36.1+28.9}{18}}\times\sqrt{\dfrac{2}{10}}$$

$$=1.58-1.78=-0.20,$$

$$(\bar{x}-\bar{y})+t_{0.025}(18)\cdot S_w\sqrt{\dfrac{1}{n_1}+\dfrac{1}{n_2}}=1.58+1.78=3.36,$$

从而得 $\mu_1-\mu_2$ 的 95% 的置信区间为 $(-0.20,3.36)$.

19 若在某学校中,随机抽取 25 名同学测量身高数据,假设所测身高近似服从

正态分布,算得平均身高为 170 cm,标准差为 12 cm,试求该班学生身高标准差 σ 的 0.95 的置信区间.

知识点睛 0706 区间估计的概念

分析 根据题意分析,本题属于正态总体 μ 未知,求方差 σ^2 的区间估计,其置信区间公式为

$$\left(\frac{(n-1)S^2}{\chi^2_{\frac{\alpha}{2}}(n-1)}, \quad \frac{(n-1)S^2}{\chi^2_{1-\frac{\alpha}{2}}(n-1)} \right).$$

解 取统计量

$$\chi^2 = \frac{(n-1)S^2}{\sigma^2} \sim \chi^2(n-1),$$

查 χ^2 分布表,得

$$\chi^2_{1-\frac{\alpha}{2}}(n-1) = \chi^2_{0.975}(24) = 12.401,$$

$$\chi^2_{\frac{\alpha}{2}}(n-1) = \chi^2_{0.025}(24) = 39.364.$$

因此参数 σ^2 的置信度为 $1-\alpha=0.95$ 的置信区间为

$$\left(\frac{(n-1)S^2}{\chi^2_{\frac{\alpha}{2}}(n-1)}, \quad \frac{(n-1)S^2}{\chi^2_{1-\frac{\alpha}{2}}(n-1)} \right) = (87.80, 278.69),$$

故 σ 的 0.95 的置信区间为 $(\sqrt{87.80}, \sqrt{278.69}) \approx (9.34, 16.69)$.

20 设 $X_1, X_2, \cdots, X_n$ 是来自分布 $N(\mu, \sigma^2)$ 的样本,μ 已知,σ 未知.

(1) 验证 $\sum\limits_{i=1}^{n} \dfrac{(X_i - \mu)^2}{\sigma^2} \sim \chi^2(n)$. 利用这一结果构造 σ^2 的置信水平为 $1-\alpha$ 的置信区间;

(2) 设 $\mu=6.5$,且有样本值 7.5,2.0,12.1,8.8,9.4,7.3,1.9,2.8,7.0,7.3. 试求 σ 的置信水平为 0.95 的置信区间.

知识点睛 0706 区间估计的概念

解 (1) 因为 $X_i \sim N(\mu, \sigma^2)$,所以

$$\frac{X_i - \mu}{\sigma} \sim N(0,1), \quad i=1,2,\cdots,n.$$

由 $\dfrac{X_1 - \mu}{\sigma}, \dfrac{X_2 - \mu}{\sigma}, \cdots, \dfrac{X_n - \mu}{\sigma}$ 相互独立,得

$$\sum_{i=1}^{n} \left(\frac{X_i - \mu}{\sigma} \right)^2 \sim \chi^2(n),$$

于是有

$$P\left\{ \chi^2_{1-\frac{\alpha}{2}}(n) < \sum_{i=1}^{n} \frac{(X_i - \mu)^2}{\sigma^2} < \chi^2_{\frac{\alpha}{2}}(n) \right\} = 1 - \alpha,$$

即有

$$P\left\{ \frac{\sum\limits_{i=1}^{n}(X_i - \mu)^2}{\chi^2_{\frac{\alpha}{2}}(n)} < \sigma^2 < \frac{\sum\limits_{i=1}^{n}(X_i - \mu)^2}{\chi^2_{1-\frac{\alpha}{2}}(n)} \right\} = 1 - \alpha.$$

得 σ^2 的置信水平为 $1-\alpha$ 的置信区间为

$$\left(\frac{\sum\limits_{i=1}^{n}(X_i-\mu)^2}{\chi^2_{\frac{\alpha}{2}}(n)},\quad \frac{\sum\limits_{i=1}^{n}(X_i-\mu)^2}{\chi^2_{1-\frac{\alpha}{2}}(n)}\right).$$

（2）现在 $n=10$，$\mu=6.5$，$1-\alpha=0.95$，$\alpha=0.05$，由样本值经计算得 $\sum\limits_{i=1}^{10}(X_i-\mu)^2=$ 102.69，查表知，$\chi^2_{0.025}(10)=20.483$，$\chi^2_{0.975}(10)=3.247$.

于是 σ^2 的置信水平为 0.95 的置信区间为 $(5.013,31.626)$. σ 的置信水平为 0.95 的置信区间为 $(2.239,5.624)$.

21 从一批电子元件中随机地抽取 10 只作寿命试验，其寿命（以小时计）如下：

1498　1499　1501　1503　1500　1499　1499　1498　1500　1503

设寿命服从正态分布，试求其平均寿命的 95% 的置信下限.

知识点睛　0706 区间估计的概念

解　本例中，总体 $X\sim N(\mu,\sigma^2)$，且方差 σ^2 未知，故应使用 t 分布.因

$$\frac{(\overline{X}-\mu)\cdot\sqrt{n}}{S}\sim t(n-1),$$

此时要求

$$P\left\{\frac{(\overline{X}-\mu)\sqrt{n}}{S}<t_\alpha(n-1)\right\}=1-\alpha,$$

于是得 μ 的置信度 $1-\alpha$ 的单侧置信区间为

$$\left(\overline{X}-t_\alpha(n-1)\cdot\frac{S}{\sqrt{n}},+\infty\right).$$

对于给定的数据，具体计算如下：

$$\overline{x}=\frac{1}{10}(1498+1499+1501+1503+1500+1499+1499+1498+1500+1503)=1500,$$

$$s^2=\frac{1}{10-1}\big[(1498-1500)^2+(1499-1500)^2+(1501-1500)^2$$
$$+(1503-1500)^2+(1500-1500)^2+(1499-1500)^2+(1499-1500)^2$$
$$+(1498-1500)^2+(1500-1500)^2+(1503-1500)^2\big]$$
$$=\frac{10}{3},$$

又

$$1-\alpha=0.95,\quad \alpha=0.05,\quad t_{0.05}(10-1)=1.8331,$$

故寿命均值的 95% 的单侧置信区间为

$$\left(1500-\frac{1}{\sqrt{10}}\times\sqrt{\frac{10}{3}}\times1.8331,+\infty\right)\approx(1498.942,+\infty).$$

1498.942 就是所求的置信下限.

§7.4 综合提高题

2002 数学三，
3 分

22 设总体 X 的概率密度为

$$f(x;\theta)=\begin{cases} e^{-(x-\theta)}, & x\geqslant\theta, \\ 0, & x<\theta, \end{cases}$$

而 $X_1, X_2, \cdots, X_n$ 是来自总体 X 的简单随机样本，则未知参数 θ 的矩估计量为_____.

知识点睛 0703 矩估计法

解 $EX = \int_0^{+\infty} x e^{-(x-\theta)} dx = \theta + 1$，即 $\theta = EX - 1$.

因此 θ 的矩估计量为

$$\hat{\theta} = \overline{X} - 1 = \frac{1}{n}\sum_{i=1}^{n} X_i - 1.$$

应填 $\overline{X} - 1$.

23 设 $X_1, X_2, \cdots, X_n$ 为总体的一个样本，求下列各总体的密度函数或分布律中的未知参数的矩估计量和最大似然估计量.

(1) $f(x)=\begin{cases} \theta c^\theta x^{-(\theta+1)}, & x>c, \\ 0, & 其他, \end{cases}$ 其中 $c>0$ 为已知，$\theta>1$，θ 为未知参数；

(2) $f(x)=\begin{cases} \sqrt{\theta}\, x^{\sqrt{\theta}-1}, & 0\leqslant x\leqslant 1, \\ 0, & 其他, \end{cases}$ 其中 $\theta>0$，θ 为未知参数；

(3) $P\{X=x\} = C_m^x p^x (1-p)^{m-x}$，$x=0,1,2,\cdots,m$，$0<p<1$，$p$ 为未知参数.

知识点睛 0703 矩估计法，0704 最大似然估计法

解 （1）$E(X) = \int_c^{+\infty} x\theta c^\theta x^{-(\theta+1)} dx = \int_c^{+\infty} \theta c^\theta x^{-\theta} dx = \theta c^\theta \int_c^{+\infty} x^{-\theta} dx$

$$= \theta c^\theta \left. \frac{x^{-\theta+1}}{-\theta+1} \right|_c^{+\infty}$$

$$= \frac{\theta c}{\theta - 1},$$

令 $\dfrac{\theta c}{\theta-1} = \overline{X}$，解得 $\hat{\theta} = \dfrac{\overline{X}}{\overline{X}-c}$，即为 θ 的矩估计量.

似然函数为

$$L(\theta) = \prod_{i=1}^{n} \theta c^\theta x_i^{-(\theta+1)} = \theta^n c^{n\theta} \prod_{i=1}^{n} x_i^{-(\theta+1)},$$

取对数

$$\ln L(\theta) = n\ln\theta + n\theta\ln c - (\theta+1)\sum_{i=1}^{n} \ln x_i,$$

令

$$\frac{d}{d\theta}\ln L(\theta) = \frac{n}{\theta} + n\ln c - \sum_{i=1}^{n} \ln x_i = 0,$$

解得 θ 的最大似然估计量

$$\hat{\theta} = \frac{n}{\sum\limits_{i=1}^{n} \ln X_i - n\ln c}.$$

（2）$EX = \int_0^1 x\sqrt{\theta}\, x^{\sqrt{\theta}-1}\mathrm{d}x = \int_0^1 \sqrt{\theta}\, x^{\sqrt{\theta}}\mathrm{d}x = \frac{\sqrt{\theta}}{\sqrt{\theta}+1}x^{\sqrt{\theta}+1}\Big|_0^1 = \frac{\sqrt{\theta}}{\sqrt{\theta}+1}$. 令 $\frac{\sqrt{\theta}}{\sqrt{\theta}+1} = \overline{X}$，解得

$$\hat{\theta} = \left(\frac{\overline{X}}{\overline{X}-1}\right)^2,$$

即为 θ 的矩估计量.

似然函数为

$$L(\theta) = \prod_{i=1}^{n} \sqrt{\theta}\, x_i^{\sqrt{\theta}-1} = \theta^{\frac{n}{2}} \prod_{i=1}^{n} x_i^{\sqrt{\theta}-1},$$

对数似然函数为

$$\ln L(\theta) = \frac{n}{2}\ln\theta + (\sqrt{\theta}-1)\sum_{i=1}^{n}\ln x_i,$$

对数似然方程为

$$\frac{\mathrm{d}\ln L(\theta)}{\mathrm{d}\theta} = \frac{n}{2\theta} + \frac{\sum\limits_{i=1}^{n}\ln x_i}{2\sqrt{\theta}} = 0,$$

其最大似然估计值为 $\hat{\theta} = \dfrac{n^2}{\left(\sum\limits_{i=1}^{n}\ln x_i\right)^2}$，则 $\hat{\theta} = \dfrac{n^2}{\left(\sum\limits_{i=1}^{n}\ln X_i\right)^2}$ 即为 θ 的最大似然估计量.

（3）因为 $X \sim B(m,p)$，所以

$$E(X) = mp,$$

令 $mp = \overline{X}$，从而 $\hat{p} = \dfrac{\overline{X}}{m}$ 为 p 的矩估计量.

似然函数为：

$$L(p) = \prod_{i=1}^{n} C_m^{x_i} p^{x_i}(1-p)^{m-x_i} = p^{\sum\limits_{i=1}^{n}x_i}(1-p)^{nm-\sum\limits_{i=1}^{n}x_i}\prod_{i=1}^{n}C_m^{x_i},$$

对数似然函数为

$$\ln L(p) = \left(\sum_{i=1}^{n}x_i\right)\ln p + \left(nm-\sum_{i=1}^{n}x_i\right)\ln(1-p) + \sum_{i=1}^{n}\ln C_m^{x_i},$$

对数似然方程为

$$\frac{\mathrm{d}\ln L(p)}{\mathrm{d}p} = \frac{\sum\limits_{i=1}^{n}x_i}{p} + \frac{nm-\sum\limits_{i=1}^{n}x_i}{1-p}(-1) = 0,$$

则 $\hat{p} = \dfrac{\overline{x}}{m}$ 为 p 的最大似然估计值，$\hat{p} = \dfrac{\overline{X}}{m}$ 为 p 的最大似然估计量.

24 设某种电子器件的寿命（以小时计）T 服从双参数的指数分布，其概率密度为

$$f(t) = \begin{cases} \dfrac{1}{\theta}\mathrm{e}^{-\frac{t-c}{\theta}}, & t \geqslant c, \\ 0, & \text{其他}, \end{cases}$$

其中 $c,\theta(c,\theta>0)$ 为未知参数,自一批这种器件中随机地取 n 件进行寿命试验.设它们的失效时间依次为 $x_1 \leqslant x_2 \leqslant \cdots \leqslant x_n$.

(1)求 θ 与 c 的最大似然估计;

(2)求 θ 与 c 的矩估计.

知识点睛 0703 矩估计法,0704 最大似然估计法

解 (1)似然函数为

$$L(\theta,c) = \begin{cases} \dfrac{1}{\theta^n}\mathrm{e}^{-\frac{1}{\theta}\sum\limits_{i=1}^{n}(x_i-c)}, & x_i \geqslant c, i=1,2,\cdots,n \\ 0, & \text{其他} \end{cases}$$

$$= \begin{cases} \dfrac{1}{\theta^n}\mathrm{e}^{-\frac{1}{\theta}\sum\limits_{i=1}^{n}(x_i-c)}, & x_n \geqslant x_{n-1} \geqslant \cdots \geqslant x_2 \geqslant x_1 \geqslant c, \\ 0, & \text{其他}. \end{cases}$$

对数似然函数

$$\ln L(\theta,c) = -n\ln\theta - \frac{1}{\theta}\sum_{i=1}^{n}(x_i-c),$$

对数似然方程

$$\frac{\partial \ln L(\theta,c)}{\partial c} = \frac{n}{\theta} > 0,$$

故 $\ln L(\theta,c)$ 关于 c 单调增加,从而 $\hat{c}=x_1$.

由

$$\frac{\partial \ln L(\theta,c)}{\partial \theta} = -\frac{n}{\theta} + \frac{1}{\theta^2}\sum_{i=1}^{n}(x_i-c) = 0,$$

得 θ 的最大似然估计值为 $\hat{\theta}=\bar{x}-x_1$.

(2) $EX = \displaystyle\int_{-\infty}^{+\infty} xf(x)\,\mathrm{d}x = \int_{c}^{+\infty} \frac{x}{\theta}\mathrm{e}^{-\frac{x-c}{\theta}}\,\mathrm{d}x = \theta + c,$

$$E(X^2) = \int_{c}^{+\infty} \frac{x^2}{\theta}\mathrm{e}^{-\frac{x-c}{\theta}}\,\mathrm{d}x = \theta^2 + (\theta+c)^2,$$

令 $EX = \bar{x}, E(X^2) = \dfrac{1}{n}\sum\limits_{i=1}^{n}x_i^2$,那么 θ 和 c 的矩估计分别为

$$\hat{\theta} = \sqrt{\frac{1}{n}\sum_{i=1}^{n}(x_i-\bar{x})^2}, \quad \hat{c} = \bar{x} - \sqrt{\frac{1}{n}\sum_{i=1}^{n}(x_i-\bar{x})^2}.$$

25 设总体 X 的均值为 μ,统计量 $\hat{\mu}_1$ 和 $\hat{\mu}_2$ 是参数 μ 的两个无偏估计量,它们的方差分别为 σ_1^2, σ_2^2,相关系数为 ρ,试确定常数 $c_1>0, c_2>0, c_1+c_2=1$,使得 $c_1\hat{\mu}_1+c_2\hat{\mu}_2$ 有最小方差.

知识点睛 0706 验证估计量的无偏性

解 $D(c_1\hat{\mu}_1+c_2\hat{\mu}_2)=c_1^2D(\hat{\mu}_1)+c_2^2D(\hat{\mu}_2)+2c_1c_2\text{Cov}(\hat{\mu}_1,\hat{\mu}_2)$
$$=c_1^2\sigma_1^2+c_2^2\sigma_2^2+2c_1c_2\rho\sigma_1\sigma_2.$$

利用高等数学知识,求 $D(c_1\hat{\mu}_1+c_2\hat{\mu}_2)$ 在 $c_1+c_2=1(c_1>0,c_2>0)$ 条件下的最小值点,一种方法是使用拉格朗日乘数法,另一种方法是将 $c_2=1-c_1$ 代入化成无条件极值问题,最终解得

$$c_1=\frac{\sigma_2(\sigma_2-\rho\sigma_1)}{\sigma_1^2-2\rho\sigma_1\sigma_2+\sigma_2^2},\qquad c_2=\frac{\sigma_1(\sigma_1-\rho\sigma_2)}{\sigma_1^2-2\rho\sigma_1\sigma_2+\sigma_2^2}.$$

此时 $c_1\hat{\mu}_1+c_2\hat{\mu}_2$ 的方差达到最小.

26 从长期生产实践知道,某厂生产的 100 W 灯泡的使用寿命 $X\sim N(\mu,100^2)$ (单位:h),现从某一批灯泡中抽取 5 只,测得使用寿命如下:
$$1455\quad 1502\quad 1370\quad 1610\quad 1430$$
试求这批灯泡平均使用寿命 μ 的置信区间(α 分别为 0.1 和 0.05).

知识点睛 0707 单个正态总体的均值的区间估计

解 由样本值得
$$\bar{X}=\frac{1}{5}(1455+1502+1370+1610+1430)=1473.4.$$

当 $\alpha=0.1$,查表得 $u_{\frac{\alpha}{2}}=1.64$,故
$$\bar{X}-u_{\frac{\alpha}{2}}\frac{\sigma}{\sqrt{n}}=1473.4-1.64\times\frac{100}{\sqrt{5}}=1400.1,$$
$$\bar{X}+u_{\frac{\alpha}{2}}\frac{\sigma}{\sqrt{n}}=1473.4+1.64\times\frac{100}{\sqrt{5}}=1546.7,$$

于是置信度 90% 下,平均使用寿命 μ 的置信区间为 $[1400.1,1546.7]$.

当 $\alpha=0.05$ 时,查表得 $u_{\frac{\alpha}{2}}=1.96$,故
$$\bar{X}-u_{\frac{\alpha}{2}}\frac{\sigma}{\sqrt{n}}=1473.4-1.96\times\frac{100}{\sqrt{5}}=1385.7,$$
$$\bar{X}+u_{\frac{\alpha}{2}}\frac{\sigma}{\sqrt{n}}=1473.4+1.96\times\frac{100}{\sqrt{5}}=1561.1,$$

于是置信度 95% 下,平均使用寿命 μ 的置信区间为 $[1385.7,1561.1]$.

27 假如 0.50,1.25,0.80,2.00 是来自总体 X 的简单随机样本值,已知 $Y=\ln X$ 服从正态分布 $N(\mu,1)$. 🅺 2000 数学三,8 分

(1)求 X 的数学期望 EX(记 EX 为 b);

(2)求 μ 的置信度为 0.95 的置信区间;

(3)利用上述结果求 b 的置信度为 0.95 的置信区间.

知识点睛 0707 单个正态总体的均值的区间估计

分析 本题是一个正态总体方差已知时求期望值 μ 的置信区间问题.在 μ 的置信区间解得的情况下,利用 b 的表达式中含有 μ 这一特点,代入 μ 的置信区间即可得 b 的置信区间.

27 题精解视频

解 （1）由题意知 Y 的概率密度为

$$f(y) = \frac{1}{\sqrt{2\pi}} e^{-\frac{(y-\mu)^2}{2}}.$$

又由 $Y = \ln X$，得 $X = e^Y$，故

$$b = EX = Ee^Y = \int_{-\infty}^{+\infty} \frac{1}{\sqrt{2\pi}} e^y e^{-\frac{(y-\mu)^2}{2}} dy$$

$$= e^{\mu+\frac{1}{2}} \int_{-\infty}^{+\infty} \frac{1}{\sqrt{2\pi}} e^{-\frac{1}{2}[y-(\mu+1)]^2} dy$$

$$= e^{\mu+\frac{1}{2}}.$$

（2）经过分析，μ 的置信区间公式为 $\left(\bar{Y} - \frac{\sigma}{\sqrt{n}} u_{\frac{\alpha}{2}}, \bar{Y} + \frac{\sigma}{\sqrt{n}} u_{\frac{\alpha}{2}}\right)$. 由 $1-\alpha = 0.95$，查表得 $u_{\frac{\alpha}{2}} = 1.96$. 代入 $\sigma = 1, n = 4, \bar{y} = \frac{1}{4}(\ln 0.5 + \ln 1.25 + \ln 0.8 + \ln 2) = 0$，得

$$\left(-\frac{1}{2} \times 1.96, \frac{1}{2} \times 1.96\right),$$

故 μ 的置信度为 0.95 的置信区间为 $(-0.98, 0.98)$.

（3）由（1）可知，$b = EX = e^{\mu+\frac{1}{2}}$，又由（2）知，$\mu$ 的置信区间为 $(-0.98, 0.98)$，因为 e^x 为严格增函数，所以 b 的置信区间为

$$\left(e^{-0.98+\frac{1}{2}}, e^{0.98+\frac{1}{2}}\right),$$

即为 $(e^{-0.48}, e^{1.48})$.

28 设某种清漆的 9 个样品，其干燥时间（单位：h）分别为

6.0 5.7 5.8 6.5 7.0 6.3 5.6 6.1 5.0

设干燥时间总体服从正态分布 $N(\mu, \sigma^2)$，求 μ 的置信度为 0.95 的置信区间.
（1）若由以往经验知 $\sigma = 0.6$（h）；
（2）若 σ^2 为未知.

知识点睛 0707 单个正态总体的均值的区间估计

解 （1）当方差 σ^2 已知时，μ 的置信度为 0.95 的置信区间为

$$\left[\bar{X} - \frac{\sigma}{\sqrt{n}} u_{\frac{\alpha}{2}}, \quad \bar{X} + \frac{\sigma}{\sqrt{n}} u_{\frac{\alpha}{2}}\right],$$

这里，$1-\alpha = 0.95, \alpha = 0.05, \frac{\alpha}{2} = 0.025, n = 9, \sigma = 0.6, \bar{x} = \frac{1}{9}(6.0 + 5.7 + \cdots + 5.0) = 6$.

查正态分布表得 $u_{\frac{\alpha}{2}} = 1.96$. 将这些值代入公式得 $[5.608, 6.392]$.

（2）当方差 σ^2 未知时，μ 的置信度为 0.95 的置信区间为

$$\left[\bar{X} - \frac{S}{\sqrt{n}} t_{\frac{\alpha}{2}}(n-1), \quad \bar{X} + \frac{S}{\sqrt{n}} t_{\frac{\alpha}{2}}(n-1)\right],$$

这里，$1-\alpha = 0.95, \alpha = 0.05, \frac{\alpha}{2} = 0.025, n-1 = 8$.

查表得 $t_{\frac{\alpha}{2}}(n-1)=2.3060$，则

$$\bar{x}=\frac{1}{9}(6.0+5.7+\cdots+5.0)=6, \quad s^2=\frac{1}{n-1}\sum_{i=1}^{n}(x_i-\bar{x})^2=0.33,$$

将这些值代入公式，得 $[5.558,6.442]$.

29 分别使用金球和铂球测定引力常数（单位：10^{-11} m^3·kg^{-1}·s^{-1}）.

（1）用金球测定观察值为 6.683，6.681，6.676，6.678，6.679，6.672，

（2）用铂球测定观察值为 6.661，6.661，6.667，6.667，6.664.

设测定值总体为 $N(\mu,\sigma^2)$，μ,σ^2 均为未知，试就（1），（2）两种情况分别求 μ 的置信度为 0.9 的置信区间，并求 σ^2 的置信度为 0.9 的置信区间.

知识点睛 0707 单个正态总体的均值和方差的区间估计

解 （1）μ,σ^2 均未知时，μ 的置信度为 0.9 的置信区间为

$$\left[\bar{X}-\frac{S}{\sqrt{n}}t_{\frac{\alpha}{2}}(n-1),\ \bar{X}+\frac{S}{\sqrt{n}}t_{\frac{\alpha}{2}}(n-1)\right], \qquad ①$$

这里 $1-\alpha=0.9, \alpha=0.1, \frac{\alpha}{2}=0.05, n_1=6, n_2=5, n_1-1=5, n_2-1=4$.

$$\bar{x}_1=\frac{1}{6}\sum_{i=1}^{6}x_i=\frac{1}{6}(6.683+\cdots+6.672)=6.678,$$

$$s_1^2=\frac{1}{5}\sum_{i=1}^{6}(x_i-\bar{x}_1)^2=0.15\times10^{-4},$$

$$\bar{x}_2=\frac{1}{5}\sum_{i=1}^{5}x_i=\frac{1}{5}(6.661+\cdots+6.664)=6.664,$$

$$s_2^2=\frac{1}{4}\sum_{i=1}^{5}(x_i-\bar{x}_2)^2=0.9\times10^{-5},$$

$$t_{\frac{\alpha}{2}}(5)=2.0150, \quad t_{\frac{\alpha}{2}}(4)=2.1318.$$

代入①式得，用金球测定时，μ 的置信区间是 $[6.675,6.681]$；用铂球测定时，μ 的置信区间为 $[6.661,6.667]$.

（2）μ,σ^2 均未知时，σ^2 的置信度为 0.9 的置信区间为

$$\left[\frac{(n-1)S^2}{\chi_{\frac{\alpha}{2}}^2(n-1)},\ \frac{(n-1)S^2}{\chi_{1-\frac{\alpha}{2}}^2(n-1)}\right], \qquad ②$$

这里 $n_1-1=5, n_2-1=4, \frac{\alpha}{2}=0.05$.

查表得：$\chi_{\frac{\alpha}{2}}^2(5)=11.071, \chi_{\frac{\alpha}{2}}^2(4)=9.488, \chi_{1-\frac{\alpha}{2}}^2(5)=1.145, \chi_{1-\frac{\alpha}{2}}^2(4)=0.711$.

将这些值以及上面（1）中算得的 s_1^2, s_2^2 代入②式得，用金球测定时，σ^2 的置信区间是

$$[6.774\times10^{-6}, 6.550\times10^{-5}];$$

用铂球测定时，σ^2 的置信区间是

$$[3.794\times10^{-6}, 5.063\times10^{-5}].$$

30 随机地从 A 批导线中抽取 4 根，又从 B 批导线中抽取 5 根，测得电阻（单位：

Ω) 为

$$A \text{ 批导线}：0.143 \quad 0.142 \quad 0.143 \quad 0.137$$

$$B \text{ 批导线}：0.140 \quad 0.142 \quad 0.136 \quad 0.138 \quad 0.140$$

设测定数据分别来自分布 $N(\mu_1,\sigma^2)$，$N(\mu_2,\sigma^2)$，且两样本相互独立，又 μ_1,μ_2,σ^2 均为未知，试求 $\mu_1-\mu_2$ 的置信度为 0.95 的置信区间.

知识点睛　0708 两个正态总体的均值差的区间估计

解　$\mu_1-\mu_2$ 的置信区间为

$$\left[\bar{X}-\bar{Y}-t_{\frac{\alpha}{2}}(n_1+n_2-2)S_w\sqrt{\frac{1}{n_1}+\frac{1}{n_2}},\quad \bar{X}-\bar{Y}+t_{\frac{\alpha}{2}}(n_1+n_2-2)S_w\sqrt{\frac{1}{n_1}+\frac{1}{n_2}}\right],$$

其中

$$\bar{X}=\frac{1}{4}(0.143+\cdots+0.137)=0.1413,$$

$$\bar{Y}=\frac{1}{5}(0.140+\cdots+0.140)=0.1392,$$

$$n_1=4,n_2=5,n_1+n_2-2=7;\ 1-\alpha=0.95,\alpha=0.05,\frac{\alpha}{2}=0.025,$$

查表得 $t_{\frac{\alpha}{2}}(7)=2.3646$，则

$$s_w^2=\frac{(n_1-1)s_1^2+(n_2-1)s_2^2}{n_1+n_2-2}=6.509\times10^{-6},$$

$$s_w=\sqrt{6.509\times10^{-6}}=2.551\times10^{-3}.$$

将这些值代入置信区间，得 $[-0.002,0.006]$.

31　从正态总体 $N(\mu,6^2)$ 中抽取容量为 n 的样本.若保证 μ 的 95% 的置信区间的长度不大于 2，问 n 至少应取多大？

知识点睛　0707 单个正态总体的均值的区间估计

解　由 $\sigma^2=6^2$ 得 $\frac{\bar{X}-\mu}{6}\sqrt{n}\sim N(0,1)$，故置信区间为

$$\left[\bar{X}-u_{\frac{\alpha}{2}}\frac{\sigma}{\sqrt{n}},\ \bar{X}+u_{\frac{\alpha}{2}}\frac{\sigma}{\sqrt{n}}\right],$$

从而得均值 μ 的置信区间的长度为

$$2u_{\frac{\alpha}{2}}\cdot\frac{\sigma}{\sqrt{n}}\leqslant2,$$

即 $n\geqslant(u_{\frac{\alpha}{2}}\cdot\sigma)^2=(1.96\times6)^2\approx139.$

32　设总体 $X\sim N(\mu,8)$，$(X_1,X_2,\cdots,X_{36})$ 为其简单随机样本，若 $[\bar{X}-1,\bar{X}+1]$ 作为 μ 的置信区间，则置信度为_____.

知识点睛　0707 单个正态总体的均值的区间估计

解　本题属于已知 σ^2，估计 μ 的类型.

μ 的满足置信度为 $1-\alpha$ 的置信区间应为

$$\left[\bar{X}-u_{\frac{\alpha}{2}}\frac{\sigma}{\sqrt{n}},\quad \bar{X}+u_{\frac{\alpha}{2}}\frac{\sigma}{\sqrt{n}}\right],$$

由题意，$u_{\frac{\alpha}{2}}\dfrac{\sigma}{\sqrt{n}}=1$，且 $\sigma=\sqrt{8}$，$n=36$．故 $u_{\frac{\alpha}{2}}=2.12$，查表可得置信度 $1-\alpha=0.966$．应填 0.966.

33 假定到某地旅游的一个游客的消费额 X 服从正态分布 $N(\mu,\sigma^2)$，且 $\sigma=500$，μ 未知．要对平均消费额 μ 进行估计，使这个估计的绝对误差小于 50 元，且置信度不小于 0.95，问至少需要随机调查多少个游客？

知识点睛 0707 单个正态总体的均值的区间估计

分析 本题是求样本容量的最小值，因此，不妨设 $X_1,X_2,\cdots,X_n$ 是取自该总体的样本．样本均值为 $\overline{X}$，且已知 $\hat{\mu}=\overline{X}$，依题意，即可由 $P\{|\overline{X}-\mu|<50\}\geq0.95$ 去求最小样本容量．

解 设 n 为需要调查的游客人数，使得

$$P\{|\overline{X}-\mu|<50\}\geq0.95,\quad\text{即}\quad P\left\{\frac{|\overline{X}-\mu|}{\frac{\sigma}{\sqrt{n}}}<\frac{50}{\frac{\sigma}{\sqrt{n}}}\right\}\geq0.95,$$

因为 $\dfrac{\overline{X}-\mu}{\frac{\sigma}{\sqrt{n}}}=U\sim N(0,1)$，由 $P\{|U|<u_{\frac{\alpha}{2}}\}=1-\alpha=0.95$，其中 $\alpha=0.05$，得

$$\frac{50}{\frac{\sigma}{\sqrt{n}}}\geq u_{\frac{0.05}{2}}\Rightarrow\sqrt{n}\geq\frac{1.96\sigma}{50}\Rightarrow n\geq\left(\frac{1.96\sigma}{50}\right)^2=\left(\frac{1.96\times500}{50}\right)^2=384.16.$$

即要求随机调查游客人数不少于 385 人，就有不小于 0.95 的把握，使得用调查所得的 $\bar{x}$ 去估计平均消费额的真相 μ，其绝对误差小于 50 元．

34 设总体 X 的概率密度为

2007 数学一、数学三，11 分

$$f(x;\theta)=\begin{cases}\dfrac{1}{2\theta}, & 0<x<\theta,\\[2mm]\dfrac{1}{2(1-\theta)}, & \theta\leq x<1,\\[2mm]0, & \text{其他},\end{cases}$$

其中参数 $\theta(0<\theta<1)$ 未知，$X_1,X_2,\cdots,X_n$ 是来自总体 X 的简单随机样本，$\overline{X}$ 是样本均值．

34 题精解视频

(1)求参数 θ 的矩估计量 $\hat{\theta}$；

(2)判断 $4\overline{X}^2$ 是否为 θ^2 的无偏估计量，并说明理由．

知识点睛 0703 矩估计法，0706 验证估计量的无偏性

分析 用矩估计求唯一参数 θ，只要令样本均值 $\overline{X}$ 等于总体的期望 $E(X)$ 就可以求得．判断 $4\overline{X}^2$ 是否为 θ^2 的无偏估计量，只要判断 $E(4\overline{X}^2)=\theta^2$ 是否成立？

解 (1) $EX=\displaystyle\int_0^\theta\frac{x}{2\theta}dx+\int_\theta^1\frac{x}{2(1-\theta)}dx=\frac{1}{4}+\frac{1}{2}\theta$，令 $\overline{X}=\frac{1}{4}+\frac{1}{2}\theta$，解得 $\theta=2\overline{X}-\frac{1}{2}$，

所以参数 θ 的矩估计量 $\hat{\theta}=2\overline{X}-\dfrac{1}{2}$.

(2) $E(4\overline{X}^2)=4E(\overline{X}^2)=4[D\overline{X}+(E\overline{X})^2]=4\left[\dfrac{DX}{n}+(EX)^2\right]$.

由(1)知 $EX = \dfrac{1}{4} + \dfrac{1}{2}\theta$. 又有

$$E(X^2) = \int_0^\theta \frac{x^2}{2\theta}\mathrm{d}x + \int_\theta^1 \frac{x^2}{2(1-\theta)}\mathrm{d}x$$

$$= \frac{1}{2\theta}\cdot\frac{\theta^3}{3} + \frac{1}{2(1-\theta)}\cdot\frac{1-\theta^3}{3}$$

$$= \frac{1}{6}(1+\theta+2\theta^2),$$

$$D(X) = E(X^2) - (EX)^2$$

$$= \frac{1}{6}(1+\theta+2\theta^2) - \left(\frac{1}{4}+\frac{1}{2}\theta\right)^2$$

$$= \frac{5}{48} - \frac{\theta}{12} + \frac{\theta^2}{12},$$

所以

$$E(4\overline{X}^2) = 4\left[\frac{D(X)}{n} + (EX)^2\right]$$

$$= 4\left(\frac{5}{48n} - \frac{\theta}{12n} + \frac{\theta^2}{12n} + \frac{1}{16} + \frac{\theta}{4} + \frac{\theta^2}{4}\right)$$

$$= \frac{3n+5}{12n} + \frac{3n-1}{3n}\theta + \frac{3n+1}{3n}\theta^2.$$

因此, $4\overline{X}^2$ 不是 θ^2 的无偏估计量.

【评注】(2)证明 $E(4\overline{X}^2) \neq \theta^2$, 可以简化计算,

$$E(4\overline{X}^2) = 4E(\overline{X}^2) = 4[D\overline{X} + (E\overline{X})^2] = 4\left[\frac{DX}{n} + (EX)^2\right] > 4(EX)^2 > 4\left(\frac{1}{4}+\frac{\theta}{2}\right)^2 > \theta^2.$$

🖾 2009 数学一, 11 分

35 设总体 X 的概率密度为 $f(x) = \begin{cases}\lambda^2 x e^{-\lambda x}, & x>0,\\ 0, & \text{其他},\end{cases}$ 其中参数 $\lambda(\lambda>0)$ 未知, $X_1, X_2,\cdots,X_n$ 是来自总体 X 的简单随机样本.

(1)求参数 λ 的矩估计量;

(2)求参数 λ 的最大似然估计量.

知识点睛　0703 矩估计法, 0704 最大似然估计法

分析　矩估计要求出总体的矩, 现未知参数就一个, 只要求出 $EX = \int_{-\infty}^{+\infty} xf(x)\mathrm{d}x$ 就可以. 列出方程 $\overline{X} = EX$, 最大似然估计要求写出似然函数 $L(\lambda) = \prod_{i=1}^n f(x_i;\lambda)$, 而 $f(x)$ 已给出, 就可以直接给出 $L(\lambda)$.

解　(1)由题意有

$$EX = \int_{-\infty}^{+\infty} xf(x)\mathrm{d}x = \int_0^{+\infty} \lambda^2 x^2 e^{-\lambda x}\mathrm{d}x = \frac{1}{\lambda}\int_0^{+\infty} t^2 e^{-t}\mathrm{d}t = \frac{2}{\lambda},$$

令 $\overline{X} = EX$, 即 $\overline{X} = \dfrac{2}{\lambda}$, 解得 λ 的矩估计量为 $\hat{\lambda}_1 = \dfrac{2}{\overline{X}}$.

（2）设 $x_1,x_2,\cdots,x_n(x_i>0,i=1,2,\cdots,n)$ 为样本观测值，则似然函数为

$$L(x_1,x_2,\cdots,x_n;\lambda) = \prod_{i=1}^{n} f(x_i;\lambda) = \lambda^{2n}\mathrm{e}^{-\lambda\sum\limits_{i=1}^{n}x_i}\prod_{i=1}^{n}x_i,$$

取对数，得

$$\ln L = 2n\ln \lambda - \lambda\sum_{i=1}^{n}x_i + \sum_{i=1}^{n}\ln x_i,$$

令

$$\frac{\mathrm{d}\ln L}{\mathrm{d}\lambda} = \frac{2n}{\lambda} - \sum_{i=1}^{n}x_i = 0,$$

解得

$$\lambda = \frac{2}{\dfrac{1}{n}\sum\limits_{i=1}^{n}x_i},$$

故 λ 的最大似然估计量

$$\hat{\lambda}_2 = \frac{2}{\dfrac{1}{n}\sum\limits_{i=1}^{n}X_i} = \frac{2}{\overline{X}}.$$

36 设 $X_1,X_2,\cdots,X_n$ 为来自正态总体 $N(\mu_0,\sigma^2)$ 的简单随机样本，其中 μ_0 已知，2011 数学一，11 分 $\sigma^2>0$ 未知．$\overline{X}$ 和 S^2 分别表示样本均值和样本方差.

（1）求参数 σ^2 的最大似然估计 $\hat{\sigma}^2$;

（2）计算 $E\hat{\sigma}^2$ 和 $D\hat{\sigma}^2$.

36 题精解视频

知识点睛 0704 最大似然估计法

分析 求最大似然估计关键在于写出似然函数

$$L(\sigma^2) = \prod_{i=1}^{n} f(x_i),$$

而 $f(x) = \dfrac{1}{\sqrt{2\pi}\sigma}\mathrm{e}^{-\frac{(x-\mu_0)^2}{2\sigma^2}}$ 就可以直接给出 $L(\sigma^2)$，求出 $\hat{\sigma}^2$ 后可以直接计算 $E\hat{\sigma}^2$ 和 $D\hat{\sigma}^2$.

（1）**解** 设 $x_1,x_2,\cdots,x_n$ 为样本观测值，则似然函数为

$$L(\sigma^2) = (2\pi\sigma^2)^{-\frac{n}{2}}\mathrm{e}^{-\frac{1}{2\sigma^2}\sum\limits_{i=1}^{n}(x_i-\mu_0)^2},$$

取对数

$$\ln L(\sigma^2) = -\frac{n}{2}\ln(2\pi\sigma^2) - \frac{1}{2\sigma^2}\sum_{i=1}^{n}(x_i-\mu_0)^2,$$

令 $\dfrac{\mathrm{d}\ln L(\sigma^2)}{\mathrm{d}(\sigma^2)} = 0$，得

$$-\frac{n}{2\sigma^2} + \frac{1}{2\sigma^4}\sum_{i=1}^{n}(x_i-\mu_0)^2 = 0,$$

从而得 σ^2 的最大似然估计量

$$\hat{\sigma}^2 = \frac{1}{n}\sum_{i=1}^{n}(X_i-\mu_0)^2.$$

（2）**解法 1** $E\hat{\sigma}^2 = E\left[\dfrac{1}{n}\sum_{i=1}^{n}(X_i - \mu_0)^2\right] = \dfrac{1}{n}\sum_{i=1}^{n}E(X_i - \mu_0)^2 = \sigma^2,$

$$D\hat{\sigma}^2 = \dfrac{1}{n^2}\sum_{i=1}^{n}D(X_i - \mu_0)^2 = \dfrac{1}{n}D(X_i - \mu_0)^2.$$

由于 $\dfrac{X_i - \mu_0}{\sigma} \sim N(0,1)$，故 $\left(\dfrac{X_i - \mu_0}{\sigma}\right)^2 \sim \chi^2(1)$，$D\left(\dfrac{X_i - \mu_0}{\sigma}\right)^2 = 2$，所以 $D(X_i - \mu_0)^2 = 2\sigma^4$，即

$$D\hat{\sigma}^2 = \dfrac{2\sigma^4}{n}.$$

解法 2 由于

$$\dfrac{n\hat{\sigma}^2}{\sigma^2} = \dfrac{\sum\limits_{i=1}^{n}(X_i - \mu_0)^2}{\sigma^2} \sim \chi^2(n),$$

所以 $E\left(\dfrac{n\hat{\sigma}^2}{\sigma^2}\right) = n$ 和 $D\left(\dfrac{n\hat{\sigma}^2}{\sigma^2}\right) = 2n$. 即 $E\hat{\sigma}^2 = \sigma^2$ 和 $D\hat{\sigma}^2 = \dfrac{2\sigma^4}{n}$.

［K］2012 数学一，11 分

37 设随机变量 X 与 Y 相互独立且分别服从正态分布 $N(\mu, \sigma^2)$ 与 $N(\mu, 2\sigma^2)$，其中 σ 是未知参数且 $\sigma > 0$. 记 $Z = X - Y$.

（1）求 Z 的概率密度 $f(z; \sigma^2)$；

（2）设 $Z_1, Z_2, \cdots, Z_n$ 为来自总体 Z 的简单随机样本，求 σ^2 的最大似然估计量 $\hat{\sigma}^2$；

（3）证明 $\hat{\sigma}^2$ 为 σ^2 的无偏估计量.

知识点睛 0704 最大似然估计法，0706 验证估计量的无偏性

分析 （1）$X \sim N(\mu, \sigma^2)$，$Y \sim N(\mu, 2\sigma^2)$ 且相互独立，则 $X - Y \sim N(0, 3\sigma^2)$，就不难求出 $f(z; \sigma^2)$.

（2）有了 $f(z; \sigma^2)$，就不难写出似然函数 $L = \prod\limits_{i=1}^{n} f(z_i; \sigma^2)$，再最大化.

（3）就是证明 $E\hat{\sigma}^2 = \sigma^2$.

解 （1）因为 X 与 Y 相互独立且分别服从正态分布 $N(\mu, \sigma^2)$ 与 $N(\mu, 2\sigma^2)$，所以 $Z = X - Y$ 服从正态分布 $N(0, 3\sigma^2)$，故 Z 的概率密度

$$f(z) = \dfrac{1}{\sqrt{6\pi}\,\sigma} e^{-\frac{z^2}{6\sigma^2}}, \quad -\infty < z < +\infty.$$

（2）设 $z_1, z_2, \cdots, z_n$ 是样本 $Z_1, Z_2, \cdots, Z_n$ 所对应的一个样本值，则似然函数为

$$L(\sigma^2) = \prod_{i=1}^{n} f(z_i) = \dfrac{1}{(\sqrt{6\pi})^n (\sigma^2)^{\frac{n}{2}}} e^{-\frac{\sum\limits_{i=1}^{n} z_i^2}{6\sigma^2}},$$

取对数

$$\ln L(\sigma^2) = -\dfrac{n}{2}\ln(6\pi) - \dfrac{n}{2}\ln\sigma^2 - \dfrac{1}{6\sigma^2}\sum_{i=1}^{n} z_i^2,$$

令 $\dfrac{\mathrm{d}\ln L(\sigma^2)}{\mathrm{d}(\sigma^2)} = \dfrac{1}{6\sigma^4}\sum_{i=1}^{n} z_i^2 - \dfrac{n}{2\sigma^2} = 0$，得 $\sigma^2 = \dfrac{1}{3n}\sum_{i=1}^{n} z_i^2$，故 σ^2 的最大似然估计量为

$$\hat{\sigma}^2 = \frac{1}{3n}\sum_{i=1}^{n} Z_i^2.$$

（3）因为

$$E(\hat{\sigma}^2) = E\Big(\frac{1}{3n}\sum_{i=1}^{n} Z_i^2\Big) = \frac{1}{3n}E\Big(\sum_{i=1}^{n} Z_i^2\Big) = \frac{1}{3}E(Z^2) = \frac{1}{3}D(Z) = \sigma^2,$$

故 $\hat{\sigma}^2$ 为 σ^2 的无偏估计量.

38 设总体 X 的概率密度为

K 2013 数学一、数学三,11 分

$$f(x;\theta) = \begin{cases} \dfrac{\theta^2}{x^3}e^{-\frac{\theta}{x}}, & x>0, \\ 0, & \text{其他,} \end{cases}$$

其中 θ 为未知参数且大于零. $X_1, X_2, \cdots, X_n$ 为来自总体 X 的简单随机样本.

（1）求 θ 的矩估计量；

（2）求 θ 的最大似然估计量.

知识点睛 0703 矩估计法,0704 最大似然估计法

分析 本题求矩估计量和最大似然估计量.求矩估计量,只要先求出 EX,然后令 $EX=\overline{X}$,求最大似然估计量关键在于求出似然函数 $L(\theta) = \prod_{i=1}^{n} f(x_i;\theta)$.

解 （1）因为 $f(x;\theta) = \begin{cases} \dfrac{\theta^2}{x^3}e^{-\frac{\theta}{x}}, & x>0, \\ 0, & \text{其他,} \end{cases}$ 所以

$$EX = \int_{0}^{+\infty} x \cdot \frac{\theta^2}{x^3}e^{-\frac{\theta}{x}}\mathrm{d}x = \int_{0}^{+\infty} \frac{\theta^2}{x^2}e^{-\frac{\theta}{x}}\mathrm{d}x = \theta,$$

令 $\overline{X}=EX$,其中 $\overline{X} = \frac{1}{n}\sum_{i=1}^{n} X_i$,即有 $\overline{X}=\theta$,所以 θ 的矩估计量为 $\hat{\theta}=\overline{X}$,其中 $\overline{X} = \frac{1}{n}\sum_{i=1}^{n} X_i$.

（2）设 $x_1, x_2, \cdots, x_n$ 为样本观测值,似然函数为

$$L(\theta) = \prod_{i=1}^{n} f(x_i;\theta) = \begin{cases} \dfrac{\theta^{2n}}{(x_1 x_2 \cdots x_n)^3}e^{-\theta\sum\limits_{i=1}^{n}\frac{1}{x_i}}, & x_1, x_2, \cdots, x_n > 0, \\ 0, & \text{其他.} \end{cases}$$

当 $x_1, x_2, \cdots, x_n > 0$ 时,$\ln L(\theta) = 2n\ln\theta - \theta\sum_{i=1}^{n}\frac{1}{x_i} - 3\sum_{i=1}^{n}\ln x_i$.令

$$\frac{\mathrm{d}\ln L(\theta)}{\mathrm{d}\theta} = \frac{2n}{\theta} - \sum_{i=1}^{n}\frac{1}{x_i} = 0,$$

得 θ 的最大似然估计值为 $\hat{\theta} = \dfrac{2n}{\sum\limits_{i=1}^{n}\frac{1}{x_i}}$,所以 θ 的最大似然估计量为

$$\hat{\theta} = \frac{2n}{\sum\limits_{i=1}^{n}\frac{1}{X_i}}.$$

39 设总体 X 的分布函数为

$$F(x;\theta)=\begin{cases}1-e^{-\frac{x^2}{\theta}}, & x\geq0,\\ 0, & x<0,\end{cases}$$

其中 θ 是未知参数且大于零. $X_1,X_2,\cdots,X_n$ 为来自总体 X 的简单随机样本.

(1) 求 EX 与 EX^2;

(2) 求 θ 的最大似然估计量 $\hat{\theta}_n$.

(3) 是否存在实数 a,使得对任何 $\varepsilon>0$,都有 $\lim\limits_{n\to\infty}P\{|\hat{\theta}_n-a|\geq\varepsilon\}=0$?

知识点睛 0604 常用统计量的数字特征,0704 最大似然估计法

分析 (1) 给出 $F(x;\theta)$ 就有 $f(x;\theta)$,密度函数有了,接着有

$$EX^i=\int_{-\infty}^{+\infty}x^if(x;\theta)\,dx\quad(i=1,2).$$

(2) 求出了 $f(x;\theta)$,就可构造似然函数 $L(\theta)=\prod\limits_{i=1}^{n}f(x_i;\theta)$,随之就不难求最大似然估计量.

(3) $\lim\limits_{n\to\infty}P\{|\hat{\theta}_n-a|\geq\varepsilon\}=0$ 等价于 $\lim\limits_{n\to\infty}P\{|\hat{\theta}_n-a|<\varepsilon\}=1$,就是 $\hat{\theta}_n\xrightarrow{P}a$,其中依概率收敛涉及大数定律.

(1)**解** 总体 X 的概率密度为

$$f(x;\theta)=F'(x;\theta)=\begin{cases}\dfrac{2x}{\theta}e^{-\frac{x^2}{\theta}}, & x\geq0,\\ 0, & x<0,\end{cases}$$

则

$$EX=\int_0^{+\infty}x\cdot f(x;\theta)\,dx=\int_0^{+\infty}x\cdot\frac{2x}{\theta}e^{-\frac{x^2}{\theta}}\,dx.$$

法 1 设 $Y\sim N\left(0,\dfrac{\theta}{2}\right)$,则 Y 的概率密度 $f_Y(y)=\dfrac{1}{\sqrt{\pi\theta}}e^{-\frac{x^2}{\theta}},-\infty<y<+\infty$. 所以

$$EX=\sqrt{\frac{\pi}{\theta}}\int_{-\infty}^{+\infty}x^2\frac{1}{\sqrt{\pi\theta}}e^{-\frac{x^2}{\theta}}\,dx=\sqrt{\frac{\pi}{\theta}}EY^2=\sqrt{\frac{\pi}{\theta}}DY=\sqrt{\frac{\pi}{\theta}}\cdot\frac{\theta}{2}=\frac{\sqrt{\pi\theta}}{2},$$

即 $EX=\dfrac{\sqrt{\pi\theta}}{2}$.

法 2 由题设有

$$EX=\int_0^{+\infty}x\cdot\frac{2x}{\theta}e^{-\frac{x^2}{\theta}}\,dx\xlongequal{t=\frac{x^2}{\theta}}\sqrt{\theta}\int_0^{+\infty}t^{\frac{1}{2}}e^{-t}\,dt$$

$$=\sqrt{\theta}\,\Gamma\left(\frac{3}{2}\right)=\sqrt{\theta}\cdot\frac{1}{2}\Gamma\left(\frac{1}{2}\right)$$

$$=\frac{\sqrt{\pi\theta}}{2},$$

则

$$E(X^2) = \int_0^{+\infty} x^2 f(x;\theta)\,\mathrm{d}x = \int_0^{+\infty} x^2 \cdot \frac{2x}{\theta} \mathrm{e}^{-\frac{x^2}{\theta}}\,\mathrm{d}x = \theta\int_0^{+\infty} t\mathrm{e}^{-t}\,\mathrm{d}t = \theta.$$

（2）解 设 $x_1, x_2, \cdots, x_n$ 为样本观测值，似然函数为

$$L(\theta) = \prod_{i=1}^n f(x_i;\theta) = \begin{cases} \dfrac{2^n x_1 x_2 \cdots x_n}{\theta^n} \mathrm{e}^{-\frac{1}{\theta}\sum\limits_{i=1}^n x_i^2}, & x_1, x_2, \cdots, x_n > 0, \\ 0, & \text{其他.} \end{cases}$$

当 $x_1, x_2, \cdots, x_n > 0$ 时，

$$\ln L(\theta) = n\ln 2 + \sum_{i=1}^n \ln x_i - n\ln\theta - \frac{1}{\theta}\sum_{i=1}^n x_i^2,$$

令

$$\frac{\mathrm{d}\ln L(\theta)}{\mathrm{d}\theta} = -\frac{n}{\theta} + \frac{1}{\theta^2}\sum_{i=1}^n x_i^2 = 0,$$

解得 θ 的最大似然估计值为 $\hat{\theta}_n = \dfrac{1}{n}\sum\limits_{i=1}^n x_i^2.$ 从而 θ 的最大似然估计量为

$$\hat{\theta}_n = \frac{1}{n}\sum_{i=1}^n X_i^2.$$

（3）解 存在，且 $a = \theta.$ 因为 $X_1^2, X_2^2, \cdots, X_n^2, \cdots$ 是独立同分布的随机变量序列，且 $E(X_i^2) = \theta < +\infty.$ 所以根据辛钦大数定律，当 $n\to\infty$，$\hat{\theta}_n = \dfrac{1}{n}\sum\limits_{i=1}^n X_i^2$ 依概率收敛于 $EX_i^2 = \theta$，所以对任何 $\varepsilon > 0$，都有

$$\lim_{n\to\infty} P\{|\hat{\theta}_n - \theta| < \varepsilon\} = 1,$$

即

$$\lim_{n\to\infty} P\{|\hat{\theta}_n - a| \geqslant \varepsilon\} = 0.$$

40 设总体 X 的概率密度为

K 2015 数学一、数学三,11 分

$$f(x;\theta) = \begin{cases} \dfrac{1}{1-\theta}, & \theta \leqslant x \leqslant 1, \\ 0, & \text{其他,} \end{cases}$$

其中 θ 为未知参数，$X_1, X_2, \cdots, X_n$ 为来自该总体的简单随机样本.

（1）求 θ 的矩估计量；

（2）求 θ 的最大似然估计量.

40 题精解视频

知识点睛 0703 矩估计法，0704 最大似然估计法

分析 （1）所求参数一个 θ，可用 $EX = \overline{X}$ 来求出 θ 的矩估计量.

（2）给出 $f(x;\theta)$ 就可以构造似然函数 $L(\theta) = \prod\limits_{i=1}^n f(x_i;\theta)$，然后最大化求出 θ 的最大似然估计量.

解 （1）$EX = \displaystyle\int_{-\infty}^{+\infty} xf(x)\,\mathrm{d}x = \int_\theta^1 \frac{x}{1-\theta}\,\mathrm{d}x = \frac{1}{1-\theta}\cdot\frac{x^2}{2}\Big|_\theta^1 = \frac{1+\theta}{2}.$

有 $EX = \overline{X}.$ 即 $\dfrac{1+\theta}{2} = \overline{X}$，$\theta = 2\overline{X} - 1.$ θ 的矩估计量

$$\hat{\theta}_1 = 2\bar{X} - 1, \text{其中} \bar{X} = \frac{1}{n}\sum_{i=1}^{n} x_i.$$

$$(2)L(\theta) = \prod_{i=1}^{n} f(x_i;\theta) = \begin{cases} \left(\dfrac{1}{1-\theta}\right)^n, & \theta \leqslant x_1, x_2, \cdots, x_n \leqslant 1, \\ 0, & \text{其他}. \end{cases}$$

要使 $L(\theta)$ 最大,只有使 $1-\theta$ 尽量小,或者 θ 尽量接近 1.但 $\theta \leqslant x_1, x_2, \cdots, x_n$,故取 $\theta = \min\{x_1, x_2, \cdots, x_n\}$ 或 $\theta = \min\limits_{1 \leqslant i \leqslant n} x_i$,$\theta$ 的最大似然估计量

$$\hat{\theta}_2 = \min_{1 \leqslant i \leqslant n} X_i.$$

【评注】由于 $X \sim U[\theta, 1]$,故 EX 可直接写为 $\dfrac{1+\theta}{2}$.

2017 数学一、数学三,11 分

41 题精解视频

41 某工程师为了解一台天平的精度,用该天平对一物体的质量做 n 次测量,该物体的质量 μ 是已知的,设 n 次测量结果 $X_1, X_2, \cdots, X_n$ 相互独立且均服从正态分布 $N(\mu, \sigma^2)$.该工程师记录的是 n 次测量的绝对误差 $Z_i = |X_i - \mu| (i = 1, 2, \cdots, n)$,利用 Z_1, $Z_2, \cdots, Z_n$ 估计 σ.

(1)求 Z_1 的概率密度;

(2)利用一阶矩求 σ 的矩估计量;

(3)求 σ 的最大似然估计量.

知识点睛 0703 矩估计法(一阶矩),0704 最大似然估计法

分析 $X_i \sim N(\mu, \sigma^2)$,$\mu$ 已知,X_i 相互独立同分布,$Z_i = |X_i - \mu|$,可以理解 Z_1, $Z_2, \cdots, Z_n$ 为来自总体 Z 的简单随机样本,$Z_i(i = 1, 2, \cdots, n)$ 的概率密度就是 Z 的概率密度 $f_Z(z)$.设 Z 的分布函数 $F_Z(z)$,只要求出 $F_Z(z)$,通过 $f_Z(z) = F_Z'(z)$ 即求得 $f_Z(z)$.

(1)Z_1 的密度 $f_Z(z)$.

(2)$f_Z(z)$ 为 σ 的函数,令 $EZ = \bar{Z}$,其中 $\bar{Z} = \dfrac{1}{n}\sum_{i=1}^{n} Z_i$,就可求出矩估计量 $\hat{\sigma}_1$.

(3)利用 $L = \prod_{i=1}^{n} f_Z(z_i)$ 解出 σ 的最大似然估计量 $\hat{\sigma}_2$.

解 (1)Z 的分布函数为

$$F_Z(z) = P\{Z \leqslant z\} = P\{|X_1 - \mu| \leqslant z\}$$

$$= P\{-z \leqslant X_1 - \mu \leqslant z\} = P\left\{-\frac{z}{\sigma} < \frac{X_1 - \mu}{\sigma} \leqslant \frac{z}{\sigma}\right\}$$

$$= \Phi\left(\frac{z}{\sigma}\right) - \Phi\left(-\frac{z}{\sigma}\right) = 2\Phi\left(\frac{z}{\sigma}\right) - 1, z \geqslant 0.$$

显然,$F_Z(z) = 0, z < 0$,则

$$f_Z(z) = F_Z'(z) = \begin{cases} \dfrac{2}{\sigma}\varphi\left(\dfrac{z}{\sigma}\right), & z \geqslant 0, \\ 0, & z < 0, \end{cases}$$

其中 $\varphi(x)$ 为标准正态密度函数,$\varphi(x) = \dfrac{1}{\sqrt{2\pi}}e^{-\frac{x^2}{2}} (-\infty < x < +\infty)$.

$(2)\ EZ = \int_{-\infty}^{+\infty} z f_Z(z)\,\mathrm{d}z = \int_0^{+\infty} \frac{2z}{\sigma}\varphi\left(\frac{z}{\sigma}\right)\mathrm{d}z = 2\sigma\int_0^{+\infty} \frac{z}{\sigma}\varphi\left(\frac{z}{\sigma}\right)\mathrm{d}\frac{z}{\sigma}$

$\qquad = 2\sigma\int_0^{+\infty} t\varphi(t)\,\mathrm{d}t = 2\sigma\int_0^{+\infty} t\frac{1}{\sqrt{2\pi}}\mathrm{e}^{-\frac{t^2}{2}}\mathrm{d}t$

$\qquad = \frac{2\sigma}{\sqrt{2\pi}}\int_0^{+\infty} \mathrm{e}^{-\frac{t^2}{2}}\mathrm{d}\left(\frac{t^2}{2}\right) = \sqrt{\frac{2}{\pi}}\,\sigma.$

矩估计 $\overline{Z} = EZ$，即 $\sqrt{\dfrac{2}{\pi}}\,\sigma = \overline{Z}$，$\hat{\sigma}_1 = \dfrac{\sqrt{2\pi}}{2}\overline{Z}$.

$(3)\ L = \prod_{i=1}^n f_Z(z_i) = \begin{cases} \dfrac{2^n}{\sigma^n}\prod_{i=1}^n \varphi\left(\dfrac{z_i}{\sigma}\right), & z_1, z_2, \cdots, z_n \geqslant 0 \\ 0, & \text{其他} \end{cases}$

$\qquad\qquad = \begin{cases} \dfrac{2^n}{\sigma^n}\left(\dfrac{1}{\sqrt{2\pi}}\right)^n \mathrm{e}^{-\frac{\sum\limits_{i=1}^n z_i^2}{2\sigma^2}}, & z_1, z_2, \cdots, z_n \geqslant 0, \\ 0, & \text{其他.} \end{cases}$

当 $z_1, z_2, \cdots, z_n \geqslant 0$ 时，

$$\ln L = n\ln 2 - n\ln\sigma - \frac{n}{2}\ln(2\pi) - \frac{\sum\limits_{i=1}^n z_i^2}{2\sigma^2},$$

有

$$\frac{\mathrm{d}\ln L}{\mathrm{d}\sigma} = -n\cdot\frac{1}{\sigma} - \sum_{i=1}^n z_i^2\frac{(-2)}{2\sigma^3} = 0, \quad \text{即} \quad n\sigma^2 = \sum_{i=1}^n z_i^2,$$

解得 $\sigma = \sqrt{\dfrac{1}{n}\sum\limits_{i=1}^n z_i^2}$，所以最大似然估计量为

$$\hat{\sigma}_2 = \sqrt{\frac{1}{n}\sum_{i=1}^n Z_i^2}.$$

42 设总体 X 的概率密度为 2019 数学一、数学三,11 分

$$f(x;\sigma^2) = \begin{cases} \dfrac{A}{\sigma}\mathrm{e}^{-\frac{(x-\mu)^2}{2\sigma^2}}, & x \geqslant \mu, \\ 0, & x < \mu, \end{cases}$$

其中 μ 是已知参数，$\sigma > 0$ 是未知参数，A 是常数. $X_1, X_2, \cdots, X_n$ 是来自总体 X 的简单随机样本.

(1) 求 A；

(2) 求 σ^2 的最大似然估计量.

知识点睛 0704 最大似然估计法

分析 (1) 求 A 可用性质：

$$\int_{-\infty}^{+\infty} f(x;\sigma^2)\,\mathrm{d}x = 1,$$

再利用正态分布 $N(\mu,\sigma^2)$ 的概率密度的对称性可得.

（2）求 σ^2 的最大似然估计量，关键在于先写出似然函数 $L(\sigma^2)=\prod\limits_{i=1}^{n}f(x_i;\sigma^2)$.

解　（1）由 $\int_{-\infty}^{+\infty}f(x;\sigma^2)\mathrm{d}x=1$，得

$$1=\int_{-\infty}^{+\infty}f(x;\sigma^2)\mathrm{d}x=\int_{\mu}^{+\infty}\frac{A}{\sigma}\mathrm{e}^{-\frac{(x-\mu)^2}{2\sigma^2}}\mathrm{d}x=\frac{1}{2}\int_{-\infty}^{+\infty}\frac{A}{\sigma}\mathrm{e}^{-\frac{(x-\mu)^2}{2\sigma^2}}\mathrm{d}x$$

$$=A\sqrt{\frac{\pi}{2}}\int_{-\infty}^{+\infty}\frac{1}{\sqrt{2\pi}\sigma}\mathrm{e}^{-\frac{(x-\mu)^2}{2\sigma^2}}\mathrm{d}x=A\sqrt{\frac{\pi}{2}},$$

所以 $A=\sqrt{\dfrac{2}{\pi}}$.

（2）记 $x_1,x_2,\cdots,x_n$ 为样本 $X_1,X_2,\cdots,X_n$ 的观测值，则似然函数为

$$L(\sigma^2)=\prod_{i=1}^{n}f(x_i;\sigma^2)=\begin{cases}\left(\dfrac{2}{\pi}\right)^{\frac{n}{2}}\left(\dfrac{1}{\sigma^2}\right)^{\frac{n}{2}}\mathrm{e}^{-\frac{\sum\limits_{i=1}^{n}(x_i-\mu)^2}{2\sigma^2}},&x_1,x_2,\cdots,x_n\geqslant\mu,\\0,&\text{其他},\end{cases}$$

当 $x_1,x_2,\cdots,x_n\geqslant\mu$ 时，对数似然函数为

$$\ln L(\sigma^2)=\frac{n}{2}\ln\left(\frac{2}{\pi}\right)-\frac{n}{2}\ln(\sigma^2)-\frac{\sum\limits_{i=1}^{n}(x_i-\mu)^2}{2\sigma^2},$$

求导数

$$\frac{\mathrm{d}\ln L(\sigma^2)}{\mathrm{d}(\sigma^2)}=-\frac{n}{2}\frac{1}{\sigma^2}+\frac{\sum\limits_{i=1}^{n}(x_i-\mu)^2}{2\sigma^4},$$

令 $\dfrac{\mathrm{d}\ln L(\sigma^2)}{\mathrm{d}\sigma^2}=0$，得

$$n\sigma^2=\sum_{i=1}^{n}(x_i-\mu)^2,$$

即 σ^2 的最大似然估计值为

$$\sigma^2=\frac{1}{n}\sum_{i=1}^{n}(x_i-\mu)^2.$$

所以 σ^2 的最大似然估计量

$$\hat{\sigma^2}=\frac{1}{n}\sum_{i=1}^{n}(X_i-\mu)^2.$$

2008 数学一、数学三,11 分

43 设 $X_1,X_2,\cdots,X_n$ 是总体 $N(\mu,\sigma^2)$ 的简单随机样本.记

$$\overline{X}=\frac{1}{n}\sum_{i=1}^{n}X_i,\quad S^2=\frac{1}{n-1}\sum_{i=1}^{n}(X_i-\overline{X})^2,\quad T=\overline{X}^2-\frac{1}{n}S^2.$$

（1）证明 T 是 μ^2 的无偏估计量；

（2）当 $\mu=0,\sigma=1$ 时，求 DT.

知识点睛　0706 验证估计量的无偏性

分析　(1)证明 T 是 μ^2 的无偏估计量,只要验证 $ET=E\left(\overline{X}^2-\dfrac{1}{n}S^2\right)=\mu^2$. 由 $E\overline{X}=\mu$,

$D\overline{X}=\dfrac{\sigma^2}{n},ES^2=\sigma^2$,就不难求得 ET.

43题精解视频

(2)当 $\mu=0,\sigma=1$ 时,总体为标准正态分布 $N(0,1)$,且 $\overline{X}$ 与 S^2 相互独立.如果用公式

$$DT=ET^2-(ET)^2=ET^2=E\left(\overline{X}^4-\dfrac{2}{n}\overline{X}^2\cdot S^2+\dfrac{S^4}{n^2}\right)$$

计算会很繁杂.

如果利用 $\overline{X},S^2$ 的独立性,$DT=D\left(\overline{X}^2-\dfrac{1}{n}S^2\right)=D\overline{X}^2+\dfrac{1}{n^2}DS^2$,再直接计算

$$D\overline{X}^2=D\left(\dfrac{1}{n^2}\sum_{i=1}^{n}X_i^2+\dfrac{1}{n^2}\sum_{i\neq j}X_iX_j\right)$$

和 DS^2 更困难.

注意到 $\sqrt{n}\overline{X}\sim N(0,1)$,即 $n\overline{X}^2\sim\chi^2(1)$,和 $(n-1)S^2\sim\chi^2(n-1)$,而 $D(\chi^2(n))=2n$.再来计算 $DT=D\overline{X}^2+\dfrac{1}{n^2}DS^2$ 就容易多了.

解　(1) $ET=E\left(\overline{X}^2-\dfrac{1}{n}S^2\right)=E\overline{X}^2-\dfrac{1}{n}ES^2$

$$=D\overline{X}+(E\overline{X})^2-\dfrac{1}{n}ES^2=\dfrac{\sigma^2}{n}+\mu^2-\dfrac{\sigma^2}{n}=\mu^2,$$

所以 T 是 μ^2 的无偏估计量.

(2)当 $\mu=0,\sigma=1$ 时,$\overline{X}\sim N\left(0,\dfrac{1}{n}\right)$,即有 $n\overline{X}^2\sim\chi^2(1),(n-1)S^2\sim\chi^2(n-1)$.

注意到 $\overline{X}$ 与 S^2 是相互独立的,且 $D(\chi^2(n))=2n$,所以

$$DT=D\left(\overline{X}^2-\dfrac{1}{n}S^2\right)=D\overline{X}^2+\dfrac{1}{n^2}DS^2$$

$$=\dfrac{1}{n^2}D(n\overline{X}^2)+\dfrac{1}{n^2}\cdot\dfrac{1}{(n-1)^2}D[(n-1)S^2]$$

$$=\dfrac{1}{n^2}\times 2+\dfrac{1}{n^2(n-1)^2}\times 2(n-1)$$

$$=\dfrac{2}{n^2}\left(1+\dfrac{1}{n-1}\right)=\dfrac{2}{n(n-1)}.$$

44　设 $X_1,X_2,\cdots,X_m$ 为来自二项分布总体 $B(n,p)$ 的简单随机样本,$\overline{X}$ 和 S^2 分别为样本均值和样本方差.若 $\overline{X}+kS^2$ 为 np^2 的无偏估计量,则 $k=$_____.

🅚 2009数学一,

4分

知识点睛　0706 验证估计量的无偏性

分析　若 $\overline{X}+kS^2$ 是 np^2 的无偏估计量,则有 $E(\overline{X}+kS^2)=E(\overline{X})+kE(S^2)=np^2$,就可以计算出 k 的值.

解　由 $\overline{X},S^2$ 的性质,有

$$E(\overline{X}) = EX, E(S^2) = DX, \text{其中 } X \sim B(n,p),$$

所以

$$E(\overline{X} + kS^2) = E(\overline{X}) + kE(S^2) = EX + kDX$$
$$= np + knp(1-p) = np(1+k) - knp^2 = np^2,$$

解得 $k = -1$. 应填 -1.

45 设总体 X 的概率分布为

2010 数学一, 11 分

X	1	2	3
P	$1-\theta$	$\theta-\theta^2$	θ^2

其中参数 $\theta \in (0,1)$ 未知, 以 N_i 表示来自总体 X 的简单随机样本(样本容量为 n)中等于 i 的个数 $(i=1,2,3)$. 试求常数 a_1, a_2, a_3, 使 $T = \sum_{i=1}^{3} a_i N_i$ 为 θ 的无偏估计量, 并求 T 的方差.

知识点睛 0706 验证估计量的无偏性

分析 无偏估计要求 $ET = \sum_{i=1}^{3} a_i EN_i = \theta$, N_i 是样本 $X_1, X_2, \cdots, X_n$ 中取 i 值的个数. 如果把样本中每个 X_j 取 i 值看成是试验成功, X_j 不取 i 值看成是试验失败, 则样本的 n 个分量看成是 n 重伯努利试验. 如果出现 i 的概率为 p_i, 则 $N_i \sim B(n, p_i)$. 这时

$$EN_i = np_i, \quad DN_i = np_i(1-p_i).$$

解 记 $p_1 = 1-\theta, p_2 = \theta-\theta^2, p_3 = \theta^2$, 则 $N_i \sim B(n, p_i)$, $i=1,2,3$, 故 $EN_i = np_i$. 则

$$ET = \sum_{i=1}^{3} a_i EN_i = \sum_{i=1}^{3} a_i np_i = n[a_1(1-\theta) + a_2(\theta-\theta^2) + a_3\theta^2].$$

要使 T 是 θ 的无偏估计量, 则有

$$n[a_1(1-\theta) + a_2(\theta-\theta^2) + a_3\theta^2] = na_1 + n(a_2-a_1)\theta + n(a_3-a_2)\theta^2 = \theta,$$

因此 $\begin{cases} a_1 = 0, \\ a_2 - a_1 = \dfrac{1}{n}, \\ a_3 - a_2 = 0, \end{cases}$ 由此可得, 当 $\begin{cases} a_1 = 0, \\ a_2 = \dfrac{1}{n}, \\ a_3 = \dfrac{1}{n} \end{cases}$ 时, $T = \sum_{i=1}^{3} a_i N_i$ 为 θ 的无偏估计.

这时, $T = \dfrac{1}{n}(N_2 + N_3)$. 由于 $N_1 + N_2 + N_3 = n$, 故

$$T = \frac{1}{n}(N_2 + N_3) = \frac{1}{n}(n - N_1) = 1 - \frac{N_1}{n},$$

注意到 $N_1 \sim B(n, 1-\theta)$, 所以

$$DT = D\left(1 - \frac{N_1}{n}\right) = \frac{1}{n^2}DN_1 = \frac{n(1-\theta)\theta}{n^2} = \frac{\theta(1-\theta)}{n}.$$

46　设总体 X 的概率密度为

2014 数学一，4 分

$$f(x;\theta)=\begin{cases}\dfrac{2x}{3\theta^2}, & \theta<x<2\theta, \\ 0, & \text{其他},\end{cases}$$

其中 θ 是未知参数，$X_1,X_2,\cdots,X_n$ 为来自总体 X 的简单随机样本.若 $c\displaystyle\sum_{i=1}^{n}X_i^2$ 是 θ^2 的无偏估计，则 c _____.

知识点睛　0706 验证估计量的无偏性

解　$E\left(c\displaystyle\sum_{i=1}^{n}X_i^2\right)=c\displaystyle\sum_{i=1}^{n}E(X_i^2)=c\displaystyle\sum_{i=1}^{n}E(X^2)$

$$=cn\int_{-\infty}^{+\infty}x^2f(x)\,\mathrm{d}x=cn\int_{\theta}^{2\theta}x^2\cdot\frac{2x}{3\theta^2}\,\mathrm{d}x=cn\cdot\frac{5}{2}\theta^2.$$

因为 $c\displaystyle\sum_{i=1}^{n}X_i^2$ 是 θ^2 的无偏估计，所以 $E\left(c\displaystyle\sum_{i=1}^{n}X_i^2\right)=\theta^2$，即 $cn\cdot\dfrac{5}{2}\theta^2=\theta^2$，所以 $c=\dfrac{2}{5n}$.应填 $\dfrac{2}{5n}$.

47　设 $x_1,x_2,\cdots,x_n$ 为来自总体 $N(\mu,\sigma^2)$ 的简单随机样本，样本均值 $\bar{x}=9.5$，参数 μ 的置信度为 0.95 的双侧置信区间的置信上限为 10.8，则 μ 的置信度为 0.95 的双侧置信区间为_____.

2016 数学一，4 分

知识点睛　0707 单个正态总体的均值的区间估计

解　$x_1,x_2,\cdots,x_n$ 为来自总体 $N(\mu,\sigma^2)$ 的样本.由于 μ 的双侧置信区间的上、下限关于样本均值 $\bar{x}$ 是对称的，故置信下限应为 $9.5-(10.8-9.5)=8.2$，从而置信区间为

$$(8.2,10.8).$$

47 题精解视频

应填 $(8.2,10.8)$.

48　设总体 X 的概率密度为

2016 数学一、数学三，11 分

$$f(x;\theta)=\begin{cases}\dfrac{3x^2}{\theta^3}, & 0<x<\theta, \\ 0, & \text{其他},\end{cases}\quad\text{其中 } \theta\in(0,+\infty) \text{ 为未知参数},$$

X_1,X_2,X_3 为来自总体 X 的简单随机样本，令 $T=\max\{X_1,X_2,X_3\}$.

（1）求 T 的概率密度；

（2）确定 a，使得 aT 为 θ 的无偏估计.

知识点睛　0602 样本的联合分布函数，0706 验证估计量的无偏性

分析　（1）记 X 的分布函数为 $F(x)$，T 的分布函数为 $F_T(t)$，则 T 的概率密度 $f_T(t)=F_T'(t)$.用定义 $F_T(t)=P\{T\leqslant t\}$ 求出 $F_T(t)$ 后就可得 $f_T(t)$.

（2）$E(aT)=aET=a\displaystyle\int_{-\infty}^{+\infty}tf_T(t)\,\mathrm{d}t=\theta$，只要求出 $\displaystyle\int_{-\infty}^{+\infty}tf_T(t)\,\mathrm{d}t$ 就可得到 a.

解　（1）总体 X 的分布函数为

$$F(x)=\int_{-\infty}^{x}f(t;\theta)\,\mathrm{d}t=\begin{cases}0, & x<0, \\ \dfrac{x^3}{\theta^3}, & 0\leqslant x<\theta, \\ 1, & x\geqslant\theta.\end{cases}$$

则
$$F_T(t) = P\{T \leqslant t\} = P\{\max\{X_1, X_2, X_3\} \leqslant t\} = P\{X_1 \leqslant t, X_2 \leqslant t, X_3 \leqslant t\}.$$
由于 X_1, X_2, X_3 相互独立，所以
$$F_T(t) = P\{X_1 \leqslant t\}P\{X_2 \leqslant t\}P\{X_3 \leqslant t\} = F^3(t),$$
有
$$f_T(t) = F'_T(t) = 3F^2(t)f(t),$$
从而
$$f_T(t) = \begin{cases} 3\left(\dfrac{t^3}{\theta^3}\right)^2 \dfrac{3t^2}{\theta^3}, & 0 < t < \theta \\ 0, & \text{其他} \end{cases} = \begin{cases} \dfrac{9t^8}{\theta^9}, & 0 < t < \theta, \\ 0, & \text{其他}. \end{cases}$$

（2）$ET = \displaystyle\int_{-\infty}^{+\infty} t f_T(t)\,\mathrm{d}t = \int_0^\theta \dfrac{9t^9}{\theta^9}\,\mathrm{d}t = \dfrac{9}{10}\theta$，从而
$$E(aT) = aET = a \cdot \frac{9}{10}\theta = \theta,$$
所以
$$a = \frac{10}{9}.$$

49 设总体 X 的概率密度为
$$f(x;\sigma) = \frac{1}{2\sigma}\mathrm{e}^{-\frac{|x|}{\sigma}}, \quad -\infty < x < +\infty,$$

其中 $\sigma \in (0, +\infty)$ 为未知参数，$X_1, X_2, \cdots, X_n$ 为来自总体 X 的简单随机样本. 记 σ 的最大似然估计量为 $\hat{\sigma}$.

（1）求 $\hat{\sigma}$；

（2）求 $E\hat{\sigma}$ 和 $D\hat{\sigma}$.

知识点睛 0704 最大似然估计法

分析 $f(x;\sigma) = \dfrac{1}{2\sigma}\mathrm{e}^{-\frac{|x|}{\sigma}}, -\infty < x < +\infty$，求最大似然估计量 $\hat{\sigma}$，需先写出似然函数

$$L(\sigma) = \prod_{i=1}^n f(x_i;\sigma) = \frac{1}{(2\sigma)^n}\mathrm{e}^{-\frac{\sum\limits_{i=1}^n |x_i|}{\sigma}},$$

令 $\dfrac{\mathrm{d}\ln L}{\mathrm{d}\sigma} = 0$，解出 $\hat{\sigma}$，有了 $\hat{\sigma}$ 就不难计算 $E\hat{\sigma}$ 和 $D\hat{\sigma}$.

解 （1）设 $x_1, x_2, \cdots, x_n$ 为样本观测值，似然函数为

$$L(\sigma) = \prod_{i=1}^n f(x_i;\sigma) = \frac{1}{(2\sigma)^n}\mathrm{e}^{-\frac{\sum\limits_{i=1}^n |x_i|}{\sigma}},$$

则 $\ln L = -n\ln 2 - n\ln\sigma - \dfrac{1}{\sigma}\displaystyle\sum_{i=1}^n |x_i|$. 令

$$\frac{\mathrm{d}\ln L}{\mathrm{d}\sigma} = 0 - \frac{n}{\sigma} + \frac{1}{\sigma^2}\sum_{i=1}^n |x_i| = 0,$$

2018 数学一、数学三,11 分

解得 $\sigma = \dfrac{1}{n}\sum_{i=1}^{n}|x_i|$,所以最大似然估计量 $\hat{\sigma} = \dfrac{1}{n}\sum_{i=1}^{n}|X_i|$.

(2) $E\hat{\sigma} = \dfrac{1}{n}\sum_{i=1}^{n}E|X_i| = E|X| = \int_{-\infty}^{+\infty}|x|f(x;\sigma)\mathrm{d}x = \int_{-\infty}^{+\infty}|x|\dfrac{1}{2\sigma}\mathrm{e}^{-\frac{|x|}{\sigma}}\mathrm{d}x$

$$= \dfrac{1}{\sigma}\int_{0}^{+\infty}x\mathrm{e}^{-\frac{x}{\sigma}}\mathrm{d}x = \sigma\int_{0}^{+\infty}\dfrac{x}{\sigma}\mathrm{e}^{-\frac{x}{\sigma}}\mathrm{d}\left(\dfrac{x}{\sigma}\right) = \sigma\int_{0}^{+\infty}t\mathrm{e}^{-t}\mathrm{d}t = \sigma,$$

$D\hat{\sigma} = \dfrac{1}{n^2}\sum_{i=1}^{n}D|X_i| = \dfrac{1}{n}D|X| = \dfrac{1}{n}\left[E|X|^2 - (E|X|)^2\right]$

$$= \dfrac{1}{n}\left[E(X^2) - \sigma^2\right] = \dfrac{1}{n}\left(\int_{-\infty}^{+\infty}x^2\cdot\dfrac{1}{2\sigma}\mathrm{e}^{-\frac{|x|}{\sigma}}\mathrm{d}x - \sigma^2\right)$$

$$= \dfrac{1}{n}\left(\int_{0}^{+\infty}\dfrac{x^2}{\sigma}\mathrm{e}^{-\frac{x}{\sigma}}\mathrm{d}x - \sigma^2\right)$$

$$= \dfrac{\sigma^2}{n}\left[\int_{0}^{+\infty}\dfrac{x^2}{\sigma^2}\mathrm{e}^{-\frac{x}{\sigma}}\mathrm{d}\left(\dfrac{x}{\sigma}\right)\right] - \dfrac{\sigma^2}{n}$$

$$= \dfrac{\sigma^2}{n}\int_{0}^{+\infty}t^2\mathrm{e}^{-t}\mathrm{d}t - \dfrac{\sigma^2}{n} = \dfrac{\sigma^2}{n}.$$

50 设随机变量 X 的分布函数为

🔲 2004 数学一,
9分;数学三,13分

$$F(x;\alpha,\beta) = \begin{cases} 1 - \left(\dfrac{\alpha}{x}\right)^{\beta}, & x > \alpha, \\ 0, & x \leq \alpha, \end{cases}$$

其中参数 $\alpha > 0, \beta > 1$.设 $X_1, X_2, \cdots, X_n$ 为来自总体 X 的简单随机样本,

(1) 当 $\alpha = 1$ 时,求未知参数 β 的矩估计量(数学一、数学三);

(2) 当 $\alpha = 1$ 时,求未知参数 β 的最大似然估计量(数学一、数学三);

(3) 当 $\beta = 2$ 时,求未知参数 α 的最大似然估计量(数学三).

知识点睛 0703 矩估计法,0704 最大似然估计法

解 (1) 当 $\alpha = 1$ 时,

$$E(X) = \int_{-\infty}^{+\infty}xf(x;1,\beta)\mathrm{d}x = \int_{1}^{+\infty}x\cdot\dfrac{\beta}{x^{\beta+1}}\mathrm{d}x = \dfrac{\beta}{\beta - 1},$$

令 $\dfrac{\beta}{\beta-1} = \overline{X}$,解得 $\beta = \dfrac{\overline{X}}{\overline{X}-1}$,所以当 $\alpha = 1$ 时,参数 β 的矩估计量为

$$\hat{\beta} = \dfrac{\overline{X}}{\overline{X} - 1},$$

其中

$$\overline{X} = \dfrac{1}{n}\sum_{i=1}^{n}X_i.$$

(2) 当 $\alpha = 1$ 时,似然函数为

$$L(1,\beta) = \prod_{i=1}^{n}f(x_i;1,\beta) = \begin{cases} \dfrac{\beta^n}{(x_1 x_2\cdots x_n)^{\beta+1}}, & x_i > 1(i = 1,2,\cdots,n), \\ 0, & \text{其他}. \end{cases}$$

当 $x_i > 1 (i = 1, 2, \cdots, n)$ 时, $L(1, \beta) > 0$, 取对数, 得

$$\ln L(1, \beta) = n \ln \beta - (\beta + 1) \sum_{i=1}^{n} \ln x_i,$$

对 β 求导数, 得

$$\frac{\mathrm{d} \ln L(1, \beta)}{\mathrm{d} \beta} = \frac{n}{\beta} - \sum_{i=1}^{n} \ln x_i,$$

令 $\dfrac{\mathrm{d} \ln L(1, \beta)}{\mathrm{d} \beta} = 0$, 解得 $\beta = \dfrac{n}{\sum\limits_{i=1}^{n} \ln x_i}$, 则 β 的最大似然估计量为

$$\hat{\beta} = \frac{n}{\sum\limits_{i=1}^{n} \ln X_i}.$$

(3) 当 $\beta = 2$ 时, X 的概率密度为

$$f(x; \alpha, 2) = \begin{cases} \dfrac{2\alpha^2}{x^3}, & x > \alpha, \\ 0, & x \leq \alpha. \end{cases}$$

似然函数为

$$L(\alpha, 2) = \prod_{i=1}^{n} f(x_i; \alpha, 2) = \begin{cases} \dfrac{2^n \alpha^{2n}}{(x_1 x_2 \cdots x_n)^3}, & x_i > \alpha (i = 1, 2, \cdots, n), \\ 0, & \text{其他}. \end{cases}$$

当 $x_i > \alpha (i = 1, 2, \cdots, n)$ 时, α 越大, $L(\alpha)$ 越大, 因而 α 的最大似然估计值为

$$\hat{\alpha} = \min\{x_1, x_2, \cdots, x_n\},$$

α 的最大似然估计量为

$$\hat{\alpha} = \min\{X_1, X_2, \cdots, X_n\}.$$

51 设 $X_1, X_2, \cdots, X_n$ 是来自均值为 θ 的指数分布总体 X 的简单随机样本, $Y_1, Y_2, \cdots, Y_m$ 是来自均值为 2θ 的指数分布总体 Y 的简单随机样本, 两个样本相互独立, 其中 $\theta (\theta > 0)$ 为未知参数. 利用样本 $X_1, X_2, \cdots, X_n$ 和 $Y_1, Y_2, \cdots, Y_m$.

(1) 求 θ 的最大似然估计量 $\hat{\theta}$;

(2) 求 $D(\hat{\theta})$.

知识点睛 0704 最大似然估计法

解 (1) 易知 $X \sim E\left(\dfrac{1}{\theta}\right)$, $Y \sim E\left(\dfrac{1}{2\theta}\right)$, 从而

$$f_X(x) = \begin{cases} \dfrac{1}{\theta} \mathrm{e}^{-\frac{x}{\theta}}, & x > 0, \\ 0, & x \leq 0, \end{cases} \qquad f_Y(y) = \begin{cases} \dfrac{1}{2\theta} \mathrm{e}^{-\frac{y}{2\theta}}, & y > 0, \\ 0, & y \leq 0. \end{cases}$$

设 $x_1, x_2, \cdots, x_n, y_1, y_2, \cdots, y_m$ 为样本 $X_1, X_2, \cdots, X_n, Y_1, Y_2, \cdots, Y_m$ 的观测值, 且样本相互独立, 则似然函数为

$$L(\theta) = \begin{cases} \dfrac{1}{2^m \theta^{n+m}} e^{-\frac{2\sum\limits_{i=1}^{n} x_i + \sum\limits_{j=1}^{m} y_j}{2\theta}}, & x_i, y_j > 0 (i = 1, 2, \cdots, n; j = 1, 2, \cdots, m), \\ 0, & \text{其他}, \end{cases}$$

取对数,得

$$\ln L(\theta) = -m\ln 2 - (n+m)\ln\theta - \frac{2\sum\limits_{i=1}^{n} x_i + \sum\limits_{j=1}^{m} y_j}{2\theta},$$

令

$$\frac{\mathrm{d}\ln L(\theta)}{\mathrm{d}\theta} = -\frac{n+m}{\theta} + \frac{2\sum\limits_{i=1}^{n} x_i + \sum\limits_{j=1}^{m} y_j}{2\theta^2} = 0,$$

解得

$$\hat{\theta} = \frac{2\sum\limits_{i=1}^{n} x_i + \sum\limits_{j=1}^{m} y_j}{2(n+m)},$$

故 θ 的最大似然估计量为

$$\hat{\theta} = \frac{2\sum\limits_{i=1}^{n} X_i + \sum\limits_{j=1}^{m} Y_j}{2(n+m)}.$$

（2）由 $X \sim E\left(\dfrac{1}{\theta}\right), Y \sim E\left(\dfrac{1}{2\theta}\right)$，得 $D(X) = \theta^2, D(Y) = 4\theta^2$，则

$$D(\hat{\theta}) = \frac{1}{4(n+m)^2} D\left(2\sum_{i=1}^{n} X_i + \sum_{j=1}^{m} Y_j\right)$$

$$= \frac{1}{4(n+m)^2}(4n \cdot \theta^2 + m \cdot 4\theta^2)$$

$$= \frac{\theta^2}{n+m}.$$

【评注】点估计尤其是最大似然估计属于考研中常考的重点题型,值得考生关注,本题的难点为出现了双总体双样本情形,许多考生没见过这种问法,导致失分.实际上,因为两总体的参数相同,最终合并成一组样本构造似然函数,仍然使用单样本的最大似然估计法.

第 8 章
假设检验

知识要点

一、假设检验的基本概念

1. 假设检验

对总体的分布类型或分布中的未知参数作出假设,然后抽取样本并选择一个合适的检验统计量,利用检验统计量的观察值和预先给定的误差 α,对所作假设成立与否作出定性判断,这种统计推断称为假设检验.若总体分布已知,只对分布中未知参数提出假设并作检验,这种检验称为参数检验.

2. 假设检验基本思想的依据是小概率原理

小概率原理是指概率很小的事件在试验中发生的频率也很小,因此小概率事件在一次试验中几乎不可能发生.

当对问题提出待检假设 H_0,并要检验它是否可信时,先假定 H_0 正确.在这个假定下,经过一次抽样,若小概率事件发生了,就作出拒绝 H_0 的决定;否则,若小概率事件未发生,则接受 H_0.

3. 假设检验基本概念

在显著性水平 α 下,检验假设

$$H_0 : \mu = \mu_0, \quad H_1 : \mu \neq \mu_0,$$

H_0 称为原假设或零假设,H_1 称为备择假设.

当检验统计量取某个区域 C 中的值时,我们拒绝原假设 H_0,则称区域 C 为拒绝域(或否定域).

4. 假设检验过程

(1)提出原假设和备择假设;

(2)选取检验统计量;

(3)确定拒绝原假设的域;

(4)计算检验统计量的观察值并作出判断.

5. 两类错误

人们作出判断的依据是一个样本,样本是随机的,因而人们进行假设检验判断 H_0 可信与否时,不免因误判而犯两类错误.

第一类错误:H_0 为真,而检验结果将其否定,这称为"弃真"错误;

第二类错误:H_0 不真,而检验结果将其接受,这称为"取伪"错误.

分别记犯第一、二类错误的概率为 α,β,即 $\alpha = P\{$拒绝 $H_0 | H_0$ 为真$\}$,$\beta = P\{$接受 $H_0 | H_0$ 不真$\}$.当样本容量 n 固定时,α 越小,β 就越大.一般采取的原则是:固定 α,通过

增加样本容量 n 降低 β.

6.假设检验与区间估计的联系

假设检验与区间估计是从不同角度对同一问题的回答,它们解决问题的途径是相通的. 下面以正态总体 $N(\mu,\sigma_0^2)$,其中 σ_0^2 已知,关于 μ 的假设检验和区间估计为例加以说明:

假设 $H_0:\mu=\mu_0$,当 H_0 为真时,则 $U=\dfrac{\overline{X}-\mu_0}{\dfrac{\sigma}{\sqrt{n}}}\sim N(0,1)$,对于给定的显著性水平 α,

$P\{|U|\leqslant u_{\frac{\alpha}{2}}\}=1-\alpha$,那么 H_0 的接受域为

$$\left(\overline{X}\pm u_{\frac{\alpha}{2}}\frac{\sigma_0}{\sqrt{n}}\right),$$

即认为以 $1-\alpha$ 的概率接受 H_0,事实上,这个接受域也是 μ 的置信度为 $1-\alpha$ 的置信区间. 这充分说明两者解决问题的途径相同,假设检验判断的是结论是否成立,而参数估计解决的是范围问题.

二、正态总体参数的假设检验

1.一个正态总体的假设检验

设 $X\sim N(\mu,\sigma^2)$,$(X_1,X_2,\cdots,X_n)$ 为其样本,

(1)σ^2 已知,检验假设 $H_0:\mu=\mu_0$,$H_1:\mu\neq\mu_0$.检验步骤为:

①提出待检假设 $H_0:\mu=\mu_0(\mu_0$ 已知);

②选取样本 $(X_1,X_2,\cdots,X_n)$ 的统计量 $U=\dfrac{\overline{X}-\mu_0}{\dfrac{\sigma_0}{\sqrt{n}}}(\sigma_0$ 已知),在 H_0 成立时,$U\sim N(0,1)$;

③对给定的显著性水平 α,查表确定临界值 $u_{\frac{\alpha}{2}}$,使得 $P\{|U|>u_{\frac{\alpha}{2}}\}=\alpha$,计算检验统计量 U 的观察值并与临界值 $u_{\frac{\alpha}{2}}$ 比较;

④作出判断:若 $|U|>u_{\frac{\alpha}{2}}$,则拒绝 H_0;若 $|U|<u_{\frac{\alpha}{2}}$,则接受 H_0.

(2)σ^2 未知,检验假设 $H_0:\mu=\mu_0$,$H_1:\mu\neq\mu_0$.

选取统计量 $T=\dfrac{\overline{X}-\mu_0}{\dfrac{S}{\sqrt{n}}}$,其中 $S^2=\dfrac{1}{n-1}\sum\limits_{i=1}^{n}(X_i-\overline{X})^2$,当 H_0 为真时,$T\sim t(n-1)$,

拒绝域为 $|T|>t_{\frac{\alpha}{2}}(n-1)$.

(3)μ 已知,检验假设 $H_0:\sigma^2=\sigma_0^2$,$H_1:\sigma^2\neq\sigma_0^2$.

选取统计量 $\chi^2=\dfrac{\sum\limits_{i=1}^{n}(X_i-\mu_0)^2}{\sigma_0^2}\sim\chi^2(n)$,拒绝域为 $\chi^2>\chi_{\frac{\alpha}{2}}^2(n)$ 或 $\chi^2<\chi_{1-\frac{\alpha}{2}}^2(n)$.

(4)μ 未知,检验假设 $H_0:\sigma^2=\sigma_0^2$,$H_1:\sigma^2\neq\sigma_0^2$.

选取统计量 $\chi^2=\dfrac{(n-1)S^2}{\sigma_0^2}$.当 H_0 为真时,$\chi^2\sim\chi^2(n-1)$,拒绝域为 $\chi^2>\chi_{\frac{\alpha}{2}}^2(n-1)$ 或 $\chi^2<\chi_{1-\frac{\alpha}{2}}^2(n-1)$.

2.两个正态总体的假设检验

设 $X \sim N(\mu_1, \sigma_1^2)$, $Y \sim N(\mu_2, \sigma_2^2)$, $(X_1, X_2, \cdots, X_{n_1})$ 和 $(Y_1, Y_2, \cdots, Y_{n_2})$ 分别是来自总体 X 和 Y 的样本,$\overline{X}$、S_1^2 和 $\overline{Y}$、S_2^2 是相应的样本均值和样本方差,

(1)σ_1^2, σ_2^2 已知,检验假设 $H_0: \mu_1 = \mu_2, H_1: \mu_1 \neq \mu_2$.

选取统计量

$$U = \frac{\overline{X} - \overline{Y}}{\sqrt{\dfrac{\sigma_1^2}{n_1} + \dfrac{\sigma_2^2}{n_2}}} \sim N(0,1),$$

拒绝域为 $|U| > u_{\frac{\alpha}{2}}$.

(2)σ_1^2, σ_2^2 未知,检验假设 $H_0: \mu_1 = \mu_2, H_1: \mu_1 \neq \mu_2$.常见的三种特殊情形:

①当 n_1, n_2 较大时:选取统计量

$$U = \frac{\overline{X} - \overline{Y}}{\sqrt{\dfrac{S_1^2}{n_1} + \dfrac{S_2^2}{n_2}}} \xrightarrow{\text{近似}} N(0,1),$$

拒绝域为 $|U| > u_{\frac{\alpha}{2}}$.

②$\sigma_1^2 = \sigma_2^2$ 时:选取检验统计量

$$T = \frac{\overline{X} - \overline{Y}}{\sqrt{\dfrac{(n_1-1)S_1^2 + (n_2-1)S_2^2}{n_1 + n_2 - 2}}\sqrt{\dfrac{1}{n_1} + \dfrac{1}{n_2}}},$$

当 H_0 为真时,$T \sim t(n_1 + n_2 - 2)$,显著性水平为 α 的拒绝域为 $|T| > t_{\frac{\alpha}{2}}(n_1 + n_2 - 2)$.

③$\sigma_1^2 \neq \sigma_2^2$,但 $n_1 = n_2$(配对问题):

令 $D_i = X_i - Y_i (i = 1, 2, \cdots, n)$,则 $D_i \sim N(\mu_D, \sigma_D^2)$,其中 $\mu_D = \mu_1 - \mu_2$, $\sigma_D^2 = \sigma_1^2 + \sigma_2^2$(未知).

此时检验假设等价于 $H_0: \mu_D = 0, H_1: \mu_D \neq 0$.

选取统计量

$$T = \frac{\overline{D} - \mu_D}{\dfrac{S_D}{\sqrt{n}}} \sim t(n-1),$$

拒绝域为 $|T| > t_{\frac{\alpha}{2}}(n-1)$.

(3)μ_1, μ_2 已知,检验假设 $H_0: \sigma_1^2 = \sigma_2^2, H_1: \sigma_1^2 \neq \sigma_2^2$.

选取统计量

$$F = \frac{\dfrac{\sum\limits_{i=1}^{n_1}(X_i - \mu_1)^2}{n_1}}{\dfrac{\sum\limits_{j=1}^{n_2}(Y_j - \mu_2)^2}{n_2}} \sim F(n_1, n_2),$$

拒绝域为 $F > F_{\frac{\alpha}{2}}(n_1, n_2)$ 或 $F < F_{1-\frac{\alpha}{2}}(n_1, n_2)$.

(4)μ_1,μ_2 未知,检验假设 $H_0:\sigma_1^2=\sigma_2^2,H_1:\sigma_1^2\neq\sigma_2^2$.

选取检验统计量

$$F=\frac{S_1^2}{S_2^2},$$

当 H_0 为真时 $F\sim F(n_1-1,n_2-1)$,显著性水平为 α 的拒绝域为

$$F>F_{\frac{\alpha}{2}}(n_1-1,n_2-1) \quad \text{或} \quad F<F_{1-\frac{\alpha}{2}}(n_1-1,n_2-1).$$

3.单侧检验

在假设检验中,如果只关心总体参数是否偏大或偏小,此时可将拒绝域确定在某一侧,这种检验称为单侧检验.单侧检验可由双侧检验修改转化而得到.常用基本类型举例:

(1)σ^2 已知,检验假设 $H_0:\mu\leqslant\mu_0,H_1:\mu>\mu_0$(有时也写成 $H_0:\mu=\mu_0;H_1:\mu>\mu_0$).

选取 $U=\dfrac{\overline{X}-\mu_0}{\dfrac{\sigma}{\sqrt{n}}}$,拒绝域为 $U>u_\alpha$.

(2)σ^2 已知,检验假设 $H_0:\mu\geqslant\mu_0,H_1:\mu<\mu_0$.

选取 $U=\dfrac{\overline{X}-\mu_0}{\dfrac{\sigma}{\sqrt{n}}}$,拒绝域为 $U<-u_\alpha$.

(3)σ^2 未知,检验假设 $H_0:\mu\leqslant\mu_0,H_1:\mu>\mu_0$.

选取 $T=\dfrac{\overline{X}-\mu_0}{\dfrac{S}{\sqrt{n}}}$,拒绝域为 $T>t_\alpha(n-1)$.

(4)σ^2 未知,检验假设 $H_0:\mu\geqslant\mu_0,H_1:\mu<\mu_0$.

选取 $T=\dfrac{\overline{X}-\mu_0}{\dfrac{S}{\sqrt{n}}}$,拒绝域为 $T<-t_\alpha(n-1)$.

(5)μ 未知,检验假设 $H_0:\sigma^2\leqslant\sigma_0^2,H_1:\sigma^2>\sigma_0^2$.

选取 $\chi^2=\dfrac{(n-1)S^2}{\sigma_0^2}$,拒绝域为 $\chi^2>\chi_\alpha^2(n-1)$.

(6)μ 未知,检验假设 $H_0:\sigma^2\geqslant\sigma_0^2,H_1:\sigma^2<\sigma_0^2$.

选取 $\chi^2=\dfrac{(n-1)S^2}{\sigma_0^2}$,拒绝域为 $\chi^2<\chi_{1-\alpha}^2(n-1)$.

(7)μ_1,μ_2 未知,检验假设 $H_0:\sigma_1^2\leqslant\sigma_2^2,H_1:\sigma_1^2>\sigma_2^2$.

选取 $F=\dfrac{S_1^2}{S_2^2}$,拒绝域为 $F>F_\alpha(n_1-1,n_2-1)$.

(8)μ_1,μ_2 未知,检验假设 $H_0:\sigma_1^2\geqslant\sigma_2^2,H_1:\sigma_1^2<\sigma_2^2$.

选取 $F=\dfrac{S_1^2}{S_2^2}$,拒绝域为 $F<F_{1-\alpha}(n_1-1,n_2-1)$.

其他类型可仿照上述类型处理.

§8.1 假设检验的基本概念

1 在假设检验中,记 H_1 为备择假设,则称( )为犯第一类错误.

(A)H_1 真,接受 H_1　　　　　　　　　(B)H_1 不真,接受 H_1

(C)H_1 真,拒绝 H_1　　　　　　　　　(D)H_1 不真,拒绝 H_1

知识点睛 0803 假设检验的两类错误

解 应选(B),(B)相当于 H_0 为真,但拒绝 H_0,为第一类错误.

Ⓚ2021 数学一,
5分

2 题精解视频

2 设 $X_1, X_2, \cdots, X_{16}$ 是来自总体 $N(\mu, 4)$ 的简单随机样本,考虑假设检验问题: $H_0: \mu \leqslant 10, H_1: \mu > 10$,$\Phi(x)$ 表示标准正态分布函数,若该检验问题的拒绝域为 $W = \{\overline{X} \geqslant 11\}$,其中 $\overline{X} = \dfrac{1}{16} \sum\limits_{i=1}^{16} X_i$,则 $\mu = 11.5$ 时,该检验犯第二类错误的概率为( ).

(A)$1 - \Phi(0.5)$　　　(B)$1 - \Phi(1)$　　　(C)$1 - \Phi(1.5)$　　　(D)$1 - \Phi(2)$

知识点睛 0803 假设检验的两类错误

解 检验犯第二类错误:接受实际不真的假设 H_0 所犯的错误 β,

$$X \sim N(\mu, 4), \quad \text{即} \quad \overline{X} \sim N\left(11.5, \frac{1}{4}\right),$$

则

$$\beta = P\{\overline{X} \leqslant 11\} = P\left\{\frac{\overline{X} - 11.5}{\sqrt{\dfrac{1}{4}}} \leqslant \frac{11 - 11.5}{\sqrt{\dfrac{1}{4}}}\right\}$$

$$= P\left\{\frac{\overline{X} - 11.5}{\dfrac{1}{2}} \leqslant -1\right\} = \Phi(-1) = 1 - \Phi(1).$$

应选(B).

§8.2 正态总体参数的假设检验

Ⓚ1998 数学一,
4分

3 题精解视频

3 设某次考试的考生成绩服从正态分布,从中随机地抽取 36 位考生的成绩,算得平均成绩为 66.5 分,标准差为 15 分.问在显著性水平 0.05 下,是否可以认为这次考试全体考生的平均成绩为 70 分? 并给出检验过程.

知识点睛 0804 单个正态总体的均值和方差的假设检验

解 设该次考试的考生成绩为 X,则 $X \sim N(\mu, \sigma^2)$,且 σ^2 未知.

根据题意建立假设 $H_0: \mu = 70, H_1: \mu \neq 70$,选取检验统计量

$$T = \frac{\overline{X} - \mu_0}{\dfrac{S}{\sqrt{n}}},$$

当 H_0 成立时,有 $T = \dfrac{\overline{X} - 70}{S} \sqrt{36} \sim t(35)$,计算 $\overline{X} = 66.5, S = 15$,从而

$$t = \frac{66.5-70}{15}\sqrt{36} = -1.4.$$

查表可得 $t_{0.025}(35) = 2.0301$. 因为 $|t| = 1.4 < 2.0301$, 所以接受 H_0. 即在显著性水平 0.05 下可以认为这次考试全体考生的平均成绩为 70 分.

4 用甲、乙两种方法生产同一种药品, 其成品得率的方差分别为 $\sigma_1^2 = 0.46, \sigma_2^2 = 0.37$. 现测得甲方法生产的药品得率的 25 个数据, $\overline{X} = 3.81$; 乙方法生产的药品得率的 30 个数据, $\overline{Y} = 3.56$. 设得率服从正态分布. 问甲、乙两种方法的平均得率是否有显著的差异 ($\alpha = 0.05$)?

知识点睛 0804 两个正态总体的均值的假设检验

解 根据题意, 建立检验假设 $H_0: \mu_1 = \mu_2, H_1: \mu_1 \neq \mu_2$.

由于方差已知, 故在 H_0 成立时, 选取统计量

$$U = \frac{\overline{X}-\overline{Y}}{\sqrt{\dfrac{\sigma_1^2}{n_1}+\dfrac{\sigma_2^2}{n_2}}} \sim N(0,1).$$

$\alpha = 0.05$, 查表得 $u_{0.025} = 1.96$. 计算

$$|u| = \left| \frac{3.81-3.56}{\sqrt{\dfrac{0.46}{25}+\dfrac{0.37}{30}}} \right| = 1.426 < 1.96,$$

因此接受 H_0, 即认为两种方法的平均得率没有显著差异.

5 要求一种元件使用寿命不得低于 1000 h, 生产者从一批这种元件中随机抽取 25 件, 测量其寿命的平均值为 950 h, 已知该种元件寿命服从标准差为 $\sigma = 100$ h 的正态分布, 试在显著性水平 $\alpha = 0.05$ 下确定这批元件是否合格? 设总体均值为 μ, 即需检验假设 $H_0: \mu \geq 1000, H_1: \mu < 1000$.

知识点睛 0804 一个正态总体的均值的假设检验

解 $H_0: \mu \geq 1000, H_1: \mu < 1000$. 此题中, $\sigma^2 = 10\,000$ 为已知, 因此此检验问题的拒绝域为

$$U = \frac{\overline{X}-\mu_0}{\dfrac{\sigma}{\sqrt{n}}} \leq -u_\alpha \quad (\text{单边检验}, \alpha \text{ 不分半}).$$

计算 $\alpha = 0.05, \overline{x} = 950, \sigma = 100, n = 25, u_{0.05} = 1.645$, 则

$$u = \frac{950-1000}{\dfrac{100}{\sqrt{25}}} = -2.5 < -1.645,$$

u 落在拒绝域中, 所以拒绝 H_0, 即认为这批元件不合格.

6 已知维尼纶纤度在正常条件下服从正态分布 $N(\mu, 0.048^2)$. 某日抽取 5 根纤维, 测得其纤度为 1.32, 1.55, 1.36, 1.40, 1.44. 问这一天纤度总体方差是否正常 ($\alpha = 0.05$)?

知识点睛 0804 一个正态总体的方差的假设检验

解 根据题意, 建立检验假设 $H_0: \sigma^2 = \sigma_0^2 = 0.048^2, H_1: \sigma^2 \neq \sigma_0^2$.

6 题精解视频

由于 μ 未知,故在 H_0 成立条件下选取统计量如下

$$\chi^2 = \frac{(n-1)S^2}{\sigma_0^2} \sim \chi^2(n-1),$$

$\alpha = 0.05$,自由度为 $n-1 = 5-1 = 4$.查 χ^2 分布表得 $\chi^2_{0.025}(4) = 11.1$,$\chi^2_{0.975}(4) = 0.484$,其中

$$(n-1)S^2 = \sum_{i=1}^{5}(x_i - \bar{x})^2 = \sum_{i=1}^{5} x_i^2 - 5\bar{x}^2 = 0.031\,42,$$

则

$$\frac{(n-1)S^2}{\sigma_0^2} = \frac{0.031\,42}{0.048^2} \approx 13.64 > \chi^2_{0.025}(4).$$

因此拒绝 H_0,即认为这一天纤度方差有显著变化.

7题精解视频

7　(接第 6 题)若规定加工精度 σ^2 不能超过 0.048^2,试在 $\alpha = 0.05$ 下检验该日产品的精度是否正常?

知识点睛　0804 一个正态总体的方差的假设检验

解　建立检验假设 $H_0: \sigma^2 \leqslant \sigma_0^2 = 0.048^2$,$H_1: \sigma^2 > 0.048^2$(或者 $H_0: \sigma^2 = \sigma_0^2 = 0.048^2$,$H_1: \sigma^2 > 0.048^2$).

由于 μ 未知,当 H_0 成立时,

$$\chi^2 = \frac{(n-1)S^2}{\sigma_0^2} \sim \chi^2(n-1),$$

$\alpha = 0.05$,自由度为 $n-1 = 5-1 = 4$,查 χ^2 分布表得 $\chi^2_{0.05}(4) = 9.488$,且

$$(n-1)S^2 = \sum_{i=1}^{5}(x_i - \bar{x})^2 = 0.031\,42,$$

则

$$\frac{(n-1)S^2}{\sigma_0^2} = \frac{0.031\,42}{0.048^2} \approx 13.64 > 9.488 = \chi^2_{0.05}(4).$$

因此拒绝 H_0,认为这一天产品的精度不正常.

【评注】第 6 题和第 7 题是在期望未知的情形下,对正态总体方差的检验问题.比较两题,可知单侧检验与双侧检验所用统计量及其计算是一样的.只是拒绝域不同.

8　某一橡胶配方中,原用氧化锌 5 克,现减为 1 克,若分别用两种配方做试验.5 克配方测 9 个橡胶伸长率,其样本方差为 $s_1^2 = 63.86$.而 1 克配方测 10 个橡胶伸长率,其样本方差为 $s_2^2 = 236.8$.设橡胶伸长率服从正态分布,问两种配方伸长率的总体标准差有无显著差异($\alpha = 0.10, \alpha = 0.05$)?

知识点睛　0804 两个正态总体的方差的假设检验

解　设 X, Y 分别为 5 克配方,1 克配方的橡胶伸长率,有

$$X \sim N(\mu_1, \sigma_1^2),\ Y \sim N(\mu_2, \sigma_2^2),\quad n_1 = 9, n_2 = 10.$$

假设 $H_0: \sigma_1^2 = \sigma_2^2$,$H_1: \sigma_1^2 \neq \sigma_2^2$.应选取检验统计量为 $F = \dfrac{S_1^2}{S_2^2}$.

当 H_0 成立时,F 服从自由度为 (n_1-1, n_2-1) 的 F 分布,查 $F(8,9)$ 分布表,得

$$\alpha = 0.10\ 时,F_{\frac{0.10}{2}}(8,9) = 3.23, F_{1-\frac{0.10}{2}}(8,9) = 0.295,$$

$$\alpha = 0.05 \text{ 时},F_{\frac{0.05}{2}}(8,9) = 4.10,F_{1-\frac{0.05}{2}}(8,9) = 0.2294,$$

所以

$$当 a = 0.10 时,否定域为 F \geq 3.23 或 F \leq 0.295,$$
$$当 \alpha = 0.05 时,否定域为 F \geq 4.10 或 F \leq 0.2294.$$

由题设条件,计算得 $F = 0.2697$,故在 $\alpha = 0.10$ 时,否定 H_0;在 $\alpha = 0.05$ 时,不能否定 H_0.

9 为了试验两种不同谷物的种子的优劣,选取了 10 块土质不同的土地,并将每块土地分为面积相同的两部分,分别种植 A、B 两类种子,设在每块土地的两部分人工管理等条件完全一样,下面给出各块土地上的单位面积产量.

土地编号	1	2	3	4	5	6	7	8	9	10
种子 $A(x_i)$	23	35	29	42	39	29	37	34	35	28
种子 $B(y_i)$	26	39	35	40	38	24	36	27	41	27

设 $D_i = X_i - Y_i (i = 1,2,\cdots,10)$ 是来自正态总体 $N(\mu_D,\sigma_D^2)$ 的样本,μ_D,σ_D^2 均未知,问以这两类种子种植的谷物的产量是否有显著的差异(取 $\alpha = 0.05$)?

知识点睛　0804 一个正态总体的均值的假设检验

解 设 $D = X - Y \sim N(\mu_D,\sigma_D^2)$,$D_i = X_i - Y_i$.检验假设 $H_0:\mu_D = 0,H_1:\mu_D \neq 0$.

该检验的拒绝域为 $|t| = \left|\dfrac{\overline{D}-0}{\frac{S}{\sqrt{n}}}\right| \geq t_{\frac{\alpha}{2}}(n-1)$,此处 $\alpha = 0.05$,$\frac{\alpha}{2} = 0.025$,$n = 10$,查表知 $t_{\frac{\alpha}{2}}(9) = 2.2622$,计算得

$$\overline{d} = -0.2,\quad s^2 = 19.822,\quad s = 4.45,$$

于是

$$|t| = \left|\dfrac{-0.2-0}{\frac{4.45}{\sqrt{10}}}\right| = 0.1424 < 2.2622.$$

t 没落在拒绝域,故接受 H_0,认为没有显著差异.

10 为了比较用来做鞋子后跟的两种材料的质量,选取了 15 个男子(他们的生活条件各不相同),每个人穿一双新鞋,其中一只是以材料 A 做后跟,另一只以材料 B 做后跟,其厚度均为 10 mm,过了一个月再测量厚度,得到数据如下:

男子	1	2	3	4	5	6	7	8	9	10	11	12	13	14	15
材料 $A(x_i)$	6.6	7.0	8.3	8.2	5.2	9.3	7.9	8.5	7.8	7.5	6.1	8.9	6.1	9.4	9.1
材料 $B(y_i)$	7.4	5.4	8.8	8.0	6.8	9.1	6.3	7.5	7.0	6.5	4.4	7.7	4.2	9.4	9.1

设 $D_i = X_i - Y_i (i = 1,2,\cdots,15)$ 是来自正态总体 $N(\mu_D,\sigma_D^2)$ 的样本,μ_D,σ_D^2 均未知,问是否可以认为用材料 A 制作的后跟比用材料 B 制作的耐穿($\alpha = 0.05$)?

知识点睛   0804 一个正态总体的均值的假设检验

解   成对试验 $D = X - Y \sim N(\mu_D, \sigma_D^2)$，$D_i = X_i - Y_i$. 检验假设 $H_0 : \mu_D \leqslant 0$，$H_1 : \mu_D > 0$.

因 σ_D^2 未知，拒绝域为 $t = \dfrac{\overline{D} - 0}{\dfrac{S_D}{\sqrt{n}}} \geqslant t_\alpha(n-1)$，这里 $n = 15$，$\alpha = 0.05$，$t_{0.05}(14) = 1.7613$，计

算得

$$\overline{D} = 0.553, \quad S_D^2 = (1.0225)^2,$$

于是

$$t = \frac{0.553 - 0}{\dfrac{1.0225}{\sqrt{15}}} = 2.0958 > 1.7613,$$

t 落在拒绝域中，拒绝 H_0，认为 A 比 B 耐穿.

§8.3   综合提高题

11   设 $X_1, X_2, \cdots, X_n$ 是来自正态总体 $N(\mu, \sigma^2)$ 的简单随机样本，其中参数 μ 和 σ^2 未知，记

$$\overline{X} = \frac{1}{n} \sum_{i=1}^{n} X_i, \quad Q^2 = \sum_{i=1}^{n} (X_i - \overline{X})^2,$$

则假设 $H_0 : \mu = 0$ 的 t 检验使用统计量_____.

知识点睛   0804 一个正态总体的均值的假设检验

解   因为 σ^2 未知，故取统计量 $t = \dfrac{\overline{X} - \mu_0}{\dfrac{S}{\sqrt{n}}}$，由 $\mu = 0$，$S^2 = \dfrac{Q^2}{n-1}$，得 $t = \dfrac{\overline{X}}{Q} \sqrt{n(n-1)}$.

应填 $\dfrac{\overline{X}}{Q} \sqrt{n(n-1)}$.

12   设总体 $X \sim N(\mu, \sigma^2)$，现对 μ 进行假设检验，如在显著性水平 $\alpha = 0.05$ 下接受了 $H_0 : \mu = \mu_0$，则在显著性水平 $\alpha = 0.01$ 下（   ）.

（A）按受 H_0 （B）拒绝 H_0

（C）可能接受，可能拒绝 H_0 （D）第一类错误概率变大

知识点睛   0804 一个正态总体的均值的假设检验

解   无论 σ^2 已知或未知，即无论选取 U 统计量还是 T 统计量，当 α 变小时，拒绝域更小，在原显著性水平下能接受 H_0，现在也能接受. 应选（A）.

13   设总体 $X \sim N(\mu_1, \sigma_1^2)$，$Y \sim N(\mu_2, \sigma_2^2)$，检验假设

$$H_0 : \sigma_1^2 = \sigma_2^2, \quad H_1 : \sigma_1^2 \neq \sigma_2^2, \alpha = 0.10.$$

从 X、Y 分别抽取容量为 $n_1 = 12$，$n_2 = 10$ 的样本，算得 $S_1^2 = 118.4$，$S_2^2 = 31.93$，则正确的检验为（   ）.

（A）用 t 检验法，拒绝 H_0 （B）用 t 检验法，接受 H_0

（C）用 F 检验法,拒绝 H_0 （D）用 F 检验法,接受 H_0

知识点睛 0804 两个正态总体的方差的假设检验

解 μ_1,μ_2 未知,检验两个正态总体方差相等,应选 F 检验法.

$$F = \frac{S_1^2}{S_2^2} \sim F(n_1-1,n_2-1),$$

因为 $\dfrac{S_1^2}{S_2^2} = \dfrac{118.4}{31.93} = 3.71, F_{0.05}(11,9) = 3.10$,所以 $f > F_{0.05}(11,9)$,应拒绝 H_0.故应选（C）.

14 某批矿砂的 5 个样品中的镍含量,经测定为

$$3.24 \quad 3.27 \quad 3.24 \quad 3.26 \quad 3.24(\text{单位}:\%),$$

设测定值总体服从正态分布,但参数均未知,问在 $\alpha = 0.01$ 下能否接受假设:这批矿砂的镍含量的均值为 3.25.

知识点睛 0804 一个正态总体的均值的假设检验

解 按题意需检验 $H_0:\mu = 3.25, H_1:\mu \neq 3.25$.

此题 σ^2 未知,此检验问题的拒绝域为

$$|t| = \left| \frac{\bar{x} - 3.25}{\frac{s}{\sqrt{n}}} \right| \geq t_{\frac{\alpha}{2}}(n-1),$$

这里 $n = 5, \alpha = 0.01, \dfrac{\alpha}{2} = 0.005$,查表得 $t_{\frac{\alpha}{2}}(4) = 4.6041$,计算得

$$\bar{x} = 3.252, s^2 = 170 \times 10^{-6}, s = 0.013,$$

则

$$|t| = \left| \frac{3.252 - 3.25}{\frac{0.013}{\sqrt{5}}} \right| = 0.343 < 4.6041,$$

t 不落在拒绝域中,故接受 H_0,即认为这批矿砂的镍含量的均值为 3.25.

15 某种导线要求其电阻的标准差不得超过 0.005（单位:Ω）.今在生产的一批导线中取样品 9 根,测得 $s = 0.007(\Omega)$.设总体为正态分布,参数均未知,问在显著性水平 $\alpha = 0.05$ 下能否认为这批导线的标准差显著地偏大?

知识点睛 0804 一个正态总体的方差的假设检验

解 需检验的假设为 $H_0:\sigma \leq 0.005, H_1:\sigma > 0.005$.

该检验的拒绝域为

$$\chi^2 = \frac{(n-1)S^2}{\sigma_0^2} \geq \chi_\alpha^2(n-1),$$

这里 $\alpha = 0.05, n = 9$,查表得 $\chi_\alpha^2(8) = 15.507$,则

$$\chi^2 = \frac{8 \times 0.007^2}{0.005^2} = 15.68 > 15.507.$$

χ^2 落在拒绝域内,故应拒绝 H_0.即认为在水平 $\alpha = 0.05$ 下这批导线的标准差显著偏大.

16 按规定,100 g 罐头番茄汁中的平均维生素 C 含量不得少于 21 mg/g.现从工厂的产品中抽取 17 个罐头,其 100 g 番茄汁中,测得维生素 C 含量(单位:mg/g)记录如下:

16 25 21 20 23 21 19 15 13 23 17 20 29 18 22 16 22

设维生素含量服从正态分布 $N(\mu,\sigma^2)$,μ,σ^2 均未知,问这批罐头是否符合要求(取显著性水平 $\alpha=0.05$)?

知识点睛 0804 一个正态总体的均值的假设检验

解 本题需检验假设:$H_0:\mu\geqslant 21$,$H_1:\mu<21$.

σ^2 未知,因此拒绝域的形式为

$$t=\frac{\bar{x}-\mu_0}{\frac{s}{\sqrt{n}}}<-t_\alpha(n-1),$$

现在 $n=17$,$\bar{x}=20$,$s=3.984$,$t_{0.05}(16)=1.7459$,则

$$t=\frac{20-21}{\frac{3.984}{\sqrt{17}}}=-1.035>-1.7459.$$

t 不落在拒绝域内,故接受 H_0,认为这批罐头是符合规定的.

17 下表分别给出文学家马克·吐温(Mark Twain)的 8 篇小品文以及斯诺德格拉斯(Snodgrass)的 10 篇小品文中由 3 个字母组成的词的比例

马克·吐温	0.225	0.262	0.217	0.240	0.230	0.229	0.235	0.217		
斯诺德格拉斯	0.209	0.205	0.196	0.210	0.202	0.207	0.224	0.223	0.220	0.201

设两组数据分别来自正态总体,且两总体方差相等但参数均未知,两样本相互独立,问两个作家的小品文中包含由 3 个字母组成的词的比例是否有显著的差异(取 $\alpha=0.05$)?

知识点睛 0804 两个正态总体的均值的假设检验

解 需要检验的假设为 $H_0:\mu_1=\mu_2$,$H_1:\mu_1\neq\mu_2$.

这里 $\sigma_1^2=\sigma_2^2$ 未知,该检验的拒绝域为

$$|t|=\left|\frac{\bar{X}-\bar{Y}}{S_w\sqrt{\frac{1}{n_1}+\frac{1}{n_2}}}\right|\geqslant t_{\frac{\alpha}{2}}(n_1+n_2-2),$$

这里 $n_1=8$,$n_2=10$,$\alpha=0.05$,$\frac{\alpha}{2}=0.025$,查表知 $t_{\frac{\alpha}{2}}(n_1+n_2-2)=2.1199$.

计算

$$\bar{x}=0.232,\quad \bar{y}=0.2097,\quad s_1^2=0.000\,215,\quad s_2^2=0.000\,094,$$

$$s_w^2=\frac{(n_1-1)s_1^2+(n_2-1)s_2^2}{n_1+n_2-2}=145.32\times10^{-6},\quad s_w=0.0121,$$

即

$$|t|=\left|\frac{0.232-0.2097}{0.0121\sqrt{\frac{1}{8}+\frac{1}{10}}}\right|=3.918>2.1199.$$

t 落在拒绝域中,因而拒绝 H_0,即有显著差异.

18 在 17 题中分别记两个总体的方差为 σ_1^2 和 σ_2^2,试检验假设(取 $\alpha = 0.05$)
$$H_0 : \sigma_1^2 = \sigma_2^2, \quad H_1 : \sigma_1^2 \neq \sigma_2^2$$
以说明在 17 题中我们假设 $\sigma_1^2 = \sigma_2^2$ 是合理的.

知识点睛 0804 两个正态总体的方差的假设检验

解 $H_0 : \sigma_1^2 = \sigma_2^2, H_1 : \sigma_1^2 \neq \sigma_2^2$.

μ_1, μ_2 未知. H_0 为真时
$$F = \frac{S_1^2}{S_2^2} \sim F(n_1 - 1, n_2 - 1),$$

拒绝域为
$$F \geqslant F_{\frac{\alpha}{2}}(n_1 - 1, n_2 - 1) \quad \text{或} \quad F \leqslant F_{1-\frac{\alpha}{2}}(n_1 - 1, n_2 - 1),$$

这里
$$n_1 = 8, n_2 = 10, \alpha = 0.05, F_{0.025}(7,9) = 4.20, F_{0.975}(7,9) = \frac{1}{F_{0.025}(9,7)} = \frac{1}{4.82} = 0.207,$$

由 17 题知 $s_1^2 = 0.000\,215, s_2^2 = 0.000\,094$,计算得 $F = \frac{S_1^2}{S_2^2} = 2.287$.

因为 $0.207 < F < 4.20$,故应接受 H_0.

19 两种小麦从播种到抽穗所需的天数如下:

x	101	100	99	99	98	100	98	99	99	99
y	100	98	100	99	98	99	98	98	99	100

设两样本依次来自正态总体 $N(\mu_1, \sigma_1^2), N(\mu_2, \sigma_2^2), \mu_i, \sigma_i^2 (i=1,2)$ 均未知,两样本相互独立.

(1)试检验假设 $H_0 : \sigma_1^2 = \sigma_2^2, H_1 : \sigma_1^2 \neq \sigma_2^2$(取 $\alpha = 0.05$);

(2)若能接受 H_0,接着检验假设 $H_0' : \mu_1 = \mu_2, H_1' : \mu_1 \neq \mu_2$(取 $\alpha = 0.05$).

知识点睛 0804 两个正态总体的均值和方差的假设检验

分析 本题需检验

(1)$H_0 : \sigma_1^2 = \sigma_2^2, H_1 : \sigma_1^2 \neq \sigma_2^2 (\alpha = 0.05)$;

(2)$H_0' : \mu_1 = \mu_2, H_1' : \mu_1 \neq \mu_2 (\alpha = 0.05)$.

解 令 $n_1 = 10, n_2 = 10$,有 $\bar{x}_1 = 99.2, s_1^2 = 0.84, \bar{x}_2 = 98.9, s_2^2 = 0.77$.

(1)$\frac{s_1^2}{s_2^2} = 1.09$,而 $F_{0.025}(9,9) = 4.03, F_{0.975}(9,9) = \frac{1}{4.03}$,
$$\frac{1}{4.03} < 1.09 < 4.03,$$

故接受 H_0,认为两者方差相等.

(2)$s_w^2 = \frac{9 \times 0.84 + 9 \times 0.77}{18} = 0.805,$

$$|t| = \frac{99.2-98.9}{\sqrt{0.805}\sqrt{\frac{1}{10}+\frac{1}{10}}} = 0.748 < t_{0.025}(18) = 2.1009,$$

故接受 H_0',认为所需天数相同.

20 用一种叫"混乱指标"的尺度去衡量工程师的英语文章的可理解性,对混乱指标的打分越低表示可理解性越高,分别随机选取 13 篇刊载在工程杂志上的论文,以及 10 篇未出版的学术报告,对它们的打分列于下表:

工程杂志上的论文(数据Ⅰ)	1.79	1.75	1.67	1.65	1.87	1.74	1.94
	1.62	2.06	1.33	1.96	1.69	1.70	
未出版的学术报告(数据Ⅱ)	2.39	2.51	2.86	2.56	2.29	2.49	2.36
	2.58	2.62	2.41				

设数据Ⅰ,Ⅱ分别来自正态总体 $N(\mu_1,\sigma_1^2)$,$N(\mu_2,\sigma_2^2)$,$\mu_1,\mu_2,\sigma_1^2,\sigma_2^2$ 均未知,两样本独立.

(1)试检验假设 $H_0:\sigma_1^2=\sigma_2^2$,$H_1:\sigma_1^2\neq\sigma_2^2$(取 $\alpha=0.1$);

(2)若能接受 H_0,接着检验假设 $H_0':\mu_1=\mu_2$,$H_1':\mu_1\neq\mu_2$(取 $\alpha=0.1$).

知识点睛 0804 两个正态总体的均值和方差的假设检验

解 (1)$n_1=13$,$n_2=10$,$s_1^2=0.034$,$s_2^2=0.0264$,$\alpha=0.1$,$F_{0.05}(12,9)=3.07$,有

$$F_{1-0.05}(12,9) = \frac{1}{F_{0.05}(9,12)} = \frac{1}{2.80} = 0.357, \quad \frac{s_1^2}{s_2^2} = 1.288.$$

由于 $0.357 < \frac{s_1^2}{s_2^2} < 3.07$,故接受 H_0,认为两总体方差相等.

(2)由(1)可认为 $\sigma_1^2=\sigma_2^2$,接着来检验 $H_0':\mu_1=\mu_2$,$H_1':\mu_1\neq\mu_2$.
经计算 $\bar{x}_1=1.752$,$\bar{x}_2=2.507$,

$$s_w^2 = \frac{12\times0.034+9\times0.0264}{13+10-2} = 0.0307,$$

$$|t| = \left|\frac{1.752-2.507}{\sqrt{0.0307}\sqrt{\frac{1}{13}+\frac{1}{10}}}\right| = 10.244.$$

而 $t_{0.05}(13+10-2)=t_{0.05}(21)=1.7207$,故拒绝 H_0',认为杂志上刊载的论文与未出版的学术报告的可理解性有显著差异.

【评注】在采用 t 检验法检验有关两个正态总体均值差的假设时,如方差未知,先要检查一下两总体的方差是否相等.若在题目中未指明两总体方差相等时,需先用 F 检验法来检验方差,只有当经 F 检验认为两总体方差相等时,才能用 t 检验法来检验有关均值差的假设,如上面 19 题、20 题所示.

21 题精解视频

21 设总体 $X \sim N(\mu, 2^2)$，$X_1, X_2, \cdots, X_{16}$ 是一组样本值，已知假设 $H_0: \mu = 0$，$H_1:$ $\mu \neq 0$ 在显著性水平 α 下的拒绝域是 $|\overline{X}| > 1.29$，问此检验的显著性水平 α 的值是多少？犯第一类错误的概率是多少？

知识点睛 0803 假设检验的两类错误

解 σ^2 已知检验 μ，应选统计量 $U = \dfrac{\overline{X} - \mu}{\dfrac{\sigma}{\sqrt{n}}} \sim N(0, 1)$，拒绝域为 $|U| > u_{\frac{\alpha}{2}}$，因此

$$\left| \frac{\overline{X} - 0}{\dfrac{2}{\sqrt{16}}} \right| > u_{\frac{\alpha}{2}}, \quad 即 \quad |\overline{X}| > \frac{u_{\frac{\alpha}{2}}}{2},$$

由题意知 $u_{\frac{\alpha}{2}} = 2 \times 1.29 = 2.58$，则

$$\Phi(2.58) = 1 - \frac{\alpha}{2} = 0.995,$$

故 $\alpha = 0.01$. 即犯第一类错误的概率为 $\alpha = 0.01$.

22 设总体 $X \sim N(\mu, \sigma^2)$，σ^2 已知，$X_1, X_2, \cdots, X_n$ 为其样本，对假设检验 $H_0: \mu = \mu_0$，$H_1: \mu = \mu_1 (\mu_1 > \mu_0)$. 已知拒绝域为

$$\left\{ \frac{\overline{X} - \mu_0}{\sigma / \sqrt{n}} > 1.64 \right\} \quad (\alpha = 0.05),$$

求犯第二类错误的概率 β（用 $\Phi(x)$ 表示）.

知识点睛 0803 假设检验的两类错误

解 $\beta = P\{$接受 $H_0 | H_1$ 为真$\}$

$$= P\left\{ \frac{\overline{X} - \mu_0}{\sigma / \sqrt{n}} \leqslant 1.64 \,\middle|\, \mu = \mu_1 \right\} = P\left\{ \frac{\overline{X} - \mu_1}{\sigma / \sqrt{n}} \leqslant 1.64 - \frac{\mu_1 - \mu_0}{\sigma / \sqrt{n}} \right\}$$

$$= \Phi\left(1.64 - \frac{\sqrt{n}(\mu_1 - \mu_0)}{\sigma} \right).$$

23 设需要对某一正态总体的均值进行假设检验

$$H_0: \mu \geqslant 15, \quad H_1: \mu < 15.$$

已知 $\sigma^2 = 2.5$，取 $\alpha = 0.05$. 若要求当 H_1 中的 $\mu \leqslant 13$ 时犯第二类错误的概率不超过 $\beta = 0.05$，求所需的样本容量.

知识点睛 0803 假设检验的两类错误

解 该检验的接受域为 $\dfrac{\overline{X} - \mu_0}{\sigma / \sqrt{n}} > -u_\alpha$. 在数学期望为 μ 条件下，该事件的概率

$$P(\mu) = P\left\{ \frac{\overline{X} - \mu_0}{\sigma / \sqrt{n}} > -u_\alpha \right\} = P\left\{ \overline{X} > -u_\alpha \frac{\sigma}{\sqrt{n}} + \mu_0 \right\}$$

$$= P\left\{ \frac{\overline{X} - \mu}{\sigma / \sqrt{n}} > -u_\alpha + \frac{\mu_0 - \mu}{\sigma / \sqrt{n}} \right\} \leqslant \beta,$$

则

$$-u_\alpha + \frac{\mu_0 - \mu}{\sigma/\sqrt{n}} \geq u_\beta, (\mu_0 - \mu)\sqrt{n} \leq (u_\beta + u_\alpha)\sigma, \sqrt{n} \geq \frac{u_\beta + u_\alpha}{\mu_0 - \mu}\sigma,$$

代入计算 $\sqrt{n} \geq \dfrac{1.645 + 1.645}{15 - 13}\sqrt{2.5}$，即 $n \geq 6.765$. 取 $n = 7$ 即可.

24 电池在货架上滞留的时间不能太长，下面给出某商店随机选取的 8 只电池的货架滞留时间（以天计）：

$$108 \quad 124 \quad 124 \quad 106 \quad 138 \quad 163 \quad 159 \quad 134.$$

设数据来自正态总体 $N(\mu, \sigma^2)$，μ, σ^2 未知.

（1）试检验假设 $H_0: \mu \leq 125, H_1: \mu > 125$，取 $\alpha = 0.05$；

（2）若要求在上述 H_1 中 $\dfrac{\mu - 125}{\sigma} \geq 1.4$ 时，犯第二类错误的概率不超过 $\beta = 0.1$，求所需的样本容量.

知识点睛 0803 假设检验的两类错误，0804 一个正态总体的均值的假设检验

解 （1）$H_0: \mu \leq 125, H_1: \mu > 125$.

拒绝域为 $\dfrac{\bar{x} - \mu_0}{\frac{s}{\sqrt{n}}} \geq t_\alpha(n-1)$，这里 $\alpha = 0.05$，查表知 $t_\alpha(7) = 1.895$，算得

$$\bar{x} = 132, \quad s^2 = 444.286, \quad s = 21.08, \quad t = \frac{132 - 125}{\frac{21.08}{\sqrt{8}}} = 0.939 < t_\alpha(7) = 1.895,$$

因此 t 没落在否定域之内，故应接受 H_0.

（2）此题中 $\alpha = 0.05, \beta = 0.1, \dfrac{\mu - \mu_0}{\sigma} = 1.4$，仿照 23 题可得 $n = 7$. 故所需样本容量 $n \geq 7$.

25 设有一大批产品，从中任取 100 件，经检验有正品 92 件，问能不能说这批产品的正品率高于 90%？（$\alpha = 0.05$）

知识点睛 0802 假设检验的基本步骤

解 这是（0-1）分布总体的参数 p 的假设检验问题.

因为 $X_i \sim$（0-1）分布，$i = 1, 2, \cdots, 100$，由中心极限定理

$$\bar{X} = \frac{1}{n}\sum_{i=1}^{n} X_i \overset{\text{近似}}{\sim} N\left(p, \frac{p(1-p)}{n}\right).$$

提出假设 $H_0: p \leq p_0 = 0.9, H_1: p > p_0$. 选统计量

$$U = \frac{\bar{X} - p_0}{\sqrt{\dfrac{p_0(1-p_0)}{n}}} \overset{\text{近似}}{\sim} N(0, 1),$$

拒绝域为 $U > u_\alpha$. 查表得 $u_\alpha = u_{0.05} = 1.645$，算出

$$u = \frac{\bar{x} - 0.9}{\sqrt{\dfrac{0.9 \times 0.1}{100}}} = \frac{\dfrac{92}{100} - 0.9}{\sqrt{\dfrac{0.9 \times 0.1}{100}}} \approx 0.6667.$$

因为 $0.6667<1.645$，即 $u<u_\alpha$，故接受 H_0，拒绝 H_1，不能说正品率高于 90%.

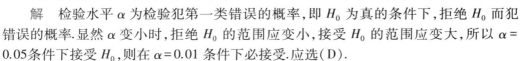

2018 数学一，4 分

（A）如果在检验水平 $\alpha=0.05$ 下拒绝 H_0，那么在检验水平 $\alpha=0.01$ 下必拒绝 H_0

（B）如果在检验水平 $\alpha=0.05$ 下拒绝 H_0，那么在检验水平 $\alpha=0.01$ 下必接受 H_0

（C）如果在检验水平 $\alpha=0.05$ 下接受 H_0，那么在检验水平 $\alpha=0.01$ 下必拒绝 H_0

（D）如果在检验水平 $\alpha=0.05$ 下接受 H_0，那么在检验水平 $\alpha=0.01$ 下必接受 H_0

26 题精解视频

知识点睛 0803 假设检验的两类错误，0804 一个正态总体的均值的假设检验

解 检验水平 α 为检验犯第一类错误的概率，即 H_0 为真的条件下，拒绝 H_0 而犯错误的概率.显然 α 变小时，拒绝 H_0 的范围应变小，接受 H_0 的范围应变大，所以 $\alpha=0.05$ 条件下接受 H_0，则在 $\alpha=0.01$ 条件下必接受.应选（D）.

郑重声明

高等教育出版社依法对本书享有专有出版权。任何未经许可的复制、销售行为均违反《中华人民共和国著作权法》，其行为人将承担相应的民事责任和行政责任；构成犯罪的，将被依法追究刑事责任。为了维护市场秩序，保护读者的合法权益，避免读者误用盗版书造成不良后果，我社将配合行政执法部门和司法机关对违法犯罪的单位和个人进行严厉打击。社会各界人士如发现上述侵权行为，希望及时举报，我社将奖励举报有功人员。

反盗版举报电话　　（010）58581999　58582371
反盗版举报邮箱　　dd@hep.com.cn
通信地址　北京市西城区德外大街4号　高等教育出版社法律事务部
邮政编码　　100120

读者意见反馈

为收集对教材的意见建议，进一步完善教材编写并做好服务工作，读者可将对本教材的意见建议通过如下渠道反馈至我社。

咨询电话　400-810-0598
反馈邮箱　hepsci@pub.hep.cn
通信地址　北京市朝阳区惠新东街4号富盛大厦1座
　　　　　高等教育出版社理科事业部
邮政编码　　100029

防伪查询说明

用户购书后刮开封底防伪涂层，使用手机微信等软件扫描二维码，会跳转至防伪查询网页，获得所购图书详细信息。

防伪客服电话　　（010）58582300